Minería y metalurgia romana en el sur de la Península Ibérica

Sierra Morena oriental

Luis Arboledas Martínez

BAR International Series 2121
2010

Published in 2016 by
BAR Publishing, Oxford

BAR International Series 2121

Minería y metalurgia romana en el sur de la Península Ibérica

ISBN 978 1 4073 0662 9

BAR Publishing is the trading name of British Archaeological Reports (Oxford) Ltd. British Archaeological Reports was first incorporated in 1974 to publish the BAR Series, International and British. In 1992 Hadrian Books Ltd became part of the BAR group. This volume was originally published by Archaeopress in conjunction with British Archaeological Reports (Oxford) Ltd / Hadrian Books Ltd, the Series principal publisher, in 2010. This present volume is published by BAR Publishing, 2016.

Printed in England

BAR
PUBLISHING

BAR titles are available from:

BAR Publishing
122 Banbury Rd, Oxford, OX2 7BP, UK
EMAIL info@barpublishing.com
PHONE +44 (0)1865 310431
FAX +44 (0)1865 316916
www.barpublishing.com

A la memoria de mi padre, Juan,
un luchador infatigable.

A Eva y a toda mi familia, gracias por estar siempre ahí.

INDICE DE CONTENIDOS

INDICE DE FIGURAS

INDICE DE LÁMINAS

ABSTRACT

This research focuses on the area known as mining district Linares-La Carolina, located on the Eastern foothill of the Sierra Morena, North/Northeast province of Jaén, Andalucia, Spain. Geologically, this area is located in the Southern border of the hesperic massif, a lithologic area with a prevailing presence of metamorphic rocks of hercynian or variscan orogeny (shale and quartzite), and followed afterwards by large granite outcroppings (batholits). This area is rich in mineralised faults grouped in high-density networks of veins abounding in copper minerals (carbonates, oxides and sulfphurs) and argentipherous galenas.

Remains of mines and settlement ascribed to the Copper Age and Bronze Age on the basin of Rumblar river show that extractions in this area started in late Prehistory (Contreras *et al.,* 2005). It extended over the Iberian period and survived under the Punic period, as some Graeco-Latin authors have pointed out (Arboledas, 2007; Arboledas, forthcoming). However, after the Roman conquest, in the context of the II Punic War, began the intensive exploitation of plumb-silver and copper mines in the mining area of Western Sierra Morena. This activity will have its maximum level of development between the late 2nd century B.C. and the early 2nd century A.D. At this moment the exploitation decline although some mining areas as a result of the increased role of other source miners -especially the Iberian Piritic Belt on Southeast Spain and gold mines in Northeast Spain-, which extended from the early 2nd century A.D. to the end of the 3rd century A.D (Arboledas *et al*., 2006).

My investigation marked the beginning of our research on this area in 2004. So far, our study comprises archaeological prospecting, literature review and source analysis and study of inscriptions and coins mining. In the framework of our research have been studied, 69 ancient mining-metallurgy sites (mines, slagheaps, smelting sites, etc.). These include the sites known to the bibliography, such as the mining site, village Salas de Galiarda and the mining works in El Centenillo (Domergue, 1987; 1990), and findings made by ourselves (eg. the mining site José Palacios, a slag heap in Rio Grande, and a smelting site in la Fuente del Sapo) (Arboledas, 2007).

General assumptions have been drawn from the analysis of both mining-metallurgic remains recorded over the different prospecting and that of literary sources, epigraphs and coins. Thanks to these sources, some conclusions regarding the administrative, fiscal, political and social organisation of mining within the Romanization process in the Iberian Peninsula have been drawn (Arboledas y Contreras, 2009).

Most veins available in this area were mined open-cast (i.e. in trenches) on a continuous basis, in-depth mining in shafts and galleries occurred on certain sites, such as El Centenillo or Los Escoriales. Despite the significant development of industrial mining, the district Linares-La Carolina has provided us with numerous examples of extractive mining–trenches, shafts and galleries, which have been recorded in the mines El Centenillo, Arrayanes and Las Torrecillas, among others (Contreras *et al*., 2005; Arboledas y Contreras, forthcoming). Evidences show that Romans not only mined copper minerals, but also lead sulphides (argentipherous galena), which were later treated in nearby smelting sites, forming mining-smelting sites such as the one comprising the mining site Arrayanes and the smelting sites Cerro de las Mancebas, Paño Pico and Los Tercios.

Romanization started in this area with the setting up of mining-metallurgic activity. It was the heart of the population process, since mining villages, smelting sites, fortified villages and small forts were distributed around it. A regional road network worked as both the main Romanizing agent and link between this region and the main cities in the valley (Cástulo and *Isturgi*).

Over the most flourishing period, the population settled around mining-metallurgic fortified villages, such as Palazuelos, Los Castellones and Salas de Galiarda. These villages were directly related to labour in the mines and control over both mines and roads, the latter connecting the existing mining sites in the district (Cástulo-Sisapo y Cástulo-Turres) with the main urban centres, where military elements were often present. Small forts connected with these large fortified villages were found on the basins of the rivers Rumblar and Jándula, such as it is the case of the one in Playa del Tamujoso (Arboledas, forthcoming).

During the republican period mines of High Guadalquivir became part of the *ager publicus* inside the Ulterior Province. The exploitation was carried out by sharecroppers, small societies with two o more members (for instance *T. Iuventi* y *M. Lucreti*) or large societies (for instance *Societas Castulonensis*) as have been demonstrated by inscriptions on ingots and seals analysed. This organisation of the exploitation allows us to think that there were not large amount of workers depending on societies and sharecroppers. The slaves coexisted with free earners (*mercenari*) which received a salary for their work. Furthermore, the indigenous population should play an important role in the exploitation of these mines, sometimes as beneficiaries and the most of the cases as manual labour in different conditions: slaves or free earners.

At the beginning of the empire, mines of this district became part of the Tarraconensis Province, controlled by the emperor through the figure of the *procurator metallorum.* One of them, Marco Ulpio Hermeros hired, in public auction, to particular people (*coloni* or *occupatores*) who exploited them who in turn owned workers *(mercenary)* slaves or those condemned to the mines (*damnati ad metalla*), under the technical and fiscal conditions set forth by the *fiscus* and controlled by the *procurator* and his *officina.* The inscriptions of *Paternus*, the orgenomescum y *Fraternus*, the cluniense that have been interpreted traditionally as the evidence of the arrival of free earners, are in fact the attestation of the presence of these *coloni* (Arboledas, 2008; 2009). On the other hand, although the increasing control by the state over the mining territories during the High Empire, in this district we can confirm the continuity of the *Societas Castulonensis*, as have been demonstrated by the seals of plumb with the acronym S.C. found the claudians levels of the Fuente Espís smelting (La Carolina), and by the existence of some mines in private hands (Domergue, 1971).

Regarding the habitat, a transformation of the settlement pattern with regard to the previous period is observed. The flourishing of an agriculture-based economy resulted in the decline of mining activity, thus leading to the spread of rural settlements, both *ex novo* and *villae*, which replaced fortified mining villages (Arboledas, 2007: 756-760).

Finally, mining activity in this region survived over the Late Empire period, although decreasing in number, intensity and output in comparison to the Republican and Early Empire periods. Mining is thought to have been limited to small scale and easy activities, not dependant on large facilities. These mines would probably be left in the hands of local communities or individual owners by the *fiscus* under conditions which would differ from those of application during the Early Empire (Mangas y Orejas, 1999: 275). Meanwhile *villae* proliferated, in fact evidences of metallurgic activity have been found in some of them (Cerrillo del Cuco), which has been ascribed to domestic exploitation.

I. INTRODUCCIÓN: OBJETIVOS, METODOLOGÍA Y ESTADO DE LA CUESTIÓN

I.1. INTRODUCCIÓN

Este trabajo de investigación nace en el seno del Proyecto Peñalosa (2ª Fase) dirigido por los profesores del Departamento de Prehistoria y Arqueología, F. Contreras y J. A. Cámara. En una primera fase de este proyecto (1985-1992), los diversos trabajos de campo llevados a cabo en esta área minera de la provincia de Jaén, tanto las prospecciones arqueológicas como las excavaciones de Peñalosa (Baños de la Encina) y Sevilleja (Espeluy) (Nocete *et al.*, 1987; Lizcano *et al.*, 1990; Pérez *et al.*, 1992 a y b; Lizcano *et al.*, 1992; Contreras, 2000), pusieron al descubierto de nuevo la importancia del papel desempeñado por la actividad minera y metalúrgica a lo largo de la historia de esta región que ya se conocía por los estudios de investigadores anteriores (Mesa y Álvarez, 1890; Tamain, 1961; 1962; 1966; Domergue y Tamain, 1971; Pastor *et al.*, 1981) y las fuentes literarias clásicas. Ante estos nuevos hallazgos arqueológicos, en una segunda fase (desde el 2001 hasta el 2007), este proyecto ha centrado su atención por un lado, en el análisis de los productos metalúrgicos localizados en la excavación del yacimiento argárico de Peñalosa y, por otro, en la localización de los lugares de extracción y transformación del mineral (minas y fundiciones) y su relación con los asentamientos de diferentes épocas reconocidos en los trabajos anteriores.

En la actualidad, este proyecto tiene su continuidad en el nuevo Proyecto I+D+i del Ministerio de Educación y Ciencia "Minería y metalurgia en las comunidades de la Edad del Bronce del Sur peninsular" y en el concedido por el Instituto de Estudios Giennneses en el 2005, "Una historia de la tierra: la minería en la provincia de Jaén", cuyo principal objetivo es ofrecer una síntesis sobre la actividad minera ejercida en Sierra Morena desde la Prehistoria Reciente hasta nuestros días. Concretamente, nuestro trabajo se centra en el estudio de la actividad minero-metalúrgica practicada por los romanos en esta región.

Así, el objetivo principal de esta investigación ha consistido fundamentalmente en rellenar el vacío existente en el conocimiento de la minería y la metalurgia romana desarrollada en esta región de Sierra Morena oriental, ya que los estudios publicados y realizados hasta al momento, como se recoge a continuación, se refieren a lugares concretos o a una temática sesgada, sin que haya un trabajo globalizador que abarque toda la problemática que acompaña a la arqueometalurgia, tratando no sólo aspectos tecnológicos sino también incorporando cuestiones de tipo social, económico y político que surgieron al amparo de la explotación de las minas durante el periodo romano e, incluso, en épocas anteriores en esta zona. A pesar de nuestra intención, consideramos que el estado de la investigación actual se encuentra aún en una fase inicial, fundamentalmente de documentación y de primeras consideraciones, pero no obstante muy prometedora, dado los constantes hallazgos arqueológicos.

A la hora de llevar a cabo un trabajo de investigación se pueden seguir dos caminos, bien quedarnos en una sistemática compilación de datos o bien realizar una minuciosa investigación e intentar ir más allá de los datos empíricos. Si bien, para avanzar en el conocimiento exhaustivo de cualquier temática creemos lógico que toda investigación debe incorporar ambas vías de estudio, es decir, por un lado incluir un análisis pormenorizado de lo investigado unido a su puesta al día, junto con el desarrollo de una labor investigadora incipiente, cuyo propósito sea aportar nuevos conocimientos sobre el tema en cuestión. Por ello, nuestra investigación, cuyos resultados recogemos en este libro, ha constado de dos bloques bien diferenciados. El primero de ellos, se ha centrado en la recopilación de la información aportada por la bibliografía existente sobre esta temática, los textos greco-latinos, la epigrafía, la numismática y la arqueología. Por su parte, en un segundo bloque, ofrecemos una interpretación de cómo se desarrolló la explotación de las minas de Sierra Morena oriental en época romana (mano de obra, administración, poblamiento, etc.), a partir del análisis de los datos recopilados en la primera parte de este trabajo.

El contenido de este libro engloba varios apartados que conforman una puesta el día de los conocimientos de la minería hispanorromana y una nueva visión interpretativa del desarrollo de esta actividad productiva en la zona objeto de estudio. Así, en primer lugar, como punto de partida de este trabajo, se incorpora de forma sintética un estado de la cuestión sobre la minería romana en esta zona y, en general, en todo el sur de Hispania, a partir del cual se elaboran y cimentan nuevas hipótesis y planteamientos. A continuación, en el segundo capítulo, realizamos una caracterización geológica y metalogenética de la zona, en la que se incluyen aspectos tales como el origen de los filones mineralizados, su localización, las distintas mineralizaciones y los minerales presentes en ellos, que nos ayudan a entender, entre otras cuestiones, la dispersión de los vestigios mineros antiguos, qué metales se extrajeron en época antigua, por qué se explotaron unas minas y otras no, etc.

Seguidamente, recogemos, toda la base empírica sobre la cual se sustenta esta investigación. Ésta ha consistido por un lado, en la recopilación y el análisis crítico de las fuentes literarias, epigráficas y numismáticas referentes a esta zona minera, con Cástulo como principal ciudad y ceca emisora de moneda, pero sin olvidar las referencias a otros centros mineros del mundo romano; y, por otro lado, en el estudio minucioso de los restos arqueomineros que conocemos gracias a los trabajos de prospección de campo y a la bibliografía existente. Para ello, y ante la diversidad de documentación empleada y de las distintas nomenclaturas de los yacimientos, se decidió confeccionar un catálogo de yacimientos minero-metalúrgicos romanos (vestigios de minas, fundiciones, escoriales, etc.) el cual reproducimos en este libro de manera sintetizada.

El análisis de toda esta documentación ha permitido que en los capítulos restantes, se realice una reconstrucción de la actividad minero-metalúrgica practicada por los romanos en la zona objeto de estudio, es decir, la definición de los diferentes sistemas de laboreo de las minas y de las técnicas metalúrgicas hasta la obtención del metal. Asimismo, también ha posibilitado que podamos ofrecer una explicación o interpretación de cómo pudo ser el entramado administrativo, fiscal, político y social que se articuló en torno a la explotación de estas minas, todo ello, dentro del proceso de romanización de la Península Ibérica.

I.2. EL MARCO GEOGRÁFICO E HISTÓRICO DE LA ZONA DE ESTUDIO

El área minera de este estudio se centra en la provincia de Jaén, y más concretamente en la mitad norte y nordeste de la misma, en las estribaciones más orientales de Sierra Morena (Fig. 1). Esta zona, vinculada a la comarca de la Campiña y norte de Jaén, en la comunidad autónoma de Andalucía, abarcaría los actuales términos municipales de Andújar, Bailén, Baños de la Encina, Linares, Carboneros, Guarromán, Navas de San Juan, Santisteban del Puerto, Montizón, Chiclana, Arquillos, Vilches, Aldeaquemada, La Carolina y Santa Elena. Los términos de estas poblaciones no sólo se adentran en las tierras de Sierra Morena sino a las zonas inmediatas de valle de las diferentes cuencas hidrográficas que vierten su agua en el Guadalquivir. Pero no siempre los límites municipales fueron como los actuales, P. Madoz (1988: 38-231) en el s. XIX señala que los términos vinculados a la zona de sierra eran los de Santa Elena, Guarromán, Carboneros, La Carolina, Bailén, Linares y Baños de la Encina, todos pertenecen a la diócesis de Jaén y al partido judicial de La Carolina, excepto el de Bailén y Linares que están dentro del partido judicial de Jaén. A todos ellos, P. Madoz, los sitúa en las faldas de Sierra Morena, siendo la única notación geográfica recogida la ubicación de Bailén, 38° 00` 29" de latitud norte y los 00° 03` 30" de longitud meridional de Madrid.

Nuestra área minera limitaría al este con las estribaciones de Sierra de Segura, siendo el límite la cuenca alta del río Guadalimar, por el sur, con los terrenos terciarios y cuaternarios del valle del Guadalimar y del Guadalquivir, por el oeste, con la provincia de Córdoba a través de término de Andújar y, por el norte, con la provincia de Ciudad Real con los términos municipales de San Lorenzo de Calatrava, Viso del Marqués y Solana del Pino.

El distrito minero de Linares-La Carolina, a lo largo de toda su extensión, está surcado por varias cuencas fluviales procedentes de Sierra Morena, drenando hacia el Suroeste, de las cuales nosotros aquí mencionaremos sólo las más importantes. De oeste a este encontramos la cuenca del río Jándula, la del río Rumblar y las de los ríos Guarrizas, Guadalén y Guadalimar que se unen poco antes de su desembocadura en el Guadalquivir.

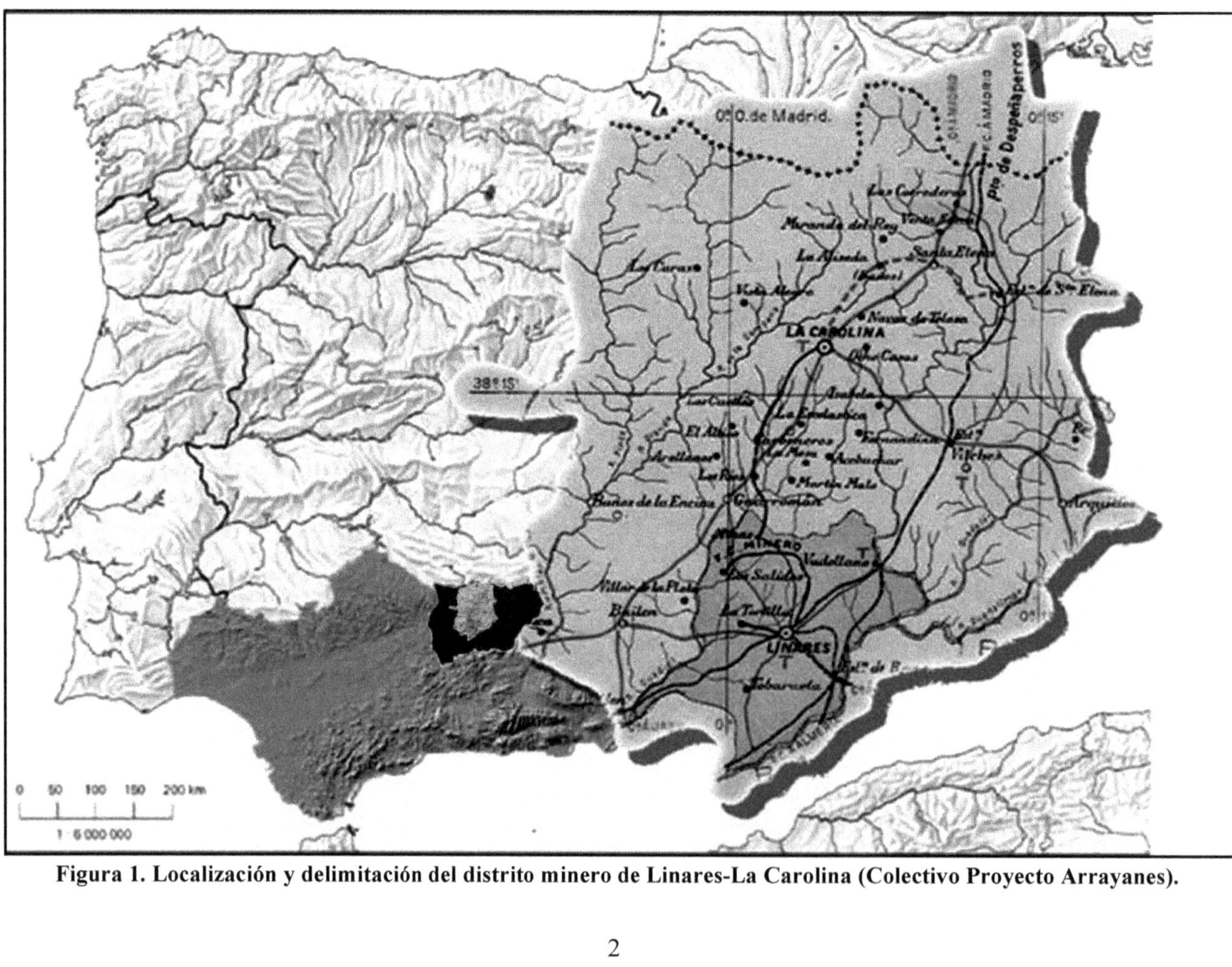

Figura 1. Localización y delimitación del distrito minero de Linares-La Carolina (Colectivo Proyecto Arrayanes).

Se observa, además, que toda la zona minera objeto de estudio está asociada a dos áreas geológicamente bien diferenciadas, como veremos en el próximo capítulo: una, la zona de campiña, que ocupa la parte sur del área, entre los que se encuentra gran parte del término de Bailén; y otra, la zona de sierra, vinculada al Macizo Hespérico Meridional de Sierra Morena, situada en el extremo norte de la comarca.

Si bien es verdad que Sierra Morena en la Edad del Bronce pudo marcar para algunos autores una frontera entre el mundo argárico y el Bronce de la campiña y manchego, esto no ocurrió en el mundo prerromano y romano. Aún así, este trabajo se ha centrado únicamente en la vertiente giennense de esta sierra. Ello ha estado motivado por varios criterios. El primero, y más importante, se debe a que en esta área se concentran por un lado, el mayor número de filones mineralizados susceptibles de ser económicamente rentables para su explotación desde la Prehistoria Reciente hasta la actualidad y, por otro lado, el mayor número de vestigios antiguos de minería metálica de la provincia. Esta zona corresponde a lo que tradicionalmente se ha definido como distrito minero de Linares-La Carolina, conocido mundialmente por ser durante varias décadas el primer productor de plomo del mundo. Un segundo criterio responde tanto a razones de investigación, el estudio global de toda la zona acotada, como a motivos de espacio, ya que es imposible abarcar todo el territorio giennense en esta investigación, sabiendo todos, el trabajo tan arduo de prospección de campo y de laboratorio que eso supondría. Aún siendo limitado el espacio de acción, tenemos que admitir que, en la práctica, ha demostrado ser incluso, demasiado ambicioso. Por ello, tenemos que expresar que no hemos podido ser exhaustivos en algunas zonas dentro de la región estudiada. Asimismo, con la realización de esta tesis doctoral hemos pretendido crear la base sobre la que se asiente futuras investigaciones en los próximos años.

El distrito minero de Linares-La Carolina se integra dentro de lo que en época ibérica las fuentes literarias denominan como Oretania. Los límites geográficos de esta región, como los de toda área geográfica cuyos nombres estaban basados en agrupaciones étnicas, no estuvieron nunca perfectamente precisados. En las fuentes literarias se encuentran referencias sobre los límites y ciudades de esta región en Estrabón (III, 3, 2.), Plinio (*NH*, XXXI, 80; III, 9; II, 25 y XV, 94) y Ptolomeo (VI, 2) (Contreras de la Paz, 1966, 1971; López Domech, 1996). En general, podemos afirmar que la región oretana comprendía gran parte de las provincias actuales de Ciudad Real, Jaén y quizás parte del norte de Córdoba. Ésta se centraría en torno a Sierra Morena, abarcando la parte oriental y central de la actual provincia de Jaén, con los pasos de Despeñaperros y Santa Elena. La rodeaban los bastetanos, los carpetanos, los celtíberos y los turdetanos. La ubicación de los oretanos sería importantísima en el devenir de su historia, ya que, al igual que ocurre hoy en día, la provincia de Jaén sería la zona de paso desde la Meseta a Andalucía y su costa, además de punto de unión entre el Levante y Andalucía.

Esta zona minera oretana, tras la conquista romana, estaría atravesada por la divisoria entre la Hispania Citerior y la Ulterior. Posteriormente, como consecuencia de la reforma de Augusto, se situaría entre el límite de las provincias de la Bética y la Tarraconense. Cástulo, como centro minero de esta región oretana, estaría administrativamente dentro de la provincia de la *Ulterior*, que estaba bajo el control del Senado, pero a raíz de esa misma reforma fue integrada en la Tarraconense, bajo el mando del emperador. Lo más lógico es que este territorio hubiera sido incorporado a la provincia de la Bética, pero los intereses económicos del emperador por dominar y controlar las riquezas mineras y agrícolas de Cástulo hizo, posiblemente, que esto no fuese así, pasando a formar parte del *Conventus Cartaginenses*. Esta división territorial-administrativa permanecería casi inalterada hasta el Bajo Imperio y la decadencia del Imperio Romano de occidente.

I.3. OBJETIVOS

Con este trabajo de investigación hemos pretendido conseguir, entre otras cuestiones, los siguientes objetivos:

- Recopilar y estudiar tanto las referencias escritas, epigráficas y numismáticas como los datos arqueológicos sobre la minería y metalurgia romana en el Alto Guadalquivir.

- El análisis de la documentación arqueológica, como base del estudio, para caracterizar usos, modo, cronología, etc., de cada uno de los diferentes tipos de yacimiento en estudio.

- Registrar las minas antiguas que se conservan en el área de estudio. Muchas de las labores antiguas desaparecieron como consecuencia del gran impulso minero que se produjo desde fines del s. XIX y principios del s. XX, si bien se encuentran indicaciones precisas, planos y algún dibujo de los trabajos antiguos, que aparecía a la par que se extendía la explotación por todo el yacimiento metalífero. Este material se puede rastrear en obras de carácter general realizadas por los ingenieros de minas y geólogos de las mismas compañías explotadoras como por ejemplo P. Mesa y Álvarez (1890) en Linares o el caso de Gonzalo y Tarín o Delegny para las minas de Huelva.

- Conocer los lugares antiguos de fundición (fundiciones, escoriales) siguiendo los libros y las prospecciones antiguas realizadas por los mismos ingenieros de minas y geólogos que explotaron las minas y completadas con los trabajos de campo recientes.

- Analizar las escorias metalúrgicas recogidas en las fundiciones antiguas durante las prospecciones arqueometalúrgicas, con el fin de determinar los minerales beneficiados en cada una de las etapas de producción metalúrgica registradas.

- Determinar los lugares de los asentamientos mineros y de trabajo de las antiguas poblaciones que vivieron al socaire de la minería y la metalurgia en los alrededores de los propios cotos mineros. Estos yacimientos van a ofrecer la pauta cronológica de la explotación de las minas de Sierra Morena oriental. Algunos de éstos ya eran conocidos en la bibliografía arqueológica del distrito minero de Linares-La Carolina (Domergue, 1987), pero el trabajo de prospección de todas las zonas mineras y sus alrededores nos permitirá completar el catálogo, especialmente en lo que se refiere a pequeños yacimientos mineros o aquellos otros que sin estar situados sobre las mineralizaciones jugarán un papel importante en el proceso de explotación de las minas.

- Reconocer y analizar los trazados de las vías de comunicación antiguas y su interrelación con la estructura poblacional asociada a la actividad minero-metalúrgica.

- Determinar los diferentes sistemas de explotación de las minas y técnicas metalúrgicas empleadas para obtener el metal.

- Intentar dilucidar las cuestiones de tipo social, económico y político que generaron el beneficio de los yacimientos filonianos de este distrito minero durante el periodo romano.

I.4. METODOLOGÍA DEL TRABAJO

Como se ha señalado anteriormente, uno de los objetivos prioritarios de este trabajo ha sido el de ahondar en el conocimiento de la realidad minero-metalúrgica de época romana en el distrito minero Linares-La Carolina. Para hacer realidad este objetivo, se ha recurrido, en primer lugar, a las fuentes, tanto bibliográficas e historiográficas existentes, como a la documentación gráfica y fotográfica a la que hemos podido tener acceso. Toda esta información compilada se ha completado con los trabajos de campo, concretamente, con la realización de varias prospecciones, en unos casos sistemática, sobre una amplia zona, y en otros, selectiva, ante la imposibilidad de rastrear el terreno dentro de parcelas de ámbito privado en el que pastan, bien ganaderías bravas, bien rebaños de ciervos. Nuestra recopilación de datos concluye con la revisión de los materiales arqueometalúrgicos, procedentes de excavaciones arqueológicas y de hallazgos casuales, depositados en el Museo Arqueológico de Linares[1].

A continuación se desglosan las fases metodológicas que hemos seguido y en los que hemos basado nuestra investigación para, posteriormente y tras un procesado minucioso de los datos recopilados, ofrecer un panorama concreto de lo que fue la minería y metalurgia durante época romana en la zona.

I.4.1. Análisis de la documentación bibliográfica

En primer lugar, nuestra labor se centró en la búsqueda y recopilación bibliográfica tomando como tema central la minería y metalurgia romana y prerromana en nuestra área de estudio, apoyada y complementada con el examen de textos que se refieren a temas de administración, sociedad y economía en el mismo periodo cronológico. Las opiniones, criterios, hipótesis y puntos de vista vertidos en las innumerables referencias bibliográficas, y las conclusiones a las que habían llegado otros investigadores se han tomado como punto de partida, para, desde un análisis exhaustivo, constructivo y crítico, elaborar un plan de trabajo que garantizase unos resultados cuanto menos contrastados científicamente.

I.4.2. Estudio de las fuentes literarias, epigráficas y numismáticas

Paralelamente con el estudio de la bibliografía se realizó un análisis, desde el punto de vista de la arqueología, de las fuentes literarias, epigráficas y numismáticas, empleando en cada caso una metodología específica de estudio.

I.4.3. El trabajo de campo: las prospecciones arqueometalúrgicas

A partir de los objetivos planteados en nuestra tesis, y como complemento a la labor realizada de recopilación bibliográfica y documental, se optó por hacer una prospección selectiva e intensiva en el distrito minero de Linares-La Carolina. El tipo de prospección estuvo condicionada por la imposibilidad, ante todo, de abarcar una superficie territorial tan amplia y con unos sistemas de parcelación tan característicos y restrictivos al mismo tiempo. Es por ello por lo que sólo en áreas puntuales se pudo alternar la prospección selectiva con otra sistemática. Las finalidad de estos trabajos de campo ha sido la de contrastar, sobre el terreno, la información aportada por las fuentes escritas y el de poner al día la relación de bienes inmuebles que se conservan en cada yacimiento. Supone pues la actualización del registro arqueológico de la zona, revisando los prospectados de antiguo, pero con datos a veces erróneos; señalando los destruidos o no localizados, y contrastando aquellos otros documentados desde antiguo. Gracias a las prospecciones realizadas se ha podido confeccionar un listado actualizado con los yacimientos minero-metalúrgicos de la zona y su entorno respectivo.

Los trabajos de campo (Fig. 2), centrados en la cuenca alta del río Rumblar y zonas aledañas del Centenillo -localidad perteneciente a Baños de la Encina-, se desarrollaron durante la primera quincena del mes de septiembre de 2003 (Contreras, *et. al.,* 2005: 23-26). Posteriormente, estos trabajos se completaron con la

[1] Queríamos agradecer a Concha Choclán Sabina, Directora del Museo Arqueológico de Linares, las facilidades prestadas para poder acceder a los materiales arqueometalúrgicos tanto expuestos en la exposición permanente, como a los depositados en los fondos del museo. También agradecemos a Bautista Ceprián del Castillo, arqueólogo del museo, las indicaciones y molestias que con nuestra búsqueda de materiales le hayamos podido causar.

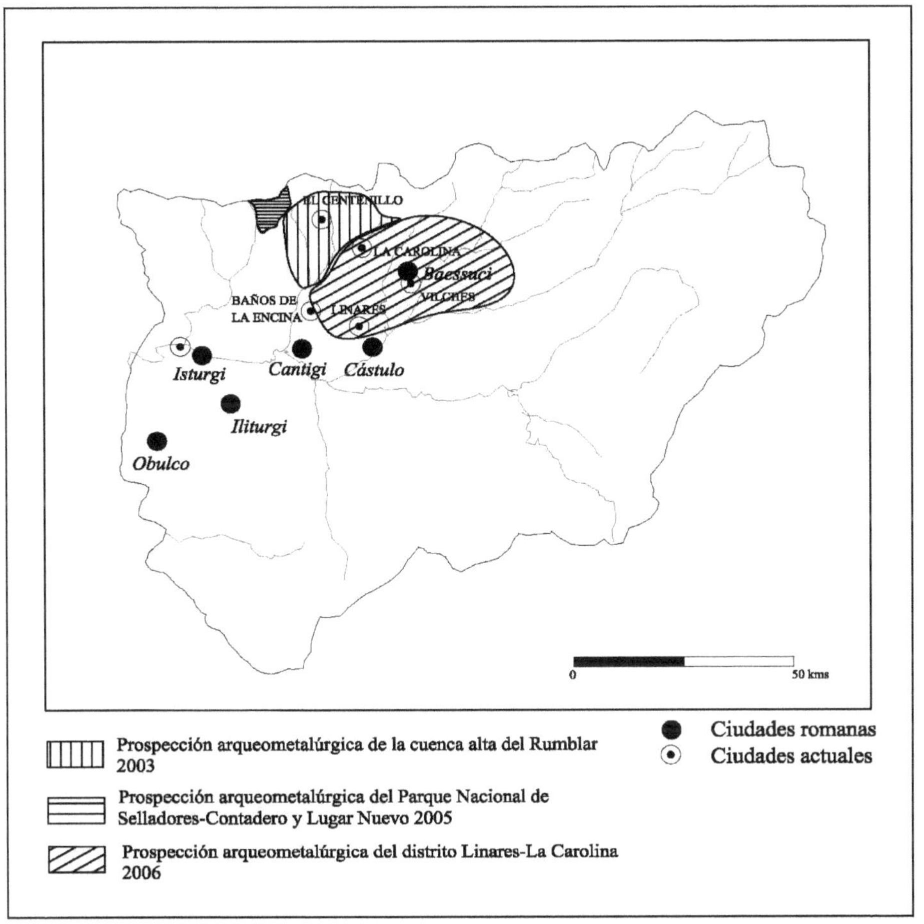

Figura 2. Delimitación de las zonas prospectadas.

prospección selectiva e intensiva de la zona del Parque Nacional de Selladores-Contadero y Lugar Nuevo, durante el mes de agosto de 2005 (Arboledas y Contreras, 2009). Por último, se realizó una nueva prospección, entre los meses de octubre y diciembre del 2006, en las áreas territoriales del Centenillo, Los Guindos, La Carolina, Santa Elena, Vílches y Linares (Arboledas, 2007). En los diferentes trabajos de campo se han sumado compañeros de otras especialidades afines a la arqueología - geólogos, geógrafos, ingenieros de minas-, por lo que hemos podido conjugar nuestro enfoque con el que aportan otras ciencias, de forma que los resultados se muestran notablemente enriquecidos, a la par que lo consideramos como la fórmula lógica de abordar la problemática de la minería antigua. En algunas ocasiones eran los antiguos mineros los que nos acompañaban a los sitios, rememorando otros tiempos y transmitiéndonos cuestiones difíciles de encontrar en los textos escritos.

Para la realización de las prospecciones nos hemos servido de un conjunto de fuentes imprescindibles como son:

- Los trabajos de carácter geológico, minero y mineralógico junto a otros de carácter histórico y arqueológico.

- Los mapas geológicos, 1: 200.000 (IGME, 1971), 1: 50.000 (IGME, 1976; 1977) y 1: 25. 000 (Tamain, 1972; Anónimo, 1983) y el metalogenético 1: 200.000 (IGME, 1974).

- Los mapas topográficos a escala 1: 10.000, 1:25.000 y 1:50.000. Éstos nos han permitido, por un lado, poder situar, a diferentes escalas, los hallazgos que se iban localizando en el transcurso de la prospección, y por otro lado, y a través del correspondiente símbolo de mina o de la referencia toponímica, localizar vestigios de las labores extractivas efectuadas en el pasado. Hay numerosos topónimos que hacen referencia a la existencia de este tipo de labores o que pueden llevar a su detección (Hunt Ortiz 1996). Entre ellos citaremos algunos de los más usuales: Topónimos que nos hablan de minas y sus derivados y compuestos -Contramina, Las Minillas en Baños de la Encina-; topónimos que hacen referencia a las evidencias de trabajos mineros, como pozos, socavones, etc. -Cerro Hueco (Linares), cerro A Cielo Abierto (El Centenillo), Pocicos del Diablo (Baños de la Encina), etc.; los que hacen referencia a los metales explotados o tratados -Arroyo de la Plata (Baños de la Encina) o Cerro del Plomo (El Centenillo), Socavón Fuente del Hierro (Baños de la Encina); otros que aluden a la coloración del terreno o del agua -Piedras Bermejas (Baños de la Encina), río Rumblar[2]-; y los que se refieren a escoria y sus derivados -Los Escoriales- (Arboledas, 2007: 16-17).

[2] El nombre de este afluente del Guadalquivir deriva del término establecido en el s. XVI, Herrumble, que alude al color rojizo de sus aguas por su contenido en óxidos de hierro. Estas aguas proceden de los numerosos socavones antiguos que drenaban las minas antiguas en este río, así como también de los propios manantiales naturales.

- La fotografía aérea y la ortofotografía digital de Andalucía. La prospección área es una de las técnicas de prospección más eficaz en la detección de zonas de actividad minera, ya que nos muestra las áreas en donde es posible reconocer los vacíes, denominados también escombreras o grandes escoriales, o los claros existentes en zonas de abundante o escasa vegetación (Hunt Ortiz, 1996). Con el fin de conseguir contar con la documentación más completa al mismo tiempo que la más reciente, hemos utilizado fotografías aéreas a dos escalas: Fotografías a escala 1:25.000 (UAGI 6086-151,92) tomadas por el Instituto Cartográfico de Andalucía en septiembre de 1996, siendo éste el vuelo fotogramétrico en b/n de la provincia de Jaén, y fotografías aéreas de los conocidos como "vuelo americano" (VV AST6 M 1370PMG 27 of July), realizados en 1956 a escala 1:50.000. Además, esto se ha complementado con los trabajos de teledetección a partir de las imágenes de satélite y foto aérea que está llevando a cabo el geólogo francés G. Tamain, técnica que viene desarrollando desde la década de los 70 del siglo XX (Arboledas, 2007: 18-19).

- Los informadores locales (antiguos mineros, guardas forestales, pastores, cazadores, etc.), como buenos conocedores del terreno[3].

Las labores de campo se han centrado en la prospección sistemática de la zona objeto de estudio, y en la recogida selectiva de los indicadores arqueológicos que caracterizan el uso y funcionalidad de los yacimientos minero-metalúrgicos – zonas de escoriales, estructuras mineras como rafas, socavones, pozos…, restos inmuebles de diferentes épocas ligadas a labores de procesado y transformación del mineral, etc.-.

La recogida de toda la información en cada uno de los yacimientos prospectados se ha realizado a través de una ficha de registro de campo, la cual, nos ha permitido sistematizar la información recogida de los yacimientos y sus entornos, incluidos en el área de estudio, independientemente de su uso o funcionalidad. Dicha ficha presenta una estructura interna organizada en once bloques temáticos, que recogen minuciosamente la información de cada una de las estaciones prospectadas. Estos bloques son: datos de control, localización, situación y datos catastrales, descripción, materiales, recursos, muestreo, documentación, estado de conservación, cronología y otros datos de interés (Fig. 3 y 4) (Arboledas, 2007: 20-23).

Toda la información extraída del trabajo de campo ha sido analizada y utilizada como base para la realización de un catálogo de yacimientos minero-metalúrgicos que hemos incluido de forma sintetizada en el tercer capítulo de este libro.

I.4.4. Recuperación y tratamiento de los materiales arqueológicos procedentes de las prospecciones realizadas

- Recogida de las muestras arqueometalúrgicas. Fundamentalmente, los materiales recuperados han sido minerales, escorias y fragmentos cerámicos. Una vez contextualizados y documentados fotográficamente se procedió a su recogida selectiva y embalaje en bolsas de plástico con su signatura precisa. La muestra se traslada, en nuestro caso, al laboratorio del Departamento de Prehistoria y Arqueología de la Universidad de Granada, para una primera manipulación. En el laboratorio se procede a su limpieza manual y si es preciso mecánica (cubeta de ultrasonido), para posteriormente, visualizarlas a través del microscopio y la lupa binocular conectada a una pantalla de tratamiento de imágenes. A partir de aquí se decide la conveniencia o no de trasladar una determinada muestra a un laboratorio especializado. Evidentemente la selección de las muestras viene condicionada de criterios previamente establecidos y en función de las respuestas que se persiguen con la investigación en curso.

- El laboratorio decidirá el tratamiento analítico más conveniente al tipo de muestra y a los requerimientos del investigador, procediendo a la toma de muestra y su preparado –en lámina delgada, disuelta en solución química o montada en pastilla-. Para el estudio de las escorias se emplean distintas analíticas físico-químicas. La arqueometría de las escorias, es decir su composición, nos va a determinar en última instancia el proceso con el que están relacionadas (cobre, plata, y hierro), puede afrontarse con distinto instrumental, con cada uno de los cuales se puede llegar a la misma conclusión, aunque la elección puede ayudar en gran medida a resolver otros problemas desde el punto de vista arqueometalúrgico.

Los métodos analíticos más usuales empleados para las muestras de escorias han sido los siguientes:

- <u>Fluorescencia de Rayos X</u> (XRF): Nos permite conocer la composición química de una materia, es decir, se utiliza para conocer la naturaleza de la materia radiada y la concentración de los elementos químicos presentes en la muestra.
- <u>Microscopía Electrónica de Barrido</u> (SEM). Se trata de un procedimiento no destructivo que nos permite observar los elementos presentes en la muestra así como su grado de su concentración (Moreno, 2000). Bajo este método es posible analizar las inclusiones

[3] Desde aquí queremos expresar nuestro más sincero agradecimiento a los lugareños por su colaboración tan inestimable: D. Pablo Reina Gutiérrez, D. Javier Moro, D. Juan Salas, D. Andrés Rodríguez, D. Pablo Vallejo, D. Andrés Rodríguez, Dª. Del Carmen Torres, D. Alfredo Limón, D. Salvador Sánchez, D. Casimiro Fernández, D. Maximino Jiménez, Dª. María Dolores Altozano, D. Joaquín Blanco, D. Ezequiel Camuña, D. Enrique Rodríguez, D. Manuel, D. Ignacio, D. Santiago de Araud, D. Raúl Larios, D. José María Cantarero, etc.

FICHA DE CAMPO. PROSPECCIÓN ARQUEOMETALÚRGICA

1. DATOS DE CONTROL

Número ficha

Nº de estación

Fecha

Tipo yacimiento

Informador

2. DATOS DE LOCALIZACIÓN Y CATASTRALES

Denominación

Polígono

Topónimo

Parcela

Término Municipal

Propietario

3. SITUACIÓN GEOGRÁFICA

Situación geográfica:

Coord. UTM X

Latitud

Coord. UTM Y

Longitud

Altitud Z

Plano

Situación geomorfológica

Acceso

4. DESCRIPCIÓN (emplazamiento, visibilidad, aprovechamiento minero, yacimientos arqueol. cercanos)

5. MATERIALES

6. RECURSOS

Hídrico

Otros

Descripción Recursos

7. MUESTREO

Tipo de muestra

Analítica

Nº Registro Laborat.

Lugar de almacenamiento

8. DOCUMENTACIÓN

Bibliográfica

Gráfica

9. ESTADO DE CONSERVACIÓN

Destruido ☐ SI ☐ NO

Causas naturales

Causas antrópicas

En vías de destrucción ☐ SI ☐ NO

Causas naturales

Causas antrópicas

En buen estado ☐ SI ☐ NO Protección

10. CRONOLOGÍA

11. OTROS DATOS DE INTERÉS

Figura 3 y 4. Ficha de campo de las prospecciones arqueometalúrgicas.

metálicas o no contenidas en la escoria. Más que una caracterización general exacta de elementos, el microscopio electrónico ayuda en la búsqueda de fases metalúrgicas, minerales no fundidos, etc., dentro de la escoria. Tiene el inconveniente, no obstante, de que sus aproximaciones porcentuales no permiten la lectura de concentraciones que se encuentran en cantidades inferiores al 0,1 %, por lo que se encuentra en desventaja con la Absorción Atómica y la Fluorescencia de Rayos X, capaces de llegar a detectar elementos en partes por millón (ppm.).

En base a nuestros objetivos hemos optado por la realización de ambos métodos analíticos (XFR y SEM) aplicados sobre una selección de las muestras recogidas durante los trabajos de campo. Las muestras han sido tratadas y analizadas por el laboratorio de los Servicios Centrales de Investigación. Unidad de Preparación de Muestras de la Universidad de Huelva.

Por su parte, a las muestras minerales se les han realizado los siguientes análisis:

- Isótopos de Plomo por medio del Espectrómetro de Masas con fuente ionización térmica (TIMS). Es uno de los métodos de análisis con más posibilidades para la caracterización de las fuentes de materia prima. Establece la relación o proporción que existe entre los distintos isótopos permitiendo diferenciar depósitos distintos. Aunque se trata de un método analítico de gran utilidad en la investigación metalúrgica ya que los diferentes tratamientos térmicos a los que fueron sometidas las piezas metálicas durante su manufactura no ocasionan cambios o alteraciones en la relación entre isótopos (Moreno Onorato *et. al.,* 1994: 29), es cierto que presenta diferentes limitaciones tal y como apunta I. Montero "su principal limitación está en que la relación entre isótopos depende de la edad geológica de formación del depósito mineral, por lo que depósitos distintos con la misma edad geológica presentan el mismo intervalo y no pueden diferenciarse..." (Montero, *et. al.*, 1990).
- Absorción Atómica (AA): Este tipo de analítica permite determinar el contenido de los diversos elementos químicos de carácter cuantitativo que contiene la muestra.

En el caso de las muestras de minerales, procedentes del yacimiento argárico de Peñalosa y de diferentes mineralizaciones del entorno próximo (minas del Polígono y de la finca de José Martín Palacios), se enviaron al laboratorio de la Universidad del País Vasco. Una vez obtenidos los resultados, el Dr. Mark A. Hunt Ortiz, profesor del Departamento de Prehistoria y Arqueología de la Universidad de Sevilla, procedió a su confrontación con los resultados isotópicos proporcionados por otros proyectos de investigación (Hunt, Contreras y Arboledas, en prensa).

Durante el proceso de investigación hemos topado con la dificultad que entraña, a menudo, la adscripción crono-cultural de las labores minero-metalúrgicas en cualquier zona objeto de estudio, ya que en el desarrollo de las prospecciones realizadas, nos encontramos con pequeñas explotaciones en donde los restos muebles –cerámicos o de otro tipo-, son escasos o nulos. En numerosas ocasiones, igualmente, la actividad minero-metalúrgica queda enmascarada por procesos de erosión, reexplotación de la zona puntual, actuaciones que implican remoción del terreno, actividades de clandestinos,..., que impiden datar la explotación de forma fehaciente. Es por ello, que nos hemos servido de otras huellas que aparecen con frecuencia en estas explotaciones mineras. En estos casos se han tenido en cuenta varios aspectos que se han de tomar como referentes y no como concluyentes. Estos son:

a. Dimensión de la explotación. Se ha observado que cuanto mayor es la superficie de la explotación, mayor será la posibilidad de que sea de época moderna. Las explotaciones familiares, suelen ser de tamaño bastante más reducido que las explotadas por sociedades o instituciones oficiales (García Romero, 2002: 29).

b. Tipología de la explotación. Los métodos de explotación nos pueden ayudar a determinar la cronología, aunque sea en un sentido amplio. Las obras de "trincheras" o "rafa" en depósitos de cobre, son característicos del periodo prehistórico, aunque se mantienen durante el periodo romano hasta prácticamente época contemporáneo.

d. Huellas de explotación minera. Son las marcas que dejan los instrumentos utilizados para arrancar el mineral de las zonas de explotación. Estas huellas suelen coincidir con determinadas tipologías mineras, como en el caso de la explotación por medio de trincheras o rafas, de época prehistórica en las que aparecen marcas características de los picos de piedra utilizados. Los trabajos de cantería, en el periodo romano, suelen presentar huellas o marcas dejadas por los picos y puntas de piedra, madera o asta utilizadas, así como estrías de las punterolas metálicas. En época moderna, el uso de barrenas deja improntas fácilmente identificables, al igual que ocurre con el uso de explosivos, que en la minería comienza a utilizarse a partir de la segunda mitad del siglo XVII. El registro de estas huellas nos advierte bien de la eventualidad de los trabajos (un territorio de explotación unifásico), o bien, por el contrario, de la continuidad o prolongación de los mismos en el tiempo, hecho que nos alerta sobre la riqueza minera de dicha zona, del interés de su explotación y, por consiguiente, de su importancia para el conocimiento histórico de esa región minera.

e.Propiedades granulométricas de las escombreras. Esta característica pone en relación la antigüedad de una escombrera con el grosor de la misma. De esta forma las escombreras más antiguas tendrán mayor grosor.

f. Composición o estructura de las escorias. Para el análisis de estos elementos debemos tener en cuenta que la morfología física de la escoria cambia en el mismo horno según estén ubicadas, y que la tecnología romana alcanzó un nivel muy superior al de épocas posteriores (García Romero, 2002: 30). No obstante, los restos de escorias presentan unas características formales diferentes en función de la fase del proceso metalúrgico en donde se hayan formado, y dependiendo del estadio tecnológico en que se encuentren las poblaciones que realizan la actividad. Por poner un ejemplo, y como regla general, las escorias de sangrado de época romana y moderna suelen ser muy homogéneas, suelen estar muy vitrificadas, sin inclusiones aparentes, presentan rotura negra brillante..., mientras que las escorias de épocas prehistóricas son de forma irregular, con gran cantidad del vacuolas provocadas por un mal desgaseo, presentan numerosas inclusiones metálicas (que pueden ser de minerales oxidados o de sulfuros), o de los mismos fundentes utilizados, su rotura suele ser mate, ...En general, éstas últimas suele parecer más una masa escoriácea informe en la que quedan atrapadas las bolitas de metal, que será el que se procese posteriormente. La tipología de las escorias ofrece información muy válida sobre el periodo histórico y sobre el mineral beneficiado.

En definitiva, el desarrollo de estos planteamientos metodológicos responde a los criterios y objetivos establecidos en la realización de esta investigación. Nuestro interés no se centra exclusivamente en el estudio de la distribución espacial de los recursos minero-metalúrgicos en el distrito minero de Linares-La Carolina y Andújar, es decir, no se pretendía que el estudio quedara limitado a la representación cartográfica de la dispersión de los recursos minerales, sino que, se pretendía evaluar las evidencias sobre posibles zonas de extracción y transformación del mineral, al igual que establecer su relación con la dispersión de los asentamientos y poblados mineros de esta área estudiada. Para este trabajo no ha sido posible, pero es de esperar que en un futuro cercano podamos realizar alguna intervención arqueológica -en el marco del Proyecto de Investigación centrado en el yacimiento de Peñalosa- en algunos de los sitios mineros localizados con el fin de recoger importantes datos sobre los hábitats mineros, poblamiento, cronología, etc. que nos permitan acercarnos al conocimiento de la realidad minera en época romana en el Sur peninsular.

I.5. ESTADO DE LA CUESTIÓN

Una primera cuestión que se hace evidente a la hora de abordar el estudio del distrito minero de Linares-La Carolina es el gran vacío en cuanto a investigación se refiere que ha habido sobre esta cuenca minera en comparación con otros distritos como por ejemplo, el del Suroeste peninsular, que destaca por su larga trayectoria investigadora, impulsada en sus comienzos, al igual que ocurre en otras áreas mineras de la península, por los geólogos e ingenieros de minas que estuvieron trabajando en ellas en el s. XIX y XX.

Una segunda apreciación que se observa en esta zona es que todos los trabajos que se han llevado a cabo hacen referencia a temas puntuales, debido a actuaciones muy concretas: la excavación de algún yacimiento como el Cerro del Plomo (Domergue, 1971), el descubrimiento de tesorillos hallados en las minas de El Centenillo (Hill y Sandars, 1911; 1912), el estudio de un centro concreto como El Centenillo (Tamain, 1966a y b) o más recientemente la excavación de la fundición de Fuente Spys dentro de la población de La Carolina (Choclán *et al.*, 1990). Hay por tanto, una falta de estudios globales.

I.5.1. Las primeras referencias en época moderna: el redescubrimiento de los escritores clásicos

La explotación de la riqueza metalífera de esta zona en época romana está ampliamente constatada a través de las fuentes literarias que se han conservado, como lo atestiguan las citas de Estrabón (*Geo.*, III, 2, 11; III, 2, 10) y de Polibio (10, 38, 7). Dichas citas se han utilizado durante algunos siglos como el único medio de estudiar la minería en periodos antiguos de nuestra historia debido a la escasez de restos arqueológicos. Uno de los primeros ensayos sobre la minería antigua hispana basados en los textos antiguos fue realizado por Alonso Carrillo (1624) en el S. XVII, aunque lejos de ser una obra completa llevo a cabo un catálogo de las minas de España por orden del rey. A partir de este trabajo, se han realizado numerosos inventarios revisionistas de los documentos antiguos, desde los primeros de Reitemeier, V. Bethe, Rösinger y H. Blümmer que tendrán su continuidad en la obra de A. Schulten (1963) y, especialmente, en la completa crítica y puesta al día de C. Domergue (1990: 3-4) sobre la minas romanas de la Península Ibérica, hasta el nuevo corpus al estilo de *Fontes Hispaniae Antiquae* de A. Schulten y L. Pericot (1935-1955) titulado *Testimonia Hispaniae Antiqua*, compuesto por tres tomos (Mangas y Plácido, eds., 1994; 1998; 1999; Mangas y Mar Myro, eds., 2003); pasando por la revisión en el marco global o regional de la economía romana y prerromana de la península (Frank, 1959; Blázquez, 1967; 1969; 1970; 1971; 1973; 1978; 1992; Blazquez y Montenegro, 1978) y en los estudios de la minería y metalurgia romana a escala regional (Marquez Triguero, 1970) o local (Contreras de la Paz, 1966; 1971; 1975; Pastor *et al.*, 1981).

Con el fin de la dominación romana y la llegada de los visigodos, la minería, que había alcanzado épocas de gran esplendor, es muy escasa, prologándose esta situación hasta la dominación árabe (Gutiérrez Guzmán, 1999: 17). Las fuentes medievales apenas aportan datos sobre las minas hispanas. En la conocida descripción de Idrisi se nombran tan sólo las minas de mercurio de los entornos de Almadén cuya explotación se mantuvo bajo dominación árabe. No obstante, se conoce la existencia de importantes explotaciones mineras de época musulmana en el Sur peninsular (Grañeda, 2000), como las del Marquesado del Zenete (Martín Civantos, 2003) o las de Sierra Morena central (Carbonell, 1929). Por su parte, en la zona de este estudio contamos con pocos datos precisos, si bien es muy frecuente el hallazgo, entre los antiguos escoriales y ruinas, de monedas, medallas y otros objetos que evidencian que estas minas fueron explotadas en época árabe.

Las primeras noticias conocidas sobre la importancia de las minas de Sierra Morena, y en concreto sobre el distrito Linares-La Carolina, se encuentran en época moderna, dentro de obras generales sobre la minería en España. Estas primeras obras, como hemos señalado, se basaron en las citas de los autores clásicos referentes a las minas antiguas de España como el único medio de estudiar la minería antigua, debido a que en la Edad Moderna la actividad minera en la Península Ibérica no había alcanzado la importancia que sí tendría en el Nuevo Mundo. Durante esta época, se redescubrirán los autores latinos, dentro del movimiento renacentista, donde todas las informaciones de éstos se aceptan en su totalidad sin someterlas a crítica alguna y se difunden con todos sus errores y exageraciones. Una buena parte de los historiadores, geógrafos y escritores de los siglos XVI y XVII recogen abundantes citas de los autores latinos cuando escriben sobre esta actividad industrial (Sánchez Gómez, 1989: 33).

Como consecuencia de la ley promulgada por Juan I, fueron expedidas numerosas licencias para investigaciones que, por las mercedes otorgadas con este objeto, llegaron a estar distribuidas y repartidas por todo el territorio del Reino, aunque fueron pocas las minas descubiertas y laboreadas. En vista de ello, la princesa Doña Juana, en ausencia de Felipe II, promulgó una nueva Pragmática en Valladolid, el 10 de enero de 1559, con las que se anularon todas las mercedes de minas concedidas. Mandó incorporar a la Corona y Patrimonio Real todas las de oro y plata, las cuales podrían buscarse y beneficiarse libremente, estipulando los correspondientes impuestos. La Pragmática de 1559 fue modificada en 1563, dejando libre de cargas el plomo y demás minerales y metales. El efecto de estas medidas se dejo sentir muy pronto, realizándose gran número de registros mineros (Gutiérrez Guzmán, 1999: 18).

Por estos años, se inicia la explotación de la mina de Guadalcanal (1555) que contribuye a verificar la tradición y las afirmaciones de los eruditos, e incluso, la riqueza de este yacimiento se convierte pronto en legendaria, exagerándose enormemente su importancia. Este hecho, junto a la Pragmática de 1563 promulgada por Felipe II, fomentó la realización de nuevos estudios sobre la riqueza del subsuelo en dos vertientes: por un lado, la búsqueda de las minas en el terreno, siendo un ejemplo claro el informe realizado por el clérigo Diego Delgado de las minas de Riotinto y en general de la provincia de Huelva en 1556 por orden del rey Felipe II tras el descubrimiento de las minas de Guadalcanal en 1555 (Pérez Macías, 1995: 138); y por otro lado, los estudios de tipo histórico, entre los que destaca el de A. Carrillo Laso (1564), produciéndose durante el mandato de Felipe II una importante reactivación y redescubrimiento de las minas peninsulares (Sánchez Gómez, 1989: 35).

A partir de 1565, debido a la nueva pragmática, se inician los registros de multitud de minas dentro de este movimiento de reactivación de la minería en toda la península. Por ejemplo, nada más que en Linares, entre 1565 y 1629, se legalizaron 32 minas de plomo y de plata (Gutiérrez Guzmán, 1999: 21). En el Registro General de Minas de la Corona de Castilla, encargado por el ministro López Ballesteros al erudito archivero Tomás González (1832) para que estudiara la historia de la minería española a través de las fuentes documentales, dentro del marco del renovado interés por las riquezas minerales de la península tras la Guerra de la Independencia, figuran estas 32 minas de Linares. En el registro de las minas sólo se hace constar el nombre del registrador o propietario y el sitio donde podía localizarse la vena o la mina, casi siempre referido a nombres de caminos, arroyos o alguna otra particularidad geográfica, y en algunas ocasiones, referencia la existencia de labores antiguas.

A lo largo de los siglos XVII, XVIII y XIX son muy interesantes los relatos que proporcionan los distintos viajeros que han transitado por esta zona como Mr. Boisel (Contreras de la Paz, 1968-69), Antonio Ponz (Contreras de la Paz, 1959) y Manuel de Góngora (1860). Sin embargo, durante estos siglos, los autores ya no sólo se dedican a reproducir los escritos greco-latinos y a exaltar la riqueza metalífera de nuestro país, sino que intentan contrastar los amplios conocimientos sobre el terreno (Sánchez Gómez, 1989). Destaca en esta época la magna obra de Pascual Madoz, en la cual se van reflejar importantes datos geológicos, mineros, históricos, de caminería de la región, de los recursos naturales, vegetación y de las gentes de cada uno de los pueblos que se encuentran dentro del distrito minero de Linares-La Carolina. A pesar de estos nuevos avances, los tópicos sobre las riquezas mineras de España citadas en las fuentes clásicas, se mantendrán en la investigación hasta la actualidad, pero ahora desde un análisis crítico de las mismas y de la contrastación con las evidencias arqueológicas.

I.5.2. Geólogos e ingenieros de minas: el inicio de la investigación

La investigación sobre minería antigua en este distrito se inicia a finales del último tercio del s. XIX y comienzos del s. XX con la llegada a la península de geólogos e ingenieros de minas extranjeros al frente de las grandes compañías mineras explotadoras de las minas peninsulares. Serán estos técnicos, encargados de valorar las posibilidades de explotación de los yacimientos metalíferos, quienes, a través de sus informes y publicaciones, ofrezcan un enorme caudal de datos sobre la minería antigua. Este importante volumen de información, recogido por estos autores, se convertiría en la única fuente documental de la minería antigua ante la constante desaparición de elementos arqueológicos como consecuencia del avance de la minería industrial.

La primera gran obra interesante se debe a la figura del ingeniero de minas Pedro de Mesa y Álvarez (1890) que realizó la primera historia de las explotaciones de las minas del distrito Linares-La Carolina desde época prehistórica hasta el siglo XIX. Pero si por algo destacó este trabajo fue por el minucioso bosquejo geológico y análisis del campo filoniano de este distrito minero, en el cual planteaba ya cuestiones tan importantes como el origen de los filones, de los cuales realizaría una descripción muy detallada. Concretamente, para las minas de El Centenillo, contamos con los informes de los ingenieros de minas, Diego de la Viña (1871) y de R. J. Frecheville (1880) que realizaron con el fin de valorar la viabilidad de poner en explotación estas minas por parte de la familia Hasselden.

Pero si alguien sobresale dentro de la historia de la investigación de este distrito en este periodo es de H. Sandars (Cazaban, 1924). Aparte de desarrollar sus tareas como ingeniero, llevó a cabo una gran labor arqueológica. Realizó cuantiosos trabajos desde el campo geológico, minero, arqueológico (Sandars, 1909; 1914; 1924) y numismático, dando a conocer los hallazgos relacionados con la minería romana (Sandars, 1903; 1905; 1910). Además, llevo a cabo diversos estudios de los epígrafes mineros (Sandars, 1921a; 1921b; 1921c), tesorillos y precintos de plomo con las siglas S.C., estos últimos en colaboración con G. Hill (Hill y Sandars, 1911; 1912), hallados en esta región minera. Finalmente habría que hacer referencia a las excavaciones que H. Sandars llevó a cabo en una de las fundiciones pertenecientes al complejo de El Centenillo, en la Tejeruela, cuyos resultados jamás llegaron a publicarse. Lo único que se conoce son unas fotografías antiguas en las que se constata la existencia de un gran número de habitaciones cuya funcionalidad se desconoce en la actualidad (Domergue, 1987: 269)[4].

En toda revisión historiográfica sobre la actividad minera antigua desarrollada en Sierra Morena no se deben pasar por alto varias obras que realizaron otros investigadores europeos. En primer lugar destacan los trabajos acometidos por H. Quiring (1935), sobre las minas antiguas de España, uno de ellos, relacionado con las minas de oro del NW español, y el otro, que es el que interesa para este estudio, en el que analiza las minas del sur hispano, incluyéndose algunos datos sobre las minas de este distrito minero. En segundo lugar, sobresalen las obras de R. E. Palmer (1927) y de T. A. Rickard (1928), trabajos en los que se incluyen referencias a labores pretéritas que se han documentado en las minas de este distrito minero, como pueden ser la utilización de tornillos de Arquímedes y los socavones para el desagüe de las minas subterráneas.

[4]En la actualidad este yacimiento se encuentra destruido como consecuencia de la actuación de los "sacagéneros" o buscadores clandestinos de restos de plomo para su fundición.

En 1935, O. Davies publicó una de las mejores síntesis sobre la minería romana en Europa, con no pocas referencias sobre las minas romanas de la provincia de Jaén, sobre todo del distrito de Linares (Davies, 1935). La mayoría de los datos son recogidos de estudios anteriores. Recopila las principales referencias literarias sobre la minería, como la legendaria cita sobre el Monte de la Plata, los estudios sobre los hallazgos monetales y los objetos contramarcados con las letras S.C., que interpretaba como *S(ocietas) C(astulonense),* e incorporó un análisis del famoso relieve de Palazuelos. Pero la información más importante que aporta es la documentación de trabajos mineros antiguos en el distrito de Linares, describiendo los restos de pozos, galerías, etc., que encontró en las zonas norte, noreste y noroeste de la meseta de Linares, más allá del grupo de San Roque, lugar este último en el que documentó varias galerías. En una de ellas se observaba claramente cómo iba siguiendo la vena del filón y, en otra evidenció la presencia de un nicho para una lucerna, fundamental para la iluminación debajo de tierra (Davies, 1935: 135-138).

La mayoría de las obras escritas en la posguerra, son recopilaciones de lo que se conocía, como por ejemplo, el estudio de R. Fernández Soler (1954), que es una reseña histórica de la minería del plomo en el distrito de Linares-La Carolina basada, fundamentalmente, en la memoria de P. Mesa y Álvarez (1890). Y, por último, no debemos de olvidar los artículos publicados por G. Braecke en el tomo LXIII de la Revista minera (1912) en los que nos ofrece una de las mejores definiciones de la figura del "sacagéneros" (Braecke, 1912: 261).

I.5.3. El último tercio del s. XX: inicio de las investigaciones científicas sobre la minería iberorromana

En la década de los 60-70 se produce un nuevo impulso en la investigación gracias a la llegada de los franceses G. Tamain (geólogo) y C. Domergue (arqueólogo) a las minas de este distrito. El primero de ellos, compaginó la realización de su tesis doctoral sobre las riquezas geológicas y mineras de Sierra Morena oriental (Tamain, 1972) con la publicación de numerosos artículos acerca de la minería romana de este distrito, dando a conocer nuevos datos y restos arqueológicos relacionados con esta actividad productiva (Tamain, 1961; 1962; 1963). Pero de toda su labor investigadora destacan, sobre todo, los trabajos dedicados a la documentación de vestigios mineros y metalúrgicos antiguos como guía fundamental para las prospecciones mineras y geológicas contemporáneas en Sierra Morena (Tamain, 1966a; 1966b). En esta última publicación, incluye la documentación y descripción de los trabajos mineros antiguos de los principales filones de El Centenillo: filón Mirador y sus satélites, filón Sur y filón de la Perdiz, todos ellos plasmados en un mapa que ha sido utilizado desde su publicación por todos los investigadores que han tratado sobre este tema. Además, también incorpora una detallada descripción del único tornillo de Arquímedes conservado de los cinco que se hallaron en las labores subterráneas del filón Mirador, a unos 225 m. de profundidad, el cual, finalmente, desapareció con el incendio del almacén donde estaba guardado en 1947 (Tamain, 1966b: 296-297).

La otra gran aportación al estudio de la minería y metalurgia antigua en Sierra Morena oriental y, en general en toda la Península Ibérica, vendría de manos de la figura de Claude Domergue que, a partir de finales de los años 60, va a llevar a cabo una laboriosa e innovadora investigación que constituye el trabajo más completo, sin lugar a dudas, de toda la minería hispanorromana. Gran parte de esta investigación quedó plasmada en dos importantes libros monográficos de obligada referencia, el primero, el *Catálogo de minas y fundiciones antiguas de la Península Ibérica* (Domergue, 1987) y, el segundo, *Les mines de la Peninsule Iberique dans l'antiquité* romaine (Domergue, 1990). Concretamente en este distrito minero, su principal cometido fue la realización de dos campañas de excavaciones arqueológicas, durante los meses de agosto de 1968 y 1969, en el yacimiento del Cerro del Plomo (El Centenillo, Jaén) (Domergue, 1971), que resultarían fundamentales para la compresión de la evolución, tanto del poblado como de su entorno. Durante ambas campañas se realizaron ocho sondeos estratigráficos distribuidos entre los lugares que aparentemente se encontraban menos alterados y que podrían ofrecer mayores posibilidades. A pesar de ser una excavación basada e interpretada a partir de ocho sondeos, la información recopilada aportó una cronología precisa para la evolución del poblado y permitió el reconocimiento de obras de nivelación del cerro o la distinción de las diferentes áreas funcionales dentro del mismo.

Por esos años, C. Domergue, en colaboración con G. Tamain, realizó una recopilación, revisión y estudio de la actividad minera-metalúrgica en este distrito minero, desde sus inicios en la Prehistoria Reciente hasta el gran desarrollo que se produce bajo la dominación romana (Domergue y Tamain, 1971).

Los dos libros anteriormente citados son, sin duda, las dos obras más importantes referentes a la Península Ibérica, a las que podríamos sumar numerosos artículos, capítulos de libros, etc. (Domergue, 1967; 1968; 1972; 1983; 1984; 1985), de los que nosotros sólo vamos a destacar aquí los dos últimos estudios relacionados sobre este distrito de Linares-La Carolina. El primero de ellos, sobre Cástulo (Domergue, 1999), en el que se cuestiona si ésta fue una ciudad minera, criticando abiertamente a todos los investigadores que la consideran como centro minero. Éste, tras llevar a cabo un análisis de los datos epigráficos, numismáticos y arqueológicos procedentes de Cástulo, concluye señalando que no hay indicios claros que indiquen que dicha ciudad controlara la explotación de las minas del mencionado distrito minero, no encontrándose ninguna relación entre los nombres proporcionados por las inscripciones y las de los lingotes de plomo. Añade, además, que tampoco hay ninguna prueba de que los miembros de la *Societas Castulonense* (*Castulonensis*?) se asentaran en Cástulo, ni que la ciudad hubiera vivido al ritmo de la actividad minera, dominada por el dinamismo de las familias explotadoras de las minas como se observa claramente para el caso de Cartagena. Así, para este investigador, Cástulo fue una ciudad poderosa y sin duda, opulenta, que debía su importancia y riqueza al papel desempeñado como nudo de comunicación y a la explotación del olivo.

El segundo de los trabajos se centra en el análisis de los lingotes de plomo con el fin de determinar el posible lugar de procedencia, concluyendo que los lingotes de plomo del pecio Cabrera 5 seguramente provengan de Sierra Morena y, más concretamente, del distrito minero de Linares-La Carolina (Domergue, 2000).

Por otro lado, a partir de la década de los 60 y 70, en el marco de un nuevo impulso a la investigación, van a destacar los trabajos históricos relacionados con las fuentes literarias, epigráficas, numismáticas y arqueológicas, basadas tanto en la región minera como en la ciudad de Cástulo como centro de la misma (Acedo, 1902) realizados por J. Mª Blázquez, R. Contreras de la Paz, A. D´Ors y Mª. P García-Bellido. La aportación a la investigación de J. Mª. Blázquez no se reduce sólo a los trabajos generales sobre la minería hispanorromana (Blázquez, 1970; 1973; 1978; 1992) sino que cuenta con numerosas publicaciones de Cástulo (Blázquez, 1984a y b; Blázquez y García-Gelabert, 1987a; 1987b; 1994; García-Gelabert, 1987; 1993), a raíz de las diversas campañas de excavación que realizó en este yacimiento (Blázquez, 1975; 1979; Blázquez y Valiente, 1981; Blázquez, Contreras y Urruela, 1984; Blázquez, García-Gelabert y López Pardo, 1985).

Por su parte, R. Contreras de la Paz acometió numerosos trabajos de tipo histórico, geográfico, arqueológico, etc., basados en las fuentes literarias y epigráficas fundamentalmente, sobre Cástulo y su comarca, que son de obligada referencia cuando se quiere estudiar la historia y personajes de dicho espacio geográfico (Contreras de la Paz, 1960a y b; 1961; 1962; 1965; 1971; 1999). Entre toda su obra investigativa debemos resaltar, por un lado el estudio dedicado al Monte de la Plata, el cual sitúa dentro de este distrito, en las cercanías de Cástulo (Contreras de la Paz, 1966); y, por otro, el articulo en el que recoge las diferentes lecturas que se habían realizado de las siglas S.C. impresas en los precintos de plomo hallados en su mayoría en El Centenillo, concluyendo que éstas serían las iniciales de una sociedad que explotaría las minas de El Centenillo, la *S(ocietas) C(astulonensis)* (Contreras de la Paz, 1960b). En cambio, A. D´Ors, se dedico al estudio de gran parte de los epígrafes de Cástulo y mineros de esta región minera, estos últimos en compañía de R. Contreras de la Paz (D´Ors, 1960a y b; 1961a y b; 1962; 1963a y b; 1966; D´Ors y Contreras de la Paz, 1956; 1959).

Por lo que se refiere a la numismática, no será hasta la década de los 80 cuando aparezcan las tesis innovadoras de M. P. García-Bellido a raíz de su estudio sobre las monedas con escritura indígena de la ceca de Cástulo (García-Bellido, 1976; 1982). La ceca de esta ciudad empezó a acuñar moneda bajo la dominación púnica, ante la necesidad de moneda con la que pagar a los soldados que integraban sus ejércitos, en los que tendrán gran presencia los mercenarios ibéricos. M. P. García-Bellido, al estudiar las emisiones de Cástulo, señala la existencia de una serie paralela, la Va con tipo de Mano y la Vb con tipo Creciente. La serie de tipo Creciente se reservaría para el uso en el propio centro urbano mientras que la de la serie Mano estaría destinada a una circulación minera específica puesto que aparecen profusamente en las explotaciones hasta el fin de su acuñación en el año 80 a.C. (García-Bellido, 1982). Esta propuesta, cuestionada por C. Domergue (1999) recientemente, no debemos descartarla a la vista del constante incremento de hallazgos numismáticos de este tipo, aún inéditos, procedentes de las zonas mineras de Sierra Morena.

La presencia de moneda minera en otros centros mineros, según esta investigadora constataría la emigración o, mejor, el movimiento de gentes de un centro a otro (García-Bellido, 1980; 1982; 1986), poniéndola en relación con las numerosas inscripciones aparecidas en Huelva (Blanco, 1962) y la aparecida en El Centenillo de *Paternus*, de gentes de otros lugares (D´Ors y Contreras de la Paz, 1959). Dichos estudios numismáticos se completan con los llevados a cabo por A. Arévalo (1996a; 1996b; 1999) y F. Chaves Tristán (1986; 1987-88; 1996), entre otros investigadores. Todos estos trabajos han puesto de manifiesto la existencia de una alta densidad de circulación monetaria en los cotos mineros de Sierra Morena que se explicaría, según estos especialistas, por el alejamiento de las explotaciones mineras de otros centros de economía abierta y por la obligación de sufragar los gastos y los servicios con la moneda.

Dentro del distrito minero de Linares-La Carolina se han documentado numerosos tesorillos como los que ya a principios del siglo XX estudió G. F. Hill y H. Sandars (1911; 1912), aparecidos en El Centenillo, o el de Chiclana de Segura (Avellá y Rodríguez, 1986) y el de Alameda en Santisteban del Puerto (García Serrano, 1963; Blanco Freijeiro, 1967), que serán recogidos por F. Chaves Tristán (1996) en el catalogo que realizó sobre los tesoros de denarios romanos en el sur de la Hispania. La ocultación de estos tesoros, vinculados a las minas de Sierra Morena, se ha relacionado con Guerras de Sertorio y con las Guerras Civiles.

Fruto de la labor llevada a cabo por el Grupo de Estudios Prehistóricos de La Carolina en el entorno minero de Sierra Morena oriental se publicarán dos trabajos de revisión de la minería romana basados en el análisis de las fuentes literarias, epigráficas, numismáticas y arqueológicas documentadas en la mencionada zona (Pastor *et. al.*, 1981). Pero su gran aportación fue el estudio, clasificación tipológica y análisis de las herramientas mineras romanas halladas en la minas de El Centenillo (Soria y López, 1978).

El enfoque a través de las fuentes de los aspectos económicos y sociales (propiedad, administración de las minas, condición social de los trabajadores, mineros, etc.) de la minería es tan importante como el estudio de la actividad minera en sí, y ambos, conjuntados, ofrecen una visión global de la problemática minera en época romana. En esta línea se engloban los estudios realizados por J. Mª. Blázquez (1989; 1993; 1996). Si bien hemos de traer a colación los trabajos de C. Domergue, quien en su extensa monografía de 1990 dedica cinco capítulos a este tema. Nuevos estudios sobre estas cuestiones han sido abordados en trabajos recientes (Orejas, 2002; 2005; Orejas y Sastre, 1999; Arboledas, 2008), sin embargo, el más completo, aplicado a todas las zonas mineras de Hispania, ha sido publicado por J. Mangas y A. Orejas (1999).

En los últimos años han aparecido diferentes historias locales en las que se analiza la documentación existente de cada una de las explotaciones mineras pertenecientes a su término, con el fin de dar a conocer el pasado histórico de su localidad, que se encuentra íntimamente ligado a la actividad minera. Entre éstas, destacan las historias locales de las minas de El Centenillo (Caride Lorente, 1978; García Sánchez-Berbel, 2000) y de las de Linares (Gutiérrez Guzmán, 1999).

I.5.4. La implicación de la arqueología

Al margen de algunos trabajos (Corchado y Soriano, 1962; García Serrano, 1969), la verdadera implicación de la arqueología en el estudio de la minería antigua de este distrito, con proyectos de investigación ambiciosos, se inicia a partir de la década de los años 80, con las prospecciones llevadas a cabo por el Departamento de Prehistoria y Arqueología de la Universidad de Granada en las cuencas del Rumblar, del Jándula y del Guadiel (Lizcano *et al.*, 1990; Nocete *et al.*, 1987; Lizcano *et al.* 1992; Pérez *et al.* 1992a; Pérez *et. al.* 1992b) dentro de la primera fase del *Proyecto Peñalosa*. Éstas tuvieron como finalidad no sólo la clasificación, identificación y ubicación de manera objetiva de todos los yacimientos arqueológicos reconocidos, sino también plantear los patrones de asentamiento para cada periodo histórico, las estrategias de ocupación del territorio, la relación de los asentamientos con el entorno, la capacidad de explotar los recursos naturales y minerales, los circuitos comerciales, así como definir las formaciones sociales de esta zona de la sierra.

Paralelamente a estas actividades, se efectuaron diversas intervenciones arqueológicas de urgencia en diferentes yacimientos minero-metalúrgicos de este distrito con el fin de documentar y proteger estos sitios arqueológicos ante el peligro de destrucción en el que se encontraban. Entre los yacimientos intervenidos destacamos, fundamentalmente, aquellos en los cuales se llevaría a cabo alguna actividad metalúrgica en época romana. Éstos son las fundiciones de Fuente Espí (La Carolina) (Choclán *et al.*, 1990), cortijo de San Julián (Vilches) (Gutiérrez Soler *et al.*, 1995), Cerro de las Mancebas (Hornos y Cruz, 1987) y el yacimiento de Horno del Castillo (Guarromán) (Serrano y Risquez, 1991)

En los últimos años, ha continuado en esta zona el *Proyecto Peñalosa* (2ª Fase), dirigido por F. Contreras y J. A. Cámara (Universidad de Granada) y financiado por la Junta de Andalucía. Éste ha centrado sus esfuerzos por un lado, en continuar con la excavación del yacimiento minero-metalúrgico de la Edad del Bronce de Peñalosa y, por otro, en llevar a cabo una serie de prospecciones de carácter arqueometalúrgico en esta zona junto a geólogos y especialistas en minería industrial del Colectivo Proyecto Arrayanes de Linares (Contreras *et al.*, 2005; 2005a; 2005b; 2008). Por su parte, desde la Universidad de Jaén, también han seguido desarrollando una serie de publicaciones sobre diversos yacimientos mineros de esta área, los cuales ya era conocidos por la bibliografía (Gutiérrez Soler, 2000; Gutiérrez Soler *et al.*, 2000; Gutiérrez Soler *et al.,* 2002; 2003; Arias de Haro, 2001; Gutiérrez y Bellón, 2001).

Por tanto, a tenor de lo expuesto, se conocían determinados datos pero, como hemos señalado al principio de esta introducción, faltaba un estudio global que abarcara toda la problemática que acompaña a la arqueometalurgia en esta región minera. Este estudio se ha abordado recientemente con la realización de nuestra tesis doctoral (Arboledas, 2007), cuyos resultados presentamos en este libro.

II. EL TERRITORIO MINERO. INTRODUCCIÓN A LA GEOLOGÍA Y METALOGENIA DE SIERRA MORENA ORIENTAL

La zona objeto de esta investigación, como se ha señalado en la introducción, se centra en las estribaciones más orientales de Sierra Morena, dentro de la provincia de Jaén, en lo que se conoce como distrito minero de Linares-La Carolina. En esta región se concentran la mayor parte de vestigios relacionados con la minería metálica conocidos.

Sierra Morena se caracteriza por presentar un paisaje complejo, donde se plantean graves problemas de interpretación arqueológica ya que en el mismo espacio es posible hallar diversos elementos de cultura material de diferentes épocas, como consecuencia indirecta o directa de la explotación minera de los recursos en esta sierra. En ésta se beneficiaron numerosos filones metalíferos, ricos en cobre y galenas argentíferas, desde la Edad del Cobre hasta finales del s. XX, fecha en que cierran las últimas minas que se encontraban en funcionamiento en el término de Linares.

Las litologías imprimen un carácter parcial a los suelos, a la vegetación y a la vida de los habitantes, a través de ellas podremos dar una aproximación de los recursos minerales que pudieron ser explotados durante diferentes épocas y diversas sociedades con necesidades distintas. El análisis de las cuestiones geológicas y metalogenéticas son imprescindibles a la hora de conocer y establecer una relación entre las zonas mineras potencialmente explotables por el mineral y su relación con los yacimientos arqueológicos, es decir, con el factor poblacional que pudieron incidir en el aprovechamiento de estos metales, y cómo esta riqueza mineral puede influir en el patrón de asentamiento de la zona, en la vida de los habitantes de estos poblados, en el trazado de las vías de comunicación, etc. (Jaramillo, 2005).

Las fuentes de materias primas tienen un período de existencia coincidente con el aprovechamiento que las poblaciones hacen de ellas, y su fin puede provenir de factores diferentes, bien por una escasa rentabilidad o bien por cuestiones de moda, agotamiento del material, o un sin número de posibilidades para su desplazamiento, o bien por la insuficiente técnica o incapacidad tecnológica para seguir explotando (Arboledas, 2007).

El área de investigación se halla vinculada al Macizo Ibérico o Hespérico que se sitúa al Occidente peninsular y está constituido por materiales que han sido afectados por la orogenia hercínica o varisca (Gutiérrez Elorza, 1994: 11). Este macizo forma parte de la cadena hercínica/varisca europea. Esta división paralela a las directrices fundamentales de plegamiento, se fundamenta en el establecimiento de zonas con formaciones estratigráficas parecidas y evoluciones similares metamórficas, magmáticas y tectónicas.

A nivel peninsular se han diferenciado varias zonas denominadas "terrenos", entre las que se distinguen la zona cantábrica, la zona asturoccidental leonesa, la zona centro-ibérica, la zona Ossa-Morena y la zona surportuguesa (Universidad Complutense, 1982: 14; Gutiérrez Elorza, 1994: 13-14). Concretamente, el área de nuestro estudio se encuentra en el borde Suroriental de la zona Centro-Ibérica, según el Mapa Tectónico de la Península Ibérica (IGME, 1972). Dicha área está limitada al norte por los materiales más antiguos del Valle del Alcudia y, al sur, por los más recientes de la Depresión del Guadalquivir (Anónimo, 1983: 9).

II.1. LA BASE GEOLÓGICA DE LA REGIÓN

II.1.1. Introducción a la geología de la provincia de Jaén

Sierra Morena está formada por terrenos antiguos que corresponden geológicamente con el borde meridional del Macizo Hésperico. Tanto en Sierra Morena como en las sierras adyacentes predomina en su orografía una litología paleozoica de pizarras siliceo-arcillosas, conglomerados, cuarcitas y areniscas silúricas, entre las cuales, ocasionalmente se intercalan calizas cámbricas, devónicas y del carbonífero inferior. Sierra Morena y zonas adyacentes presentan una morfología básica de penillanura cuarcítica, con intercalaciones de gneises y pizarras del Cámbrico y Siluriano, con alguno restos devónicos y carboníferos (Peinado y Martínez, 1987: 165-169). Prevalecen los materiales de carácter metamórfico procedentes de la orogénesis herciniana, a los que se unen con posterioridad grandes afloramientos de granito, también conocidos como batolitos (Pedroches, Linares, Santa Elena y Arquillos). Estos terrenos contienen numerosas fracturas mineralizadas agrupadas a menudo en redes de filones muy densas en las que se encuentran las galenas argentíferas.

Así, podemos decir que Sierra Morena no es más que el reborde levantado del zócalo meseteño que ha reaccionado fracturándose ante los empujes alpídicos. La línea de falla principal se dibuja en el trazado del Guadalquivir desde la inflexión de su curso en el embalse del Tranco.

En buena parte de la litología regional hemos de incluir la Hispania arcillosa que parte de ella tiene gran desarrollo en la Depresión terciaria del Guadalquivir, y también en otras cubetas de menor tamaño existentes en las cordilleras Ibérica y Bética (Gutiérrez Elorza, 1994: 9) (Fig. 5). La unidad geoestructural denominada Depresión del Guadalquivir, que es un dominio margoso, cuyos relieves alomados y escalonados responden al compromiso entre unos depósitos terciarios blandos apenas deformados por los últimos estertores del plegamiento alpino y el encajamiento no muy intenso de la red hidrográfica.

Con una posición central, alargada longitudinalmente en paralelo de ENE-WSW, entre Sierra Morena al norte y las Cordilleras Béticas al sur, se encuentra el tramo superior de la macro unidad del Valle del Guadalquivir,

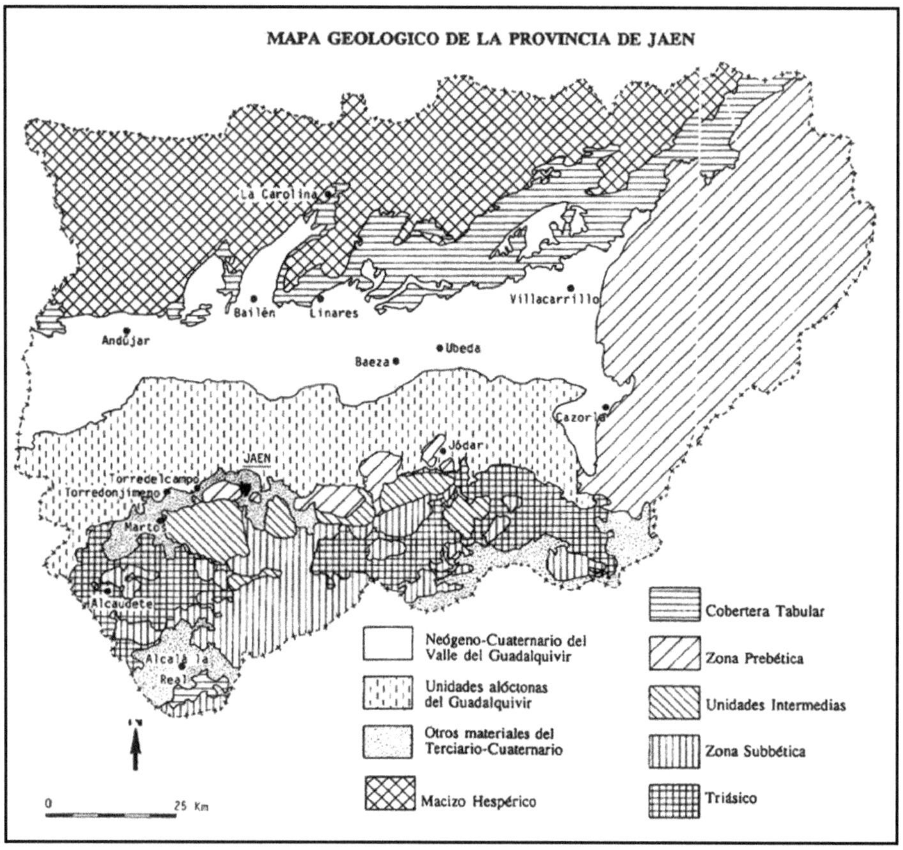

Figura 5. Geología de la provincia de Jaén (Gutiérrez Elorza, 1994: 9).

típica cuenca sedimentaria cuya evolución geológica está íntimamente ligada a la de las Cordilleras Béticas, de la que es su antefosa. Así, durante el Mioceno no era sino un brazo de mar que comunicaba el Atlántico con el Mediterráneo para, en el tránsito al Plioceno, establecerse como un istmo, aunque hasta época romana la zona final de la Depresión era un lago (*Lacus Ligustinus*, como aparece referido en las fuentes clásicas) del que, rellenado en parte, en la actualidad aún quedan restos como las Marismas de Huelva y Sevilla (Arboledas, 2007: 40-41).

Los materiales del Valle o Depresión del Guadalquivir son principalmente miocenos, marinos y finos (margas, arcillas y limos), de potencia creciente hacia el sur, aunque en los bordes pueden aparecer otros más gruesos y duros (conglomerados, areniscas y calizas) y más extensos en el centro y norte. Litológica y tectónicamente, con una correspondencia geomorfológica debe establecerse una doble diferenciación en las tierras jiennenses que ocupa el Valle del Guadalquivir: por un lado, la unidad autóctona en toda su área norte y, por el otro, la unidad alóctona olistrostómica formada por sedimentos subbéticos. Son precisamente en estos olistolitos donde se pueden encontrar las escasas mineralizaciones de óxidos de hierro (magnetita, oligisto, limonita) que adoptan una morfología estratiforme. La génesis de estas mineralizaciones pueden ser: por un lado de tipo hidrotermal en la relación con la intrusión de cuerpos ígneos de naturaleza básica; y, por otro lado, sedimentaria formada por la removilización y la posterior deposición de los óxidos anteriormente formados (Gutiérrez Soler *et al.*, 2002, 67-69.)

Al sur de la Depresión del Guadalquivir encontramos las zonas externas de la Cordillera Bética, en donde aparece toda una serie jurásica y cretácica donde las mineralizaciones brillan por su ausencia. Pero teniendo en cuenta los óxidos de hierro de la unidad olistrómica de la Depresión del Guadalquivir y la existencia de un vulcanismo marino en algunas zonas de esta cordillera puede ser que en ciertas zonas se puedan encontrar algunas mineralizaciones de tipo ferromagnesiano (Gutiérrez Soler *et al.,* 2002: 69).

II.1.2. Geología regional: síntesis lito-estratigráfica

Como ya se apuntaba en líneas precedentes, la región objeto de estudio está formada geológicamente por dos unidades, estratigráfica y tectónicamente diferentes. La primera corresponde a la zona más meridional de la Meseta Ibérica, con un predominio de materiales paleozoicos, rocas plutónicas ácidas y algunas manifestaciones volcánicas. La segunda comprende la parte más septentrional de la unidad denominada Depresión del Guadalquivir, con abundancia de materiales mesozoicos (Triásico) y, sobre todo, cenozoicos (Mioceno) (IGME, 1971: 3; Azcarate, 1972: 557-563; Azcarate, sa.: 10-12).

La aparición local en superficie de una u otra de estas unidades litoestratigráficas (zócalo paleozoico con terrenos de pizarras con intercalaciones areniscosas, granitos y diques intrusitos, y la unidad de la Depresión con materiales triásicos y del Mioceno) viene determinada por la existencia y repetida actividad de un sistema de fallas NE-SO, aproximadamente, responsables estructuralmente de la formación de los famosos yacimientos filonianos de Linares, y que han condicionado también las posibilidades de su descubrimiento y explotación minera (IGME, 1977: 3-4).

El subsuelo del distrito minero de Linares-La Carolina lo constituyen, fundamentalmente, rocas paleozoicas recubiertas en algunas zonas, como la linarense, por sedimentos más jóvenes, triásicos y miocénicos (conglomerados, arcillas, areniscas, margas, calizas, etc.) y cuaternarios (Fig. 6). Ambos conjuntos, zócalo paleozoico, en que arman las mineralizaciones, y recubrimiento posherciniano, difieren mucho en su composición, estructura, reflejo morfológico externo e importancia minera (Azcarate, 1972: 557; Azcarate, sa.: 10-12; IGME, 1977: 4).

Sin embargo, el primer piso estructural de cobertura conocido en Sierra Morena oriental, pero sobre todo en la central, está constituido por el Precámbrico o Proterozoico Superior. Éste está representado por una serie grauvaco-pizarrosa, cuya potencia alcanza varios millares de metros de facies *flysch*, apenas metamorfizada (de tipo epizonal) y en la que la parte superior está caracterizada por niveles carbonatados lenticulares (las "*Calizas de Hinojosas*") y, sobre todo, conglomeráticos (en los valles de Alcudia y del Tirteafuera, etc.) (Tamain, 1972). En nuestra región de estudio, el Proterozoico o Precámbrico se presenta en la zona noroccidental de la cuenca del río Rumblar en forma de cuña con una dirección este-oeste, limitando este basamento al norte por materiales del Ordovícico y al sur, por materiales del Ordovícico (Jaramillo, 2005: 272).

a) Zócalo paleozoico metalífero

El zócalo Paleozoico (Ordovícico, Silúrico, Devónico y Carbonífero) en este distrito está representado por rocas sedimentarias -cuarcitas, areniscas, pizarras, y también conglomerados y calizas- que han sido plegadas y afectadas por un metamorfismo regional e intrusiones graníticas durante la orogenia varisca o hercinica (granitos de Los Pedroches, Santa Elena, Linares y Arquillos) (Azcarate, 1972: 557-560; Azcarate, sa.: 10-12; IGME, 1977: 4).

El Paleozoico está representado desde el Ordovícico al Carbonífero, ambos incluidos, que constituyen los materiales más antiguos, a excepción de los del Precámbrico que hemos aludido anteriormente, y más modernos respectivamente. Son en estas formaciones geológicas donde encaja los filones mineralizados de esta región.

La columna representada en la figura 7 y el mapa de la figura 6 resumen muy bien el conocimiento actual sobre la composición del zócalo primario.

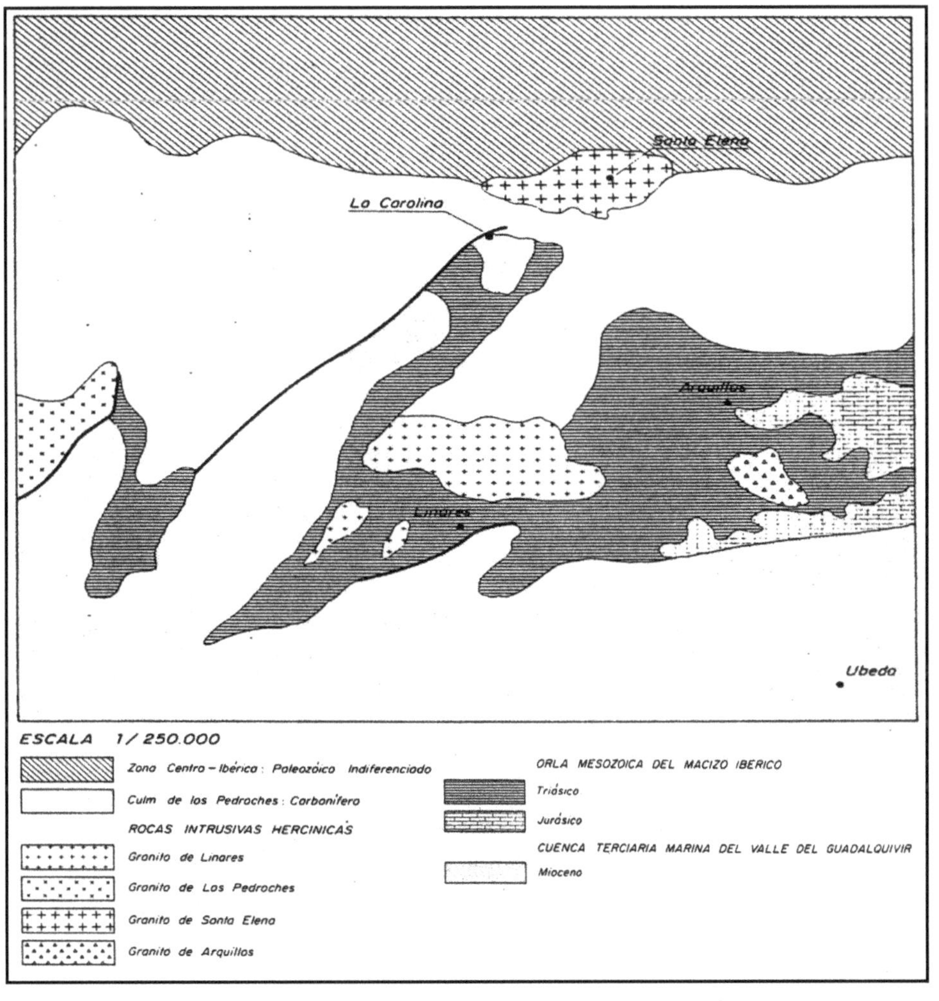

Figura 6. Geología regional del norte de la provincia de Jaén y zona de estudio (Anónimo, 1983: 10).

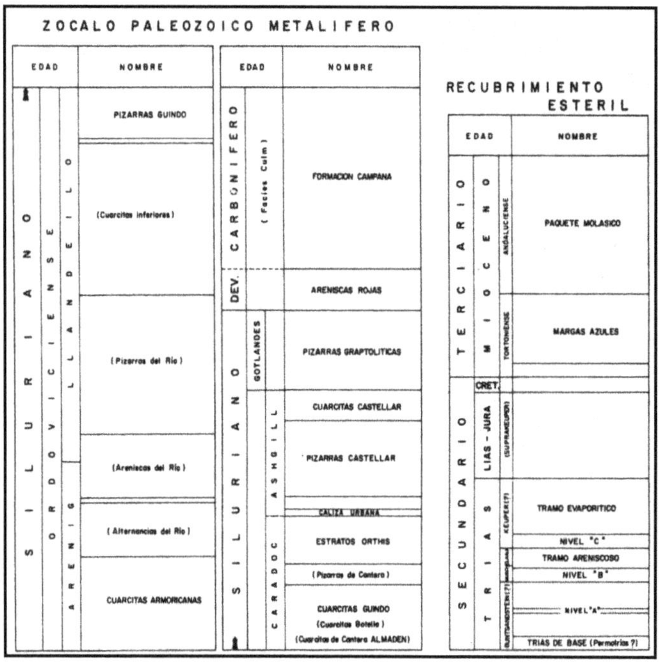

Figura 7. Estratigrafía y temporalidad de la litología reconocida en la región de estudio (Azcarate, 1972).

b) Recubrimiento Postherciano Estéril

El recubrimiento posthercíniano estéril, desde el punto de vista minero, está compuesto de abajo arriba sucesivamente por materiales del Permo-Trias, del Secundario (Trías y Jurásico), del Terciario (Mioceno y Plioceno) y del Cuaternario (conglomerados, arcillas, areniscas, margas, calizas, etc.), mientras que al este de esta zona minera, en la Hoja de Úbeda, otros paquetes, jurásicos y cretácicos se interponen entre los sedimentos triásicos y miocenos[5] (Azcarate, 1972: 560-563; IGME, 1977: 4; Anónimo, 1983: 34-43).

Concretamente, los terrenos paleozoicos primarios y las fracturas son recubiertos con asperones rojizos del Triásico en varios sectores de este distrito minero: cerca de Baños de la Enciana y de La Carolina, pero sobre todo, en el norte y nordeste de Linares. Por último, los materiales miocenos del valle del Guadalquivir abarcan todo el sur de Linares y Bailen desde donde emerge una lengua que se extiende hasta la población de La Carolina.

c) Rocas plutónicas intrusivas

La mayor extensión de rocas plutónicas corresponde al gran batolito de Los Pedroches, que sigue la dirección aproximada NO-SE. Estas rocas plutónicas, durante su intrusión digieren, levantan, perforan y se inyectan en el seno de una potente formación de pizarras y grauwacas carboníferas, metamorfizándolas por acciones térmicas y emanaciones a favor de su contacto (IGME, 1971: 14).

Los materiales intrusivos son de composición granítica en general, predominando rocas del tipo dioritas, granodioritas y adamellita de grano medio. El conjunto está cruzado por una intensa red de fracturas rellenas en gran parte con materiales porfídicos (IGME, 1971: 14).

Los granitos comúnmente tienen un color gris y están integrados por elementos de análogo tamaño, cercanos en general, a un centímetro. En las zonas de contacto periférico son frecuentes los cambios de este granito a variedades rosado-pegmatiticas o a otras de grano más fino. Estas rocas ígneas se componen principalmente de plagioclasas, orthosa, cuarzo y biotita (Azcarate, 1972: 558-559; IGME, 1977: 228-29; Anónimo, 1983: 43-52).

También se pueden vincular con materiales intrusitos los diques y las inyecciones de sílice realizados en brechas (metamórficas) de contacto entre los afloramientos de material intrusito y las pizarras carboníferas (Jaramillo, 2005: 312). Los diques de pórfidos graníticos están encajados en el granito o en las pizarras próximas a su contacto, e incluso a varios kilómetros de los afloramientos graníticos, aparecen diques, generalmente, de pórfidos de cuarcíferos. Estos son muy variados en colorido y aspecto pero algo menos en cuanto a su composición. También existen algunas intrusiones tabulares diabásicas, parcialmente transformadas en anfibolitas (Azcarate, 1972: 559; IGME, 1977: 29-30).

En la periferia de las rocas hipogénicas existen formaciones rocosas, resultantes de las complejas interacciones entre las unidades preexistentes y las intrusitas (rocas de metamorfismo de contacto). Tales aureolas, más bien de baja intensidad, presentan un considerable desarrollo espacial, con independencia de la situación de los filones, como banda periférica cuyo espesor varía entre los 500 y 2000 metros. Las transformaciones que sufren las diversas rocas dependen de su proximidad al granito y su propia composición. Las unidades de origen político se han convertido en pizarras moteadas en la aureola más externa, en pizarras con cristales más desarrollados de andalucita en las partes más cercanas a la intrusión, y en esquistos micáceos o corneadas de andalucita, en las inmediaciones del contacto ígneo. Las rocas silíceas, que en el ámbito de Linares poseen menor desarrollo, han experimentado tránsitos progresivos a corneanas, conforme decrece su distancia al batolito (Azcarate, 1972: 559-560; IGME, 1977: 30). Por ejemplo en la masa granítica de Santa Elena presenta una aureola metamórfica de pizarras andalucíticas, grantíferas y silíceas (IGME, 1971: 15).

En algunas ocasiones el granito se encuentra en un estado de descomposición que es inherente, por lo general, a los puntos de su afloramiento, debido a la disgregación de los elementos constitutivos del feldespato orthosa, cuyo silicato aluminoso-potásico se altera por la acción de los agentes atmosféricos, quedando en último término la sílice libre. También se observa la descomposición del

[5] En este capítulo no se incluye una descripción detallada de las diferentes formaciones geológicas presentes en esta región ya que esa no es la finalidad de esta publicación. Para ello, nos remitimos a la extensa bibliografía específica que existe acerca de esta temática (IGME, 1976; IGME, 1977; 1972: 557-560; Azcarate, sa.; Anónimo, 1983; Lillo, 1992; Arboledas, 2007).

granito en el interior, sobre todo en aquellos puntos en que está en contacto o próximo a los filones metalíferos y fallas que se encuentran en su masa, llegando a veces al estado de arenas gruesas. Según P. Mesa y Álvarez, este fenómeno está en estrecha relación con el modo de ser y constitución de dichos filones (Mesa y Álvarez, 1890: 42; Alvarado, 1923: 330).

La intrusión granítica reconocida en diferentes lugares de este distrito minero de Linares-La Carolina aparece como la terminación original de la banda ígnea, que comenzando en Castelo Branco y Porto Alegre (Portugal), continúa a través de Extremadura y Andalucía (Pedroches), siguiendo más o menos la directriz local de los ejes de plegamiento herciniano, para desaparecer casi definitivamente aquí (IGME, 1977: 12).

En esta área de estudio se reconocen varios afloramientos graníticos (Fig. 6). Los dos más conocidos e importantes son los del entorno de la ciudad de Linares y entre La Carolina y Santa Elena, los cuales se hallan surcados por numerosos filones. Pero el afloramiento más extenso es la banda ígnea que procedente de Los Pedroches (Córdoba) entra por el noroeste de la provincia de Jaén a través del valle del Jándula hasta la confluencia con término de Baños de la Encina (Mallada, 1884: 5-6; Mesa y Álvarez, 1890: 59). Dentro de la cuenca del río Rumblar, se pueden observar estos materiales ígneos en la zona de contacto de esta banda granítica procedente de Los Pedroches con los materiales carboníferos de la cuenca del Rumblar, en la finca de Medianería, Friscalejo, Retamon, Santa Amalia, Cerro de Navamorquín y en el entorno de Casa la Nava (Jaramillo, 2005: 312-316).

Por último, un cuarto afloramiento granítico aparece en el término de Arquillos. Éste aflora principalmente en la Hoja de Úbeda y en el borde sur de la Hoja de Santisteban del Puerto. Los afloramientos en este lugar son de forma irregular, estando limitado por fracturas en su mayor parte (Anónimo, 1983: 49-50).

II.1.3. Síntesis Tectónica-Estructural

a) Disposición del zócalo paleozoico metalífero

Los sedimentos paleozoicos, predominantemente arcillosos, los del Carbonífero y sabulosos, los silurianos, fueron plegados y metamorfizados a pizarras y cuarcitas durante la orogenia herciniana (fase Artúrica), en varias etapas progresivas de deformación (Fig. 8) (IGME, 1977: 10).

Primera fase tectónica

La dirección media de los ejes de plegamiento describe amplio arco al norte de Linares. Al noreste de esta población marchan con rumbo N.-60°-E., E.-O. en el meridiano de Linares, y N.-70°-O. al NO., en Sierra Morena. Los buzamientos de la estratificación y pizarrosidad al S. de Despeñaperros marchan generalmente hacia el sur (Azcarate, 1972: 563; Azcarate, sa.: 12).

La etapa de empujes, causa de estas primeras unidades hercínicas de plegamiento, las de mayor envergadura y continuidad, es probablemente posterior al Westfaliense. Su dirección compresiva principal varía localmente alrededor de N.-S. y N. 20° E.-S. 20° O. El arqueamiento producido con el plegamiento fue causa de una precoz y bien desarrollada creación de fracturas transversas, rumbo-deslizantes, de dirección media NE.-SO. A N. 50° E.-S. 60° O., cuya actividad, en épocas tectónicas posteriores, será notoria y fundamental (IGME, 1977: 11-12).

Segunda fase tectónica

Se caracteriza por una nueva tanda de presiones, próxima en el tiempo a la anterior, pero de dirección cercana al NO.-SE. Producen inflexiones en la misma dirección en los ejes de macropliegues de la fase a precedente, macroarrugamientos locales y la aparición de otra pizarrosidad de fractura (IGME, 1977: 12).

Intrusión granítica

Con posterioridad, en un clima de descompresión se produce el emplazamiento y consolidación progresiva de los granitos aflorantes en toda la Sierra de Andújar hasta la cuenca del Rumblar (Navamorquin) y Linares, que durante su intrusión, como se señalaba en líneas anteriores, se inyectan entre las pizarras metamorfizándolas. El conjunto de afloramientos graníticos de esta región son el límite final de la banda ígnea que nace en Portugal y se extiende hasta esta zona minera giennense.

Las tensiones surgidas al consolidarse el granito se resolvieron según un termodiaclasamiento de fracturas principales N. 25° E. y N. 65° O., subverticales, completadas por un tercer sistema de diaclasas tendente a la horizontalidad (IGME, 1977: 12).

Tercera etapa tectónica de empujes tardíos

Después de la intrusión granítica y consolidación plutónica, acaece otra etapa de actividad orogénica. Los nuevos empujes, cuya dirección oscila alrededor N.-30°-E., no concuerdan con los de la etapa anterior y se originan así repliegues y nuevas pizarrosidades, con carácter más local, en las pizarras, cuyos ejes primitivos de plegamiento dibujan en planta amplias inflexiones en "S". Las unidades menos plásticas, granitos y cuarcitas, responden ante estos esfuerzos con fallas rumbodeslizantes N.-45°-60°-E., a favor de las cuales se producen desplazamientos en los que el bloque, situado más al norte de la falla, avanza relativamente hacia el sur. De todas las fracturas nacidas o reactivadas, algunas en particular presentan singular interés por su envergadura regional y por su vinculación al establecimiento de las grietas, que rellenas, compondrán el campo filoniano de este distrito minero (Azcarate, 1972: 563-564; Azcarate, sa.: 13).

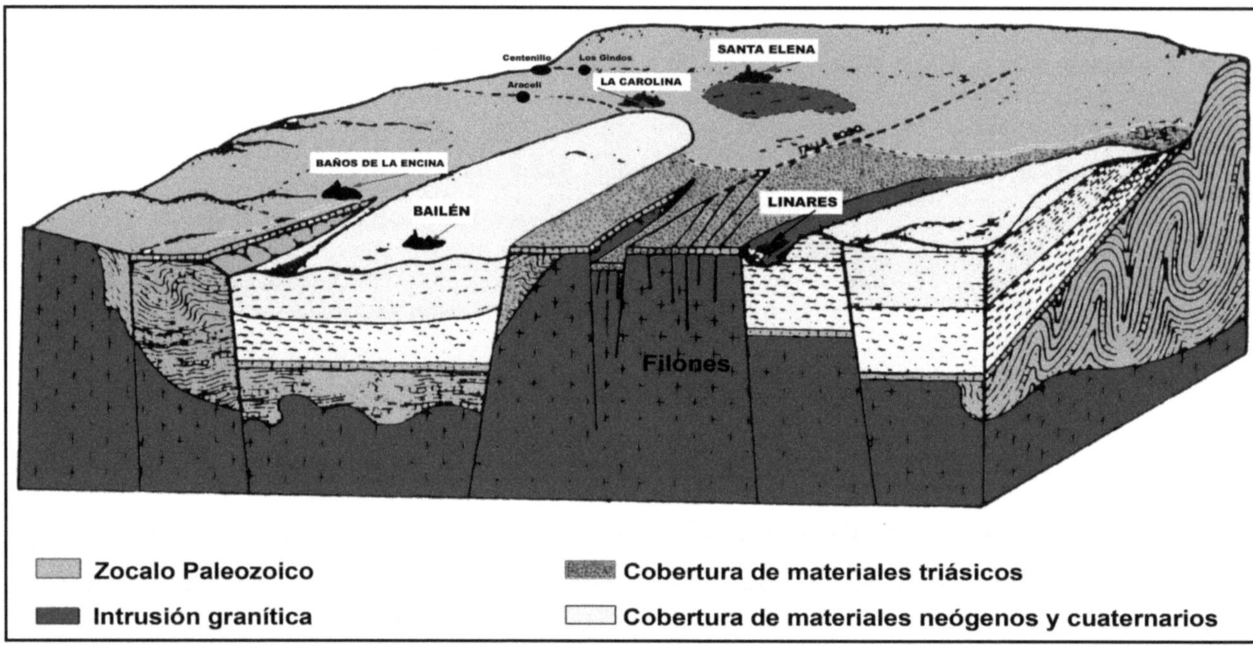

Figura 8. Representación tridimensional del aspecto actual del distrito de Linares-La Carolina tras la evolución estructural sufrida (elaborado a partir del mapa del IGME, 1977).

b) Disposición del recubrimiento postherciniano estéril

El Terciario y el Mesozoico reposan, casi siempre, subhorizontalmente, conservando su posición originaria, aunque ambos muestren tendencia a buzar suavemente hacia los centros de sus respectivas cuencas, situadas más al sur. Sin embargo, fenómenos de emersión o descenso relativo de bloques de zócalo, acaecidos en tiempos postriásicos, han afectado también al recubrimientos pospaleozoico suprayacente, fracturándolo o imponiéndole inclinaciones que localmente alcanzan los 70º (Azcarate, 1972: 564; Azcarate, sa.: 13; IGME, 1977: 13).

El conjunto paleozoico afectado por los antiguos desgarres N.-45º-60º-E., experimenta nuevos movimientos verticales a favor de estas fracturas, que alcanzan incluso el Plioceno. Por ello, el zócalo metalífero va desapareciendo al SE., S. y NO. de Linares por saltos escalonados, bajo depósitos sedimentarios más modernos (Azcarate, 1972: 564; Azcarate, sa.: 13; IGME, 1977: 13).

Las alineaciones tectónicas de esta índole, con singular importancia minera y geológica son (Azcarate, 1972: 564; Azcarate, sa.: 14; IGME, 1977: 13):

a) Falla de Baños de la Encina-La Carolina (con más de 320 metros de buzodeslizamiento de la altura de Baños.
b) Falla de Guarromán (con unos 200 metros de hundimiento del bloque bajo a la altura de Matacabras).
c) Falla de Linares (con unos 120 metros de componente vertical en su desplazamiento).
d) Falla de Fuente-Álamo (con otros 120 metros de salto vertical en el cortijo del mismo nombre).

Las enunciadas en primero y segunda lugar definen la fosa de Bailen, colmatada de Trías y Mioceno. La segunda y la tercera delimitan el pilar de Linares, en el que prácticamente aflora el Paleozoico con los criaderos de plomo. La falla de Linares, como la de Fuente-Álamo, producen el descenso progresivo del zócalo herciniano, que 3 kilómetros al sur de la Estación Linares-Baeza reposa ya bajo más de 600 metros de recubrimiento (Azcarate, 1972: 564; IGME, 1977: 14).

Dentro del bloque pilar de Linares puede apreciarse una estrecha banda, ligeramente deprimida, a la que se denomina "*depresión intermedia*". Las fracturas que la delimitan son la denominada "El Cobre-2" y la "Falla Roso", ambas en tiempos triásicos han actuado nuevamente, pero como fallas de desplome normal. La "Roso", unos 40 metros de buzoseparación al sur frente a los 4 kilómetros de rumboseparación en tiempos hercinianos (Azcarate, 1972: 564-565; Azcarate, sa.: 14).

El juego de bloques tectónicos se verifica también, mucho más atenuado, de manera complementaria, a favor del sistema de disyunción del granito N. 65º O., coincidente con el de fracturas longitudinales de los primeros bloques hercinianos (IGME, 1977: 13).

II.2. METALOGENÍA DE LOS DISTRITOS MINEROS DE ANDÚJAR Y LINARES-LA CAROLINA.

Desde el Calcolítico, los metales nativos, como el cobre y la plata, muy bien representados en Sierra Morena oriental, han atraído tanto a poblaciones indígenas como foráneas. La explotación sistemática de las mineralizaciones cupríferas adquirirá un gran desarrollo con la cultura argárica en la Edad del Bronce. En épocas posteriores, la plata y el plomo se convertirán en el principal objetivo minero. Para entender mejor cómo el fenómeno minero ha condicionado la organización del territorio y las relaciones socioeconómicas es preciso conocer, al menos de una manera general, el contexto metalogénico de estas "riquezas" metálicas.

II.2.1. El distrito minero de Linares-La Carolina y Andujar

A escala peninsular, el distrito minero de Linares-La Carolina y los otros campos filonianos este-mariánicos pertenecen a la Zona Centro Ibérica, situada entre la Zona Galaico-Castellana (al norte) y la Zona de Ossa-Morena (al sur). Éste se caracteriza por presentar las siguientes mineralizaciones (Tamain, 1972):

- Algunas hipotermales de estaño-tungsteno (Sn-W), que constituyen un "centro caliente" a lo largo de la extremidad oriental cuprífera del batolito granítico de Los Pedroches.
- Las más importantes, mesotermales, de cobre-plomo (Cu-Pb), plomo (Pb) y plomo-plata (Pb-Ag), que constituyen un "cinturón plomífero" alrededor del precedente.
- Y en su margen, algunas epitermales, constituyendo un "cinturón antimonífero" (Sb), que limita en sus afueras un "desierto metalogénico".

La fuente cartográfica más apropiada de la que se dispone para el conocimiento de los recursos mineros en el área oriental de Sierra Morena son las hojas correspondientes del Mapa Metalogenético de España, a escala 1: 200.000 de Linares, donde se incluye la morfología del yacimiento, la mena, el quimismo, la roca encajante, el proceso genético, la edad, los metalotectos y los datos de explotación económica (IGME, 1974) (Fig. 9). El inventario de las minas recogidas en este mapa se basa en las concesiones de explotación o permisos de investigación concedidos. En este mapa se reconocen en la zona de nuestro estudio 176 minas, la mayoría de plomo y cobre. Esta información se complementa con la síntesis geológica y el estudio de la geología minera que presentan los Mapas Geológicos de España, las hojas de Linares y La Carolina a escala 1: 50.000.

El análisis de la minería de la región se basa concretamente en el desarrollo minero a gran escala y de grandes cantidades extraídas asociadas al núcleo de Linares, La Carolina, Santa Elena, Los Guindos-El Centenillo, Andújar y Baños de la Encina. Es indispensable el análisis en conjunto de las diferentes zonas ya que éstas están vinculadas tanto geológicamente como por la naturaleza de las mineralizaciones que allí se han reconocido.

La mineralización presenta una variedad en esta zona, de tal forma que en el área de La Carolina-Los Guindos-El Centenillo los filones son ricos en plata, mientras que en las zonas de Linares y de Santa Elena la galena contiene una proporción, generalmente más baja en plata, mientras que en el término de Andújar destacan los filones de cobre (Fig. 10) (Azcarate, sa).

A ello hay que sumar, como aspecto curioso, la presencia

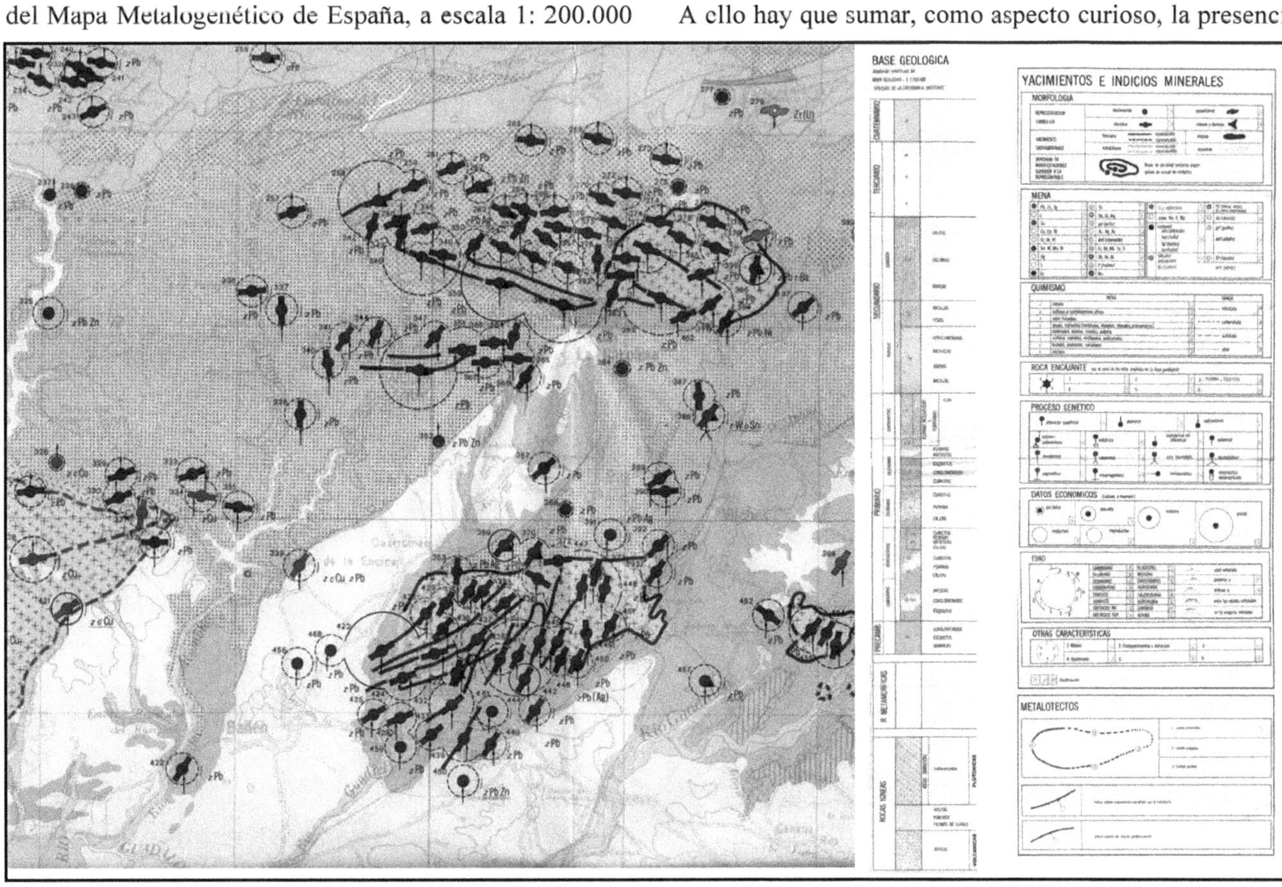

Figura 9. Mapa metalogenético de Linares, La Carolina y Baños de la Encina, escala 1:200.000 (IGME, 1974).

de depósitos carboníferos en la Cuenca del Guadiato, ya en la parte cordobesa de la sierra y la gran franja de arcillas de Bailén, explotadas desde antiguo con la industria alfarera, y que son la principal industria de minería no metálica de esta región (Cohen, 1989: 134-136).

Estos son los aspectos más sobresalientes que se pueden reseñar relacionados con la riqueza mineral metálica y no metálica del sector oriental de Sierra Morena.

Los enriquecimientos filonianos de esta comarca la hicieron máxima productora mundial de plomo entre 1875-1920, con una producción media de 65.000 Tm / año. Durante los siglos XIX y XX se ha estimado una producción de 5.500.000 Tm de plomo extraído de estos distritos. La producción minera en los años 70 del siglo XX era de unas 20.000 Tm / año, siendo el segundo productor español de plomo (Artillo *et al*., 1987).

En cuanto a la génesis y orígenes de los yacimientos filonianos mineralizados se han ido articulando diferentes teorías, desde las tesis de Mr. Laplace hasta la teoría hidrotermal de Elie de Beaumont pasando por la teoría de las disoluciones supericumbentes de Werner, que tanto P. Mesa y Álvarez como Alfonso Alvarado han recogido en su estudios sobre este distrito minero con el fin de explicar dicha problemática (Mesa y Álvarez, 1890: 267-298; Alvarado, 1923: 92-124). Hoy día esta muy difundida y desarrollada la tesis de un origen hidrotermal de los filones mineralizados, teniendo cada zona sus propias particularidades (Martínez Frías, 1991).

Figura 10. Filón de galena cortada por la construcción de la nueva circunvalación de Linares (Colectivo Proyecto Arrayanes).

Estos yacimientos se han originado por precipitación de disoluciones que circulaban a favor de fallas y fracturas. La procedencia de tales fluidos metalíferos debe situarse en rocas o niveles hoy no aflorantes. Posiblemente su único reflejo sobre la superficie actual sean algunos de los diques que atraviesan el granito o pizarras carboníferas. Durante los procesos de transformación o consolidación de estas rocas desconocidas se habrá verificado el aporte de metales a fracciones fluidas, que han circulado después aprovechando las discontinuidades para finalmente depositarse (Azcarate *et al*., 1972: 571; IGME, 1977: 17).

Dentro de cada grieta tectónica metalizada por aportes hidrotermales pueden superponerse espacialmente varias metalizaciones de distinta edad y composición de la que trataremos a continuación. La metalización plumbífera, la principal en esta zona, está ligada a los últimos acontecimientos de la orogenia herciniana, pero posterior a la intrusión y deformación de los granitos, cuyas fracturas albergan mineralizaciones, y anterior al Trias que se deposita sobre afloramientos filonianos, eliminados en parte por la erosión posthercinianа (Azcarate *et al*., 1972: 572).

II.2.2. Los sistemas filonianos mineralizados

Los filones metalíferos se disponen estructuralmente en función de la tectónica de zócalo y radial local que ha afectado a los distintos tipos de rocas de caja, presentando varias fracturas con diversos sistemas de patrones de dirección y buzamiento (Fig. 11) (Azcarate, 1972: 565-567; Azcarate, sa.: 47-48; IGME, 1976: 35-37; IGME, 1977: 20-22).

- **Macizo granítico de Linares:**
  - Filones principales: N. 25°-205°.
  - Filones cruceros: N. 65°-245°.
- **Bloque granítico de Guarromán (al NO. del anterior):**
  - Filones principales: NE.-SO. y N. 65°-245°.
  - Filones cruceros: N. 70°-250°.
- **Depresión granítica intermedia (situada entre las dos precedentes) :**
  - Filones principales: N. 75°-250°.
  - Filones secundarios: N. 45°-225°.
- **Bloque SE:**
  - Filones principales: N. 25°-205°.
  - Filones secundarios: N. 45°-225°.
- **Carbonífero al SE. de La Carolina :**
  - Zona de relativa importancia minera, donde las metalizaciones, encajadas en pizarras arcillosas, suelen tener direcciones NE.-SO. y N. 75°-255°.
- **Carbonífero al oeste de La Carolina :**
  - Filones principales: N. 85°-265°.
  - Filones cruceros: N. 30°-210°.

- **Ordovícico al NNO. de La Carolina (zona de Los Guindos):**
    - Filones principales (filón-maestro Guindo): N. 100°/105°-280°/285°.
    - Filones cruceros: N. 30º-210°.
- **Ordovícico al NO. de La Carolina (zona de El Centenillo):**
    - Filones principales Mirador y Sur: N. 65°/70º-245°/250°.
    - Filones Pelaguindas y Perdiz: N. 95°/100°-275°/280°.
    - Filones "norteados" (Crucero Norte-Sur, norteado de San Eugenio, norteado de las Cañitas, norteado de Ministivel), estériles: N. 0°/10°-180°/190°, a veces con relleno porfídico.
    - Filones Transverso y Crucero, estériles: N. 30°/40°-210°/220°.
    - Filones "norteados" (norteado de San Guillermo,...), estériles: N. 155°/160°-335°/340°, a veces con relleno porfídico.

    Los filones (con plomo-plata) Mirador y Sur cortan y desplazan el sistema norteado estéril N.0°/10°-180°/190°.

- **Infracarbonífero al E. de La Carolina:**
    - Filones principales: N. 25º-205°, y N. 45º-225°.
- **Granito de Santa Elena:**
    - Filones principales: N. 110°-290°.
    - Filones cruceros: N. 20º-200° y N. 70º-250°.

La alta capacidad metalífera de las fracturas N.25º-205° del granito de Linares proviene de una reapertura del termodiaclasamiento originario, motivada por rumbodeslizamiento de la falla "Roso", principalmente, y de otras de menor consideración (falla N. 65º-245° al sur de Cañada Incosa). En cambio, dentro de la Depresión Intermedia, la movilidad de accidente tectónico tan importante produjo una banda de cizallamiento, cuya existencia condicionó la posterior formación de filones irregulares y apretados (IGME, 1977: 20-22).

El campo metalífero de La Carolina, por el contrario, aparece ligado, sobre todo, a grandes fracturas longitudinales de rocas cuarcitosas, discontinuidades singularmente netas y atractivas en las inmediaciones del contacto siluriano-carbonífero, sujetas siempre a distensión durante el relajamiento de los empujes hercínicos septentrionales (Azcarate, 1972: 568).

La vinculación de la granodiorita de Santa Elena a las estructuras de plegamiento N 70º O preexistentes, o en parte concomitantes, es tan estrecha que su pauta de diaclasamiento y fracturación filoniana, coincide con la de aquellas en disposición e intensidad, mientras que las disyunciones y campo metalífero del granito de Linares se muestran independientes de la anterior tectónica de pliegues. Sin embargo, en el extremo occidental del Distrito de La Carolina (área de El Centenillo), la apertura de las estructuras filonianas, y su aparente discrepancia en dirección respecto a las vecinas de Los Guindos, parece ser debida a rumbo-deslizamientos NE., análogos a los de la falla "Roso" en Linares, movimientos responsables asimismo de la notable inflexión que se aprecia, inmediatamente al O., en el contacto Siluriano-Carbonífero (Azcarate, sa.: 49).

Tres son pues y de distinto carácter, los metalotectos reconocidos en este distrito minero a escala regional; uno, por su permanencia en la evolución regional, de naturaleza estructural profunda (falla "Roso"), otro de índole mas estratigráfica, si bien con influjos litológicos-estructurales, y el último predominantemente litológico-estructural (intrusiones graníticas) (Azcarate, 1972: 569).

En el distrito de Linares, dentro del ámbito de influjo granítico, las fracturas metalizadas son N. 30º E. al sur de la falla "Roso", N. 60º E., inmediatamente al norte de la misma, y NE.-SO., los más distanciados. Los filones N. 30º E. se han establecido en discontinuidades cuya apertura se crea por movimientos de la mencionada falla "Roso", metalizaciones que no atraviesan este accidente. La posible replica del distrito de Linares, al norte de la mencionada falla, no existe por faltar un ámbito granítico fracturable análogo al del sur. Por ello, en el pizarral carbonífero al norte de Linares, donde se prolongaría hipotéticamente el distrito, el potencial metalogenético no perdura, sino que queda circunscrito a las inmediaciones NE.-SO. de la falla "Roso", pero alcanzaría cierto nivel únicamente donde aquella viese rocas frágiles y competentes, pues en las deformaciones restantes no se producen por su plasticidad y agrietamientos (Azcarate, 1972: 569-570).

Al contrario, en La Carolina, las prolongaciones naturales o de los filones y de las áreas teóricamente metalotécticas coinciden, por lo que las nuevas áreas filonianas, deberán buscarse en la franja septentrional y paralelo al contacto siluriano-carbonífero (Azcarate, 1972: 570).

- **Al ONO. del distrito de Linares-La Carolina, el extremo-oriental del batolito granítico de Los Pedroches, que se extiende desde el río Yegua al oeste hasta el Rumblar al este (Sierra de Andújar):**

    - Los filones cupríferos siguen fracturas NNE.-SSO., NE.-SO., e incluso E.-O. encajando en el granito con biotita, y contienen calcosita, calcopirita,... carbonatos asociados, en una ganga de ankeritas, cuarzo, etc.
    - Los filones plomíferos se encuentran al borde septentrional del batólito, en el Culm. Algunos encajan en el mismo granito, justo en su borde como los filones de Las Salas de Galiarda y alrededores. Siguen fracturas orientadas NE.-SO., ENE.-OSO. y a veces E.-O.; contienen galena (con poca plata: de 170 a 350 g. Ag. / T. Pb.),... en una ganga de cuarzo con, a veces, barita.

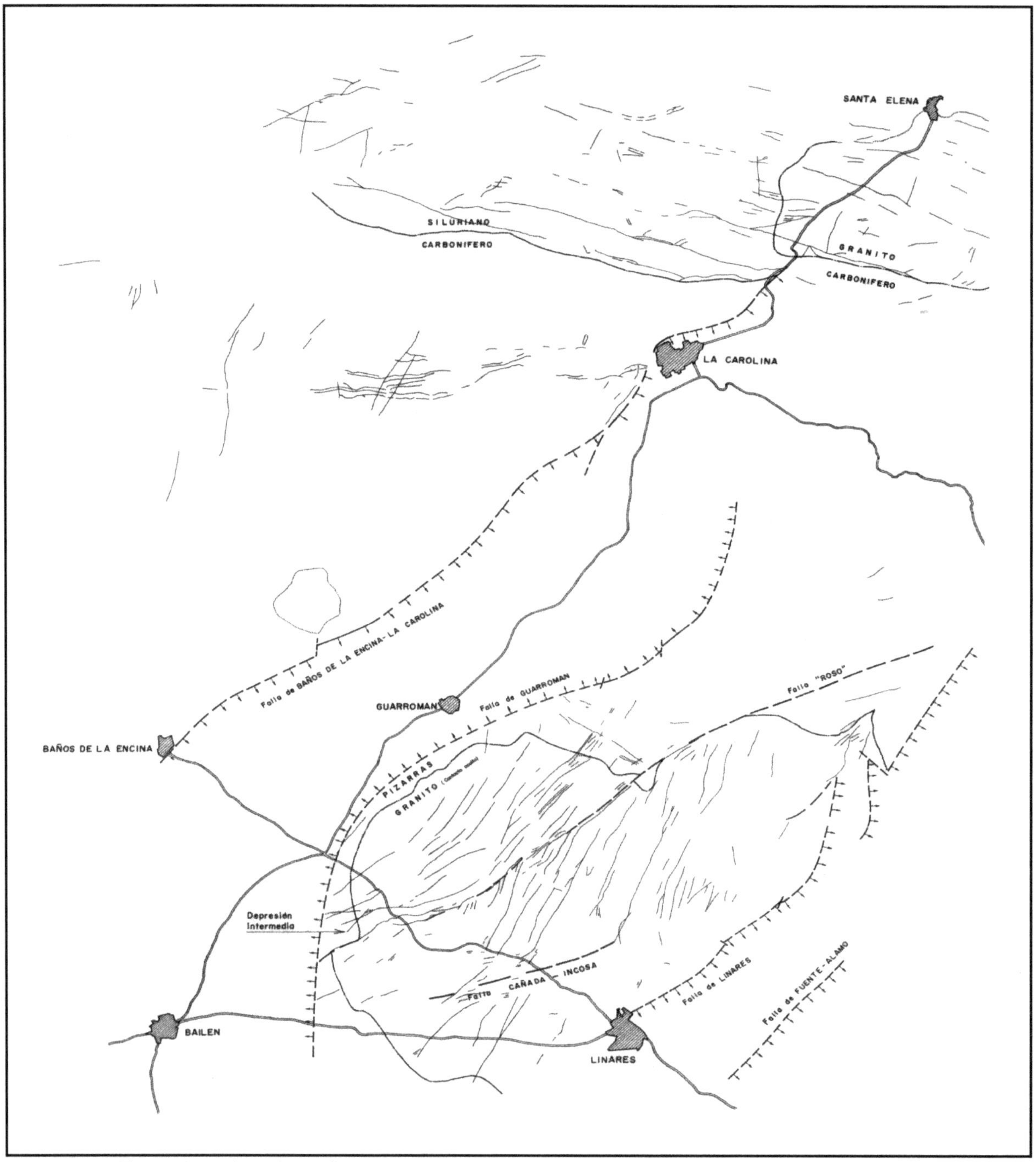

Figura 11. Alineaciones filonianas del distrito de Linares-La Carolina (Azcarate *et al.*, 1972).

II.2.3. Las mineralizaciones filonianas

En las explotaciones de la región se han beneficiado a lo largo de su historia minera las siguientes mineralizaciones:

a) *Pb-Ag* (galenas y galena argentífera): su extracción se produjo en multitud de minas, tal fue la explotación que este distrito minero se convirtió a finales del S. XIX y principios del XX en el principal foco productor de plomo del mundo. La plata se presentaba con leyes generalmente bajas en la zona linarense, aunque la zona de enriquecimiento supergeno de ciertos filones de Linares dio, en tiempos pasados, bloques de plata nativa que pesaban hasta 3.000 libras cada uno (Mesa y Álvarez, 1890) y altas a muy altas en Sierra Carolina (hasta 1,5 Kg. Ag. / Tn. Pb. en el filón-maestro Mirador, en El Centenillo (Tamain, 1972: III: 800-818).

b) *Cu* (sulfuros primarios con *Fe* y minerales secundarios): el cobre tras el plomo fue el metal más beneficiado en esta región. Las principales explotaciones, con carácter casi exclusivo para este metal estuvieron enclavadas al NO. de Baños de la Encina, en la Sierra de Andújar (Salas de Galiarda, Los Escoriales, La Virgen, etc.). También los filones plomíferos han proporcionado en los niveles más superficiales y someros cantidades importantes de minerales cupríferos (filón Arrayanes, filón Cobre, etc.) (Mesa y

Álvarez, 1890: 162-169; Calderón, 1910: 174; Hereza y Alvarado, 1926: 33). Prueba irrefutable de ello es la existencia local de una casa de la moneda en Linares, donde se acuñaban exclusivamente ochavos de cobre.

c) *Sb* (estibina): sus explotaciones se limitan prácticamente a la mina de San Agustín y El Contadero, al NO. del centro plumbífero de Araceli, y más abundantes al N de Despeñaperros (fuera del ámbito de este estudio). Existe un filón N 15 W con un pozo y dos pocillos en una corrida de 80 metros. La *Sb* va acompañada de cuarzo y calcopirita (Azcarate *et al.*, 1972: 573; Azcarate, sa.: 17; Anónimo, 1983: 62 y 75).

d) *W-Sn* (casiterita-wolframita): existe de estos metales sólo un indicio, y reciente, el de la mina Bienvenida, al N. de Vilches. Su explotación surgió con impulso germano, durante la II Guerra Mundial. La mineralización observada en el campo es de cuarzo, mispíquel y casiterita (Azcarate *et al.*, 1972: 573; Azcarate, sa.: 17; Anónimo, 1983: 63 y 75).

e) *Fe* (hierro). Aparece en dos tipos de criaderos. Los unos enclavados más al sur sobre el Trías germano-andaluz, casi siempre en relación con el contacto entre ofitas y rocas carbonatadas. En este criadero se explotarían los "ocres rojos" (óxidos de hierro, en el Trías) (Anónimo, 1983: 63). Algunos autores han señalado que de estos óxidos férricos se extraería hierro durante el periodo ibérico, aparte de servir para el engobe de la cerámica (Madroñero de la Cal y Agreda, 1988; 1989). El otro tipo de criaderos se manifiesta al NE., dentro de la prolongación oriental de Despeñaperros, en estratos del Paleozoico (Azcarate, sa.: 17-18).

f) *Ba* (barita), existieron varias explotaciones en el dominio La Carolina-Santa Elena. Durante los años 80 se explotaba un filón de dirección próxima N-S en el Alto de Borras (NE de Los Guindos), presentando la barita pintas de galena. En esta misma época, al SW de La Carolina (Las Torrecillas) se explotaban multitud de fracturillas (dirección N-S) rellenas de este mineral que también iba acompañado de pintas de galena. Éstas, situadas junto a la falla de Baños, encajan en materiales calizo-dolomíticos del Trías basal (Anónimo, 1983: 63 y 76).

Además de las mineralizaciones filonianas tardi-variscas, existen en el distrito de Linares-La Carolina mineralizaciones típicamente estratiformes (con plomo dominante) en la base de las areniscas rojas del Trías inferior (Tamain, 1968: 14-15). Uno de los pocos yacimientos explotados es el de La Torrecilla, a la salida oeste de La Carolina. La mineralización, allí, esta diseminada en los 4 o 6 primeros metros de la base dolomítica de la cobertura post-paleozoica, que descansa en discordancia angular sobre las pizarras grauwaquicas de la "Formación Campana" y cuyas diaclasas también ha rellenado; desaparece totalmente al pasar al nivel superior, arcilloso-margoso. La galena se presenta en pequeños octaedros, aislados o agrupados, de una facies mineralógica totalmente diferente de las cristalizaciones habituales de las galenas filonianas tardi-variscas (Tamain, 1968: 14-15; Tamain, 1972: III).

a) Composición elemental y mineralógica

En cuanto a la composición elemental según los análisis químicos se distinguen los siguientes elementos principales: Pb, Ag, Cu, Co, Ni, Zn, Cd, Mn, Sn, W, Bi, y Ba, con leyes y asociaciones específicas y la presencia de otros: Be, B, Sc, V, Cr, Ga, Ge, Sr, Y, Mo, e Yb con una abundancia de unas pocas partes por millón. De tales datos analizados por Azcarate se deduce (Azcarate *et al.*, 1972: 574; IGME, 1977: 18):

- Afinidad de Pb-Ag muy neta en las galenas.
- Afinidad del Co-Ni con el Cu, especialmente en las piritas.
- Afinidad preferente del Sn con el Cu, sobre todo en las calcopiritas y mispiquel.
- Falta de relación regular del Ba y del Bi con los restantes elementos.

En cuanto a la composición mineralógica de acuerdo con E. Azcarate, las especies metálicas reconocidas, ordenadas y agrupadas para mayor claridad por elementos e importancia relativa, han sido las siguientes (Azcarate, 1972: 575-579):

- *Minerales de Pb.* Consisten en asociaciones de plomo con azufre y antimonio. Están presentes: Galena (PbS), que constituye con algo de cerusita (CO_3Pb) y anglesita (SO_4Pb) secundarias, la mena principal, y Boulangerita ($Pb_5 Sb_4 S_{11}$).

- *Minerales de Ag.* También son sulfuros y antimoniuros como: Polibasita ($Ag_{16} Sb_2 S_{11}$); Pirargirita ($Ag_3 SbS_2$); Argentita (Ag_2S) y Freibergita $(Ag.Cu)_{12}(Sb,As)_4 S_{13}$ Li.

- *Minerales de Zn.* Únicamente se ha detectado un sulfuro: Esfalerita (SZn).

- *Minerales de Cu. Simples.* Consisten en sulfuros, sulfoantimoniuros, óxidos, carbonatos: Covelina (CuS); Calcosinas (Cu_2 S); Digenita (S_5 Cu_9); Tetraedrita (Cu S Sb); Cuprita (CuO_2); Tenorita (CuO); Cobre nativo; Azurita y malaquita, carbonatos básicos hidratados procedentes de transformaciones supergénicas.

- *Minerales de Cu asociados con Fe.* Siempre con sulfuros dobles: Calcopirita ($FeCuS_2$); Bornita ($FeCu_5S_4$) y Cubanita (Fe_2CuS_3).

- *Minerales de Ni-Co.* Estos metales se presentan asociados con el Cu o el Fe, formando sales mixtas con el azufre, arsénico y antimonio: Niquelina (NiAs); Bravoita ((Ni,Fe) S_2); Ullmanita (SbNiS); Linneita ((CO, Ni, Fe, Cu)$_3$ S_4) y Lollingita ((Co, Ni, Fe) As_2).

- *Minerales de Fe.* Representados por sulfuros, sulfoarseniuros e hidróxidos o sulfatos de génesis descendente: Pirita (Fe S_2); Marcasita (Fe S_2), Pirrotina (FeS); Mispiquel (Fe S As); Lepidocroita [Fe_2 O_3 (H_2 O)]; Goethita [Fe_2 O_3 (H_2 O)] y Jarositas, sulfatos hidratados de Fe con K, Na, Pb, Ag, etc.

- *Minerales de Sn-W*: Casiterita (Sn O_2); Wolframita (Mn Fe WO_4) y Estannina [Cu_2 Fe Sn) S_4].

- *Minerales de Sb.* Aparte de los compuestos ya mencionados en que no interviene como metal, se ha observado: Estibina (Sb_2 S_3).

- *Minerales de Bi*: Bismuto nativo (Bi); Bismutina (Bi_2 S_3); Emplectita [(BI CU) S_2] y Cosalita [(BI_2Pb_2) S_5].

- *Minerales no metálicos*: Ankeritas (Carbonatos de Ca, Mg, y Fe); Calcita (Ca CO_3); Microcuarzo y calcedonia (SiO_3); Baritina (Ba SO_4) y Fluorita (Ca F_2).

Los análisis isotópicos de azufre muestran una proximidad del patrón magmático, lo que indica el carácter endógeno de las mineralizaciones. Estos análisis con respecto al plomo muestran que no se corresponde, en general, a los plomos primitivos, sino que ha experimentado enriquecimiento en isotópicos radiogénicos (bien al generarse los filones o durante su movilidad geoquímica, o bien por aportes metalíferos poesteriores) (Azcarate, sa.: 31-34). Sin embargo, otros investigadores, para la zona de La Carolina-Santa Elena, y más concretamente para la zona de El Centenillo, plantean la hipótesis de una removilización preferencial del plomo a partir de un "stock metal" singenético con las capas al final del Ordovícico Medio, actualmente representado por su contenido en cinc (Anónimo, 1983: 64). Para G. Tamain (1972) existe una tonalidad normal intra y periplutónica Cu-Pb-Zn, en la que Sn-W y Ni se disponen en posición interna, y Sb externa con respecto al Pb.

b) Contextura y secuencia metalogenética de los filones

En lo que se refiere a la estructura de los filones, las mineralizaciones se concentran, dentro de la unidad filoniana, en ámbitos enriquecidos de forma lenticular. En cada uno de estos "árboles", la metalización de galena suele disponerse en forma veteada, originariamente bastante continua; fases de movilidad tectónica del filón, posteriores a la cristalización de la galena (SPb), interrumpen en ocasiones la continuidad de las vetas, dispersando al mineral, de forma brechoide, del cuerpo metalífero (Azcarate, sa.: 38; IGME, 1977: 20).

Tradicionalmente se admitido que los filones productivos desde superficie, se esterilizan a ciertas cotas. El empobrecimiento más somero solían decir que se situaba entre los 150-200 metros de profundidad. Al aumentar ésta parece encontrar otra banda pobre de Pb, entre los 350-400 metros, sustituida por otra nueva zona filoniana de gran riqueza antes de los 500, que proseguía hasta los 600-700 metros. Incluso a más profundidades, la mineralización, según E. Azcarate, no se interrumpe, sino que es la fractura, en que se aloja el relleno filoniano, la que se estrecha hasta quedar el filón reducido a simple vetilla de pocos centímetros de potencia, pero con metalización casi exclusivamente, plumbífera (Azcarate, sa.: 38-39).

La potencia media de las zonas de fractura suele ser de 1,5 a 2 metros en granito o cuarcitas, y algo más estrechas en corneanas, pero en algunos filones, como Mirador (El Centenillo) llegan a tener 12 metros (Azcarate, sa.: 39; Anónimo, 1983: 64-65).

En cuanto a la paragénesis, se observa claramente como en el distrito de La Carolina-Santa Elena la galena tiene mayor contenido de plata (Ag) respecto a las mineralizaciones de Linares, así como el predominio de barita en la ganga sobre ankerita y calcita (al menos en las zonas superficiales). Según Azcarate, el contenido de Ag expresado en kilogramos es igual a Tn. de Pb x 0,45 para La Carolina-Santa Elena, y Tn. Pb por 0,34 para Linares. Estos hechos indican que las mineralizaciones se formaron allí a mayor temperatura que en el caso de Linares. Esto está apoyado por la dirección predominante de los filones (E-W) que corresponden a las fracturas más antiguas (Azcarate, sa.: 42; Anónimo, 1983: 66-67).

Según G. Tamain, las mineralizaciones de La Carolina, Los Guindos, El Centenillo y Grupo Araceli son periplutónicas, de tipo B.P.G. (blenda, pirita y galena), mientras que las de Santa Elena, Linares y Arquillos son intraplotónicas, de tipo B.P.G.C. (blenda, pirita, galena y calcopirita) (Tamain, 1972; Anónimo, 1983: 67).

De acuerdo principalmente con los trabajos de E. Azcarate existen tres etapas fundamentales de mineralización, responsables de los enriquecimientos en el extremo oriental de Sierra Morena (Azcarate et al. 1972: 579-589; IGME, 1976: 38; Molina Cámara, 2002: 47-49).

Primera mineralización: sulfoantimoniuros de Pb-Ag.

- Mena principal: Galena (PbS), (y algo de cerusita ($PbCO_3$). y anglesita ($PbSO_4$)).
- Menas acompañantes: sulfoantimoniuros de Ag.
- Ganga predominante: Ankeritas.
- Edad: Claramente anterior al Permotrias.

Las ankeritas son el primer mineral depositado. Posteriormente es la mineralización plumbífera, representada por los sulfoantimoniuros de plomo-plata.

Los minerales de plata están ligados a los plomos siempre incluidos en la galena, a la que confieren marcado anisotropismo. Coexiste también con la galena algo de blenda, cristalizada antes que los compuestos de Pb. Sus cristales corroídos suelen encontrarse inmersos en minerales de Pb.

Segunda mineralización: Sulfuros de Cu-Fe, a mayores temperaturas.

- Menas principales: Calcopirita, pirita y marcasita.
- Menas acompañantes: Sulfuros de Fe, Ni, Co y Sn.
- Ganga predominante: Cuarzo, calcita y clorita.
- Edad: afecta ocasionalmente a los niveles inferiores del Permo-Trías.

Esta segunda fase es posterior a la mineralización plumbífera, y tras la ligera fracturación tectónica, afluyen los fluidos responsables de la metalización cuprífera. La calcopirita, con algo de blenda en exsolución, se presenta corroyendo la periferia de galena y ankeritas o aprovechando para su emplazamiento, bien los contactos entre ambos minerales, bien cruceros o fisuras de los mismos. Los otros compuestos de Cu, Covelina, Calcosina, Tetraedrita, Bornita, etc., aparecen siempre en los bordes externos de la calcopirita.

Se depositan tras estos sulfuros de Cu, los de Fe, seguidos a su vez de los minerales de Ni-Co. Todo el conjunto de aportes de Cu, Fe, etc., va acompañado en su depósito de ganga, esencialmente silícea y microcristalina. La temperatura de la avenida metalífera con Cu, es superior a la de los minerales de plomo.

Esta segunda metalización silíceo-piritosa, de más alta temperatura, con Cu y a veces radioactivos afecta, más que ocasionalmente, a los niveles de Trías. Así por ejemplo en un filoncillo próximo al de "La Tortilla" en la trinchera del antiguo ferrocarril Linares-La Carolina, o el del "Mimbre" en su extremo norte, junto al borde de La Laguna. Las monteras ferruginosas de esta segunda mineralización, fueron guía, muchas veces, para la labor prospectora de los antiguos (Azcarate, sa.: 50).

Tercera mineralización.

Esta consiste principalmente en baritina, que afecta a los terrenos triásicos. En una fase muy posterior se produce una brechificación de los filones, con la aparición de nuevos espacios que la baritina, último aporte hidrotermal, se encarga de rellenar.

Estos aportes hidrotermales, con Ba, está relacionada con la orogenia alpina. Mineralizan casi todas las fallas postriásico-antemiocenas, introduciéndose además lateralmente a favor de los niveles permeables interferidos por tales accidentes tectónicos. Se difunden singularmente dentro de los conglomerados de la base del Trías, impregnados por SO_4Ba en amplios entornos, según se ha comprobado.

Mineralización independiente.

Esta no presenta una vinculación espacial con las anteriores. Existen, además, unas manifestaciones de mispiquel, con W-Sn y pequeños indicios de Bi.

Por otro lado, G. Tamain, admite tres fases de deposición de la galena (Tamain, 1972). Charpentier distingue cinco fases de deposición de mineral en el filón Crucero Sur del Filón Guindo (Charpentier, 1976):

- Fase 1: Cuarzo, bismutinita, calcopirita, blenda, pirita, galena muy cristalizada.
- Fase 2: Cuarzo, pirita, galena acerada, ankerita.
- Fase 3: Cuarzo, calcopirita, galena.
- Fase 4: Ankerita, pirita, marcasita, bournonita?, galena fina, calcita.
- Fase 5: nacrita, dickita, kaolinita y minerales supergénicos, covellina, limonita, malaquita, azurita, aragonito.

Los minerales de cobre se concentran fundamentalmente en los afloramientos filonianos dentro de Sierra Morena, como en Andújar, valle del Rumblar, Linares, aunque también existen indicios de malaquita en las rocas volcánicas submarinas de la edad Jurásica al sur de Campillo de Arenas (Jaén) (Molina Cámara, 2002: 50).

Lo mismo ocurre con los minerales de hierro que aparecen como consecuencia del enriquecimiento supergénico de las zonas de Sierra Morena relacionados con la presencia de nódulos de hierro, oligisto. Estos minerales están representados por sulfuros, sulfoarseniuros e hidróxidos o sulfatos de génesis descendente, así la pirita, marcasita, pirrotina, mispiquel, lepidocrocita, geothita y jarositas (Molina Cámara, 2002: 43-44).

Pero también debemos mencionar los yacimientos de ocres rojos (hematites) y magnetita en el Trías muy abundante en localidades de Jaén como Valdepeñas de Jaén y Mengibar. Estos indicios mineros aparecen en relación a materiales triásicos. Estas mineralizaciones adoptan morfologías estratiformes y se encuentran tanto en el seno de los niveles carbonatados como intercalados entre ellas. La mineralogía que presentan es hematites, magnetita y limonita. En la mayoría de los casos se encuentran en los olistitos de la unidad de la depresión del Guadalquivir. Algunos investigadores han propuesto que el hierro necesario para abastecer a las poblaciones de esta región en época ibérica se extraería de la almagra (Madroñero de la Cal y Agreda, 1988; 1989).

II.2.4. Los principales campos filonianos (Fig. 11).

a) El subdistrito de Linares (Fig. 12)

Las características de la intrusión de granitoides que genera gradientes geotérmicos anómalos y las condiciones extensionales o de relajación de esfuerzos, son claves para entender el plano metalogenético de la zona. Así, dentro del subdistrito de Linares, la evolución del movimiento de las fallas y la disposición de los filones relacionados permiten ver tres fases:

1. La primera da lugar a los sistemas de fracturas de dirección N. 0°-180° y N. 80° / 100° - 260° / 280°.
2. Una segunda etapa donde se produce una comprensión local y se crean nuevas fallas transcurrentes N. 40° / 55° -220° / 235° y N. 105° / 110° - 285° / 290° y normales N. 60° / 70° - 240° / 250°.
3. Una tercera durante la cual se forman hundimientos o fosas tectónicas. Esta etapa condicionó el desarrollo de un magmatismo generalizado. Estos magmas desarrollaron los sistemas hidrotermales que dieron origen a las mineralizaciones (Dueñas *et al.,* 2000, 467-468).

Se comprueba que el subdistrito de Linares está dividido en cuatro bloques tectónicos bien individualizados (IGME, 1977: 20; Molina Cámara, 2002, 44-45):

1. Bloque NO. de Guarromán con filones principales N. 45°-225° y filones cruceros N. 75°-255°.
2. El segundo, la depresión Intermedia, con filones principales N. 75°-255° y filones secundarios N. 45°-225°.
3. El tercero, Bloque central, con filones principales N. 25°-205° y filones cruceros N. 65°-245°. Todos ellos tienen gran continuidad, y la capacidad metalífera se debe a la reapertura del diaclasamiento primitivo debido al rumbo-deslizamiento de la falla "Roso".
4. El cuarto, bloque SE., con filones principales N. 30°-210° y filones secundarios N. 45°-225°. Las pizarras del Carbonífero septentrional están escasamente mineralizadas.

Los principales filones se arman en material granítico, rocas competentes que permiten fracturas limpias, que condicionarán las mineralizaciones y una mejor metalización de los filones. Las intrusiones en las filitas y las fisuras serán estrechas y entrelazadas por lo que la riqueza de los yacimientos será mucho menor. De ello que en los granitos se centrara la explotación de este distrito minero (Dueñas *et al.,* 2000, 468).

Los filones se presentan con una notable continuidad, siendo frecuentes los ensanchamientos y estrechamientos según la forma de la roca caja. Estos accidentes se hallan repartidos en todo el recorrido de los filones, tanto en longitud como en profundidad. La inmensa mayoría de los mismos se disponen de manera paralela, llegando a veces a estar a menos de 100 metros uno de otro, por lo que en alguna demarcaciones de cierta anchura se encuentran dos o más filones con frecuentes ramificaciones, que vuelven a reunirse al filón principal, sin que los filones atraviesen nunca la arenisca (triásica), por lo cual, donde ésta aparece, no existen afloramientos, que en cambio, se observan casi siempre donde el granito está al descubierto. Estos afloramientos están constituidos por crestones de cuarzo con pintas de carbonato de cobre y de hierro (Mesa y Álvarez, 1890: 234).

Las metalizaciones no están en relación por regla general con la continuidad de los filones, presentándose con frecuencia acumuladas en bolsadas producidas por los ensanchamientos del filón y repartidas de un modo irregular en toda la longitud y profundidad del mismo. La forma general que afectan las zonas metalizadas es lenticular, con tendencia a presentarse muy ensanchadas en las regiones superiores y con su mínimo diámetro en el sentido de la profundidad. Aunque de esto hay excepciones, siendo las principales algunas de las zonas metalizadas de las minas "Los Arrayanes" o Los Salidos

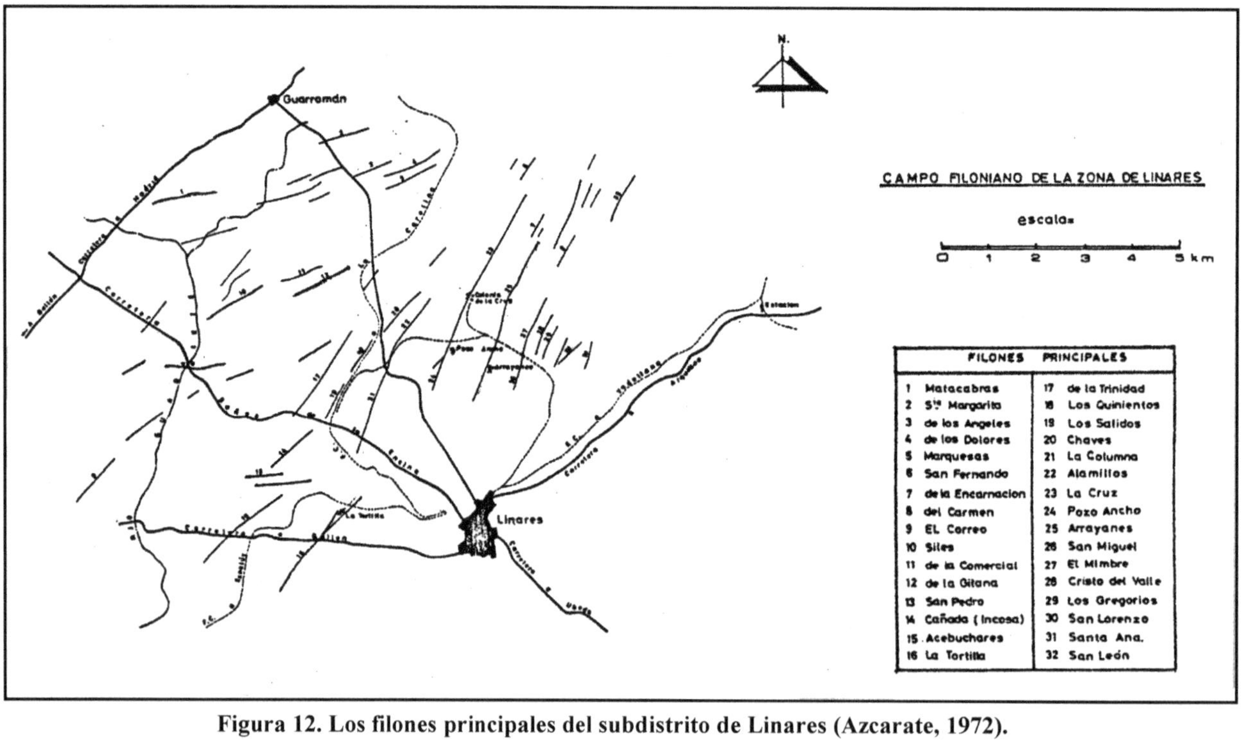

Figura 12. Los filones principales del subdistrito de Linares (Azcarate, 1972).

(Mesa y Álvarez, 1890: 234; Alvarado, 1923: 350).

Las galenas que constituyen la metalización referida son de la misma naturaleza, con muy ligeras variantes en todos los filones, siendo su riqueza media (76-78 % Pb) y 16 a 25 gramos de plata en quintal métrico. Hay que consignar la existencia de la variedad de galena llamada "alcohol de hoja" (85-90 % Pb), bastante abundante por lo general; en cambio es muy pobre en plata (Mesa y Álvarez, 1890: 234).

Las gangas que acompañan a los filones consisten generalmente en carbonatos de plomo, cuarzo, barita, espato calizo, arcillas ferruginosas, óxidos de hierro, y carbonatos de cobre y hierro, algo de fosfatos de plomo (aunque éstas muy escasas) y granito descompuesto, estando este último substituido por pizarras, en el mismo estado de descomposición, en las zonas en que arman los filones en dichas rocas. Sin embargo, por regla general se observa que las gangas de base metálica están agrupadas en las inmediaciones de las zonas metalizadas y que los carbonatos de plomo, así como los de cobre y hierro y la pirita de estos dos últimos metales, se encuentran con preferencia en las zonas superficiales de los filones, aunque dos fases de ankerita estaban todavía presentes hasta los 640 y 670 m de profundidad en los realces del filón Mirador, notándose además una gran abundancia de éstas en determinadas regiones, presentándose a veces como importantes casquetes susceptibles de explotación. También suelen presentarse cantidades insignificantes de fosfatos de plomo (Alvarado, 1923: 350-351).

Las fallas son bastante numerosas, generalmente rellenas por arcilla ferruginosa con un poco de cuarzo y de granito descompuesto, y cortan los filones, frecuentemente, con dirección norte-sur. Además existen filones cruceros muy pobres compuestos casi siempre por cuarzo como elemento dominante. Algo muy característico de los filones de Linares es la presencia de débil metalización entre los 100 y 150 metros de profundidad y a partir de los 400 metros se observa una disminución más acentuada (Alvarado, 1923: 351-352; González Llana, 1949: 78).

El ingeniero de minas P. de Mesa y Álvarez dentro de su magistral memoria sobre las minas del distrito minero de Linares-La Carolina, enumera 24 filones principales agrupados en dos zonas al sur y norte de Linares (Mesa y Álvarez, 1890: 129-234; González Llana, 1949: 77-78). Entre ellos sobresale el que numera con el número 14 que es el que corresponde a Valdeinfierno con unos espesores de entre 5 a 6 metros mientras que la potencia de los grandes varía entre 0,80 y 1,50 metros, y además siendo mucho más argentífero que los otros del distrito hasta el punto de encontrarse nódulos de plata nativa (Anónimo, 1882: 338-339). Otro filón importante es el que referencia con el número 1 con un recorrido de 11 Km. que atraviesa entre otras concesiones la de Palazuelos (Mesa y Álvarez, 1890: 212-216). Sin embargo, el más importante de todos es el número 3, el que cruza de una manera longitudinal toda la concesión de Arrayanes con un recorrido de casi 12 Km. (el filón de Arrayanes). Esta mina de Arrayanes, perteneciente al Estado, era la más rica de todo el distrito, presentando el filón, que arma en granito, metalizaciones continuas y muy potentes en los niveles superiores a 280 metros, con una metalización media de 12 a 15 centímetros en toda la superficie del filón y árboles de galena de más de 2 metros de potencia que se hacían más irregulares a más profundidad (Mesa y Álvarez, 1890: 172-174; Alvarado, 1923: 59).

b) El subdistrito de La Carolina-Santa Elena (Fig.13)

En cuanto a los campos filonianos de La Carolina-Santa Elena, su origen es, en general, equivalente al de Linares y asociada a las mismas condiciones extensionales y al mismo gradiente geotérmico anómalo originadas al final de la orogenia varisca, aunque entre ambos existen diferencias considerables desde los puntos de vista de rumbos "dominantes", tipos de rocas de caja, naturaleza y estructura de los rellenos filonianos, etc. (Alvarado, 1923: 69).

Según la orientación, se pueden diferenciar varios sistemas de filones:

- Filones de dirección N. 65° / 70° - 245° / 250°, principalmente representados por los filones Mirador y Sur de El Centenillo. Además existen otros filones de este sistema pero de menor importancia como El Porvenir y La Nube, al ENE. de Navas de Tolosa, en el límite de la Hoja de La Carolina; otros pequeños, al E. de la Mina Sinapismo; varios al NO. de Los Guindos, entre el río Grande y el Barranco de Las Elisas; y otros en el grupo Araceli (Tamain, 1972: 761-777, Fig. 54).

- Filones de dirección N. 100°/110°-280°/290°, de mayor recorrido en el subdistrito de La Carolina, destacando de sur a norte los del Guindo-La Rosa, Sinapismo-Castillo, Ojo Vecino-La Romerista, La Perdiz, La Inmediata, Pelaguindas y sus satélites y acompañantes, La Caridad y San Gabriel, El Problema y Santa Ana, etc. La dirección de este sistema filoniano "carolinense" pasa del N. 110°-290° en la zona de Los Guindos al N. 95°/100°-275°/280° en la de El Centenillo, con el filón Perdiz y la red de filones Pelaguindas, sus tres satélites meridionales (filones Zapatero, Cerro del Plomo y otro anónimo más al sur), y sus tres satélites septentrionales (Las Monedas, San Sebastián y su satélite norte) (Tamain, 1972, III, Figs. 39, 41 y 42).

- Filones N. 75°/80°-255°/260° de los grupos de Araceli y Santa Paula, de La Reforma y de La Jaula, al ONO. de La Carolina, y más al norte el filón Virgen de Gádor encajados todos en el Culm. Pertenece también a este sistema el filón de La Aquisgrana, al norte de La Carolina (Tamain, 1972, III).

- Filones norteados estériles, pero en varios casos mineralizados al cruce con filones metalíferos. Es el caso del filón Crucero del Guindo, del filón de La Caprichosa, y del filón norteado de Rafaelito en su cruce con el filón Sinapismo. 400 metros al E. del filón norteado de Rafaelito existe otro filón norteado con asomos importantes de barita, explotado en profundidad con galena, y que según las referencias continúa hasta el filón Federico. Por último, al N.E. de la mina Sinapismo se documenta otro filón norteado con cuarzo, barita y óxidos en superficie (Tamain, 1972, III).

Esta área está caracterizada por dos "monstruos mineros": el grupo Mirador-Sur en El Centenillo, y el grupo "Guindo" en toda la zona de Los Guindos-La Carolina (Fig. 36). Dichas zonas geológico-mineras son la mejor conocidas por ser las áreas con metalizaciones más potentes e importantes del subdistrito.

Los campos filonianos de estas zonas encajan en el Ordovícico. Estos filones están metalizados cuando arman, por ejemplo en los campos de El Centenillo y de Los Guindos, en los estratos areniscoso-cuarcíticos de las Cuarcita Inferior, Cuarcita Botella-Cuarcita Guindo, Bancos Mixtos-Estratos con *Orthis* e incluso en la Pizarra Cantera- Pizarra con *Orthis* (cuando uno de los hastíales esta en cuarcita o arenisca), Cuarcita Superior y Cuarcita Castellar, y se vuelven estériles en las Pizarra del Río, Pizarra Botella-Pizarra Guindo, Pizarra Chavera-Pizarra Castellar (Tamain, 1972, III, Fig. 43).

En estas zonas, los filones se cierran al entrar en las pizarras del Silurico, estén o no metamorfizadas, y también en el Culm como es el caso al oeste del grupo minero de El Centenillo (Tamain, 1972, III).

Por otro lado, dentro de la aureola metamórfica creada por el granito de Santa Ana, la Pizarra de Correderas admite filones metalizados, que se pierden o desaparecen al encajar fuera de dicha aureola. Ello se debe a los cambios físicos que sufren estos materiales como consecuencia del metamorfismo de contacto, haciéndose más competentes (filón Amparo, filón Inmediata). Estos dos filones explotaron la pizarra de Correderas sin llegar a profundizar en la Alternancia Inferior, que probablemente ofrecería una importante mineralización (Dueñas *et al.*, 2000: 460).

El campo filoniano de El Centenillo ocupa una situación privilegiada en la mitad norte del distrito de Linares-La Carolina, o mejor dicho en el NO. del sub-distrito de La Carolina. Más al sur, existe otro límite importante: la faja metamórfica, de contacto reveladora de una larga intrusión granítica en profundidad. Ella misma es reveladora, en el contexto geo-sutural de Los Pedroches y de sus satélites, de una fracturación profunda muy importante (Tamain, 1972, III).

De todos los filones del campo filoniano de El Centenillo tan sólo tres presentaban una mineralización económicamente interesante (Tamain, 1972, III):

- El filón-maestro Mirador, explotado ya intensamente desde época romana, fue el más importante y el más rico de todo el sub-distrito de La Carolina.

- El filón Sur, que pertenece también al sistema ENE.-OSO. encaja en el flanco meridional del anticlinal de Cielo Abierto y es, por consiguiente, la réplica al sur del filón precedente.

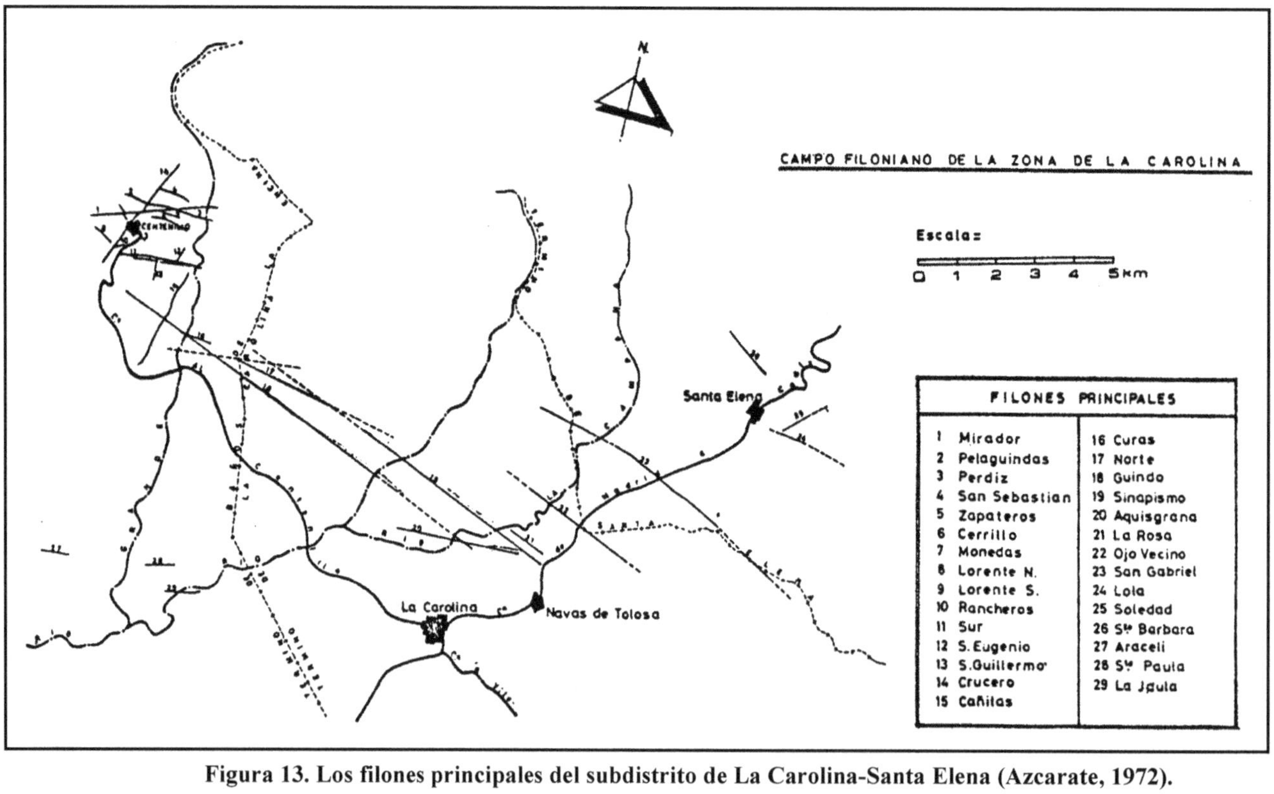

Figura 13. Los filones principales del subdistrito de La Carolina-Santa Elena (Azcarate, 1972).

- El filón Pelaguindas, de dirección N. 95°/100°-275°/280°, cuyo tramo septentrional (es decir al norte del filón Mirador) llevaba una buena metalización.

Al norte de este campo, no se conoce ningún filón mineralizado. El supuesto filón Avetarda (el "New Lode" de los Ingleses) como el muy hipotético filón de La Fabriquilla mencionado por C. Caride (1978) no existieron a juicio del G. Tamain (1972). Al oeste del arroyo de Ministivel (o de Valbueno), el filón Mirador se cierra de forma definitiva pero sigue siendo una falla. Al sur del filón "Sur", tampoco existen filones verdaderamente mineralizados.

El gran filón-maestro "El Guindo", con un recorrido de unos 14 kilómetros, encaja en las cuarcitas y pizarras ordovícicas y corta una zona de pizarras con andalucita en relación con un núcleo granítico profundo. Éste se esteriliza rápidamente al oeste del antiguo pozo de Los Curas ya que el pozo López corta en estéril la pareja filoniana Guindo-Los Curas. La prolongación occidental de este mismo también es estéril hasta el valle alto del río Pinto (al SE. de la Casa de Nava la Rubia) (Tamain, 1964; Tamain, 1972, III).

A este gran filón le cortan algunos filones norteados, de dirección casi N-S, que se presentan superficialmente en el campo con grandes crestones de cuarzo, destacando entre las rocas de caja erosionadas y menos duras. Estos filones habitualmente estériles suelen contener grandes lentejones de galena en las inmediaciones de su cruce con el filón principal, como por ejemplo, en las minas Sinapismo, Rafaelito, Los Curas, Jesús María y La Culebrina (Hereza y Alvarado, 1926: 52-54).

Al sur de El Centenillo y ONO. de La Carolina se localiza el campo filoniano de los grupos de Araceli y Santa Paula, La Reforma y La Jaula encajado en el Culm pizarro-grauwáquico. De esta zona destacan tres filones (N. 75°/80°-255°/260°) con recorridos de 2 a 3 kilómetros (Alvarado, 1923: 70).

Por último, el grupo filoniano de Santa Elena y sus alrededores encaja en el granito y en las rocas metamórficas de contacto. Además en esta zona existe también un interesante ejemplo de *stockwerk*.

Las metalizaciones son en general irregulares, alternando grandes lentejones o columnas muy ricas, en que la potencia oscila entre los 10 centímetros y más de un metro, con otras zonas estériles. En el caso particular del grupo Virgen de Araceli, las zonas ricas reconocidas y explotadas en las labores de los pozos Amistad Número 5, y sobre todo, en las inmediatas al pozo número 7, alcanzan tal extensión y potencia en galena (Alvarado, 1923: 70-71; Anónimo, 1983: 68-69).

c) El distrito de Baños de la Encina-Andújar

El término municipal de Baños de la Encina es el territorio menos estudiado y explotado en época moderna, aún así se localizan relevantes explotaciones de este periodo como la de El Polígono, El Puntal y Las Minillas (Contreras *et al*., 2005). Cuando hablamos del término de esta población nos referimos al valle medio-alto del río Rumblar y las zonas limítrofes del Jándula dejando fuera de esta limitación el grupo minero de Araceli y El Centenillo a pesar de que se sitúan dentro de la demarcación de la población de Baños de la Encina.

Los filones de este distrito se pueden encuadrar tanto en las áreas graníticas como en las del Culm pizarro-grauwaquico. Estos filones tienen una potencia media de 20 a 40 cm. y contienen calcopirita, pirita, esfalerita, piromorfita, azurita, malaquita,... En las zonas pizarro-grauwaquicas metamórficas (de contacto), cortadas por diques pegmatíticos, micrograníticos, porfídicos, y brechas, están mineralizadas principalmente en galena, esfalerita, bornita, malaquita, azurita y óxidos de hierro (oligisto, goetita y hematita) (Jaramillo, 2005)

Una gran parte de los filones de esta zona, que abarca todo el término NO. de Baños de la Encina, N. de Andújar y parte del término de Villanueva la Reina, encajan en la extremo oriental del batolito granítico de Los Pedroches, rodeado tanto al norte como al sur por las pizarras y grauwacas del Culm. Éstos se prolongan en el granito a veces más de 10 kilómetros y, entre ellos, algunos penetran en los terrenos pizarro-grauwaquicos del Culm, como por ejemplo, el filón de Los Escoriales que se prolonga desde el granito a las pizarras de la cuenca del Rumblar, hasta el lugar conocido como la Huerta del Gato.

La mayoría de los mismos tienen una dirección E-W y NE-SO y están mineralizados en columnas de 50 a 200 metros de longitud, aflorando en la superficie crestones cuarzosos y ferruginosos resistentes a la erosión. Estos crestones a menudo desaparecen como consecuencia de las explotaciones superficiales prehistóricas (Domergue, 1987: 253-254). En esta área se localizan las principales explotaciones con predominio de cobre al margen de los niveles superficiales de los yacimientos plumbíferos de Linares, como el filón Arrayanes, El Cobre, etc. (Anónimo, 1983: 74).

El mineral extraído esta mineralizado por dos tipos de eventos: uno de naturaleza primaria que enriqueció las vetas como las grietas de la roca de caja con sulfuros con elevada concentración de malaquita, azurita, el segundo un enriquecimiento supergénico que ha generado oligisto, hematita, goetita y nódulos de hierro. En las áreas brechadas se reconocen también en esta zona una serie de filones de cuarzo y de microgranodiorita, mineralizados por sulfuros, malaquita, galena y un enriquecimiento supergénico de oligisto (Contreras *et al.,* 2005). Las escombreras de los trabajos antiguos y los afloramientos superficiales señalan que el principal mineral original es la calcopirita (Domergue, 1987: 254).

Entre los yacimientos de esta zona destaca el grupo filoniano de Los Escoriales, con una dirección general N. 65°/70°-245°/250°, encajado en el granito, sobre un recorrido de 12-13 Km. mínimo que se extiende desde las concesiones mineras Mosquililla, Grajo Blanco y Cinco Amigos, en su extremo OSO., hasta la zona de Salas de Galiarda, en su parte ENE. (El Meteoro).

Otros filones encajados en el granito se encuentran en los lugares conocidos como Arroyo Valquemado (N 40º), Cerro de los Venados (N. 40 a 45º), Arroyo de la Lisea (NE.-SO.), en la mina El Fresnillo (N 45º), en la mina de El Humiliadero (N. 45º) y el filón Navalasno (N. 50º).

Al sur de Baños de la Encina, en sus cercanías, se encuentra un filón encajado en pizarras del Culm y parcialmente cubierto por los asperones triásicos. Éste presentaba en los niveles superficiales mineralización de cobre, carbonatos de cobre y en profundidad galena (Domergue, 1987). Por último, debemos mencionar por un lado, los filones localizados al W y SW del Cerro de Navamorquín que encajan en el Carbonífero próximo al granito y presentan mineralización de cobre y, por otro, el filón de Salas de Galiarda explotado en época romana (Anónimo, 1983: 75; Contreras *et al.*, 2005).

II.2.5. Los minerales explotados en época romana

Esta área minera fue explotada desde la Prehistoria Reciente, como se constata en el registro arqueológico documentado en el área del valle del Rumblar y algunas zonas del distrito minero de Linares y Andújar (Contreras, 2000; Contreras *et al.*, 2005). Los trabajos en esta época se han vinculado a la explotación de filones y vetas de diversa composición mineralógica de los que se extraería principalmente los minerales de cobre.

Los principales minerales de cobre beneficiados durante la prehistoria a través de pequeñas calicatas y trincheras fueron, en primer lugar el cobre nativo recogido a flor de tierra seguido de los óxidos (cuprita) y carbonatos de cobre (malaquita y azurita). Todos estos minerales cupríferos destacan por su color llamativo en el terreno, el cobre nativo como metal rojizo, la malaquita verde, la azurita y la linarita azules, hecho éste que despertaría el interés de los primeros mineros y metalúrgicos de Sierra Morena.

Por su parte, durante el periodo ibérico y romano se extraerían de los filones y vetas mineralizados de esta región, fundamentalmente, los sulfuros (galena argentífera, calcopirita, estibina, etc.), además de los óxidos y carbonatos de cobre, sobre todo, para la obtención de plata, plomo y cobre. Otro tipo de minerales extraídos son aquellos enriquecidos en hierro y que se vinculan a la presencia de nódulos de hierro, oligisto, goetita y hematita, producto de enriquecimiento supergénico de estas zonas.

a) Minerales de plomo-plata

La mayoría de los minerales de plomo-plata explotados son sulfuros (galena argentífera, fundamentalmente). El agua atmosférica transforma los sulfuros en sulfatos. En la zona de alteración, la galena se transforma en anglesita (SO_4 Pb) y cerusita (CO_3 Pb) (Azcárate, sa., 28; Azcárate, 1972: 577). La cerusita en el distrito de Linares abunda, especialmente, en las cabezas de los criaderos y en los puntos donde las labores antiguas quedaron expuestas largo tiempo a la acción atmosférica. Tal hecho sucedía en Arrayanes, Collado del Lobo y Cerro Pelado, dominando en este último la variedad que simulaba feldespato descompuesto. La cerusita estaba allí asociada a minerales de cobre, a hierro hidroxidado y a arcilla ocrácea. Sin embargo, la misma mineralización con galena se presentó profusamente en Bailén, Guarromán, Carboneros, Vilches, La Carolina y Montero, etc. En algunas minas de La Carolina, el carbonato constituye la ganga del sulfuro, siendo ambos muy argentíferos (Calderón, 1910).

En la misma zona de alteración superficial, se producen concentraciones de plata bajo la forma de plata nativa y sulfuros de 8 a 10 Kg de plata por tonelada de mineral. Este hecho es difícil de documentar en las minas de este distrito ya que la gran mayoría de ellas fueron explotadas en época antigua, quedando por tanto muy pocos indicios de la presencia de plata nativa. Sólo conocemos algunos datos proporcionados por los ingenieros de minas de finales del s. XIX, que antes de poner en explotación las labores antiguas tenían que reconocerlas. Así, durante el transcurso de la prospección de las minas del coto de Valdeinfierno, entre ellas la mina de Los Palazuelos, llevadas a cabo por la empresa alemana de Stolberg y Westfalia a finales del s. XIX, se encontraron nódulos de plata nativa asociados a la barita (Mesa y Álvarez, 1890: 315-316; González Llana, 1949: 77). Posteriormente, en el siglo XX, la Empresa Nacional de Adaro dentro de los trabajos de reconocimiento e investigación de esta zona, realizó el análisis de algunas muestras de galena argentífera procedente de las escombreras de Los Palazuelos las cuales contenían una ley de plata de 2 kg. por tonelada de mineral (Anónimo, 1882: 338). Siendo esto así y teniendo en cuenta las características de los filones de esta zona, donde este mineral se encuentra en mayor proporción en las partes altas del filón, el contenido en plata en esta mina debió de ser muy alto, teniendo que hallarse con mucha frecuencia la plata nativa. Exactamente, estas partes superiores del filón fueron las que explotaron los romanos como señala la descripción que hace de esta explotación P. Mesa y Alvárez (1890). Este constituye el ejemplo más claro que se tiene sobre la presencia de plata nativa en esta zona lo que acentúa y fortalece la existencia de ésta en otras zonas de este distrito, como La Carolina o de El Centenillo de las que sabemos que sus filones son mucho más argentíferos que los de Linares.

Los minerales de plata de Sierra Morena se presentan asociados a los minerales de cobre, pero sobre todo a los de plomo, llegando a constituir verdaderos criaderos en forma nativa, siendo la galena argentífera el principal mineral de donde se extrae la plata. Minerales de plata también son sulfuros y antimoniurios como la polibasita, pirardirita, argentita freibergita, que aparecen en el relleno de los filones (Molina Cámara, 2002: 42).

En la mayoría de las explotaciones antiguas que están documentadas en la zona de nuestro estudio, el principal metal que perseguían con la explotación de la galena argentífera era la extracción de la plata. La plata en la galena se presenta normalmente en bajos porcentajes, siendo la ley más alta la que aparece, como ya hemos visto, por ejemplo en el filón "Mirador", en El Centenillo, con 1,460 (o sea aproximadamente 1,5) Kg. por tonelada de plomo; ahora, todo indica que la plata nativa se encontraba bastante abundante en la zona supergena del filón, desde la superficie hasta una cierta profundidad.

En párrafos anteriores ya señalábamos que la galena argentífera explotada en los filones del distrito de La Carolina contenía un mayor porcentaje de plata que las mineralizaciones de Santa Elena y del distrito de Linares a excepción de algunas minas concretas como las del filón de Valdeinfierno.

Las fuentes literarias antiguas recogieron ya claramente como la galena del campo minero de Linares contenía bajos porcentajes de plata. Así, Estrabón (*Geo.*, III, 2, 10), refiriéndose a las minas de Cástulo y de otros lugares, señala que existe un metal peculiar, el plomo fósil, con poca plata, sin que sea rentable su explotación debido a la baja ley de plata. Posiblemente, en este pasaje, Estrabón esté aludiendo a las minas de Linares. Pero, por el contrario, contamos con otras citas clásicas que mencionan la existencia de un Monte de la Plata (Estrabón, III, 2, 11) y de importantes minas de plata en las cercanías de Cástulo (Polibio, 10, 38, 7) que corroboran la importancia de la plata en estas minas como las de El Centenillo, etc.

El mineral típico de extracción del plomo es la galena, sulfuro de plomo (con más de 80% Pb). El plomo era considerado en época romana como un subproducto de la extracción de la plata. Los minerales de plomo consisten en asociaciones del plomo con el azufre y antimonio (Molina Cámara, 2002: 42).

El plomo fue el principal metal extraído de las minas de este distrito hasta tal punto que llegó a ser el primer productor mundial en el s. XIX y XX. A pesar de que el plomo está presente en la mayoría de las minas de Sierra Morena oriental, tanto en el distrito de Linares, La Carolina, El Centenillo y Santa Elena, apenas tenemos constancia en las fuentes antiguas. Para esta zona, sólo contamos con el pasaje de Estrabón que se refiere al plomo fósil de las minas de Cástulo. Este hecho denota que en época antigua el metal más prestado y codiciado, en Sierra Morena, junto al oro era la plata, dejando en un segundo término al plomo.

El plomo tiene unas características muy particulares que lo diferencian del resto de los metales. Este metal es muy dúctil y moldeable, altamente resistente a la corrosión y además su punto de fusión es muy bajo (327ºC). Éste se utilizo para la realización de diversos objetos, como las pesas de pescar y de los telares, objetos relacionados con la construcción naval, debido a su resistencia ante la corrosión, como los escandallos, los aros de la vela y las cepas, zunchos de anclas de madera y los forros para los cascos de barcos. Pero donde mayor uso tuvo el plomo fue en la construcción en forma de tuberías, para el transporte y la distribución a presión del agua en la ciudad. También está presente en los objetos de guerra como las balas de honda, y así mismo fue empleado en diversos receptáculos funerarios, según las costumbres de cada momento, tales como urnas, sarcófagos y ataúdes. Las urnas de plomo eran utilizadas en ocasiones para proteger otros recipientes (Antona del Val, 1987).

b) Minerales de cobre

El mineral de cobre también fue explotado de manera intensiva. Los minerales de cobre puede ser simples (óxidos y carbonatos) como cobre nativo, covelita, calcosita, digenita, tetraedrita, cuprita, tenorita, azurita y malaquita, pero también pueden aparecer asociados con hierro, siempre con sulfuros dobles, como la calcopirita, bornita, cubanita.

El cobre nativo y los carbonatos de cobre (malaquita y azurita) son los que se explotarían durante la antigüedad y ya desde la Edad del Cobre como se ha podido corroborar durante las prospecciones realizadas por la Universidad de Granada en los valles del Rumblar (Nocete *et al.*, 1987; Lizcano *et. al.*, 1990), del Jándula (Pérez *et. al.*, 1992b) y la Depresión Linares-Bailén (Lizcano *et al.*, 1992; Pérez *et al.*, 1992a). Con éstas se han documentado los lugares de extracción de estos minerales que se encuentran vinculados a diferentes yacimientos metalúrgicos tanto Calcolíticos como de la Edad del Bronce (Contreras *et al.*, 2005), siendo el yacimiento argárico de Peñalosa (Baños de la Encina), el mejor ejemplo (Contreras, 2000).

Dentro de nuestro distrito, las principales explotaciones de cobre se encontrarían en los filones cupríferos encajados en el granito de la zona NO de Baños de la Encina (Navamorquín, Salas de Galiarda, Medianería) y la Sierra de Andújar (Virgen de la Cabeza, Los Escoriales). También los niveles más superficiales y someros de los yacimientos plumbíferos de Linares-Guarroman-Santa Elena proporcionaron cantidades importantes de minerales cupríferos (filón Arrayanes, filón El Cobre, filón Esmeralda, Matacabras, filón Nube) (Mesa y Álvarez, 1890: 162-169).

El cobre fue el metal principal para la producción del bronce, aleación que se empieza a constatar desde la Edad del Bronce. A apartir de la primera Edad del Hierro empezó a producirse el bronce estañoso, aleación donde el estaño era fundamental para que se produjera este metal. Dentro de la composición del bronce también aparecen otros metales, además del estaño, como el hierro, el cinc, el plomo, etc. Éste último fue fundamental para la producción del bronce de Campania, el cual sería una cuarta parte del bronce como así señala Plinio (*N.H.*, XXXIV, 95). El bronce durante época romana se empleo en la producción de diversos objetos, desde la fabricación de vasijas de uso común hasta para la acuñación de moneda.

c) Minerales de hierro

Los minerales de hierro aparecen en dos tipos de criaderos: uno, enclavado sobre el Trías germano-andaluz, en el que se explotaría los "ocres rojos" (óxidos de hierro); y un segundo tipo criadero estaría en el Siluriano dentro de la prolongación oriental de Despeñaperros (Azcárate, sa.: 17-18). Las especies minerales de hierro que más prestan a explotación son las hematites rojas y pardas, el oligisto y la magnetita, la siderita un término y la pirita.

Estos minerales férricos presentes en Sierra Morena oriental aparecen como consecuencia del enriquecimiento supergénico de los yacimientos relacionados con la presencia de nódulos de hierro, oligisto, gœthita y hematites. Estos minerales se observan en las terreras o escombreras de los trabajos mineros antiguos, como productos de desecho de la explotación de otros minerales (cobre y galena). Pero, a pesar de que estos yacimientos son pequeños y poco rentables, desde un punto de vista de explotación industrial, debemos apuntar la hipótesis del posible beneficio del hierro relacionado con el autoconsumo necesario para abastecer a toda la industria adyacente de manufactura y arreglo de las herramientas, imprescindible para el trabajo en las minas y fundiciones, lo que haría difícil que se pudiera conservar algún resto o dato (Arboledas, 2007; Arboledas, en prensa).

Los minerales de hierro están representados por sulfuros, sulfoarseniuros e hidróxidos o sulfatos de génesis descendente, así la pirita, marcasita, pirrotita, arsenopirita, lepidocrocita, gœtita y jarositas. Pero también debemos mencionar los yacimientos de ocres rojos (hematites) y magnetita en el Trías muy abundante en localidades de Jaén como Valdepeñas de Jaén, Cambil, Santiago la Espada, los Villares, Garcíez, Bédmar, Jaén, y Mengíbar. Algunos autores, como se ha señalado anteriormente, han vinculado la explotación de este tipo de yacimientos cercanos a la ciudad de Cástulo con la producción de hierro necesario para abastecer a las comunidades ibéricas (Madroñero de la Cal y Agreda, 1989). Si bien, nosotros pensamos que la explotación de la almagra en el Alto Guadalquivir estaría vinculada a la obtención de pigmentos para la decoración de la cerámica y, posiblemente, a la obtención de pequeñas cantidades de hierro (Arboledas, en prensa).

d) El oro

El oro, en Sierra Morena, procedería de los criaderos filonianos de cuarzo, de las explotaciones cupríferas o bien de los aluviones fluviales, sin pensar de estos últimos que fueran como los del NW. Así, A. Carbonell, refiriéndose a Cerro Muriano, comenta que sus cobres, como todos los de Andalucía, contengan algo de oro, sobre todo en las zonas superiores de los filones. Por su parte, Cl. Domergue (1990: 30-33) afirma este testimonio al admitir que también podrá haber en las zonas de oxidación de los minerales de cobre: óxidos de cobre (cuprita, melaconita), cobre nativo, oro y plata nativos y cloruros de plata. Los metales preciosos aparecen por encima de los ricos sulfuros supergenos. Al respecto, O. Davies (1935: 35) indicaba que en Chipre y Sierra Morena los antiguos buscaron concentraciones de metales preciosos sobre los principales filones sulfurosos, debido a la oxidación y disolución de cobre y del hierro.

e) Otros minerales

Otro mineral que pudo ser aprovechado fue el cinc. El cinc es muy soluble, pero no se cementa sino que en la misma zona de oxidación, si la ganga es carbonatada, el sulfato de cinc se transforma en carbonato (calamina), constituyendo depósitos superficiales que fueron explotados por los romanos para la fabricación del latón *aurichalcum* (Plinio, *N.H.*, XXXIV, 2-4) y el sulfuro de cinc (esfalerita), que es el que se encuentra en nuestra zona, fue desechado. Puede ser que el desechar el sulfuro de cinc podría venir producido porque para la fabricación del oricalco era necesario previamente la separación, primero, del plomo, y segundo, del hierro (Molina Cámara, 2002). El cinc metálico ya era conocido en la Grecia helenística.

El estaño en época antigua, era fundamental para la elaboración del bronce. El estaño apenas existe puro, sino que va mezclado con otros metales, siendo el vidrio de estaño el mineral que más estaño contiene (hasta un 70 % Sn). El estaño aparece casi siempre en forma de óxido de estaño (casiterita, SnO_2, mena del estaño), en depósitos de tipo masivo, pequeños pero explotables, como lo hemos visto, en la zona del entorno al batolito de Los Pedroches de la provincia de Jaén, Linares, Sierra de Andújar, Baños de la Encina y Vilches. El estaño en este distrito lo encontramos asociado a la wolframita (Molina Cámara, 2002: 50). Hasta el momento no sabemos si estos filones de estaño fueron explotados en época antigua.

III. FUENTES PARA EL ESTUDIO DE LA MINERÍA ROMANA DE SIERRA MORENA ORIENTAL

El estudio de la minería hispanorromana en la Península Ibérica ha sido uno de los aspectos que más han preocupado a la investigación histórica, hecho éste que incita al historiador a volver sobre el mismo, dada la gran cantidad de nuevos datos que continuamente nos proporciona (fundamentalmente la arqueología, la numismática y la epigrafía) y que consecuentemente inducen a todos los autores a revisar las ya tradicionales fuentes literarias. Por ello, en este capítulo realizamos un análisis exhaustivo y conjunto de los textos antiguos, de los epígrafes y monedas mineras así como de los vestigios minero-metalúrgicos romanos que se han conservado fosilizados en el paisaje de esta región, lo cual nos va a proporcionar importantes datos que ayuden a entender cómo se desarrollo esta actividad productiva durante el proceso de romanización del Sur peninsular.

III.1. LAS FUENTES LITERARIAS ANTIGUAS REFERENTES A LOS METALES DE SIERRA MORENA

Las fuentes literarias suelen ser parcas y su interpretación compleja ya que en muchas ocasiones nos proporcionan datos confusos, falsos, exagerados o fantaseados. Este hecho se debería en gran medida a que la mayoría de las citas transmitidas proceden de relatos tan variados como los de conquista, poemas o descripciones geográficas y a que muchos de los escritores greco-latinos nunca visitaron la Península, por lo que sus trabajos giraron en torno a referencias indirectas. A esto se une el problema de que muchos de ellos no poseían conocimientos de minería y metalurgia (Arboledas, 2004; 2005).

A pesar de ello, el mayor número de datos que ofrecen los autores clásicos se refiere a la Península Ibérica, cosa que no es una casualidad, ya que nuestra península, en la antigüedad, era considerada como el país por excelencia de los metales. Hecho que se corrobora en las diversas citas que aparecen en la literatura greco-romana, desde las famosas y tan aludidas referencias de la Biblia sobre el comercio de metales de Oriente con la rica *Tarsis* (*Libro de Job*, 28, 1-11; *Libro I de los Reyes*, 10, 22; II *Crónicas*, 9, 21; *Isaías*, 2, 6-22; 26, 1, 6, 10, 14; Ezequiel, 27, 12 y 25; Jeremías, 10, 9), hasta las citas de Estiocoro en el s. VI a.C. y de San Isidoro de Sevilla (s. VII de nuestra era), pasando por los relatos legendarias de Estrabón o la *Historia Natural* de Plinio (Márquez Triguero, 1970; Blázquez, 1970; Mangas y Plácido, 1994; Mangas y Myro, 2003).

La explotación de las minas y de metales de Hispania ha quedado bien atestiguada por los autores antiguos (Estrabón, *Geo.*, III, 2, 8-10: III, 2, 14; Plinio, *N.H.*, III, 30; Claudiano, *Laus Serenae*, 50-60; S. Isidoro de Sevilla, *Orig.*, 14, 4, 28). Si observamos los relatos literarios antiguos sobre la riqueza de metales de la Península, curiosamente, se centran, fundamentalmente, en la abundancia de los metales nobles (oro y plata) y en la forma de extracción de los mismos. Testimonio de ello son las narraciones de Polibio (III, 57, 3), Plinio (*N.H.*, III, 30), Silio Itálico (16, 25), Pomponio Mela (2, 86), Josefo (*B. Jud.*, 2. 164; 2, 374), etc., y los clásicos relatos de Diodoro (*B.H.*, V, 35-38) y Estrabón (Geo., III, 2, 8-10). Esta gran cantidad de referencias que se han conservado sobre la plata y el oro es la prueba de que estos metales fueron los más codiciados en el mundo romano, los cuales serían imprescindibles para llevar a cabo su política monetaria y económica (Arboledas, 2005; 2007).

La gran mayoría de reseñas antiguas que se conocen de esta región minera se encuentran en las narraciones de los episodios bélicos acaecidos en dicha área desde la llegada de los romanos hasta el final de la República. Tito Livio (22, 20, 12) informa de la llegada de los hermanos Escipiones a esta zona; para el 214 a.C. se relata el hecho de que Cástulo se pasa al bando romano (Liv., 24, 41, 7), o que en esta ciudad invernó, en el 211 a.C., Publio Escipión (Appiano, *Iber.*, 16). También se señala en las fuentes el hecho de que esta ciudad, tras la derrota de los Escipiones, se cambio al bando púnico (Liv., XXVIII, 19 y ss.; Appiano *Iber.*, 32). Asdrúbal, antes de la batalla de *Baecula*, se hallaba en Cástulo, cerca de esta primera y no lejos de la minas de plata (Polibio, 10, 38, 7), pero en el 206 a.C., tras dicha ofensiva, las fuentes recogen el episodio de la destrucción de *Iliturgi* y la entrega por parte de *Cerdubelus* del *oppidum* castulonense, junto a la guarnición cartaginesa que comandaba *Himilcón* (Tito Livio, XXVIII, 20, 8-12) (Martínez Aguilar, 2000).

Para el resto de la época republicana las fuentes se centran en dos noticias: una, la represión llevada a cabo por *Sertorio* de la revuelta de los habitantes de Cástulo cuando éste se encontraba en *Hispania* (98-94 a.C.) como tribuno militar del cónsul *T. Didio* (Plutarco *Sert.*, 3); y la siguiente referencia alude a la inestabilidad por causa de los bandoleros que se vive en el *Saltus Castulonensis*, de lo que Asinio Polion da cuenta en una carta enviada a Cicerón (Cicerón, *Ad fam.*, 10, 31, 1).

Sin embargo, el verdadero hecho por el que adquirió gran prestigio la ciudad de Cástulo fue por la cercanía a las ricas minas en galena argentífera de Sierra Morena oriental, lo cual la convertiría, seguramente, en el centro desde el que se controlaría la explotación y la comercialización del metal extraído. La riqueza minera de los alrededores de Cástulo queda registrada por Estrabón (*Geo.*, III, 2, 10) cuando indica que *en Cástulo y otros lugares hay un metal peculiar, de plomo fósil, el cual, aunque contiene plata, es tan pequeña cantidad que su purificación no reporta beneficio.* Aquí, Estrabón se hace eco del bajo contenido de plata del mineral plumbífero de la zona, sin que sea rentable su explotación debido a la baja ley de plata. En esta cita posiblemente se refiera, como ya señalábamos en el capitulo anterior, a las minas de Linares.

Por su parte, Polibio, que es fuente de Estrabón, nos ilustra cómo el ejército cartaginés al mando de Asdrúbal, y previamente a la batalla de *Baecula, acampaba en las inmediaciones de Cástulo, cerca de la ciudad de Baecula y no lejos de las minas de plata* (10, 38: 7). La ubicación de *Baecula* ha suscitado muchas controversias que han sido avivadas en los últimos años. Así, R. Contreras de la Paz (1971) y A. Schulten (1963), realizando un paralelismo de Baecula-Baikula, la sitúan en la actual población de Bailén. Por otro lado, el francés G. Tamain, en uno de sus trabajos, la situaba en el *oppidum* de Giribaile (Tamain y Arbin, 1975). Y, por último, recientemente investigadores del Centro Andaluz de Arqueología Ibérica la ubican en el término de la localidad giennense de Santo Tomé (Bellón *et al.*, 2004).

A través de Plinio se conoce también el nombre de dos nuevas minas de plomo y plata que estaban en la Bética, la *Samaraniense* y la *Antoniana*, las cuales según algunos investigadores se hallarían en la región de Linares-La Carolina. Estas dos minas fueron arrendadas por una alta cantidad de dinero, más de doscientos mil denarios y tras su abandono, después de un tiempo, según Plinio, se hacen más ricas en mineral (*N.H.*, XXXIV, 165). El nombre de ambas podría revelar que éstas en algún momento pertenecieron a un particular del que tomarían su denominación (Orejas, 2005).

III.1.1. El *Mons Argentarius*

Sin duda, la cita más famosa transmitida por los escritores antiguos y renombrada por todos los investigadores sobre esta área se refiere al Monte de la Plata (el *Mons Argentarius* o *Argyros Oros*) (Contreras de la Paz, 1966), cuya localización ha suscitado diferentes teorías por parte de la comunidad científica. Siguiendo las tesis de R. Contreras de la Paz (1966), nosotros también lo identificamos en el distrito minero de Linares-La Carolina como a continuación argumentamos. Estrabón, tomando como fuente a Polibio nos dice:

> "*No muy lejos de Cástulo está también la sierra que, según dicen, da origen al Betis y que llaman "Sierra de la Plata", a causa de las minas de plata que hay en ella. Polibio dice que el Anas y este río (el Betis) vienen de la Celtiberia y que distan el uno del otro 900 estadios. (...) Parece que los autores (más) antiguos llaman al Betis "Tartessos" y a Gades y las islas junto a ella "Erytheia". Se cree que por esto Estesícoro dice que el pastor Gerión había nacido "enfrente de la célebre Erytheia, en una cueva junto a las fuentes del río Tartessos inagotables y de ricas argénteas* (*Geo.*, III, 2, 11)."

Los tartesios transmitieron a los griegos que en el curso Alto del Guadalquivir había un lugar en donde se extraía plata, creándose así la leyenda que dice:

> "*El Betis arrastraba en su curso metales nobles, oro y plata y el codiciado estaño, esto era así porque el río tenía su nacimiento en el Monte denominado de la Plata, su nombre lo recibía por la cantidad ingente de dicho metal, que del mismo se extraía*" (Contreras de la Paz, 1966: 195).

La *Ora Marítima* de Avieno sitúa al *Mons Argentarius* en el curso inferior del Guadalquivir, diciendo así:

> "*Pero, encima de la marisma, se proyecta el monte Argentario, llamado así por los antiguos debido a su aspecto, pues refulge en sus vertientes por la gran cantidad de estaño, y despide más luz todavía hacia lo aires, en la lejanía, cuando el sol ha herido sus excelsas cimas con rayos de fuego. El mismo río, a su vez, hace rodar, con sus aguas, limaduras de pesado estaño y arrastra el valioso metal junto a sus murallas* (291-299)."

Probablemente, el monte al que se refiera Avieno sea el *Mons Cassius*, identificable con la Sierra del Pinar, en la sierra de Grazalema, donde nace el río Guadalete (Mangas y Plácido, 1994). Según R. Contreras de la Paz (1966) la obra de Avieno contiene un error, como luego demostró C. Pemán que en el Guadalquivir no hay ningún monte. A. Schulten (1955; 116) sostiene, igualmente, que junto al lago *Ligustinus* no existe ningún monte. Esta información del Periplo sería un error de apreciación de los focenses, que, navegando junto a las costas, consideraron como cercano al lago un monte mucho más distante, que podría corresponder al cerro de San Cristóbal en la Serranía de Ronda. Otra noticia procede de Estíocoro, que también menciona la leyenda del Monte de la Plata, en su poema *Geryanes*, dedicado a uno de los míticos reyes Tartéssicos, que luego recogió Estrabón (*Geo.*, III, 2, 11): "dice *que el pastor Gerión había nacido "enfrente de la célebre Erytheia, en una cueva junto a las fuentes del río Tartessos inagotables y de ricas argénteas*."

Con esta información, la leyenda del Monte Argentario, derivó en dos versiones, identificando cada una de ellas la ubicación de este monte en dos lugares diferentes. Por un lado, la información de Avieno en su periplo *Ora Marítima*, que A. Blanco Freijeiro identifica con el Cerro de Salomón en Riotinto (Huelva) (Blanco y Rothenberg, 1981). Por otro lado, siguiendo la información que nos ofrece Estrabón sobre el Monte Argentario más de acuerdo con Estíocoro, lo sitúan en Sierra Morena, cerca de Cástulo, como lo identifica el erudito R. Contreras de la Paz (1966), aunque la descripción es claramente falsa pues no hay estaño por la zona minera del Alto Guadalquivir (Mangas y Plácido, 1994). Con la llegada de los romanos a Hispania, vinieron también Poseidonio, Artemidoro, Asclepíades, que estuvieron por estas tierras, realizaron numerosas observaciones sobre las ciudades, gentes, etc. y entre sus escritos geo-históricos hablan del Monte de la Plata, del que presentían haberlo encontrado. Los datos del topónimo del Monte de la Plata que recogieron en sus descripciones Polibio y Poseidonio, serán extraídas más tarde por Estrabón en su *Geografía* transmitiéndonos lo siguiente:

"*Cerca de Cástulo (Kastoulón en el texto griego) hay un monte que por sus minas de plata llaman Argyros Oros; se dice que de él mana el Betis*". (*Geo.*, III, 2, 11) (Contreras de la Paz, 1966: 201).

Debido a que se dijo que de este monte arrancaba el Betis, la mayoría de geógrafos creyeron que el mismo estaba en la Sierra de Cazorla, desconociendo lo que Estrabón había querido decir. R. Contreras de la Paz (1966) lo sitúa en las minas cercanas a la ciudad de Cástulo, realizando el siguiente razonamiento. Para localizar este Monte hay que tener presentes tres condiciones: la primera, su situación en las cercanías de Cástulo; la segunda, este monte no estaría lejos del Guadalquivir, y en tercer lugar, existiría minas de plata próximas al "Monte". Así, si estos tres condicionantes los trasladamos a los lugares que dijeron Poseidonio, Polibio y Estrabón, podemos concluir indicando que sólo una zona reúne estos requisitos: la zona del distrito de Cástulo (las minas de El Centenillo, Linares, etc.). Según este investigador, toda esta simbolización del Monte de la Plata, para nuestra mentalidad del siglo XXI, correspondería a una zona minera.

Esta situación es la aceptada por la gran mayoría de los investigadores (Contreras de la Paz, 1966; Blázquez, 1970; Arboledas, 2007), a pesar de que otros señalan que en la zona minera de Cástulo, las minas de galena no tenían alta proporción de plata, algo que ya aludirá Estrabón (III, 2, 10). Sin embargo, no debemos olvidar que dentro de este distrito existieron minas, como en El Centenillo, que antes de su cierre, a seiscientos metros de profundidad, presentaban una ley de plata en la galena que oscilaba alrededor del kilo por tonelada de galena, lo que nos hace pensar en la posible existencia de plata nativa o galena muy rica en plata en los niveles superiores, que serían explotados en época antigua. Noticia ésta que también ya, a finales del s. XIX, apuntaba P. Mesa y Álvarez (1890) cuando se refería al filón de Valdeinfierno y Palazuelos. Todo esto nos lleva a pensar que el Monte de la Plata se encontraría en el área minera de Cástulo y, más concretamente, teniendo en cuenta la información geológica y arqueológica con la que se cuenta, creemos que estaría vinculado más bien a las minas del distrito La Carolina-El Centenillo que a las de Linares.

Tito Livio, en el 207 a.C. (XXVIII, 2-3), también cita otra mina de plata junto a la ciudad de *Auringis*. *Auringis* es probablemente *Aurgi,* lo que tradicionalmente se ha relacionado con la actual ciudad de Jaén, a unos 40 Km. al sur de la zona minera de Linares (Schulten, 1963: 274; Madoz, 1988), área de la que no se tienen noticias referentes a la existencia de explotación alguna.

III.1.2. Pozo de *Baebelo*

Conflictivo, por su ubicación, es el pasaje que se refiere al pozo de Baebelo, el cual se explotaba desde época cartaginesa, proporcionándole a Aníbal más de trescientas libras de plata diarias (Plinio, *N.H.*, 33, 96-97), cifra un tanto exagerada. Según A. Schulten (1963), llama la atención la presencia de mineros de la lejana Aquitania, lo que corroboraría, en cierto modo, la existencia en época romana de emigrantes procedentes de lugares lejanos en los distritos mineros del sur peninsular.

Algunos investigadores han interpretado que el pozo *Baebelus* debía ser la mina mencionada por Estrabón (*Geo*., III, 2, 10) cuando escribe que "*Cerca de Cástulo hay un monte que por sus minas de plata se llama Monte Argentarius"* (Blázquez, 1992). J. Mangas (1996) también asocia este pozo a la zona minera de Cástulo con las siguientes palabras: "*Y la mina Baebelo, cercana a Cástulo (Linares, Jaén), Aníbal había estado obteniendo diariamente 300 libras de plata...*" (Mangas, 1996). Sin embargo, gran parte de los historiadores parecen inclinarse por la tesis de que *Baebelo* estaba en Cartagena, aunque no se haya determinado su localización exacta. A favor de esta postura se sitúa H. Sandars (1924), el cual afirmaba de manera rotunda que éste debería estar en Cartagena porque *"no hay minas en la cuenca de Linares, atendida su naturaleza, que hubiese sido capaz de tanto. Además, la mina de Plinio, sin disputa alguna, estaba situada en el distrito minero de Cartago Nova"*. Asimismo, se han planteado otras ubicaciones muy diferentes. Recientemente, esta mina se ha vinculado tanto al distrito minero de Huelva como a la comarca granadina del Marquesado del Cenete. Esta última hipótesis ha sido planteada por C. González Román, después de realizar una lectura de Plinio en la que los mineros (aquitanos) eran identificados con los accitanos (habitantes de *Acci*). No obstante, las lecturas de aquitanos, *aquarii* o *aquitani*, han sido las elegidas por los diferentes autores (González Román, 1999; González Román *et al*., 2001).

Es difícil contando con sólo una cita de Plinio (*N.H*., XXXIII, 96-97) decantarse y opinar sobre la cuestión de dónde se localizaría la mina de Baebelo. Partiendo de que todos los que han tratado el tema lo sitúan en la zona meridional de España, nos lleva a pensar que cuando Plinio habla de los pozos abiertos por Aníbal y concretamente el de *Baebelus*, se trataría más bien de un monte o un área intensamente explotada a través de varios pozos situada o en la región de Cartagena o el distrito oriental de Sierra Morena.

Tradicionalmente y debido a los escritos de época moderna, algunos autores han vinculado este pozo con la dote aportada por Himilce en su matrimonio con Aníbal. No obstante, para uno de los mayores estudiosos de la sociedad castulonense es una suposición infundada (Contreras de la Paz, 1999). Dentro de este debate, debemos mencionar la coincidencia curiosa de que el nombre *Baebelus* tiene la terminación en -elus, al igual que el de *Cerdubelus*, el cual aconsejó la rendición de Cástulo a la llegada de los romanos. Sin duda, éste tuvo que ser un personaje influyente, de la alta sociedad o "nobleza" de la ciudad de Cástulo (Contreras de la Paz, 1999).

Como consecuencia de la tradición de los grandes cronicones de época moderna, se han transmitido diversos documentos que vinculan el pozo de Aníbal con la mina de Palazuelos, en el distrito de Linares. Esto ha llevado a numerosos autores como Antonio de Ponz (Contreras de la Paz, 1959) y P. Mesa y Álvarez (1890) a dar por válida esta asociación de los pozos de Aníbal y las minas de Linares.

III.1.3. El cobre de Sierra Morena

Plinio (*N.H.*, XXXIV, 2-4) alaba al *aes* (cobre) *Marianum* o cordobense como el mejor cobre del imperio, después del cobre *Liviano*. Estas minas de cobre, situadas en la Sierra Morena cordobesa, pertenecieron a *Sextus Marius*, que también poseía minas de plata y oro. Probablemente, el nombre de Sexto Mario debió dar nombre a Sierra Morena, pero más seguramente al distrito de Cerro Muriano, que Ptolomeo (2, 4, 15) llama *Mons Marianus*. En el *Itinerarium de Antonii 206* se menciona un *Mons Marianorum*, en la región de Sevilla y una estación Mariana, hoy Mairena, cerca de Puebla del Príncipe, lo que según J.Mª. Blázquez (1970: 137) indica que las minas de éste abarcarían una gran extensión.

Sextus Marius es de sobra conocido gracias a los textos clásicos, así, Tácito (*Ann.* 6, 19, 1) recoge cómo éste fue acusado de incesto con su hija por lo que se le condenó a *la Roca Tarpeya,* incautándose de todas sus minas el emperador Tiberio, aunque debió transferirlas al senado romano, que era el que administraba la Bética. El proceso no era más que una excusa para confiscar los bienes de *Sextus Marius*, posiblemente por el temor del emperador a que este personaje alcanzara demasiado poder. Dion Casio (58, 22, 2-3) ofrece otra versión de este hecho. El emperador, en realidad, lo que pretendía era su hermosa hija, y al no acceder Sexto Mario a sus deseos, cayó en desgracia.

En época de los Antoninos aún se exportaba cobre mariano a Ostia, donde vivía *T. Flavius, Augusti Libertus Polychyrsus*, *procurator massae marianae* (C.I.L., II, 1.179). Se está de acuerdo en ligar el nombre de Sexto Mario al distrito minero de Cerro Muriano, pero también se piensa que el nombre de este *aes marianum* se relaciona más bien con el de Sierra Morena (Davies, 1935: 114; García Romero, 2002: 77-78).

Por otro lado, Plinio (*N.H.*, XXXIV, 3) habla del cobre *Sallustianum y Livianum*, cuyos nombres derivan del *nomen* del dueño de éstas, posiblemente del famoso consejero de Augusto *C. Salustio Crispo*, al igual que el *aes Marianun*, cuyo dueño sería el ya nombrado *Sextus Marius* (García Romero 2002: 76-79).

III.1.4. El oro del sur de Hispania

El autor clásico Esteban de Bizancio señala la presencia de oro y plata en *Ibylla*, una ciudad tartésica, con estas palabras: "*Ibylla, ciudad de Tartesia. El gentilicio es ibillino. Entre ellos se dan los metales de oro y plata*". Al parecer alude a *Ilipla*, cuya plata es mencionada ya por Estrabón (*Geo.*, III, 2, 3). Este último autor también habla de la existencia de oro y plata en la Turdetania (*Geo.*, III, 2, 8), y de minas de cobre y oro en la región que llamó *Cotinae,* la cual se situaría, posiblemente, en Sierra Morena.

Pero sin duda, la más interesante es la cita de Estrabón (*Geo.*, III, 4, 2) en la que señala la presencia de oro en la cordillera (Subbética) situada entre la *Bastetania* y la *Oretania*. Estos testimonios se vincularían con las evidencias de minas de oro documentadas en la actual provincia de Granada, concretamente en Caniles, con la explotación del río Golopón, afluente del Guadiana Menor, así como en Cañada de Valderas (Pinos Genil) y en el Hoyo de la Campana, cerca de la capital granadina (García Pulido, 2008). A esta referencia hay que sumar la cita de Silio Itálico (*Pun.*, 3, 401) en la que indica la presencia de oro en Córdoba, al igual que Tácito (*Ann.*, 6, 19, 1), cuando habla de las confiscaciones de las minas de oro y cobre de *Sextus Marius* por parte de Tiberio, que junto con el testimonio anterior de las minas de *Cotinae* e *Ibylla,* se han venido relacionando con los indicios de yacimientos de oro y plata dentro del margen norte del río Guadalquivir, en la Sierra de Peñaflor (Peñaflor y Puebla de los Infantes, Sevilla) (Sánchez-Palencia, 1989).

Sin embargo, la gran mayoría de las referencias literarias antiguas hacen alusión a la minas de oro del NO de Hispania, es decir, de la *Lusitania* (Plinio, *N.H.*, XXXIII, 78; Estrabón, *Geo.*, III, 2, 9; III, 3, 5), de la *Gallaecia* (Justino, 44, 3, 5; Pacato, II (XII), 28, 2; Marcial, 4, 39, 7; Silio Itálico, 2, 602; 10, 117-118) y Asturias (Floro, *DCC*, 2, 33, 59-60).

Otra gran parte de las citas que se conservan sobre la riqueza de oro de la Península se refieren a los ríos auríferos, que proceden de montañas marginales y arrastran, como indica Estrabón (*Geo.*, IV, 6, 12), el oro en su caudal. Los principales ríos auríferos, según el geógrafo griego, son los grandes ríos de la cuenca atlántica, los cuales provienen de oriente y corren paralelos al Tajo. Es el oro de este río, el más alabado y citado por los escritores antiguos (*Carmina*, 29, 19). Otro de los ríos auríferos de la Península sería el Segura (Plinio, *N.H.* III, 9; Avieno, *Ora Marítima*, 456), del que Pseudoaristóteles (*De mirab. Ausc.,* 46) resalta el oro presente en sus orillas, con el nombre de Teodoro. Efectivamente, la gran mayoría de autores reconocen con este nombre al río Segura (Mangas y Plácido, 1994). Para C. Domergue, el oro podría venir del yacimiento de Santomera, localizado no lejos de Murcia y a cierta distancia del río. Ésta es la única noticia que tenemos de la presencia de oro por esa zona (Domergue, 1990: 7).

III.1.5. El cinabrio y el mercurio

En Sierra Morena, al igual que en otras zonas de Hispania como Asturias (Floro, 2, 33, 60), están presentes otros dos minerales de gran importancia en época romana, el cinabrio y el mercurio de Sisapo (Cicerón, In M. *Antononium orationes Philippicae*, 2, 48; Plinio, *N.H.*, XXXIII, 118-119), que sería explotado por la *Societas Sisaponensis* entre el s. I a. C. y el I d.C. Plinio (*N.H.*, XXXIII, 118-119) y Vitrubio (7, 9, 1; 7, 9, 4) ponen de relieve claramente la importancia del cinabrio, el cual no se trabajaba en la misma mina sino que, inmediatamente después de extraerlo, se mandaba tal cual hacia Roma. En los talleres de la *Urbs* se extraería la materia colorante, el bermellón, y el mercurio, a partir de la calcinación del cinabrio que Plinio (*N.H.*, XXXIII, 99 y 123) denomina *hydrargyrum*. En un pasaje de Vitrubio (*De archi.* 7, 8, 9), Plinio (*N.H.,* XXXIII, 115-116) y Teofastro (*De lapidibus*, 58) explican las variantes del cinabrio, el estado en el que se encuentra, su tratamiento y los riesgos de decoloración de las pinturas que se obtienen del cinabrio.

En definitiva, como se ha podido observar, las fuentes legadas por los autores greco-latinos proporcionan una valiosísima información que nos ayuda a entender cómo se desarrollo la explotación de las minas del Sur peninsular. Entre los datos que se extraen de los textos literarios antiguos vamos a resaltar los siguientes. Por un lado, los lugares, regiones o ciudades donde se obtenía cierto mineral, que en la mayoría de los casos coincide con la realidad que la geología y arqueología han confirmado, como los ejemplos de la existencia de plomo fósil en Cástulo o de minio en Sisapo. Por otro, los sistemas de explotación empleados en las minas hispanas para extraer los metales o los diferentes procesos aplicados a los minerales hasta su transformación en metal, es decir, la molienda, el lavado y la fundición del mineral, de los cuales hablaremos en apartados posteriores, y cuyos ejemplos más destacados nos transmite Plinio para la plata y el plomo, el oro, el cobre y el minio, y Estrabón (*Geo.*, III, 2, 8; III, 2, 10) para la plata y el oro. Otras referencias no menos importantes son las de índole social (mano de obra) Estrabón, *Geo.*, III, 2, 8-10; Diodoro, *B.H.*, V, 35-38; Silio Itálico, I, 231-232; Lucano (4, 294-298; Claudiano, 74-77), política-administrativa (administración de las minas) (Estrabón, *Geo.*, III, 2, 10; Diodoro, *B.H.*, V, 35-38), jurídica (status de las minas), económica, etc., que citaremos a lo largo de este libro. *Grosso modo*, los metales explotados fueron fundamentalmente, la plata, el plomo y el cobre. En menor medida, el hierro, que tan sólo se nombra en las citas generales sobre la riqueza de la Turdetania o de Hispania, sin que exista ninguna alusión a sus posibles áreas de extracción.

III.2. LA EPIGRAFIA MINERA ROMANA

Indudablemente, las inscripciones son un documento excepcional donde aparecen reflejadas algunas de las gentes que trabajaron o estuvieron vinculados con las

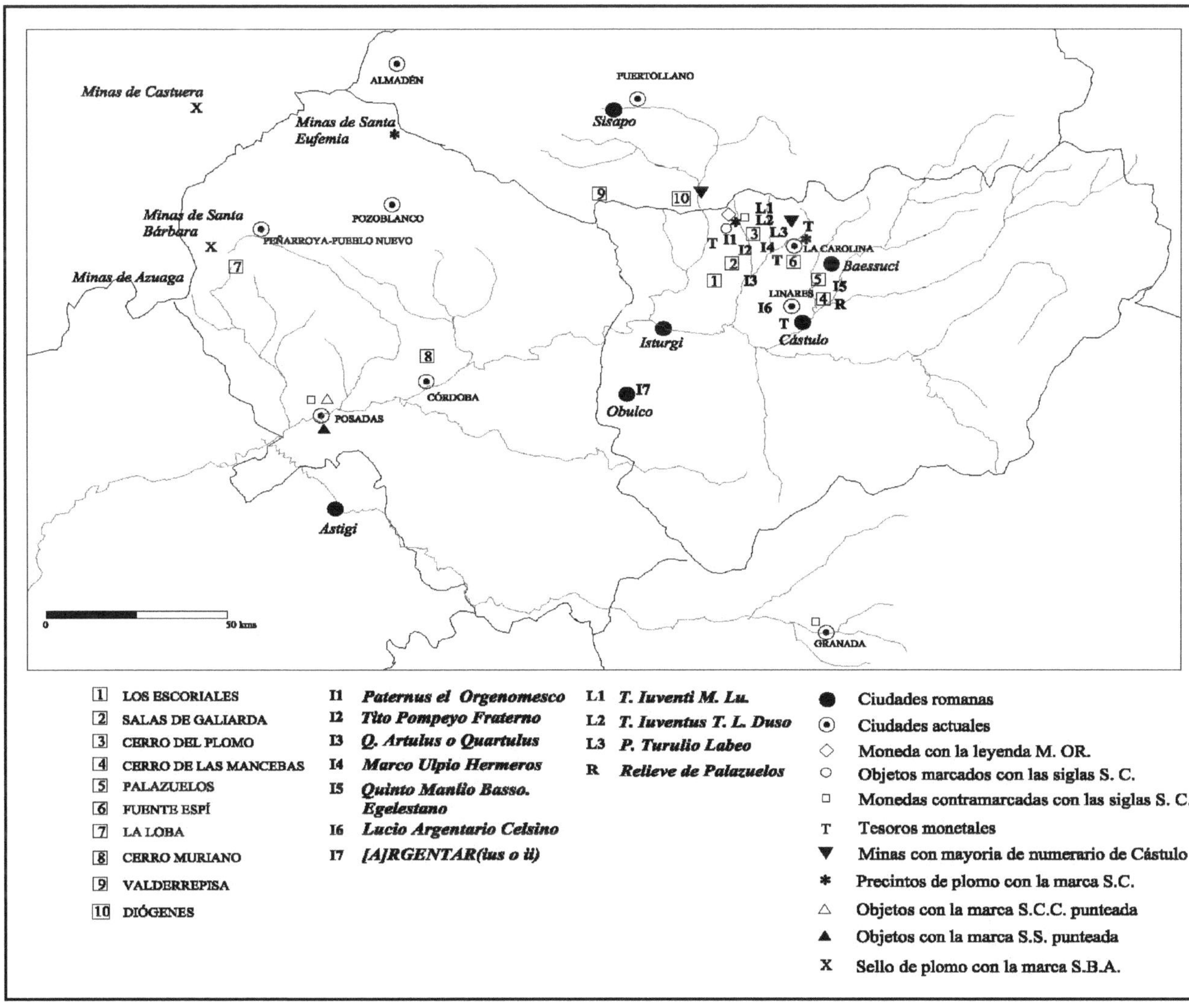

Figura 14. Mapa de dispersión de los epígrafes asociados a la minería y metalurgia romana hallados en Sierra Morena oriental.

áreas mineras, básicamente en inscripciones funerarias, algunas piezas votivas y también en epígrafes impresos en otro tipo de soportes, como lingotes y precintos de plomo, herramientas, etc. (Mangas y Orejas, 1999: 209).

En el registro epigráfico quedan referencias tan sólo de un segmento de la población implicada en el trabajo minero; prácticamente los esclavos están ausentes y cuando aparecen resulta difícil establecer su relación con las minas (esclavos domésticos o mineros). Sin embargo, los personajes militares y, sobre todo, los miembros de la administración y explotación de las minas están presentes de forma más regular como los *possesores*, pequeñas sociedades mineras, *negotiatores*, *procuradores*, etc. Debió ser muy común entre las capas sociales más bajas hacer inscripciones funerarias pintadas en madera, cerámica o bloques de piedra, materiales o grafías perecederas que hacen difícil su conservación. Igualmente hay otras inscripciones, de difícil interpretación y lectura, como las que se realizaron en los canales mineros del Noroeste (Mangas y Orejas, 1999: 209) o en las herramientas o instrumentos documentadas en las minas de Sierra Morena oriental con las siglas S.C.

Así, en este apartado vamos a analizar las inscripciones romanas documentadas en las minas de Sierra Morena oriental (distrito minero de Andújar-Linares-La Carolina) que se relacionan con la actividad minera (del epígrafe nº 1 al 5) y metalúrgica (nº 6 y 7), a las que se suman los epígrafes impresos en otro tipo de soportes, como en lingotes y precintos de plomo (la nº 8 y 9) (Fig. 14). Su vinculación a esta actividad productiva estaría determinada, fundamentalmente, por el lugar del hallazgo de las mismas, ya que todas ellas aparecieron en las minas de este distrito minero giennense, así como por la propia información que contienen las inscripciones.

1) Inscripción funeraria en piedra arenisca descubierta en 1959 en las minas de El Centenillo (Jaén), en una necrópolis próxima a un poblado minero hispano-romano (García Serrano, 1969: 76; D´Ors, 1960: 275; D´Ors y Contreras de la Paz, 1959: 168; CILA., III, I, 64).

Inscripción: PATERNV/CANT. ORGEN./OME. F. F./AN. XX
Transcripción: PATERNV(s)/CANT(abri) ORGENOME(sci)/FF(ecerunt)/AN(norum) XX.
Traducción: *Paterno de 20 años de edad. Le hicieron la lápida sus compañeros los cántabros de la tribu Orgenomesca.*

Esta inscripción presenta una doble lectura en lo referente a la abreviatura F.F., la gran mayoría de los investigadores no la interpretan como *f(ilius) f(ecit)* sino como *ff(ecerunt),* ya que el primer punto sería un error del lapicida y además es difícil que un padre de 20 años tenga uno hijo dedicante (D´Ors , 1960b: 275; D´Ors y Contreras de la Paz, 1959: 168). Sin embargo, C. González y J. Mangas (1991:104) realizan otra trascripción: PATERNV(s) CANT(aber). ORGEN/ OME(scvs).F(rater).F(ecit)/ AN(norvm). XX., una diferente traducción y significado, ya que según ésta, no sería un grupo de Oregenomescos sino dos personas, el hermano y el fallecido.

La doble lectura de este epígrafe ha hecho que se planteen diferentes hipótesis. Por una parte se obtiene un dato muy importante para el estudio de las emigraciones dentro de la Hispania romana, pues hace referencia a un grupo de Orgenomescos que habrían emigrado a Sierra Morena para trabajar en las minas como trabajadores libres o por qué no también, para hacer negocio con la explotación de las mismas. Sin embargo, C. González y J. Mangas (1991: 104) opinan que los cántabros Orgenomescos del epígrafe no serían un grupo de personas sino dos individuos, el difunto y el dedicante. Señalan además que la estancia de los mismos en el Alto Guadalquivir podría explicarse por otras razones, ya que el territorio de los Orgenomescos era básicamente agrario y no minero[6]. Estos mismos investigadores datan esta inscripción a finales del s. I. d. C. (González y Mangas, 1991: 104)

2) Este epígrafe funerario fue descubierto en 1920 en Sierra Morena oriental, cerca de las minas de El Centenillo y el pueblo de La Carolina, lugar en el que no se constató enterramiento alguno (Sandars, 1921a: 277; López *et al*., 1983: 12; CILA., III, I, 65). H. Sandars lo localiza (1921a:278) en las coordenadas 38 º, 20, 40” latitud norte y 0,2, 40” de longitud al oeste de Madrid en el mapa del Instituto Geográfico, hoja 862 de Santa Elena.

Inscripción: T. POMPEI/VS. C. F. G/LERIA FR./ATERNVS/CLUNIENS/IS. ANN. XV/H.S.E. T.R.P.D. S.T./T. L .
Transcripción: T(itus) POMPEIUS/ C(ai) F(ilius) Ga/lería FRA/TERNVS CLUNIENS/ IS ANN(orum) XV/ H(ic) S(itus) E(st)/ T(e) R(ogo) P(raeteriens), D(icas): S(it) T(ibi)/T(erra) L(evis).
Traducción: *Aquí yace Tito Pompeyo Fraterno, hijo de Cayo, de la Tribu Galeria, natural de Clunia, de quince años de edad, si pasas por aquí le ruego que digas: Séate la tierra leve.*

El epígrafe constituye un buen ejemplo de las emigraciones de los “clunienses”, de los cuales se tiene constancia de varios ejemplos fuera de su territorio, sobre todo, en el Noroeste y en el valle del Tajo (Sandars, 1921a: 277). C. González y J. Mangas (1991: 106), dadas las formas epigráficas, la fechan en el s. I d.C., en un periodo avanzado; mientras que M. Pastor *et al*., (1981: 64) la sitúa, aproximadamente, en el s. II d.C.

[6] Los cantabros Orgenomescos se situaban cerca del mar, al oeste de Cantabria y este de Asturias, estando bien documentados por la epigrafía y por las fuentes romanas tardías como una subtribu de los cántabros (González y Mangas, 1991: 105). Plinio los sitúa en el límite con los *Astures* y Ptolomeo cita entre las ciudades cántabras, la de *Orgenomescum* (Contreras de la Paz y D´Ors, 1960, 275). Sus vecinos los *Valdinienses* indican el *“origo”* en las lápidas, e incluso en algunas inscripciones del s. I d.C. los mencionan como *“cives/civis Orgenomesci”* (González y Mangas, 1991: 105).

3) Estela sepulcral infantil procedente de la rafa minera de Baños de la Encina (Mina de El Polígono) (Pastor *et al.,* 1981: 64; CIL., 3.258; CILA., III, I, 214). Ésta se realizó sobre piedra arenisca de color rojizo, posiblemente, procedente de las canteras de areniscas triásicas contiguas a la mina donde se descubrió (la mina El Polígono), las cuales han abastecido de este tipo de materia prima hasta la actualidad a la población de Baños de la Encina (Arboledas, 2007).

De este epígrafe se han realizado dos lecturas:

Para A. Blanco y J. M. Luzón (1966: 64) y M. Pastor *et al.,* (1981: 64):

Inscripción: Q. ARTVLVS/ AN. ORU IIII SI/ T.T. LEV
Transcripción: Q(vintvs) ARTVLVS/ AN(n)ORV(m) IIII SI(t)/ (tibi) (terr)A LEV(is).
Traducción: *Quinto Artulo, de 4 años de edad. Séate la tierra leve.*

Para R. García Serrano, (1969, 462), CIL., 3.258 y C. González y J. Mangas (1991, 238):

Inscripción: QARTVLVS/ AN. ORU IIII SI/ T.T. LEV
Tanscripción: Q(v)ARTVLVS/ AN(n)ORV(m) IIII SI(t)/ (tibi) (terr)A LEV(is).
Traducción: *Quartulo, de 4 años de edad. Séate la tierra leve.*

La mayor parte de la estela se encuentra ocupada por una hornacina en la que aparece una figura masculina, situada de frente y de pie, vestida con un *sagum* corto, descalzo, portando un martillo minero en su mano derecha y una cesta en la izquierda, que representaría bien a un hijo de un minero o de un herrero. Blanco y Luzón (1966: 64) la sitúan en el s. II d.C., sin embargo González y Mangas (1991: 239), analizando las formulas epigráficas y los caracteres paleográficos, creen que se puede retrotraer al s. I a. C.

4) Inscripción votiva descubierta, según H. Sandars (1921a: 278), a principios del s. XX en un cerro próximo a las minas de El Centenillo. En la cima de ese cerro H Sandars vio los cimientos de un templete rectangular de 5 por 12 m. y numerosos sillares de cuarcita dispersos por el suelo (García Serrano, 1969: 637; CILA., III, I, 63). R. García Serrano (1969: 76) comenta la dudosa autenticidad de esta ara votiva, mientras que C. González y J. Mangas (1991: 102) y M. Pastor *et al.*, (1981: 64) no indican nada al respecto, lo cual hace dudar de este comentario (Fig. 15).

En cuanto al texto, ha habido dos interpretaciones:

- Lectura del padre F. Fita (1901: 474):

Inscripción: S.SAL. AUG./ M.V. HER.../ ROS. AUG.../ U.S.../ ANIM...
Trascripción: S(acrvm) SAL(vti) AUG(vstae)/ M(arcvs) V(lpivs) HER [ME]/ ROS AUG(vstae) [L(ibertvs)]/ V(otvm) S(olvit) [L(ibens)]/ ANIM[O].
Traducción: *Consagrado a la Salud Augusta. Ex-voto que le paso de buen grado Marco Ulpio Hermeros, liberto de Augusto* (Trajano).

- Lectura de H. Sandars (1921a: 278):

Inscripción: S. SALAGA(E)/ M.V. HERME/ ROS. AVG. L/ U.S.L./ ANIMO
Transcripción: S(acrvm) SALAGA(E)/ M(arcvs) V(lpivs) HERME/ ROS AUG(vstae) [L(ibertvs)]/ V(otvm) S(olvit) L(ibens)/ ANIMO.
Traducción: *Consagrado a la deidad indígena* (SALAGA(E)), *Ex-voto que le paso de buen grado Marco Ulpio Hermeros, liberto de Augusto* (Trajano).

H. Sandars no ve S. SAL. AVG. puesto que el renglón no se compone de tres palabras, sino de dos: S. SALAGA (N o M), un ara votiva dedicada a una divinidad indígena, desconocida hasta el momento, de nombre *Salaga o Salagam o Salagan* (Sandars, 1921a: 278-279). Su lectura aunque muy sugestiva, es muy problemática dada la escasez de deidades locales o autóctonas que se han encontrado en la Bética, y mucho menos de época imperial como parece ser esta inscripción, más concretamente de época de Trajano (Pastor *et al*., 1981: 64). El culto a la *Salus Augusta* se testimonia en *Emerita, Ilici, Cartago Nova* y *Ostippo*, especialmente en época de *Tiberio*, aunque en este caso, dada la onomástica del liberto sería posterior (González y Mangas, 1991: 103).

F. Fita (1901: 474) supuso que el dedicante sería probablemente procurador del fisco imperial para la mina de El Centenillo y de otros criaderos de Sierra Morena. En apoyo de esta tesis, H. Sandars (1921a: 278) cita una inscripción gallega (CIL., II, 2.595), que ratificaría esta

Figura 15. Inscripción de *Marcus Ulpius Hermeros* (CILA., III, I, 63).

postura. Sin embargo, C. González y J. Mangas (1991, I: 103) señalan que de haberlo sido se hubiera reflejado en la inscripción. Lo único que se constata claramente a tenor de éstos es que tenía alguna responsabilidad al servicio del fisco, aunque no fuera con rango de *procurator metallorum,* pero por la zona donde se localizó la inscripción este puesto podría estar relacionado con la explotación de las minas. En lo que sí parecen coincidir casi todos los investigadores ha sido en la cronología asignada, en época de Trajano, según la onomástica.

5) El cipo funerario de *Quintus Manilus Bassus*, el egelestano (Mangas y Orejas, 1999), no es incluido por la mayoría de los investigadores dentro de la epigrafía relacionada con la minería y metalurgia en el Alto Guadalquivir (Fig. 16) (Blanco y Luzón, 1966; Pastor *et al.,* 1981). Nosotros sí creemos interesante recogerla, ya que con *Egelasta* se relacionan unas importantes minas de sal que algunos autores localizan en nuestra área de estudio (Peña *et al*., 1995). Este cipo fue descubierto en torno a 1866, según Hübner, cerca de la mina de *Men Baca*, entre Linares, Cástulo y Vilches (CIL., II, 5.091); por el contrario, C. Domergue lo ubica en la mina de Palazuelos (Domergue, 1987; CILA., III, I, 66; Arboledas, 2007).

Inscripción: Q. MANLIVS Q. F./ BASS[V]S EGELESTA/ NVS A[N]N. L[---]
Trascripción: Q(vintvs) MANLIVS Q(vinti) F(ilivs)/ BASS[V]S EGELESTA/ NVS A[N]N(orvm) L[---].
Traducción: *Quinto MANLIO Basso, hijo de Quinto, egelestano, de ... años ...*

Las fuentes literarias citan reiteradamente a *Egelasta* y a sus habitantes los "*Egelastani*". Estrabón (*Geo*., III, 3, 9) afirma: "*Antes la vía iba por medio del Campo y por Egelesta, siendo molesta y larga, pero ahora la han trazado por el litoral, de manera que ya sólo toca al Campo Espartario y siguiendo en la misma dirección que el trozo anterior hasta Cástulo y Obulco...*". Plinio cita (*N.H.,* III, 25) a los "*Egelastani*" como un pueblo entre los pueblos estipendiarios del *Conventus Carthaginensis*, y señala que "*En la Hispania Citerior, en Egelastea, se extrae una sal en bloques casi traslucidos, la cual, y desde hace tiempo, lleva para la mayoría de los médicos la palma sobre las otras clases de sal*" (Plinio, *N.H*., XXI, 80). La sal se utilizaría por los médicos y veterinarios en época antigua como remedio para muchas enfermedades.

Al respecto de la ubicación de *Egelasta* se han propuesto diversas hipótesis. Concretamente se le ha identificado con Iniesta, las minas de *Men Baca*, al oeste de Vilches (Peña *et al.,* 1995) o las Salinas de Elche y Cartagena. P. Sillières (1977) considera que la ciudad se ubica en el "Camino de Aníbal", proponiendo como lugares posibles para su ubicación el Llano de la Consolidación, Pozo Moro, El Salobral, Castellar de Santisteban o Giribaile (Peña *et al*., 1995: 142-143).

Figura 16. Inscripción de *Quintus Manlius Bassus*, el egelestano (CILA., III, I, 66).

En cuanto a la cronología de la misma, la mayor parte de los investigadores coinciden en datarla en momentos avanzados del s. I de nuestra era.

En ningún estudio minero del Alto Guadalquivir se han incluido unas inscripciones que sí deben incorporarse en el actual trabajo debido a que sus cognómenes pudieran estar relacionados el trabajo de la plata.

6) Inscripción desaparecida y que se halló, según Jimena Jurado, en una portada de una casa en Linares (CILA., III, I, 112).

Inscripción: L. ARGENTARIVS/ CELSINVS/ BAEBIA. M, F. SABINA L. ARGENT/ VALENS. EX. TESTAMENTO/ H. M. H. N. S.
Transcripción: L(vcivs). ARGENTARIVS/ CELSINVS/ BAEBIA. M(arci), F(ilia). SABINA L(vcivs). ARGENT(arivs)/ VALENS. EX. TESTAMENTO/ H(oc). M(onvmentvm). H(eredem). N(on). S(equetvr). (CILA III, I, 112).
Traducción: *Lucio Argentario Celsino, Baebia Sabina, hija de Marco, (y) Lucio Argentario Valens, en cumplimiento del testamento, este monumento no pasa al heredero.*

Mazas interpreta la primera línea como ARGENARIVS, y el de la línea tercera como ARGEN; J. Jurado y M. Acedo, (1902: 193) como ARGENT, mientras que Morales se decanta por ARGENTARIVS (González y Mangas, 1991: 165).

La importancia de esta inscripción estriba en que esta familia de *ARGENTARIUS* tuviera alguna relación con las minas y el trabajo de la plata de Cástulo, de lo cual derivaría su aparición en el nombre. A. García y Bellido (1966), relaciona *Argentarius* con el "*Mons Argentarius*" que Estrabón (*Geo*., III, 2, 11) sitúa cerca de Cástulo. A esto se le une la existencia de ejemplos de *Argentarius* como "cognomen", que recogemos en la siguiente inscripción.

7) Ara descubierta en la finca de Morente de Pescolar dentro del término municipal de Porcuna (*Obulco*) (CILA., III, I, 296).

Inscripción: [A]RGENTAR[ca. 2-3]/ V. S.
Transcripción: [A]RGENTAR(ius o ii)/ V(otvm) S(olvit o olvervnt).
Traducción: *Argentario cumplió su voto (o "los plateros cumplieron su voto")*

Esta inscripción esta directamente vinculada a la plata y a su trabajo, refiriéndose bien a un platero (*Argentar[ivs]*) o bien a todo un grupo de profesionales que se dedican a la platería o el trabajo de la plata, como son los plateros, organizados en "*collegium*" (*Argentar(ii)* (CILA., III, I, 296). En caso de aceptarse esta segunda traducción estaríamos ante una asociación de plateros procedentes de la cuidad ibero-romana de Obulco (Porcuna).

Además de las dos inscripciones de *Argentarius* de Cástulo y Obulco, en la Península Ibérica se han hallado otras más: dos en *Urso* (Osuna), dos de Cartagena (CIL., II, 3440; Ramallo y Berrocal, 1994: 106), una en *Ucubi* (Espejo), una en *Corduba*, una en *Antikaria* y una última en *Saguntum*. Excepto la inscripción de Sagunto, todas ellas proceden de ciudades que se encuentran en el entorno de Córdoba y dentro de la Bética, menos Cástulo. Fuera de Hispania, tan sólo se han atestiguado en Italia: en Roma, Benevent, Montana y Brindisi (Dardaine, 1983: 7-8).

Por otro lado, como ya indicamos anteriormente, en esta zona minera se han documentado otro tipo de epígrafes en materiales muy distintos como lingotes de plomo o herramientas mineras.

8) Entre los lingotes destaca uno que, según E. Hübner (CIL., II, 3.280: 444), se descubrió en las ruinas de Cazlona (Cástulo), y en la actualidad se encuentra desaparecido (CILA., III, I, 107). Lingote asociado, por todos los investigadores, a las minas de Sierra Morena oriental aunque no se tenga información que certifique que éste proceda de dichas minas. E. Hübner, según se aprecia en su reproducción, lo identifica como un galápago de plomo de 24¼ libras (11,155 Kg), con una altura de 11 cm. en su lado mayor y 5 en el menor y una anchura máxima de 30 cm. y de 26 cm. de mínimo. El perfil tiene forma de triángulo, y en su parte superior se inscribe una línea de texto, dividido en el centro por la representación de un delfín y un timón (CIL., II, 3.280; González y Mangas, 1991: 161).

Texto: T. IV[V]ENTI *delfín* *timón*
M.LV.

Este grabado tiene dos interpretaciones, una a cargo de C. Domergue (1966; 1990) y otra de E. Hübner (CIL., II, 3.280, p. 444).

Trascripción:

- C. Domergue (1966) y R. Contreras de la Paz (1999): T(ito) IVVENTI. M(arco) LV(creti).

- E. Hübner y C. González y J. Mangas (1991: 161): T(iti) IVVENTI-M(etalla). LV[---].

Traducción:

- C. Domergue (1966) y R. Contreras de la Paz (1999): *Tito Juvencio-Marco Lucrecia.*

- E. Hübner y C. González y J. Mangas (1991: 161): Tito *Juvencio-Minas Lu...*

C. Domergue (1990: 270) defiende la interpretación, apoyada por R. Contreras de la Paz (1999: 86), de que se trataría de una asociación de particulares, T. Juvencio y M. Lucrecia, que explotarían las minas cercanas a Cástulo. Aunque el derecho de la época tendió a restringir las sociedades explotadoras de las minas, la legislación anterior sí dio facilidades para constituir asociaciones. A este respecto, en la ley de Vipasca (II, 6-7) se autoriza al ocupante de un pozo minero a buscar un socio capitalista, a solicitar dinero a préstamo o a vender su derecho de ocupante (D´Ors, 1953: 124), siendo la sociedad la forma más corriente de explotación minera.

Por el contrario, tanto E. Hübner como C. González y J. Mangas (1991: 161) no consideran que fueran dos particulares sino que T. Juvencio sería el dueño de una mina castulonense. E. Hübner (CIL. II, 3.280, p. 444) lo relaciona con otros lingotes aparecidos en Britania, del tiempo de Trajano-Adriano.

Posiblemente, del área de Cástulo también sea el lingote *T. Iuventus T. L. Duso*, quizás este segundo sea liberto del anterior, de principios del s. I d. C. Con estos plomos se constata la existencia de arrendatarios y pequeñas sociedades, como la posible sociedad no familiar de *T. Iuventus y M. Lu[...]*, en Sierra Morena, pero no en el mismo número que se documenta para Cartagena, donde sí se detecta la llegada de un grupo numeroso de itálicos (Mangas y Orejas, 1999: 250).

9) Dentro de la epigrafía del área minera de Sierra Morena oriental, sobresalen los centenares de precintos y sellos de plomo que muestran una cabeza humana, las siglas C.S. XXX; S. C. XL, S. C. y marcas numerales (Fig. 17). Estas siglas se relacionan con los explotadores de estas minas de plata y plomo. La mayoría de ellos proceden de las minas de El Centenillo, más concretamente, de las fundiciones romanas de La Fabriquilla (Domergue, 1987: 269), el Cerro del Plomo (Domergue, 1971) y de la fundición de Fuente Espí en La Carolina (Jaén) (Domergue, 1971: 351; Choclán *et al.*, 1990). A éstos se le suma los tres que se hallaron durante el lavado de los escoriales de una fundición romana en la mina de Santa Eufemia (Córdoba) (Domergue, 1971: 351). Recientemente, del recinto fortificado romano de Salas de Galiarda se han recuperado otros cuatro precintos más de similares características, de los cuales, tan sólo uno conserva la inscripción de un número, el cuatro (IIII). Estas mismas siglas, S.C., aparecen también en un cubo y pesas de telar halladas en las minas de El Centenillo (Fig. 18) (Domergue, 1971: 351; Conteras de la Paz, 1960b: 294), y contramarcadas en monedas, todas ellas procedentes de la ceca de *Cese,* documentadas en el

Figura 17. Dos precintos de plomo con las siglas S.C. procedentes de las minas de El Centenillo (Museo Arqueológico de Linares).

Figura 18. *Pondus* de plomo con las siglas S.C. procedente de las minas de El Centenillo (Museo Arqueológico de Linares).

Cerro del Plomo, en Posadas (Córdoba) y en el Hoyo de la Campana (Granada) (Hill y Sandars, 1911: 102; Domergue, 1971: 351), excepto un semis de la ceca de Abariltur (Datzira, 1980: 194-197).

Los precintos están formados por dos discos, uno que llamaremos anverso de mayor tamaño que el otro, el reverso, unidos por un eje central, lo que le da el aspecto de carrete. Las piezas son, generalmente, circulares y oscilan entre 6 y 2 cm., siendo el término medio 3 cm. de diámetro. El eje varía entre 2 y 4 cm. Todos ellos son de una pieza, y de un color blancuzo propio de la oxidación del plomo (Contreras de la Paz, 1960b).

Los precintos servirían para sellar sacos de cuero, esparto o similares en los que se transportaría el mineral desde las minas hasta la fundición, o más bien, la plata a su lugar de destino, que indudablemente sería Roma (Contreras de la Paz, 1960b; 291; Domergue, 1971: 349; 1990: 261). Sin embargo, para M. P. García-Bellido (1980: 199; 1982) estos precintos cerraban contenedores que transportaban monedas a las minas, apareciendo dichos sellos en los estratos de la segunda etapa del Cerro del Plomo (primera mitad del S. I a.C.), junto a las monedas de *Cese* contramarcadas con las siglas S.C., siendo interesante indicar que ya estamos en los momentos que las minas son explotadas por particulares. Pero ¿qué sentido tiene que sirvieran para estampillar los sacos de monedas en el lugar de destino de las mismas, es decir, las minas, y que no se encuentren precintos en el lugar de origen de éstas? Pensamos que dichas estampillas se utilizarían para lacrar los sacos llenos de mineral, plata, etc. que saldrían de las minas de El Centenillo, teniendo la misma finalidad que en la actualidad: la de lacrar estos contenedores certificando y verificando su procedencia, así como garantizar que no se abriesen ni se manipulasen (Arboledas, 2009).

En el Cerro del Plomo se documentaron plomos usados y nuevos sin usar, lo que para C. Domergue (1971; 349) era normal, ya que éstos se fabricaban en la fundición, donde era lo más cómodo, elaborándose en series o solos, con moldes de barro. En el primer caso, la cinta que unía las cabezas debía ser cortada con un escoplo antes de utilizar el sello. Entre los precintos recuperados en el Cerro del Plomo se observa que en el proceso de elaboración de los mismos se cometieron errores, como el número 88 (Domergue, 1971; 349) en el que la cinta es demasiado ancha y gruesa, o como en otros en que se cortaron las cabezas con las tenazas. El modo de sellar debía ser muy sencillo: después de colocar el sello, se aplastaba la punta con martillazos de manera que se obtenía un reverso: Sin embargo, a veces el resultado no era bueno, y la punta, en vez de aplastarse bien, sólo se doblaba. Por fin, se imprimían las marcas, en frío, con una matriz (Domergue, 1971; 349). O también con unas tenazas especiales hacían, en frío y por presión, la unión de las dos piezas, al mismo tiempo quedaban grabadas en relieve ambas caras con los motivos que figuraban en los precintos.

Probablemente, los signos XXX y XL tienen un valor numérico, como ya indicaba G. Tamain (1961) y más tarde C. Domergue (1971: 350; 1990: 261), siendo cifras que indicarían el volumen o el peso del saco así sellado. El rostro humano se parece a la cara que decora el anverso de las monedas ibéricas más toscas de Cástulo u Obulco (Domergue, 1971: 350). Sin embargo, para M. P. García-Bellido (1980: 199; 1982), indican una mercancía de antemano conocida cuyo interés estriba en el número, bien de peso o bien de unidades, y por otro lado el perfil humano se refiere a la representación más explícita para aludir a una moneda.

En lo que se refiere a las siglas S.C. ha habido varias interpretaciones e hipótesis de su lectura, ya sea como *S(enatus) C(onsulto)*, *S(emis) C(entum)* (Contreras de la Paz, 1960b: 292-293) o como *Societas Cordubensis* (García Romero, 2002). Pero será *S(ocietas) C(astulonensis)* la más aceptada por la comunidad científica (Contreras de la Paz, 1960b: 292; Domergue, 1971; 1990). Estas iniciales pertenecerían a una sociedad a la que el *Populus Romanus* arrendaba las explotaciones de las minas, y no el signo del poder senatorial. C. Domergue (1990: 268-271) señala un motivo determinante para no ver en estas siglas *Senatus Consultus*, la aparición en otras minas de Sierra Morena de otras siglas marcadas en sellos, herramientas y monedas como S. BA. en Santa Bárbara (Fuenteovejuna), S. B. A. en Castuera, S .C. C., en Posadas (Córdoba); S. F. B. en el Cerro de las Cruces (Hornachuelos, Badajoz) y la S.S. en Posadas (Córdoba), marcas estas últimas que se relacionan con la *Societas Sisaponensis* (Mangas y

Orejas, 1999: 251). En las minas de Mazarrón, también se encontraron sellos semejantes, como por ejemplo M.L.I.C. SCIES. A.F. MAIC., SCIES, interpretado como *S(o)cie(ta)s*. La (S) debe representar la misma palabra que aparece en los objetos y monedas contramarcadas con las letras S.C., que se ha interpretado como *S(ocietas) o S(ocietatis)*, y la C, al igual que S.BA., S.S, S.F.B. etc. debía precisar aún más, y podría relacionarse con regiones o ciudades importantes cercanas que pudieron dar nombre a estas *societas*, en este caso sería Cástulo (Contreras de la Paz, 1960b: 292).

La excavación llevada a cabo por C. Domergue en el Cerro del Plomo (El Centenillo) ha proporcionado el primer dato cronológico preciso de estos precintos de plomo. Éstos, junto a las monedas de *Cese* contramarcadas, aparecieron en estratos correspondientes al segundo periodo del yacimiento, es decir, a la primera mitad del s. I a.C., momento de máximo desarrollo de la actividad minero-metalúrgica de esta área. El otro dato cronológico importante lo encontramos en la fundición romana de Fuente Espí (La Carolina), donde se documentaron gran número de este tipo de precintos con las siglas S.C. en un estrato fechado en época de Claudio. Durante este periodo claudiano, según C. Domergue (1971), la fundición del Cerro del Plomo estaría abandonada. Así, en esta época funciona una fundición, que pertenecería a la *Societas Castulonensis,* que años antes había explotado las minas de El Centenillo. De estos datos cronológicos se deduce que esta *Societas* estuvo en funcionamiento durante un siglo, desde mediados del s. I a.C. hasta el s. I d.C.

Por último, y para terminar la relación de las inscripciones que se han documentado en nuestro distrito, debemos mencionar las importantes inscripciones ibéricas halladas en el valle del río Jándula, en los parajes conocidos como Los Escoriales y Solana de Cerrajeros[7]. El primer grupo, el de Los Escoriales, se compone de tres piedras con letras, que vulgarmente se han denominado como Piedras Letreras. Las dos primeras están grabadas con inscripciones en lengua ibérica. La primera se compone aproximadamente de diez letras en tres líneas, y la segunda, aproximadamente, de quince letras en dos líneas. Los signos que lleva la tercera están muy borrados y parecen ser de poca importancia. Estas inscripciones se sitúan en medio de trabajos antiguos de extracción de cobre y de fundición (escoriales) controlados y protegidos por el poblado fortificado, que posiblemente, como señala H. Sandars, fuera contemporáneo al yacimiento de Salas de Galiarda, en la cuenca del río Rumblar (Sandars, 1914, 596-597).

El segundo grupo, formado por cuatro piedras inscritas con letras ibéricas, se encuentra en el paraje conocido como Solana de Cerrajeros (Corchado y Soriano, 1980, 12-13). H. Sandars señala que estos grupos de piedras fueron contemporáneas, pudiendo ser de la misma época que la fortaleza mencionada anteriormente, lo que ha hecho que muchos autores señalen que ésta fuera de época ibérica (Ruiz, 1978, 268). Al igual que las anteriores, estas inscripciones se sitúan en las cercanías de los restos de labores mineras antiguas y junto a los restos de cuatro fortines romanos fechados entre el s. I a.C. y I d.C. (Arboledas, 2009: 282).

Estas inscripciones ibéricas son uno de los pocos documentos que evidencian la existencia de una población ibérica indígena en las minas de cobre de Sierra Morena oriental, tanto bajo el poder ibérico como del poder de Roma, ya sea en este segundo caso, como beneficiaria y explotadora de estas minas, en el menor de los casos, o como mano de obra en sus diferentes condiciones (libre asalariada y/o esclava). Posiblemente, por el lugar donde se hallan estas inscripciones, junto a restos de trabajos mineros, éstas estén asociadas con la actividad minera, delimitando la propiedad de las minas o cuestiones similares vinculadas a esta actividad (Arboledas, 2009: 283).

III.3. LAS REPRESENTACIONES FIGURADAS: EL RELIEVE DE PALAZUELOS

El relieve de Palazuelos, la representación figurada más importante documentada, fue hallado en 1875 en las minas homónimas, causando sensación dentro de los circuitos mineros y arqueológicos[8].

El soporte en el que se realizó el relieve fue en piedra arenisca de color rojiza, posiblemente triásica, característica del lugar, al igual que la estela sepulcral infantil de Baños de la Encina. La longitud máxima conservada es de 49,5 cm. y su grosor oscila entre los 10 y 8,5 cm. midiendo el relieve 41 por 37 cm. (Fig.19) (Rodríguez Oliva, 2001: 198).

Éste representa a una cuadrilla de mineros, que caminan formando dos filas de manera paralela, distinguiéndose con mayor nitidez los cinco que se encuentran en la primera fila, mientras que en la segunda, sólo se observa la cabeza de los mismos, vislumbrándose, además, los trazos de los que, posiblemente, fuera una tercera fila de trabajadores. Al capataz le precede un minero que lleva al hombro un pico[9], y delante de éste camina un portador de una lucerna. Los dos siguientes parecen no llevar nada, probablemente debido a la erosión y deterioro de la

[7] Estas inscripciones fueron estudiadas y publicadas por primera vez por H. Sandars (1914) y M. Corchado y Soriano (1980); y revisadas, junto a los diferentes fortines y tumbas antropomorfas del valle del Jándula, por A. Ruiz Parrondo y M. Morales (2000).

[8] De su hallazgo se han vertido diferentes versiones aunque todas parecidas y con el mismo protagonista, el ingeniero de minas Carlos Plock, al servicio de la Sociedad Stolberg y Westfalia (Gutiérrez Guzmán, 1999: 308), aunque algunos autores, erróneamente, se la han adjudicado a la figura del ingeniero de minas y arqueólogo inglés H. Sandars (Blanco y Luzón, 1966). Sobre el descubrimiento se dice que C. Plock observó cómo una de las mujeres lavaba en el arroyo cercano de las minas en una piedra que tenía grabadas extrañas figuras, y otros dicen que fue avisado por un hombre que le indicó cómo una mujer en su casa, para lavar utilizaba una losa de piedra que tenía unos raros grabados o figurillas (Sandars, 1905: 311).

[9] El pico al igual que otros útiles mineros está perfectamente constatado en el registro arqueológico de estas minas (Soria y López, 1978).

piedra que no permite observar claramente los detalles. Toda la cuadrilla camina por una galería, representada por la pared irregular y estriada que se ve delante del primero. A. Blanco y J. M. Luzón (1966) interpretan que las figuras portan un calzón corto, cubierto por un mandilón de cuero o faja de tiras de cuero, una prenda muy eficaz para evitar el roce que se producirían con los calderos y espuertas que utilizaban para acarrear el mineral. El calzado, aunque aquí no se representa, sería, seguramente, alpargatas de esparto, como las que se han podido encontrar en las minas de Cartagena (Gossé, 1942; Antona del Val, 1987).

Este relieve no sería de un artista con talento, como señala H. Sandars (1905: 321), aunque el escultor supo representar lo que quiso, dándole importancia al capataz, representándolo como un hombre grande, que estaba por encima de los demás mineros y caminando en pos de estos, quizás para resaltar su categoría. Éste lleva en la mano derecha unas tenazas de doble lazo que servirían para sujetar piezas de hierro, y en la mano izquierda lleva un objeto provisto de asas, que A. Blanco y J. M. Luzón (1966: 85) definen, posiblemente, como una campana, y F. Gutiérrez Guzmán (1999. 309), como un pequeño contenedor para llevar el aceite de las lucernas.

La interpretación más aceptada por la mayoría de los investigadores (Mesa y Álvarez, 1890; Sandars, 1905; Gosse, 1942; Blanco y Luzón, 1966; Pastor *et al.*, 1981) de este bajorrelieve reconoce a un grupo de mineros desfilando a través de una galería. Esta última observación se basaba en la línea estriada que, de arriba abajo, enmarca cerrando por la derecha la escena, y que se ha interpretado como el madero de entibación de la galería.

Por el contrario, para H. Winkelman (1950: 3) y P. Rodríguez Oliva (2001: 201) esta línea estriada sería el resultado de una fractura de un listel que cerraría, por ese lado, a modo de marco, la parte izquierda de una *tabella inscriptionis*. Según H. Winkelmann (1950), este relieve representaría el medallón a un César romano o a un personaje importante que estuviera relacionado con las minas y sirviera para darle relevancia. Sin embargo, para P. Rodríguez Oliva, (2001) éste formaría parte de un friso epigráfico de uno de esos monumentos funerarios de origen itálico, que desde los comienzos del Imperio, abundan en esta zona del Alto Guadalquivir. Sus paralelos exigen suponer que lo conservado era la metopa izquierda de uno de dichos frisos que, con otro que se situaría simétricamente en el lado contrario, y que se encuentra hoy perdido, enmarcarían la *tabella inscriptionis* del monumento funerario del que formaría parte. El relieve de Palazuelos sería un ejemplo escultórico que a lo largo del s. I d.C. realizarían los talleres locales del Alto Guadalquivir, que en algún caso eran continuadores de los que venían funcionando con las poblaciones indígenas. En esta región se encuentran claros paralelos, como el epígrafe flanqueado por dos metopas decoradas en relieve que se reconstruye en un monumento funerario de *Salaria* (Úbeda) o el ejemplar de Cástulo (Rodríguez Oliva, 2001: 201).

Figura 19. Relieve de Palazuelos (Colectivo Proyecto Arrayanes).

Lo que sí parece bastante probable es que el relieve correspondiera, como indicaba H. Winkelmann (1950) y P. Rodríguez Oliva (2001), a la tumba de un supervisor o capataz de una explotación minera o, por la cronología asignada y la figuras representadas, podría tratarse de un arrendatario o explotador de un pozo (*coloni*) junto a los trabajadores de la mina (esclavos, *damnati ad metalla* y *mercenarii* o trabajadores libres); o también, simplemente, una persona de cierto nivel económico relacionada con las minas.

La adscripción cronológica a un periodo concreto es difícil ya que no tenemos ningún dato para determinar su fecha. A. Blanco y J. M. Luzón (1966) relacionan al grupo de mineros con el pasaje de Estrabón (*Geo.*, III, 147) donde habla de los cuarenta mil hombres que trabajaban en las minas de Cartagena, aunque también, y apoyándose para ello en la representación de legionarios que aparecen en la columna de Trajano, han propuesto la posibilidad de atribuirlo a época de los Antoninos, cronología que es compartida por Domergue (1990: 353). Al respecto, H. Winkelmann lo adscribe a un dilatado periodo de tiempo entre el 200 a.C. y el 400 d.C. Por último, P. Rodríguez Oliva (2001: 204), por el tipo de monumento funerario, señala que no se podría remontar al s. I d.C., cronología que corresponde igualmente a ejemplares semejantes de la región del Alto Guadalquivir[10].

Además de este relieve, en el año 1958, A. Blanco y J. M. Luzón (1966: 86) hallaron en casa del anticuario "Lucas" del Rastro de Madrid un bronce, seguramente ibérico, que había llevado hasta allí un individuo de Valdepeñas con la indicación de que procedía de Despeñaperros. La única documentación gráfica que se obtuvo de él fue un dibujo a mano que tomaron estos autores ya que cuando

[10] La otra gran representación figurada que debió labrarse por entonces en este distrito minero es la estela del niño *Q. Artulus* o *Q(v)artulus*, de cuatro años de edad, procedente de Baños de la Encina, la cual ha sido analizada en párrafos precedentes.

intentaron fotografiarlo, el anticuario ya lo había vendido. La figura de bronce representaba a un metalúrgico con sus útiles de trabajo, con unas grandes tenazas y un martillo, vistiendo un *sagum* hispánico hasta los pies, que estaban descalzos. De ser cierta la información de que éste proceda de Despeñaperros, se tendría que ver qué relación tiene con los numerosos exvotos hallados en Sierra Morena y si esta figura, que representa a un metalúrgico ibérico, estaba llevando a cabo la fabricación de estos exvotos.

III.4. LAS MONEDAS MINERAS

En el estado actual de la investigación minera, el testimonio numismático se revela como esencial para confirmar la complejidad minero-metalúrgica atestiguada por las excavaciones y por los textos. La circulación monetaria por estas zonas mineras fue muy temprana y los usos monetarios presentan un comportamiento muy similar en las minas y poblados mejor conocidos, como El Centenillo, Diógenes, etc. (Chaves Tristán, 1987-88; Chaves Tristán y Otero, 2002), con un abundante numerario de bronce hispano, entre el que destaca por su cantidad, el procedente de la ceca de Cástulo. Mientras, el numerario de plata está escasamente presente, salvo en los tesoros, donde además de monedas hay plata ibérica. La ciudad castulonense, como centro neurálgico de este distrito minero, se convirtió en la principal ceca abastecedora de moneda del área minera de Sierra Morena llegando a emitir, según M. P. García-Bellido, una serie monetal, la Va, de uso exclusivo en las minas (García-Bellido, 1982; García-Bellido y Blázquez, 2001).

La peculiaridad geográfica de las minas, situadas en terrenos agrícolas pobres y escasamente comunicados, sus esquemas de trabajo intensivo y su dedicación exclusiva a la exportación, provocaba que las retribuciones de los obreros se hiciesen en monedas acuñadas (García-Bellidos, 1982; 157-159) por lo que, en las zonas mineras, se hizo inevitable el uso de un numerario variado y abundante desde valores en plata a divisores, con cantidad de moneda fiduciaria. Respecto a este último aspecto se hace patente en las áreas mineras el uso de piezas fiduciarias, incluso fragmentos de moneda. (García Romero, 2002: 495).

El cobro del salario se debió hacer en *ases* y *semises* traídos de la ceca más cercana, como ocurre en la zona de Córdoba con la ceca de *Carbula,* o incluso *in situ,* en la mina, como parece que sucedió en Cástulo, según M. P. García-Bellido (1982: 160-162). Pero, para el pago en las minas se debió necesitar numerario pequeño y para ello debieron acuñarse cuadrantes específicos para su circulación interna, moneda de cambio que no llegaba a estos ámbitos y que siempre fue escasa en el numerario romano. Esta moneda pequeña fue igualmente necesaria tanto en época republicana como imperial, de ahí que encontremos los mismos valores fiduciarios en las monedas hispánicas que en las imperiales. La imitación de los cuadrantes en las piezas de plomo muestra que en estos ambientes mineros la carencia de este tipo de moneda implicaba un problema económico, solventado unas veces con la acuñación en la propia mina y, otras veces, acuñando unos plomos con el valor del cuadrante, los cuales, en la mayoría de los casos, serían admitidos por la comunidad minera, supliendo así la función de dichos valores (García-Bellido, 1986: 40-41).

III.4.1. Monedas específicamente mineras

M. P. García-Bellido señala que en la antigüedad debieron existir emisiones de moneda con una finalidad específica que hoy naturalmente desconocemos. Este hecho sí se ha podido comprobar en la moneda militar, que se ha conseguido aislar, ya que su circulación en determinadas áreas coincide con el movimiento de tropas. Este fenómeno debió de repetirse para otras muchas necesidades económicas, puesto que sabemos que Roma no acuña moneda regular hasta el s. I a.C., y anteriormente sólo acuñaba por necesidades concretas. Esta misma autora indica que las monedas que se consideran mineras las reconocemos por su tipología y por las marcas que las distinguen, pero es evidente que pudo haber emisiones mineras con tipos no alusivos y, para detectarlas, no hay otro método que aislarlas de la circulación, así como mediante el uso de otros datos como la factura, el estilo, etc. (García-Bellido, 1986: 24).

Emisiones de monedas específicamente mineras, admitidas por la mayoría de los investigadores, no se conocen, de momento más que las de Cástulo, pero debieron existir otras cecas béticas, sobre todo en la zona alta, acuñadoras de emisiones mineras y agrarias. Quizás sea ésta la respuesta a ese interrogante de por qué y para qué emitieron bronces ciudades sin importancia administrativa ni económica, como *Carbula* (García Romero, 2002: 496), mientras que centros capitales de la misma Bética, como *Hispalis, Corduba o Cartagonova* no monetizan hasta el s. I a.C. (García-Bellido, 1986: 25).

Según M. P. García-Bellido, la ceca de Cástulo emitió una moneda específica minera. Desde el segundo cuarto del s. II a.C. la ceca castulonenese acuñó series dobles con pesos, valores y cuños iguales, excepto en los símbolos del anverso, que sirvieron precisamente para diferenciar las emisiones. De ellas, la serie del símbolo Mano (serie Va) (Fig. 20) se emitió, probablemente para las minas que se encontraban en las cercanías de Cástulo, explotadas por sociedades de publicanos y arrendatarios, mientras que la serie Vb quizás para el normal funcionamiento del centro urbano. La primera de las series (Va) sería la más expresiva por su abundancia y cronología, desde aproximadamente el 150 a.C. hasta la década de los 80 a.C. (García-Bellido, 1982; García-Bellido, 1986: 25).

La presencia de moneda en las minas ha hecho que, poco a poco, se vaya abandonando la idea de una mano de obra exclusivamente esclava en las mismas, a favor de un panorama más complejo. Hoy se admite, como muy probable, que en época republicana existiría mano de obra libre asalariada e, incluso, que se producirían desplazamientos de trabajadores como revela la presencia

Figura 20. As de la quinta emisión de Cástulo con el símbolo Mano, Linares (Museo Arqueológico de Linares).

Figura 21. Moneda con la leyenda M. OR. (según M.P. García-Bellido, 1986) aparecida en el Cerro del Plomo, El Centenillo.

de moneda minera de bronce en otros centros mineros alejados del emisor de la moneda, como en Gracaç (Croacia), donde aparecieron tres ases de la serie de la Mano (Va) en un tesoro. Este hecho ya se ha constatado para época imperial a través de la epigrafía y de los textos jurídicos, como las *leyes de Vipasca* y las tablillas de *Alburnus Maior*, donde se habla de pago a los trabajadores con moneda. Esta sería una moneda minera como la que aparece en otros lugares (*Dacia, Nórica, Dalmacia, Pannonia)* (García-Bellido, 1982:146-149). Ante esta interpretación, C. Domergue subraya que nada indica que las monedas de la serie de la Mano, que apenas se diferencian de las monedas indígenas de Cástulo, sean mineras si las comparamos con las monedas de enclaves mineros como los anteriormente citados, que sí muestran claramente el uso que se hacía de este numerario mediante el término METALL (Domergue, 1999: 149).

Estas acuñaciones, se realizarían en la misma área minera debido a su aislamiento y lejanía respecto a Cástulo, pero siempre con el permiso senatorial, de forma que, de alguna manera, fuesen marcadas y diferenciadas para que los explotadores de las minas tuviesen la responsabilidad delegada de controlar su acuñación (García-Bellido, 1982). Sin embargo, cómo se explica que en estas minas de Sierra Morena, junto a las monedas de Cástulo aparezcan numerosas monedas indígenas de la Bética, como de las *Ilipa, Obulco*, etc., o de la Tarraconense, como las de *Arecorota, Secaisa, Titiacos, Celse, Cese,* etc., sin contar con la monedas romanas. Por tanto, entendemos, al igual que C. Domergue, que este numerario penetró en las minas de diferentes modos: por intercambio, por la llegada de trabajadores emigrantes, con el suministro de otros elementos como alimentos, cerámica, etc. En cuanto a su función, solamente sirvieron para remunerar a los mineros (Domergue, 1999: 150).

La serie paralela dejaría de acuñarse al pasar la propiedad de las minas del Estado a manos privadas, con las cuales el Estado no se siente obligado, ni se responsabiliza de las acuñaciones. Este vacío monetario en las minas se cubriría con moneda importada contramarcada, fundamentalmente de *Cese*, y con los plomos monetiformes. En los mismos yacimientos mineros donde aparece la moneda castulonense de símbolo de Mano no se observa la presencia de monedas castulonenses de la serie Vb con símbolo Creciente, coetánea y paralela de la Va con símbolo Mano, hecho que corroboraría que su función y área de circulación era ajena a las explotaciones mineras (García-Bellido, 1986: 25).

III.4.2. Las monedas con tipología minera

Dentro de nuestra área de estudio se documentó una moneda de bronce procedente del Cerro del Plomo (El Centenillo) en un estrato fechado a mediados del s. I a.C. (Fig. 21), que apareció junto a una moneda de *Cese* contramarcada con S.C. (Domergue, 1971: 325).

De ésta moneda se han realizado dos lecturas diferentes:

- La realizada por C. Domergue (1971: 325):

Anverso: En el centro, pico minero; a la izquierda, M vertical; y a la derecha un gancho minero que, actualmente, C. Domergue (2008: 24) interpreta como una Q (?).
Reverso: Racimo de uva. A la izquierda P. con C delante.
Aes: 6,27 grs. De peso y 21/20 mm. de diámetro. Oxidado.

- Sin embargo, M. P. García-Bellido (1986) realiza otra lectura:

Anverso: Pico minero; a su derecha, gancho minero; a su izquierda, M.
Reverso: Racimo de uvas; a su izquierda, OR, en vez de C.P.
Aes: 6,27 gr., 20,1 mm. de diámetro.

Es un bronce pequeño, probablemente un semis propio de los inicios del s. I a.C. En el anverso aparece un pico, similar a los que se han encontrado en las minas antiguas de El Centenillo (Soria y López, 1978) y al representado en el relieve de Palazuelos (Linares) (Sandars, 1905; Gutiérrez Guzmán, 1999). Es pues, una tipología coherente con el ambiente que se halló e incluso tiene paralelos en monedas de otros hábitat mineros, *dracmas* y *trióbolos* de *Damastium*, ciudad que capitalizó diferentes centros metalúrgicos del Epiro, que desde el 400 al 280 a.C. acuña moneda cuyos tipos son un pico minero similar al nuestro y un lingote con asa (García-Bellido, 1980: 200; 1986: 15).

Dentro de este mismo estrato apareció una pesa de telar piramidal con agujero arriba, con una cartela cuadrada, con un motivo en forma de T, posiblemente un pico minero (Domergue, 1971: 326). El otro motivo, en un primer momento, C. Domergue (1971: 325) lo interpretó más como un gancho que como una letra C, sin embargo recientemente lo ha transcrito como la letra Q. Así, ante esta nueva interpretación, este investigador propone la siguiente interpretación del anverso: M (pico minero) Q (?): *metallum* Q[...] o también *Q(uintus) M(etellus)* (Domergue, 2008: 24)

En cuanto a la interpretación de la M, C. Domergue (1971: 325) lee con cautela *M(etallum)*, mientras que M. P. García-Bellido afirma de manera rotunda que la leyenda de la moneda es *M(etallum)* o *M(etalli)*, al igual que en las monedas Trajano-Adrianeas, y quizás, las contramarcas M.S.S. y M. F. (García-Bellido, 1980: 200; 1986: 15).

En el reverso lleva un racimo de uvas semejante, por su forma, al de *Acinipo*, así como al que aparece delante de la efigie que muestra el anverso de las monedas de *Oripo*. Es pues, un tipo constatado en Hispania. En cuanto a la lectura de la leyenda, C. Domergue (1971: 326), que lee una P y una C, comenta que no tienen un significado certero. Sin embargo, para M.P. García-Bellido la leyenda es sin duda OR y no parece que aparezcan más letras. Esta autora relaciona las siglas con *Oretum* u *Oretani* que son los habitantes de esta región. Los tipos monetales de nuestra moneda serían bien adecuados a la riqueza de la zona, el mineral y la vid. La leyenda se podría interpretar en nominativo plural *m(etalla) or(etana)*, o un genitivo *m(etalli) or(etani)*, con los paralelos para ambas opciones de las piezas trajano-adrianeas (García-Bellido, 1980: 200; 1986: 15).

III.4.3. Las monedas contramarcadas

Sierra Morena es una de las zonas más ricas en hallazgos mineros de época republicana y la única que ha proporcionado monedas cuyos tipos o contramarcas están pensados para su específica circulación dentro de las minas. El uso de las contramarcas, en nuestro caso con las letras S.C., tanto en monedas, como en otros objetos (Sandars, 1905; Contreras de la Paz, 1960b; Tamain, 1961; Domergue, 1971) es un fenómeno constatado arqueológicamente entre mediados del s. I a.C. y principios del s. I d.C. (Domergue, 1971: 324) en El Centenillo (Domergue, 1971: 251), en Fuente Espí (La Carolina) y en las Minas Viejas de Santa Eufemia (Domergue, 1971: 351).

Las monedas de *Cese*, con o sin contramarcar, son las más abundantes, a excepción de las de Cástulo, en todo el ámbito minero de Sierra Morena, hecho extrañísimo si pensamos que hay numerosas cecas próximas a esta zona cuyas monedas o no aparecen, o lo hacen en escaso número, como es el caso de la ceca de *Obulco*. Los bronces de *Cese* no son sólo muy abundantes en Sierra Morena sino que, y es lo más peculiar, son casi exclusivamente los únicos que se contramarcaron con las siglas de la compañía minera. La pregunta básica que nos tenemos que hacer es primeramente la razón por la cual las monedas de Cese, con o sin contramarcar son las más abundantes, cuestión que ya a principios de siglo se planteó G. Hill y H. Sandars (1911), dudando sí estas monedas de *Cese* se llevaron allí desde *Tarraco ex profeso* para su circulación, sí llegaron por intercambio comercial o sí son testimonios de gentes de *Tarraco* trabajando en El Centenillo, interrogantes que aún siguen sin respuesta. Pero es evidente que el acto de contramarcarlas se efectuó en las minas, a juzgar por la similitud de las marcas de todos los útiles mineros allí aparecidos (García-Bellido, 1980: 199; 1986: 20).

Ante esta cuestión, M.P. García-Bellido (1980) recuerda que parte de la zona minera de Sierra Morena debió de pertenecer a la Citerior, cuya capital era Tarraco, y cree que, dado el centralismo local de la administración romana, se impondría a la compañía la obligación de contramarcar monedas sólo en ciertas cantidades y procedentes únicamente de la metrópoli provincial. C. Domergue (1971:324-325) apuntaba como hipótesis que la *Societas C(...)* podía tener sus oficinas en *Tarraco*. Pero viendo la dispersión de los hallazgos de monedas contramarcadas, no se sostiene mucho esta hipótesis, ya que si en el ámbito de la *Citerior* aparecen en dos yacimientos, no menos cierto que se han hallado en un mayor número de enclaves cordobeses, pertenecientes claramente a la *Ulterior* (García Romero, 2002. 498).

El grupo más numeroso de monedas contramarcadas halladas en Sierra Morena son las que presentan las siglas S.C. grabadas con puntos (Fig. 22). De este tipo de moneda se han recuperado algunas piezas en El Centenillo (Hill y Sandars, 1911), en El Cerro del Plomo (Domergue, 1971), en Posadas y en Granada (Hill y Sandars, 1911; Domergue, 1971). Como se ha observado en los diferentes estudios que se han realizado, todas las monedas contramarcadas con las siglas S.C. son de la ceca de *Cese*, excepto un semis de *Abariltur* (Datzira, 1980: 194-197).

En cuanto a las siglas contramarcadas, G. F. Hill, el editor de la primera pieza, y Mattingly, estuvieron de acuerdo en interpretar las letras como *S(enatus) C(onsulto)*, pero ante la imposibilidad de repetirse la formula en el reverso, G. F. Hill y Mattingly sugirieron

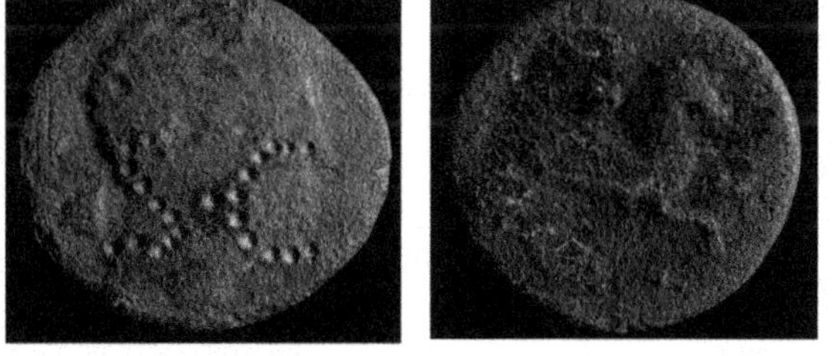

Figura 22. Moneda de Cese contramarcadas con las siglas S.C. (García-Bellido y Ripollet, 1998: 204).

(Hill y Sandars, 1911) que fuesen abreviaturas de una *S(ocietas) C(astulonensis)*, como también propuso en su interpretación R. Contreras de la Paz (1960b), siendo ésta la más aceptada de todas las lecturas que se han realizado hasta el momento. Era, hasta entonces, la primera moneda romana, que precedería en un siglo a las que bajo Trajano y Adriano se acuñaron en Nórica, Dalmacia, Panonia y Dacia, las cuales constan de *METALLI* en genitivo (García-Bellido, 1982: 149-150).

A juicio de M. P. García-Bellido, las monedas contramarcadas con S.C. sustituirían y ocuparían el vacío monetario dejado por las series paralelas de Cástulo, que son suprimidas en la década de los 80 a.C. Ésta, acepta el criterio de T. Frank (1959), también admitido por Brunt, en el que señala que la explotación de las minas fue arrendada a *equites* hasta época de Sila, en que se vende a particulares, quienes en tiempos de Estrabón (III, 2, 10) seguían explotando el mineral. Esta ruptura, en cuanto a cambio, no se expresa en los materiales arqueológicos. Sin embargo, todos los yacimientos de la zona constatan continuidad de técnicas y modos de producción, presentando como novedad una mayor intensidad en las explotaciones y la aparición del material minero contramarcado, entre el que se incluyen las abundantes monedas de *Cese*. Así, esta investigadora interpreta que todas las siglas S.C., S.S., S.B. y S.BA., que aparecen tanto en objetos como monedas, se refieren a sociedades capitalistas que compraron al estado romano, no sólo la explotación, como tenían antes, sino también el suelo (García-Bellido, 1998: 195).

En las minas de Sierra Morena también se documentan las siglas, S.BA, S.B.A, S.C.C., S.F.B. (Domergue, 1990; Arévalo, 1996: 84-86) y la contramarca S.S. Esta última se lee en un cubo de bronce de la mina de Posadas y en una moneda de *Cese* encontrada en este mismo distrito minero (Villaronga, 1978). De *Carmo* procede otra moneda con la misma marca, fechada en la primera mitad del s. I. a.C. (Villaronga, 1978: nº 847). La cuarta es la más importante, por añadir a la contramarca habitual de S. S. la letra M, que se halla en posición central pero ligeramente más alta. Su lectura *¿M(etalla) S(ocietatis) Sisaponensis)*? o *¿S(ocietas) M(etallorum)* (*Sisaponensium*)? parecen corroborar la relación con las minas. La moneda es un aes de Traducta con leyenda *Per.Caes.Aug*., fechándose en época de Augusto, en los primeros años de la era. De las cuatro monedas contramarcadas, dos son de la Bética y las otras dos de *Cese* (García-Bellido, 1986: 20-21; 1998: 195).

III.4.4. Plomos mineros

La mayoría de los plomos de los que se tienen noticias proceden de la Bética, siendo difícil a veces precisar el lugar exacto. La desbordante actividad económica de una región tan bien dotada naturalmente, con posibilidades, no sólo de producir excedentes agrícolas y mineros, sino de comercializarlos a través del río Guadalquivir, creó un marco en el que el uso de la moneda fue fluidísimo y absolutamente necesario, y en el que, en muchas ocasiones, también se hicieron imprescindibles monedas de circulación restringida, fichas, marcas, bonos, etc. Por otra parte, el comercio se fomentó gracias a la proximidad del río a Sierra Morena, es decir, a las minas, estrechamente relacionadas con los plomos monetiformes, que se fabricaron precisamente para ser empleados como moneda minera (Casariego, Cores y Pliego, 1987).

A.G. Casariego *et al*., (1987) realizaron un completo estudio de los plomos monetiformes de la Hispania antigua, llegando a distinguir cinco grupos por su aspecto exterior. El uso de los plomos o teseras se iniciaría con el Imperio y alcanzarían su auge en los dos primeros siglos de nuestra Era (Casariego *et al*., 1987: 57 y 95-98).

Todas las piezas que conocemos con tipología minera son cuadrantes, valor repetido en las monedas trajano-adriáneas balcánicas. Es indudable, sin embargo que el valor adquisitivo de los cuadrantes del S. I a.C. era muy superior al de los de Dalmacia del II. d.C. (García Romero, 2002: 249-250).

El que gran parte de los plomos imiten a la moneda de bronce y que otros lleven el topónimo o utilicen símbolos propios de alguna ceca determinada, les confiere ese aspecto oficial que ha inducido a muchos investigadores a calificar de "monedas" a determinados plomos. Este es el caso de los plomos monetiformes de *Carbula* (García Romero, 2002: 500). Realmente, éstos sólo tendrían validez dentro de los distritos mineros de cara a su utilización por los trabajadores.

En nuestro distrito minero tenemos constancia de la aparición en Cástulo de dos plomos, ambos básicamente iguales, pero con diferencias en el arte y tamaño de lo representado: cabeza masculina a derecha en el anverso y toro parado hacia la derecha con creciente encima, en el reverso. La única diferencia que se aprecia leyendo la descripción que realizan A. G. Casariego *et al*., (1987: 7) es que la figura masculina que aparece en el anverso de ambos plomos en uno de ellos lleva la cabeza diademada, y en el otro no. Estos plomos son similares a los semises de la séptima emisión, con una cronología entre 80 a.C. y 45 a.C. (García-Bellido y Cruces Blázquez, 2001: 227, 232).

Para estos plomos se podría encontrar algún paralelo: uno encontrado en la explotación de La Loba, siempre de manera hipotética, a falta de que haya un análisis profundo, que presenta una cabeza en el anverso y un cuadrúpedo y un posible creciente en el reverso, al igual que los mencionados (Chaves Tristán y Otero, 2002: 188). Posiblemente éstos imitaban una serie monetaria de Cástulo.

También debemos destacar que en el Cerro del Plomo se halló un posible modelo de cuño en plomo (Domergue, 1971: 286-287). C. Domergue indica que se trata de las huellas de un anverso y de un reverso de moneda cuyos negativos aparecen impresos, aproximadamente según el mismo eje, en ambas caras de un disco de plomo, hoy cubierto de una capa blanca de oxidación. Sin embargo, el vaciado permite la identificación. En el anverso hay una huella (negativo) de un sextercio de Trajano. En la huella del reverso sólo quedan cuatro letras que componían una inscripción circular... POTA... (retro). La impresión es también de un sextercio de Trajano; sabido es que los únicos que tienen en su reverso una leyenda con el grupo POTA son de 116-117 d.C. Este no se trata de una moneda falsa, sino posiblemente de un "patrón de moneda", o sea, un modelo para cuño, que permitiese hacer cuños para anverso y reverso, destinados a fabricar moneda no oficial pero con validez dentro de nuestro distrito minero. Este plomo ofrece una cronología bastante tardía, s. II d.C. para un estrato del Corte 8 del Cerro del Plomo (Domergue, 1971: 286-292).

En definitiva, estos plomos se emitieron y usaron como moneda de necesidad en periodos o zonas mal abastecidas de numerario y en los que se necesitaba urgentemente moneda, o bien como fichas o vales para multitud de usos, entre los que pueden mencionarse la entrada a lugares públicos, como termas o teatros (para lo que sirvió probablemente la tésera de Celte (Blanco y Luzón, 1966), testimonios de pagos a servicios, o piezas de cuentas y juegos.

III.5. CATÁLOGO DE YACIMIENTOS MINERO-METALÚRGICOS ROMANOS

En los últimos años, la arqueología es la disciplina científica que ha aportado más y mejores datos a la investigación de la minería romana en Sierra Morena. Es por ello que en este trabajo se incluye un catálogo, lo más completo posible, de yacimientos mineros y metalúrgicos romanos que se conocen hasta el momento. Sin duda, a pesar de los esfuerzos que se han realizado por estudiar a fondo esta área minera delimitada, este inventario se irá completando en un futuro con la información procedente, fundamentalmente, de los trabajos de prospección arqueológica que se tienen previstos llevar a cabo en zonas, hasta ahora mal conocidas, de este distrito minero.

El principal objetivo que se pretende con este catálogo es por un lado, el de realizar un listado de minas, poblados mineros, fundiciones y escoriales y, por otro, apuntar las primeras anotaciones acerca del patrón de poblamiento, trazado de vías de comunicación, etc., entre otras cuestiones.

Éste se ha elaborado conjugando los datos procedentes, fundamentalmente, de la documentación bibliográfica existente -trabajos arqueológicos precedentes, informes de ingenieros, textos antiguos, etc.- y de las prospecciones arqueometalúrgicas llevadas a cabo por un equipo multidisciplinar, dirigido por F. Contreras Cortés (Universidad de Granada), en el distrito minero de Linares-La Carolina durante los últimos años (Contreras *et al.*, 2005; Arboledas, 2007; Arboledas y Contreras, 2009).

Los últimos trabajos de campo han permitido, además de revisar los restos arqueológicos ya existentes, completar este catálogo a partir de la localización de nuevos yacimientos minero-metalúrgicos, especialmente las minas de pequeñas dimensiones y los yacimientos mineros que sin estar situados sobre importantes áreas mineralizadas jugarían también un papel relevante en el entramado minero del distrito de Linares-La Carolina.

Ante la diversidad de la documentación recopilada de cada yacimiento procedente de diferentes fuentes (prospecciones antiguas, textos, etc.) y con distintas nomenclaturas, se decidió crear un nuevo catálogo con una estructura que aunara toda esta información. Para ello, se optó porque éste tuviera un esquema simple pero a la vez lo más completo posible, recogiendo, en algunos casos, varios vestigios mineros o metalúrgicos relacionados entre sí, espacial y temporalmente, por ejemplo, una rafa con un poblado cercano, una o más rafas sobre un mismo filón, una mina junto a un escorial, etc., como un complejo minero o metalúrgico ya que constituye una única realidad con entidad propia. En otros casos, estos complejos estarían formados por un solo resto minero como un escorial o una rafa[11].

El resultado final ha sido el estudio de un total de sesenta y nueve yacimientos minero-metalúrgicos (ver anexo nº 1), entre los cuales se encuentran todos los yacimientos jiennenses fechados como antiguos por C. Domergue en su catálogo (Domergue, 1987: 255-292) y los conocidos por otras referencias bibliográficas. Concretamente, nosotros hemos aportado diecinueve yacimientos nuevos, algunos de ellos de clara filiación romana y medieval mientras que otros se han clasificado genéricamente como "antiguos" o se han adscrito a un periodo cronológico aún sin confirmar.

Por último, en este catálogo hemos intentado analizar tan sólo aquellos yacimientos de los que tenemos constancia o muy lógica presunción de que pueden ser de época romana e incluso de periodos anteriores (prerromanos) y posteriores (época medieval), aunque en muchos casos, es difícil demostrarlo.

1. Arroyo de Valquemado, J1[12] (Andújar). En el entorno del paraje conocido como la Garganta de Valquemado, cerca del río Yeguas y a unos 13 Km. al E-NE del Santuario de la Virgen de la Cabeza (Andújar) (UTM x = 395453 e y = 4231026), se localizan varias rafas a través de las cuales se explotaron los filones cupríferos encajados en el granito. De las escombreras asociadas a esta labores mineras proceden varios fragmentos de *Terra Sigillata* (Domergue, 1987: 255) y algunos martillos mineros de piedra con ranura central para el enmangue (Giardino, 1995: 165; Arboledas, 2007: 339-340).

[11] En este libro, con el fin de nos extendernos en demasía, recogemos tan sólo de forma resumida los aspectos más relevantes de cada uno de los complejos minero-metalúrgicos inventariados. Para ello nos remitimos a la consulta del texto completo de mi tesis doctoral (Arboledas, 2007).

[12] La **J** seguida de un dígito indica el número del yacimiento minero-metalúrgico en el catálogo Domergue (1987) de la provincia de Jaén.

2. Cerro de los Venados, J2 (Andújar). En este paraje, situado a 3´5 km. al norte-nordeste de los antiguos trabajos mineros del Arroyo de Valquemado (UTM: x = 397035 e y = 4235084), se hallan varios filones de cuarzo (N40-45°) encajados en el granito con mineralización de cobre que fueron explotados en época prerromana y romana a través de varias rafas y catas a cielo abierto. En las escombreras asociadas a estas labores se observan martillos mineros con ranura central de una roca grisácea (Domergue, 1987: 255; Arboledas, 2007: 341-342).

3. Mina de Valquemado, J3 (Andújar). Esta mina se encuentra muy cerca del nacimiento del arroyo del mismo nombre, a unos cinco kilómetros al NW de las labores localizadas en las cercanías del río Yeguas (J 1) (UTM: x = 400884 e y = 4233030). La Casa de la Mina de Valquemado, hoy en ruinas, es el testimonio de una explotación moderna de un filón cuprifero trabajado ya en época antigua. Al norte de la casa se constatan tres rafas, y una al sur, que explotaron el filón en su longitud. En las escombreras de las mismas se han podido documentar, además de mineral de cobre (malaquita), fragmentos de martillos mineros con ranura central para el enmangue (Domergue, 1987: 256; Arboledas, 2007: 343-344).

4. Arroyo de la Aliseda-Cerro Buitreras, J4 (Andújar). En la cuenca alta del arroyo de la Aliseda, en una zona muy escarpada al sureste del Cerro de las Buitreras (UTM: x = 399589 e y = 4229116), se halla un filón de más de 2'5 km., encajado en el granito, que fue beneficiado por medio de varias rafas. Éstas se sitúan a un lado y otro del arroyo de la Lisea (Aliseda), siendo la más importante, una que presenta alrededor de 400 metros de longitud. Al igual que en las labores mineras citadas anteriormente, en las escombreras de estas rafas se documentaron numerosos *mallei* o martillos mineros de piedra con ranura central (Domergue, 1987: 256; Arboledas, 2007: 345-346).

5. Arroyo El Fresnillo-El Coche, J5 (Andújar). Las labores mineras halladas en este paraje se encuadran entre las Casillas del Fresnillo (UTM: x = 404430 y = 4232246) y el camino de Montealegre (UTM: x = 403675 y = 4221824). Éstas se tratan de varias rafas con la que los mineros antiguos explotaron un filón de cuarzo con mineralización de cobre encajado en el granito y en el contacto de éste con las pizarras. De todas ellas, destacan dos por su importancia: la primera, con más de 80 metros de longitud se sitúa en el sudoeste, cerca del arroyo del Coche y el camino de Montealegre; y la segunda se encuentra al nordeste, junto a la vecindad de Casillas del Fresnillo, y posee una longitud de más 200 metros. En las escombreras se hallan numerosos restos de martillos mineros con ranura central (Domergue, 1987: 256; Arboledas, 2007: 347-348).

6. El Humiliadero o Humilladero, J6 (Andújar). En este lugar, situado a trescientos metros al oeste del km. 6 de la carretera local J-500, Andújar-Puertollano (UTM: x = 399589 e y = 4229116), hallamos varias rafas que jalonan un filón de 2 a 3 metros de potencia, con una dirección N45°. De sus escombreras proceden numerosos *mallei* (Domergue, 1987: 257; Giardino, 1995: 165).

7. Navalasno, J7 (Andújar). Con este nombre se conoce al filón de más de un km. de recorrido con una orientación N50° que se localiza entre el arroyo de Valhondo al norte, el río de La Cabrera al oeste y el arroyo de Los Santos al este (UTM x = 405015 e y = 4227525). Éste presenta en las zonas superficiales columnas ricas de minerales de cobre explotadas en época antigua. En el extremo nordeste, el filón se pierde en las pizarras, encontrándose en esta zona restos de rafas con presencia en las terreras de *mallei* en diorita. Concretamente, en la mina Virgen, los trabajos antiguos alcanzaron una profundidad de 45 m. El otro grupo de rafas se localiza a 2 km. del cortijo de Navalasno, donde el filón tiene una potencia de 2 a 6 metros. Si bien, las más importantes se encuentran a 200 m. al nordeste de este cortijo, explotando el filón a lo largo de 500 m. (Domergue, 1987: 257; Arboledas, 2007: 352-353).

Cerca de este filón, al SE, se encuentra el yacimiento de la Edad del Cobre de Los Santos (J-A-30) (Pérez *et al.*, 1992b: 101-102) en el cual se han documentado evidencias de actividad metalúrgica, como crisoles de fundición. Esto constituye una clara evidencia de la fundición de mineral de cobre, seguramente, a falta de análisis de isótopos de plomo, procedente seguramente de este filón durante esta fase cultural.

8. Los Escoriales, J8. (Andújar). Los trabajos mineros antiguos de Los Escoriales que explotaron varios filones cupríferos paralelos y encajados en el granito, se distribuyen en tres sectores: el oriental (UTM: x = 420181 y = 4227002), el central (UTM: x = 417356 y = 4225574) y el occidental (Cerro Mosquililla, UTM: x = 418850 y = 4222645). Concretamente, en el sector central fue donde las labores mineras romanas alcanzaron mayor profundidad, 155 metros, lo cual evidencia que en esta zona se encuentra la fractura principal, con mayor potencia y mejor mineralizada.

Las labores más importantes tanto antiguas como modernas se desarrollaron en el sector central. En superficie, se observan tres series de rafas antiguas que corresponden a las tres columnas mineralizadas reencontradas por los explotadores contemporáneos. Los mineros contemporáneos descubrieron la existencia de pilares de roca y restos de madera empleada para la fortificación y entibación de los trabajos subterráneos en los niveles 127 y 177, donde además se conservan las huellas de los picos y punterolas. Además, en las escombreras se han documentado gran cantidad de minerales cobrizos y martillos mineros con ranura central de diorita, uno de ellos de 19'5 Kg.

Cerca de estas labores, sobre un pequeño montículo, aún se conservan los restos de hábitat antiguo fortificado construido de grandes sillares de granito. Dentro del recinto se distingue un pasillo, que comunicaba con una sala rectangular o una cisterna, de la cual no se conserva ninguna cubierta. De los alrededores del mismo se han podido recuperar numerosos restos de tégulas, cascos de ánforas, cerámica común y Terra Sigillata Aretina, que demostrarían que la ocupación romana se prolongaría por lo menos hasta el I d.C., aunque las construcciones pueden ser anteriores (republicanas) (Anónimo, 1919; Domergue, 1987: 259; Arboledas, 2007: 355-363).

Entre los restos mineros y de hábitat se encuentra un importante escorial antiguo de escorias de cobre que dio nombre a este lugar, Los Escoriales. Éste fue reexplotado en época reciente como otros escoriales de este distrito. Por otro lado, en este mismo lugar, tanto H. Sandars (1914) como M. Corchado y Soriano (1980), documentaron unas piedras con inscripciones ibéricas denominadas como Piedras Letreras.

En el sector oriental, se observan los embudos que pueden señalar la existencia de antiguas rafas. Cerca de éstos, en la concesión Complemento, San Claudio, se localiza un pequeño escorial.

En el sector occidental son visibles restos de trabajos sobre la ladera norte del Cerro Mosquililla y al lado del río Jándula, en la concesión Chiquita y El Andalucita. Los vestigios antiguos más espectaculares están situados en el valle de un arroyo, afluente del arroyo de Cerrajeros, sobre la pendiente occidental del Cerro Mosquililla. En las cercanías de estos trabajos se localizan cuatro torres o recintos fortificados construidos con sillares de granito en la cima de cuatro cerros alineados que dominan las minas de cobre de este paraje (Corchado y Soriano, 1980: 13; Domergue, 1987: 260). Seguramente, se traten de tres torres o fortines y de un recinto torreado de planta poligonal irregular de similares características al de Salas de Galiarda, ya que los tres primeros presentan unas dimensiones reducidas, entre 60-100 m^2 mientras que el otro tiene 100 m. de largo por 50 m. de ancho. Al igual que en el sector central, en la Loma de Cerrajeros, H. Sandars (1914) y M. Corchado y Soriano (1980) documentaron también inscripciones ibéricas asociadas a restos de minas de cobre.

9. Las Minillas. El Friscalejo (Villanueva de la Reina). En este paraje, situado a escasos 200 metros al NE del

Figura 23. Rafa romana de Salas de Galiarda, Baños de la Encina.

Cortijo del Friscalejo y de la carretera local JV-5041 (UTM: x = 422040 e y = 4224311), documentamos un pequeño filón cuprífero encajado en el granito (dirección NE-SW) que fue explotado a través de una rafa de unos 350 m. de longitud por 10 m. de anchura aproximadamente. Dentro de la misma rafa se distinguen unas pequeñas calicatas, que según los informadores locales, fueron realizadas por cuadrillas de mineros que en los años 50 intentaron reexplotar este filón. A pesar de que no se ha documentado ningún tipo de material arqueológico, es posible que estas labores mineras, por cómo están integradas en el paisaje, fueran realizadas en época antigua. Al respecto hay que señalar que a escasos metros de la mina, encontramos dos pequeños asentamientos que posiblemente estarían relacionados con la actividad minera y también con la agrícola-ganadera. Éstos se adscriben a una época tardorromana-altomedieval como evidencia el material cerámico recuperado y las tumbas antropomorfas excavadas en el granito, las cuales son típicas de este periodo (Arboledas, 2007: 364-365).

10. Salas de Galiarda J10, J-VR-2[13] (Villanueva de la Reina). Este yacimiento minero romano se ubica a 740 metros de altitud sobre un cerro amesetado contiguo a la mole granítica del Navamorquín, a unos 8 km. al noroeste de Baños de la Encina, dominando gran parte de la cuenca media alta del río Rumblar (UTM: x = 424822 e y = 4228113). Concretamente, el recinto fortificado de Salas de Galiarda se levanta sobre un filón cobrizo (NE-SW) encajado en las pizarras carboníferas próximas al granito que fue explotado en época romana a través de una rafa o trinchera a cielo abierto a lo largo de unos 450 metros (Fig. 23). La prolongación del mismo en dirección NE fue atacado por medio de varios pozos circulares

Figura 24. Lienzo NE de la muralla del recinto fortificado minero y romano de Salas de Galiarda, Baños de la Encina.

[13] Las siglas **J-VR** seguida de otro digito corresponde a la nomenclatura del catálogo de yacimientos realizado por la Universidad de Granada tras la prospecciones llevadas a cabo en el valle del Jándula (Pérez *et al.*, 1992b), Rumblar (Lizcano *et al.*, 1990; Nácete *et al.*, 1987) y depresión Linares-Bailen (Lizcano *et al.*, 1992; Pérez *et al.*, 1992a). En este caso, la J sería la provincia, Jaén, y la VR, son las iniciales del nombre de la población en cuyo término se ubica el yacimiento, Villanueva de la Reina.

excavados en la pizarra conocidos como los Pocicos del Diablo (Contreras *et al.*, 2005; Contreras *et al.*, 2008). En el otro extremo del filón (SW), en la ladera sur de este cerro, en el paraje de la Huerta del Gato, se halla la entrada del socavón antiguo del Escudo el cual se trazó en la cota 502 para desaguar los trabajos subterráneos de este flanco. Éste, a principios del s. XX, fue reparado por los mineros modernos con el fin de valorar la reexplotación de este filón por debajo de los niveles antiguos, si bien, después de restaurar 60 metros del mismo, observaron que éste penetraba en los trabajos antiguos. Ante esto, trazaron un nuevo socavón a una cota más baja (428) con el que pudieron comprobar que el anterior marcaba tanto el límite inferior de las labores romanas como de la mineralización. Por tanto, esto corrobora que los romanos explotaron por completo este filón (Acedo, 1902: 117; Soriano y Dulce, 1919: 36-39; Domergue, 1987: 262).

El recinto fortificado se sitúa en la parte más alta del cerro, junto al extremo sur de la rafa. Éste presenta una planta casi rectangular, de 60 por 100 metros aproximadamente de lado, del que se conserva muy bien la muralla perimetral y las tres torres del sector noroeste (Corchado y Soriano, 1962: 142) (Fig. 24). En el interior del mismo, entre la vegetación y las terreras producto de la actividad de los sacagéneros se distinguen dos construcciones. La primera es un espacio rectangular de 14 por 7 metros de lado y 2,5 de profundidad, que presenta la particularidad de que los muros están revestidos de *opus signinum*. Posiblemente, se trate de una cisterna. La otra, consiste en una construcción subterránea, abovedada, de 2,5 por 8 metros, la cual puede ser hoy observada a través de dos boquetes del terreno. Su interior aparece dividido en tres espacios, unidos entre sí por arcos adovelados, estando la habitación central ocupada por un pozo redondo, hoy cegado. Esta construcción pudo ser bien minera o elevadora de agua de la que el cerro carece en la actualidad (Corchado y Soriano, 1962: 145). Si bien, al igual que C. Domergue (1987: 263), creemos que al estar en el interior de la fortificación se trataría, más bien, de una cisterna. Por último, fuera del recinto, al este de la rafa, se localizan una serie de sillares que evidenciarían la posible existencia de otros edificios (Arboledas, 2004: 271-272; Contreras *et al.*, 2005b).

Básicamente, tanto en el recinto como en la rafa (escombreras) se han documentado fundamentalmente tégulas, fragmentos de ánforas Dressel 1 (Domergue y Tamain, 1971: 209) y trozos de plomo. Recientemente, se han podido recuperar cuatro precintos de plomo, uno de ellos con el número cuatro romano (IIII) en relieve. Éstos responden a la misma tipología de los hallados en otras zonas de este distrito, como los de El Centenillo. Por tanto, éste se trataría al igual que el de Los Escoriales, de otro buen ejemplo de poblado minero-metalúrgico fortificado romano de este distrito, fechado en el s. II-I a.C. (Arboledas, 2007: 372-378).

11. Huerta del Gato o Arroyo Peregrina (Villanueva de la Reina). En este lugar, localizado en la falda sur de

Figura 25. Cisterna del yacimiento romano de Huerta del Gato, Villanueva de la Reina.

Salas de Galiarda (UTM: x = 424975 e y = 4226677), se localizan los restos de una posible villa romana, que identificamos gracias a que en la superficie a causa de la actividad de los expoliadores, se puede observar una de las piscinas o estanque en *opus signinum* con su escalinata de las termas. También se reconoce una cisterna o aljibe rectangular, de 6 por 4 metros de lado, construida de *opus caementicium* con numerosas incrustaciones de escorias (Fig. 25) (Contreras *et al.*, 2005b). De la superficie de este yacimiento se han recogido algunos fragmentos de cerámica común, uno de ellos, un borde de legona muy similar a la tipología F1, II. 3. 1 del jarro de dos asas, fechado entre el s. I-III d.C. (Lám. I.2) (Escrivá, 1995), un asa de ánfora Dressel 2-4 (s. I a.C.-I d.C.) (Lám. I.1) y varios fragmentos de escoria, de los cuales se han analizado dos muestras por FRX y SEM. Los resultados de estos análisis han revelado que se tratan de dos escorias fayalíticas de cobre

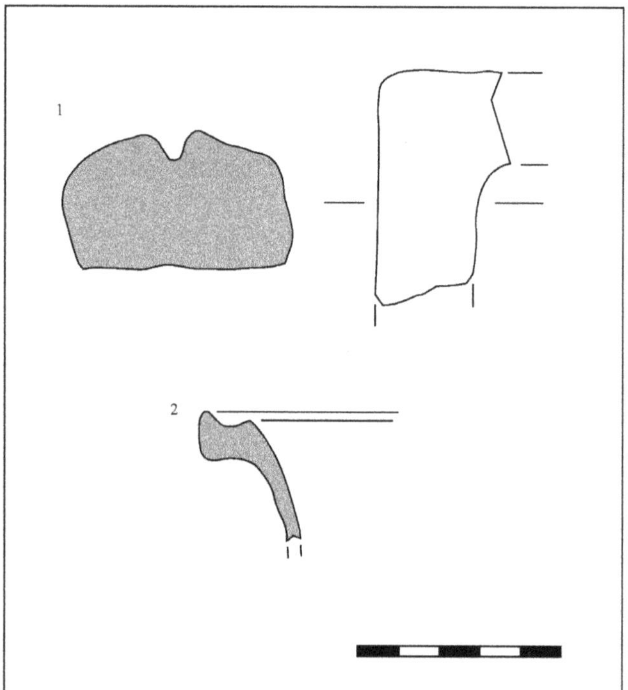

Lámina 1. Villa romana de Huerta del Gato. Material cerámico: ánfora romana (1: asa de Dressel 2-4) y cerámica común romana (2: jarra o legona).

como evidencia la presencia elevada de silicatos de hierro junto porcentajes de cobre aceptables (en torno a un 2 %) (anexo nº 2, Tabla 1 y 2) (Arboledas, 2007: 381-385).

Por tanto, este yacimiento, por la documentación con la que contamos, se trataría de una villa romana del s. I-III d.C. La presencia de gran cantidad de escoria en superficie y como elemento constructivo en muros y pavimentos parece indicar que en la misma se practicaría la fundición de mineral de cobre, seguramente, procedente de las labores cercanas de Salas de Galiarda. Este hecho también se constata en otras *villae* de este distrito como la del Cerrillo del Cuco (Vilches). Por otro lado, la gran cantidad de escoria se podría explicar por la existencia en las cercanías de una fundición en la que se transformara el mineral de extraído de dicha mina (Arboledas, 2007: 382).

12. Arroyo de los Yegueros (Baños de la Encina). En este paraje, situado en una zona adehesada a los pies de la gran mole granítica de Salas de Galiarda-Navamorquin y muy cerca del anterior yacimiento (UTM: x = 425395 e y = 4225422), se constata la presencia de diversas estructuras murarías sobre el basamento de roca ígnea, en cuyo interior se observan numerosos fragmentos de mineral de cobre, de tégulas y de cerámica a mano o torno lento, tardo-antigua. Estas evidencias arqueológicas nos indican que estamos ante una villa tardorromano-bajoimperial en la que se pudo practicar posiblemente, una actividad minero-metalúrgica junto a la agricultura y ganadería (Arboledas, 2007: 388-390).

13. Mina El Polígono-Contraminas, J11 (Baños de la Encina). En esta mina, situada a escasos 500 metros al oeste de la localidad de Baños de la Encina, el filón de más de un kilometro de recorrido (SW-NE) fue explotado en época antigua a través de una gran rafa de cientos de metros de larga por unos 4-5 metros de ancho, en las partes más potentes del mismo (UTM: extremo SW, x = 431529 y = 4224000 y extremo NE, x = 432107 y = 4224789) (Fig. 26). La profundidad de la misma es imposible determinarla hoy en día ya que ésta ha sido objeto de explotación durante los siglos XIX y XX con la

Figura 26. Rafa romana de la mina El Polígono, Baños de la Encina.

excavación de nuevos pozos y galerías así como con el relavado de las escombreras antiguas. Esto ha hecho que la fisonomía de esta explotación no se parezca en nada con la que debió de tener en su momento.

En las zonas aledañas a la explotación moderna se ha documentado la presencia de posibles restos de minería prehistórica, calicatas asociadas a pequeñas escombreras. De entre las escombreras se pudo recuperar una hoja de sílex de filiación cultural claramente de calcolítica, por lo que pensamos en la posibilidad de que se trata de una mina de la Edad del Cobre ya que además se encuentra situada estratégicamente entre dos yacimientos calcolíticos, el Cerro del Tambor (J-BE-49) y el Castillo de Baños (J-BE-9) (Contreras *et al.*, 2005a). Los análisis de isótopos de plomo practicados a muestras de mineral de esta mina y del poblado metalúrgico de Peñalosa han demostrado que ésta sería una de las explotaciones que suministraría mineral a este yacimiento argárico (Edad del Bronce). Por otro lado, el hallazgo de gran cantidad de martillos mineros de diorita y ofita con ranura central en las escombreras antiguas de esta mina es otra evidencia más que corrobora que ésta comenzaría a explotarse durante la Prehistoria Reciente (Lám. II. 1) (Arboledas *et al.*, 2006; 2008).

Si bien, será en época romana-republicano cuando se llevaría a cabo una explotación intensiva de todo el filón

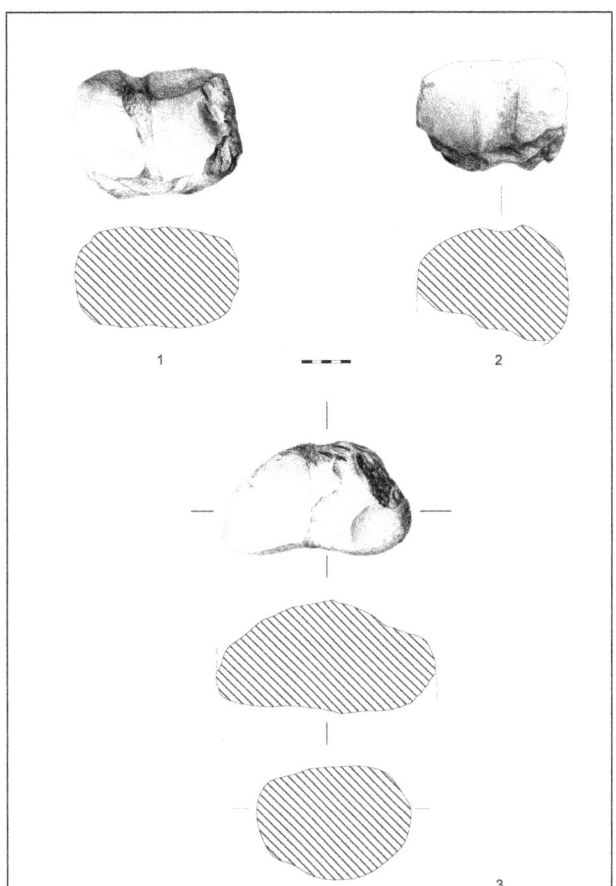

Lámina II. Martillos mineros con ranura central para el enmangue procedentes de la mina El Polígono (nº1) y de la mina José Martín Palacios (nº 2 y 3).

a través de la excavación de una gran rafa. A este periodo podríamos asociar los restos de cerámica común recuperados, el fragmento de un molino de reloj, así como también algunos de los martillos mineros de piedra documentados, como uno de más de 10 kg. de peso, aunque sabemos que éste, a pesar de las tipologías que se han realizado (García Romero, 2002), no es un elemento material definitivo para adscribir esta mina este periodo. Además, vinculado a la explotación de la rafa en este periodo romano republicano, hallamos junto al extremo SW de la misma, dos asentamientos, Las Mendozas y Las Marquesas, donde vivirían los mineros y en los que se documenta, fundamentalmente, cerámica romana republicana de transporte y almacenaje (ánforas Dressel 1 y de tradición indígena) y común de tradición ibérica (Casado, 2001). Por último, esta mina, seguramente, continuaría explotándose en época alto imperial como indica la presencia de Terra Sigillata en los desmontes, la existencia de numerosas *villae* alto y bajo imperiales en las cercanías de la misma (Contraminas, Cerrillo Pico, La Lisarda, etc.) y el hallazgo de la estela sepulcral de *Q. Artulus*, que se ha fechado en esta época (s. I-II d.C.) (Arboledas, 2007: 393).

14. Arroyo del Murquigüelo (Baños de la Encina). El arroyo del Murquigüelo, que discurre por las fincas del Quinto, Cabezas de Retamon, Doña Eva y la actual de Nuevo Murquigüelo donde se une al río Rumblar, se halla a unos cuatro kilómetros al NE de Baños de la Encina (UTM: Límite norte, x = 426292 y = 4230452; límite este, x = 426960 y = 4228304; límite oeste, x = 427772 y = 4228746; límite sur (desembocadura en el Rumblar), x = 428358 y = 4227019). En las márgenes del mismo, se documentan diferentes calicatas, rafas, pozos y galerías, todo un sistema de extracción y explotación del mineral proveniente de diferentes filones, como en la margen derecha de la entrada a la finca de Dª Eva, donde se observa en la superficie un filón de cuarzo mineralizado explotado a través de pequeñas calicatas cuyo diámetro oscila entre 3'5 y 5 metros. Posiblemente, estas huellas son producto de la explotación de estos filones de las poblaciones argáricas, en un primer momento y, posteriormente, por los romanos ya que en las cercanías de los restos mineros se localizan varios asentamientos asociados a estos periodos cronológicos. Indudablemente, algunas de ellas, como las del Barranco la Rana, son de época contemporánea (Arboledas, 2007: 401-404).

15. Mina de José Martin Palacios (Baños de la Encina). Esta mina se encuentra en la actual finca de Doña Eva o finca de José Martín Palacios, sobre un pequeño cerro adehesado de más de una hectárea entre los arroyos de la Plata al este y del Murquigüelo al oeste (UTM: 428431/4229603). En ésta, se observa que el pequeño filón cuprífero encajado en los esquistos fue explotado a través de varias rafas, un pozo cuadrado y dos parejas de pozos gemelos o pareados, los cuales están actualmente colmatados. Asociadas a estas labores, se encuentra una escombrera de grandes dimensiones de la cual se han recuperado, además de restos de mineral de cobre (azurita y malaquita), dos martillos minero de piedra con ranura central (Lám. II. 2 y 3). Como paso previo a la excavación de esta mina se decidió realizar una tomografía eléctrica la cual ha podido determinar la existencia de una posible cavidad justo debajo de las labores mineras (Arboledas *et al.*, 2006: 186; 2008).

Por tanto, ante los datos de campo y los análisis técnicos practicados (tomografía eléctrica y análisis de isótopos de plomo) podemos señalar que esta mina fue explotada, seguramente, en dos momentos diferentes. El primero se produciría durante la Edad del Bronce como indican el hallazgo de los martillos mineros de piedra con ranura central y los análisis de isotopos de plomo practicados a muestras de esta mina y del yacimiento metalúrgico argárico de Peñalosa. Estos análisis han determinado que esta mina junto a la de El Polígono-Contraminas, serían dos de las minas que abastecerían de mineral de cobre al poblado minero-metalúrgico de Peñalosa (Hunt, Contreras y Arboledas, en prensa). La segunda fase se correspondería con época romana a la que se vincularía la existencia de dos parejas de pozos gemelos o pareados, incluso también, porque no, de los dos martillos de piedra. El uso de este tipo de pozos, muy bien documentado sobre todo en las minas del Suroeste (Luzón, 1970; Domergue, 1990), tradicionalmente se ha asociado al periodo romano (Arboledas *et al.*, 2008).

16. Solana de Matavacas (Baños de la Encina). En este paraje del Parque Nacional de Selladores-Contadero y Lugar Nuevo, en la margen izquierda del rio Pinto, localizamos un pequeño filón de cuarzo encajado en las pizarras que ha sido laboreado a través de dos pequeñas rafas en superficie y de un socavón en profundidad (UTM x = 430347 e y = 4239478). La tipología de estos vestigios apunta a que este pequeño filón pudo ser explotado en época antigua, y posteriormente, en época contemporánea por los sacagéneros. A este último periodo se vincularían las ruinas de una casa de herramientas (Arboledas, 2007: 421; Arboledas y Contreras, 2009).

17. Las Encebras (Andújar, Baños de la Encina y Villanueva de la Reina). En este lugar del Parque Nacional de Selladores-Contadero y Lugar Nuevo (UTM: x = 424738 e y = 4247019) se documenta una instalación metalúrgica o fundición asentada sobre una alargada loma amesetada a unos 2,5 km al noreste de las Casas de la Colonia de Selladores, en la orilla derecha del arroyo del mismo nombre. Actualmente, a pesar de que se encuentra muy arrasada por la actividad antrópica es posible ver a nivel superficial un importante volumen de cerámica y de escoria. Concretamente, de la superficie se recogieron diversos fragmentos de material de construcción, de cerámica a torno lento o torneta y seis trozos de escoria muy vitrificada y con inclusiones de cuarzo o cuarcita. Este material cerámico nos permite fechar esta fundición en época altomedieval, sin poder precisar su cronología exacta. En ésta, seguramente, se llevaría a cabo la transformación del mineral procedente de los filones y explotaciones cercanas, como la de la propia Encebras, el Cerro del Manzano o la de Piedra La Cuna. Su localización sería idónea para la práctica de esta actividad ya que se sitúa en una zona con abundante agua, vegetación para el combustible y muy bien comunicada dar salida al metal, junto a la vía pecuaria que une la meseta manchega (la población de El Hoyo, Ciudad Real) con la Depresión de Linares-Bailen (Linares). Esta vía podría corresponderse con la antigua calzada romana que conectaba Cástulo con Sisapo atravesando el distrito minero de Linares-La Carolina por las áreas mineras más importantes (El Centenillo, Salas de Galiarda y Linares) (Arboledas, 2007: 424-425; Arboledas y Contreras, 2009).

18. Mina del Cerro del Manzano (Andújar). Ésta se encuentra en la ladera sur-sureste del Cerro del Manzano junto al camino de su mismo nombre dentro del Parque Nacional de Selladores-Contadero y Lugar Nuevo (UTM x = 421093 e y = 4245090). El filón encajado en las cuarcitas se laboreo con la excavación sobre el mismo de dos pozos rectangulares (de 1 por 1'20 m. de lado), un socavón-galería que en su inicio tiene forma de trinchera y una pequeña rafa. En estas labores como en sus escombreras asociadas, al margen diversas muestras de óxido de hierro, no se recuperó ningún tipo de material arqueológico que pudiera ofrecer una cronología clara para la mismas pero, como hemos apuntado anteriormente, éstas pudieron ser explotadas en un momento anterior al s. XIX-XX, en época antigua o, sobre todo, en época altomedieval vinculado al asentamiento metalúrgico de Las Las Encebras o el del propio Collado del Manzano donde se localiza otro yacimiento de este periodo. Con la explotación contemporánea se vincularía la existencia en las cercanías de la mina de los restos de una posible casa de herramientas (Arboledas y Contreras, 2009: 106).

19. Mina El Facha o Piedra La Cuna (Andújar). En esta mina, situada entre el Cerro del Manzano y el río Jándula dentro del Parque Nacional de Lugar Nuevo y Selladores-Contadero (UTM: x = 419974 e y = 4244973), se documentaron dos importantes rafas a través de las que se explotó el filón plomífero encajado en las cuarcitas aflorantes en profundidad y extensión. En la primera de ellas, son aún visibles los restos de la actividad contemporánea, desarrollada, según noticias orales, en la década de los 50 del s. XX. Entre otros vestigios destacan los maderos empleados en la entibación de los hastiales de la rafa para evitar su desplome y el cajón de una criba cartagenera o criba de cajón a la cual se adosan dos pequeñas charcas de agua. La profundidad de estas labores debió ser importante, llegando incluso a superar el nivel freático, lo cual hizo necesario la excavación de un socavón en el fondo del valle del Jándula para drenar las aguas subterráneas. De las escombreras asociadas a la primera de las rafas no se ha podido recoger otro material arqueológico anterior al s. XX, pero sí fragmentos de mineral de plomo y escorias. La presencia de estas últimas, formando un pequeño escorial muy disperso por la superficie próxima a esta mina, se interpretó en un primer momento como el resultado de las pruebas de fundición realizadas *in situ* con el fin de determinar la ley del material extraído (en época contemporánea). Aunque no debemos descartar su vinculación, teniendo en cuenta además el tipo de explotación, con el contiguo asentamiento altomedieval del Collado del Manzano, situado en una pequeña llanura a tan sólo 300 m al noreste o con el también cercano asentamiento metalúrgico de Las Encebras. En este sentido, la existencia de los restos de una criba cartagenera también se podrían asociar con la reexplotación (lavado) de este pequeño escorial antiguo (romano o medieval) anterior al s. XX, una práctica muy común y extendida en este distrito. Por tanto, no podemos descartar la posibilidad de que la explotación de este filón se iniciaran en época romana o medieval (Arboledas y Contreras, 2009: 107).

20. Filón Mirador, minas de El Centenillo, J12 (Baños de la Encina). Su recorrido se extiende por el Cerro del Águila, al oeste y noroeste de El Centenillo, desde el pozo Mirador (UTM: x = 435365 e y = 4243771) hasta su confluencia con el río Grande, al NE del Pozo Nuevo (x = 437791 y = 4244779). El filón Mirador, junto al filón Sur, es el mejor ejemplo de la importancia de los trabajos mineros efectuados por los romanos en esta zona. Éstos, iniciaron la explotación del mismo con la excavación a lo largo de 400 metros, entre el pozo Mirador y el Águila, de diversas rafas y pozos pequeños a partir de los cuales se iniciarían los trabajos en profundidad[14]. Conforme se iba profundizando se simultaneaban los pozos para comunicarlos entre sí, hecho que facilitaba la explotación

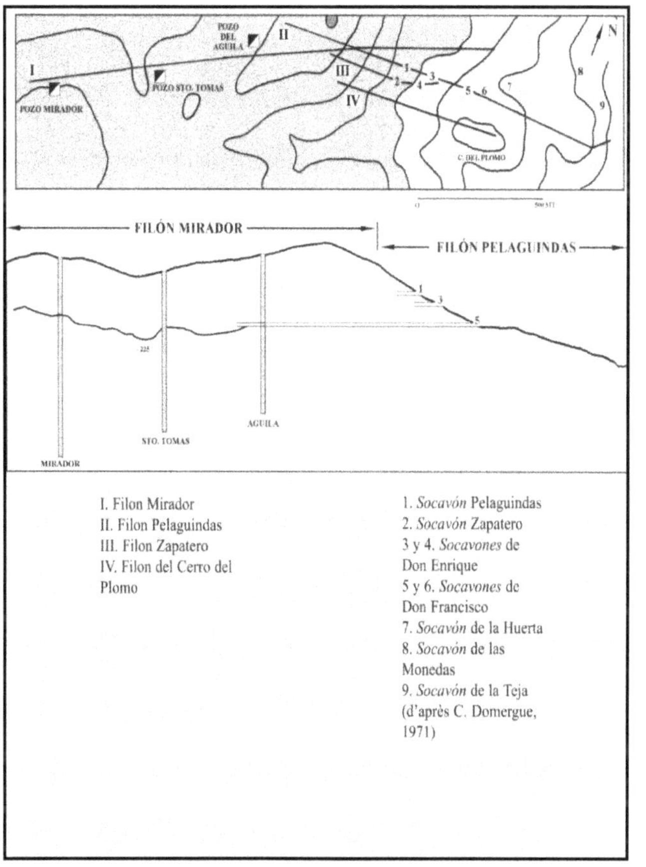

Figura 27. Planta y perfil de las labores mineras romanas (pozos y socavones) de los filones Mirador y Pelaguindas de El Centenillo (Gutiérrez y Bellón, 2001).

[14] Actualmente, estas labores han desaparecido, bien sepultadas por las escombreras de época industrial o bien porque los ingleses la aprovecharon para construir los pozos modernos de El Águila y Santo Tomás (Tamain, 1966b).

y, sobre todo, la ventilación de los trabajos subterráneos (de la Viña, 1871; Tamain, 1966b: 289-290; Domergue, 1987: 268-269).

La continuación de estas labores en profundidad supuso la aparición del inconveniente del agua para lo que los romanos recurrieron a la construcción de varias galerías de desagüe en diferentes niveles. Así, en primer lugar, excavaron los socavones de Pelaguindas y Zapatero, en segundo lugar, a unos 150 m. de la superficie, los dos de D. Enrique y, por último, el D. Francisco, a 200 m. de profundidad (Fig. 27). Este último marcaría el límite de los trabajos romanos subterráneos aunque éstos, como señalan los informes de los ingenieros de minas, continuarían hasta los 225 m. de profundidad. Pero, para ello tuvieron que instalar cinco tornillos de Arquímedes con los que elevarían el agua hasta la cota del socavón D. Francisco. La excavación de éstos, como ya señalaba G. Tamain, sería producto de una explotación planificada, racional y sistemática, los cuales marcarían las diferentes etapas de explotación romana (Tamain, 1966b).

Así, este filón, como indican las propias labores, los restos de cultura material, tanto los tornillos de Arquímedes como el conjunto de herramientas halladas en el interior del pozo Mirador (Soria y López, 1978), y las diferentes fundiciones vinculadas al mismo, se explotaría intensamente desde el s. II a.C. hasta el s. II d.C. Por otro lado, la existencia de cerámica islámica (emiral y califal) de alguna de las fundiciones dependientes de esta explotación, como La Fabriquilla o La Tejeruela parecen indicar que se produciría una segunda fase de explotación en época alto medieval (Arboledas, 2007: 434-444).

21. Filón Pelaguindas, minas de El Centenillo, J12 (Baños de la Encina). Este filón formaría con el anterior la pareja filoniana Mirador-Pelaquindas, siendo éste el filón crucero. Dicho filón se extiende por los terrenos ordovícicos, con una dirección este-oeste, a lo largo de más de dos km. desde su cruce con el Mirador, cerca del pozo el Águila (UTM: x = 436568 y = 4244416) hasta orillas del río Grande que se esteriliza al pasar a las pizarras Botella (x = 438044 y = 4244653) (Caride, 1978: 65). En la rama E-S-E de este filón, la única conocida por los antiguos, no se conoce con certeza ningún pozo antiguo. Sin embargo, su parte superior, estaba jalonada por la red de socavones anteriormente citados (Pelaguindas, Zapatero, D. Enrique y D. Francisco) que pertenecerían, al menos en parte, al sistema de desagüe del filón Mirador. Los reconocimientos modernos de estas galerías determinaron que este filón en los niveles superiores era estéril (Tamain, 1966b: 300).

Figura 28. Entrada del socavón de desagüe romano de Las Monedas, El Centenillo.

La excavación, en su parte inferior, de tres socavones más nos hacen plantear la hipótesis de que los romanos llevarían a cabo una explotación escalonada del mismo sobre unos 150 metros de desnivel hasta casi alcanzar el curso del río Grande, mas que pensar, como proponía T. Rickard (1927; 1928), que estos mineros estaban preparando la explotación de los niveles más inferiores del filón Mirador. La existencia de tres galerías de desagüe implicaría que en estos niveles el filón estaría mineralizado. Desgraciadamente, en época contemporánea no se llevó a cabo ningún reconocimiento que pudiera certificar esta hipótesis. Estos tres socavones son el de La Huerta, Las Monedas y La Teja los cuales se dispondrían de manera escalonada en este orden (Tamain, 1966) (Fig. 28). El descubrimiento de herramientas mineras romanas en la entrada del socavón de La Teja corrobora la vinculación de estos trabajos a época romana (s. I a. C.-II d.C.), incluso el hallazgo de un tesoro de denarios romanos en el socavón de Las Monedas, fechado en el 45 a.C., nos indica que tanto éste como el de La Huerta habrían sido excavados con anterioridad a su ocultación (Arboledas, 2007: 445-449).

22. Cerro del Plomo, J12, J-BE-32, El Centenillo (Baños de la Encina). Se trata de una fundición romana en la que se fundiría la galena argentífera procedente de las zonas más profundas del filón Mirador. Hasta el momento, éste es el yacimiento que ha proporcionado la estratigrafía más completa para el estudio de la minería romana en esta región. La excavación de ocho sondeos estratigráficos en el mismo permitió a su excavador, C. Domergue, distinguir una secuencia crono-cultural de

Figura 29. Vista general y de detalle de la fundición romana del Cerro del Plomo, El Centenillo.

cuatro fases que se iniciaría a finales del s. II a.C. y perduraría hasta inicio del s. II d.C. (Domergue, 1971: 337-347). Esta fundición se asienta en una elevación alargada de unos 200 metros de longitud y una extensión de 4 hectáreas aproximadamente, en la margen derecha del Río Grande (UTM x = 437475 e y = 4244389). La propia orografía del cerro hizo que en época romana fuera necesaria la realización de obras de acondicionamiento del mismo, creando tres terrazas o plataformas artificiales (Gutiérrez Soler *et al*., 2002) (Fig. 29). Dicha obra de ingeniería sería fundamental para el urbanismo del yacimiento, donde las viviendas ocuparían los bancales producto de los muros de aterrazamiento y los contrafuertes de contención de las plataformas. Tanto los hornos como el lavadero se instalaron en la primera y segunda terraza, aunque se conservan escasas evidencias arqueológicas, básicamente, fragmentos de escoria, ladrillos vitrificados de los hornos, léganos finos de color verde producto del lavado, etc. En la tercera plataforma, se encuentra un pozo y un socavón conocidos como el aljibe, aunque en realidad podría tratarse de una rafa minera que explotaría el pequeño filón del Cerro del Plomo (Contreras *et al*., 2005; 2005b). Probablemente, asociado con el desagüe de los trabajos en profundidad de este filón del Cerro del Plomo o de los niveles inferiores del Pelaguindas, se encuentre el socavón que hallamos en la ladera NE del Cerro del Plomo (Arboledas, 2007: 450-461).

A tenor de lo expuesto parece que en el Cerro del Plomo existiría una organización racional, reuniendo en un mismo lugar lavaderos, hornos de fundición, hornos de copelación o viviendas para los mineros. Esta fundición, como indican los precintos de plomo, herramientas y monedas con las siglas S.C., debió de estar bajo el control de la *Societas Castulonensis*, la cual se encargaría de organizar el poblado así como de la explotación de las minas de El Centenillo (Domergue, 1971).

Por último, al igual que de otros yacimientos, durante la prospección arqueometalúrgica de El Centenillo recogimos varias muestras de escorias de este yacimiento de las cuales hemos analizado una por el SEM. El resultado de los análisis indican que se trata de una escoria fayalítica de plomo aunque los porcentajes de Fe_2O_3 son más bajos de lo normal, un 6'77 %, si se comparan con los resultados de otras muestras de escoria de este mismo distrito. Por el contrario, los proporciones de Aluminio (Al_2O_3), con 10'39 %, de Calcio (CaO), con un 6 %, y de Bario (BaO), con 4'75 %, son similares a las del resto de las escorias de El Centenillo analizadas por C. Domergue (1987: 559) (anexo nº 2, Tabla 3 y 4, SEM (1))[15]. Los niveles porcentuales de estos elementos se explicarían por el tipo de fundente cargado durante el proceso de fundición de la galena (Arboledas, 2007: 454).

23. Escorial al Este del Cerro del Plomo, El Centenillo (Baños de la Encina). Este escorial se localiza en un pequeño cerro al este del Cerro del Plomo, junto al camino que procede de El Centenillo (UTM x = 437702 e y = 4244650). En este lugar, a ambos lado del camino por el que se accede, únicamente se documenta gran cantidad de escoria vítrea de plomo esparcida por la superficie junto a construcciones contemporáneas. Probablemente, estas escorias fueran producto de la reexplotación del escorial antiguo del Cerro del Plomo llevada a cabo por los "sacagéneros" durante el s. XX. Esto explicaría que en esta fundición romana no se hallen grandes concentraciones de la misma (Arboledas, 2007: 462-463). Por otro lado, no debemos descartar que en este lugar, en época romana, se realizara el lavado del mineral previamente triturado en un lavadero formada por cavidades circulares excavadas en el suelo. Una de ellas puede ser el pozo circular excavado en los esquistos, de un metro de diámetro y unos 70 cm. de profundidad, documentado ya por C. Domergue (1990: Pl. XXIV).

24. Escorial del río Grande, El Centenillo (Baños de la Encina). En este lugar, unos 450 m. al NE del Cerro del Plomo a orillas del río Grande (UTM: x = 437866 e y = 4244741), localizamos un escorial antiguo de casi una hectárea de extensión. En superficie se observa una gran concentración de escorias y de paredes de hornos vitrificadas de fundición. Al igual que el escorial anterior, posiblemente, éste podría ser resultado del procesamiento de las escorias antiguas del Cerro del Plomo (Fig. 30). Si bien, no podemos descartar la posibilidad de que en este lugar estuviera instalada una fundición antigua (romana) en la que se trataría el mineral extraído de los niveles inferiores del filón Pelaguindas a través del socavón de La Teja, o del filón de Las Monedas. Desgraciadamente, no se ha documentado ninguna estructura o elemento de cultura material que ratifique esta hipótesis (Arboledas, 2007: 468-471).

25. Filón Pérdiz, J12, minas de El Centenillo (Baños de la Encina). El trazado de este filón, paralelo al de Pelaguindas, discurre a lo largo de un km. por debajo de la población de El Centenillo, desde su intersección con el filón Mirador, del que es satélite (UTM: x = 435784 y = 4243951), hasta su desaparición en las pizarras Botella (UTM: x = 436600 y = 4243758). Los mineros romanos explotaron el mismo excavando una serie de pozos en su superficie, los cuales eran aún visibles cuando el señor de

Figura 30. Escorial del río Grande, El Centenillo.

[15] Debemos señalar que estos resultados son producto del análisis general de la muestra por SEM y no por Fluorescencia de Rayos X.

la Viña fue a explorar la zona de El Centenillo, coincidiendo el pozo más este con el actual pozo Perdiz (de la Viña 1871). Este último, el pozo Oliva y el pozo Mirador son los que utilizaron los modernos para la explotación de este filón. Actualmente, no se conservan los restos de los pozos Perdiz y Oliva, el único recuerdo del último es el nombre de una calle de El Centenillo. Así, podemos deducir que este filón, como el Mirador, fue intensamente explotado durante época romana (s. II a.C.-II d.C.) a través de pozos y galerías que alcanzaron una profundidad máxima de 140 m. y mínima de 50 m., según las exploraciones llevadas a cabo por los mineros contemporáneos a finales del siglo XIX (de la Viña 1871; Frecheville, 1880).

26. Fundición del pozo Santo Tomás o Solana del Águila, J12, El Centenillo (Baños de la Encina). Esta fundición se encuentra en ladera SO del Cerro del Águila a unos 100 metros al NO del pozo de Santo Tomás (UTM x = 436213, y = 4244249). El escorial tiene una dimensión de una hectárea aproximadamente, con una gran cantidad de escoria extendida por la superficie. La escoria, muy triturada, aparece formando parte de grandes bloques compactos desgajados del escorial, aparentemente como si fueran conglomerados naturales o algún tipo de argamasa. Tanto G. Tamain (1966b) como Cl. Domergue (1987) señalan la existencia en el paraje de Solana del Águila de estructuras que, seguramente, estén asociadas a esta fundición. Tradicionalmente este escorial, a pesar de la escasa documentación arqueológica con la que contamos, se ha adscrito a época romana (s. II-I a.C.) y asociado a la explotación de los niveles superiores del filón Mirador (Arboledas, 2007: 476-480).

27. Fundición de La Tejeruela J12, El Centenillo (Baños de la Encina). Esta fundición se asienta en una zona llana en la falda SW de la Loma del Peñón del Toro, a menos de 1'5 Km. al NW de la aldea de El Centenillo, (UTM x = 435581 y = 4244792). Ésta, que abarca una extensión de casi una hectárea, actualmente se encuentra totalmente destruida por la acción de los sacagéneros y la repoblación forestal. Si bien, antes de que fuera arrasada, H. Sandars, a principios del s. XX, realizó una excavación en la que constató la existencia de numerosas habitaciones, cuya funcionalidad se desconoce (Sandars, 1905)[16]. A pesar de la destrucción de este yacimiento, en la superficie se han documentado gran cantidad de escoria, paredes de hornos y montículos de piedras quemadas que nos induce a pensar de que ahí hubiera algún horno de fundición. Al respecto, debemos señalar que durante las prospecciones de campo se localizó un pequeño pozo con un brocal que se podría corresponderse con uno de los hornos identificados años antes por F. Arias de Haro (2001) en esta fundición.

De esta fundición se recogieron quince muestras de escoria de las que se decidió analizar dos de ellas por FRX y SEM. La primera muestra, presenta unos contenidos muy bajos en PbO, por debajo del 1 %, mientras que los de CuO son algo superiores, aunque también por debajo del 1 %. Por su parte, los porcentajes de SiO_2 y de Fe_2O_3 están dentro de lo normal aunque se detecta la particularidad de tener unos niveles muy alto de CO_2, un 20 % (anexo nº 2, Tabla 5, FRX). De estos datos podemos inferir que se trataría de una pared de horno con escoria fayalítica adherida. El mineral fundido contenía algo de cobre. La inexistencia de plomo se explicaría, únicamente, porque la escoria fuera de refundición. Por su parte, la segunda muestra, es un claro ejemplo de escoria fayalítica de plomo tal y como demuestran los porcentajes de silicatos de hierro, con un 36'7 % de SiO_3 y 34'1 % de Fe_2O_3, y de óxido de aluminio (Al_2O_3) y Calcio (CaO) con un 7'63 % y un 3'33 % respectivamente, que proceden del fundente utilizado (anexo nº 2, Tabla 6, FRX). Dentro de la misma, se ha detectado una fase mineralúrgica de sulfuro de plomo (SPb) (Fig. 212) con un alto contenido en PbO, un 76 %, en contraposición con la ausencia de plata (anexo nº 5, Tabla 6, SEM) (Arboledas, 2007: 481).

Según el material cerámico recuperado compuesto por lucernas campaniense, lucernas de tipo helenístico, cerámica campaniense, monedas de época republicana, varios fragmentos de TS Hispánica (al parecer del s. I d.C. o inicios del II d.C.) y cerámica islámica (emiral y califal), esta fundición comenzaría a funcionar a partir del s. II a.C. hasta el s. I d.C. al menos, aunque los momentos de mayor actividad metalúrgica, asociados a los trabajos extractivos de los niveles superiores del filón Mirador, se producirían entre el s. II y I a.C. (Domergue, 1987: 269). Un segundo periodo de ocupación se correspondería a época Alto Medieval (Emiral y Califal), durante la cual, probablemente, este lugar también fue empleado como fundición (Arboledas, 2007: 482-483).

28. Fundición La Fabriquilla, J12, El Centenillo (Baños de la Encina). Ésta se localiza en la ladera oeste de la Loma del Peñón del Toro, muy cerca de la anterior, a 2 Km. al NW de El Centenillo y del filón Mirador. El escorial antiguo, que se extiende a lo largo de toda el área que comprende este yacimiento, fundamentalmente, entre las hondonadas que rodean y limitan al mismo, fue reexplotadado por los "sacagéneros" con el fin de extraer el plomo y plata de las escorias. Esto, provocó que en el lugar donde se ubicaba esta fundición romana, en la que aún se conservaban hornos (incluso con un crisol uno de ellos), restos de edificios, etc., según testimonios orales, hoy sólo se pueda observar un espacio de terreno extenso totalmente desbastado, donde únicamente existen montones de tierra y escoria, paredes de hornos, etc. (Domergue, 1987: 269). A pesar de esto, en la cota más alta de la elevación donde se sitúa ésta, se han documentado diversas estructuras, que podrían ser tanto habitación y aterrazamiento como de fortificación. Directamente en el campo no se ha reconocido ninguna habitación o espacio totalmente definido (Fig. 31).

Tradicionalmente, esta fundición romana, vinculada con los trabajos de los niveles superiores del filón Mirador, se

[16] De esta intervención arqueológica, la única documentación que dejó H. Sandars fueron, según C. Domergue, unas fotografías poco explícitas que él mismo pudo ver durante su estancia en El Centenillo (Domergue, 1987: 269).

Figura 31. Fundición romana de La Fabriquilla, El Centenillo. Abajo, detalle de algunas de las estructuras documentadas.

ha datado en el Alto Imperio. Si bien, los elementos de cultura material recuperados durante los trabajos de campo (cerámica común romana y tardorromana, cerámica de cocina islámica) junto a las dos monedas halladas por C. Domergue, un semis de Cástulo y un *follis* de Constantino acuñado en Arles en el 319, (Domergue, 1987: 274), indican que esta fundición, posiblemente fortificada, funcionó al menos desde el Alto Imperio hasta el Bajo Imperio, como demuestra la existencia de este *follis* (Arboledas, 2007: 487-489).

Entre los materiales recogidos en este yacimiento, se encuentran numerosas muestras de escoria de sangrado y de paredes de hornos vitrificadas de las cuales, como en los casos anteriores, hemos analizado una por FRX y SEM. Ésta, como observamos en laboratorio, no se trata de una escoria fayalítica de plomo, sino de una pared de horno escorificada o de un conglomerado de horno de metalurgia del plomo como demuestran los niveles más bajo de lo normal de Fe_2O_3, con un 5'68 %, para que sea una escoria fayalítica y la proporción de plomo, con un 5'63 % (anexo nº 2, Tabla 7, FRX).

29. Escorial del Cerro de las Tres Hermanas, El Centenillo (Baños de la Encina). Este escorial antiguo se ubica en un área arada y despejada de vegetación en la falda norte de la Hermana Central, en el paraje conocido como Cerro de las Tres Hermanas[17], a 3'3 km. al NW de El Centenillo (UTM: x = 434722 e y = 4246808). En la superficie de este lugar se localiza gran cantidad escoria, piedras quemadas y fragmentos de barro quemado, de color anaranjado, que formarían parte, seguramente, de los hornos de fundición, aunque no se ha podido documentar ninguno (Fig. 32). Básicamente, de éste yacimiento se han recogido varios fragmentos de ánfora

[17] Este paraje, como se observa en la figura 32 está compuesto por tres cerros alineados, la Hermana Oeste, la Hermana Central y la Hermana Este, en cuyas cimas se ha documentado restos de poblamiento alto medieval (emiral y almohade) y algunos vestigios de la Edad del Bronce en el primero de los cerros.

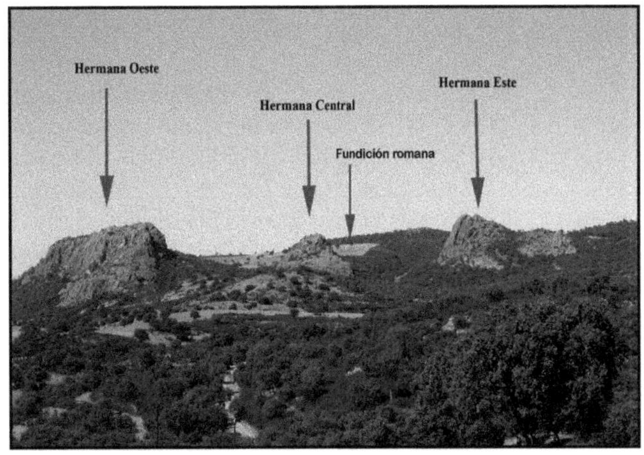

Figura 32. Panorámica del paraje del Cerro de las Tres Hermanas, El Centenillo.

Dressel 1 y ocho muestras de escorias tanto de sangrado como de horno. De todos estos trozos de escoria decidimos analizar por FRX y SEM tan sólo una nuestra de sangrado. Los resultados revelan que se trata, al igual que las escorias analizadas de otras fundiciones de El Centenillo, de un ejemplo claro de escoria fayalítica de plomo, tal y como demuestran los porcentajes de silicatos de hierro con un 32'5 % de SiO_2 y 21'1 % de Fe_2O_3, y de óxido de plomo, con 9'50 % (anexo nº 2, Tabla 8, FRX). Además, a través del SEM se ha diferenciado una fase mineralúrgica de sulfuro de plomo (SPb) con altos contenidos en PbO, con un 75'10 %, y en plata (Ag_2O_3) con un 0'72 % (anexo nº 2, Tabla 8, SEM) (Arboledas, 2007: 495-496).

Por tanto, este yacimiento se trataría de una pequeña fundición de época romana republicana (siglos II-I a.C.), según las ánforas Dressel 1 registradas, que se vincularía al tratamiento del mineral procedente bien del filón Mirador o bien de un pequeño filón conocido como la Avetarda o Avutarda. Si bien, según G. Tamain, este último no estaría mineralizado (Tamain, 1966b), por los que el mineral tratado debería de proceder del filón Mirador (Arboledas, 2007: 496-497).

30. Escorial de Arroyo de Ministivel, El Centenillo (Baños de la Encina). Realmente, con este nombre englobamos a dos escoriales de pequeñas dimensiones separados por escasos 400 m. que se localizan en el arroyo Ministivel, entre el Cerro Lorente y Cerro Mirador. En el primero de ellos (UTM x = 435250 e y = 4242939), se observa una gran dispersión de escorias en superficie y estratificada junto a restos de paredes de hornos con escoria adherida. Además, también aparecen restos de estructuras relacionadas seguramente con la fundición, entre las cuales F. Arias de Haro, documentó un horno bien conservado en forma de U y con un alzado de más de 1,5 metros, el cual no pudimos documentar. Según este arqueólogo, la estructura del horno es similar a los documentados en la fundición romana de La Tejeruela (Arias de Haro, 2001). Por su parte, en el segundo de los escoriales (UTM: x = 435292 e y = 4242627), ya referenciado por G. Tamain (1966b), sólo se pudo reconocer algunos fragmentos de escoria en superficie (Arboledas, 2007: 500-501).

Ante la escasa documentación disponible tan sólo podemos señalar que se trata de una fundición de época antigua, posiblemente, romana, sin poder especificar más sobre su cronología. En ésta se fundiría galena del filón Mirador. Por último, debemos mencionar que cerca de esta fundición y de las Casas de Ministivel, G. Tamain excavó una estructura rectangular de pizarras de 2'90 por 1'65 m. que estaba asociada a otras estructuras las cuales fueron interpretadas por este autor como un poblado minero de época ibero-romana. El hallazgo en estas estructuras de un sextercio de Adriano, acuñado en 119-121 d.C., indica que este poblado estuvo ocupado durante el primer tercio del s. II d.C. (Tamain, 1963: 34-36).

31. Filón Ranchero, minas de El Centenillo (Baños de la Encina). Se trata de un pequeño filón paralelo al Mirador y Sur (NE-SW) que discurre por la ladera SE del Cerro Mirador encajado en los terrenos del Ordovícico (UTM: x = 436163 y = 4242857). Éste fue explotado en todo su recorrido por siete pozos de diferentes dimensiones, excavados en una litología dominante de arenisca o arenisca-cuarcita, donde el filón aumentaría su potencia. La tipología de las labores, los vestigios de construcciones (brocales de piedra, casa de herramientas, etc.), el material cerámico identificado y los testimonios orales indican que estos pozos excavados sobre el filón Ranchero se adscriben a época contemporánea, al s. XX. A pesar de ello, no debemos descartar que algunos de ellos fueran abiertos ya en época romana como ha sugerido F. Arias de Haro (2001), ya que algunos de ellos son muy similares a otros que se han localizado en el entorno de Los Guindos adscritos a este periodo (Arboledas, 2007: 506-509).

32. Filón Sur, J12, minas de El Centenillo (Baños de la Encina). El trazado de este filón se extiende desde la ladera oeste del Cerro de la Cuna (UTM: x = 436172 y = 4242553) hasta la ladera sureste del Cerro A Cielo Abierto a orillas del río Grande (UTM: x =438243 y = 4243707), al sur de El Centenillo. La explotación romana

Figura 33. Rafa romana del pozo la Botella, filón Sur, El Centenillo. Arriba, detalle de una de las estructuras del yacimiento romano del Cerro de La Botella.

de este filón comprende dos sectores bien diferenciados: el occidental, entre los pozos modernos de San Guillermo y La Botella; y el oriental, en el entorno del pozo San Eugenio. En el primer sector, al margen de varios pozos de pequeñas dimensiones que se pueden adscribir a época antigua, las labores mineras romanas más importantes, varias rafas, se identifican junto al pozo de La Botella (Fig. 33). Éstas, además, son las más profundas de este sector occidental, alcanzando los 107 m. de profundidad al este del mencionado pozo moderno (Tamain, 1966b; Arboledas, 2004: 281-282).

En el sector oriental, el filón fue explotado a través de trincheras o rafas muy estrechas, largas y profundas. El mejor ejemplo de éstas es la situada cerca del pozo de San Eugenio, de más de 60 m. de longitud por 3 m. de anchura máxima en la superficie. Los trabajos antiguos en este sector alcanzaron una profundidad máxima de 225 m. como en el filón Mirador. Si bien, para llegar a estas cotas, los mineros romanos tuvieron que trazar, al igual que en la pareja filoniana de Mirador-Pelaguindas, cinco socavones de desagüe superpuestos en la ladera este del cerro A Cielo Abierto para drenar el agua de las labores subterráneas. Entre éstos destacamos el de Caño de Flores o el Socavón del Río, situado, este último, en la cota más baja (Caride, 1978: 13).

En la cima del cerro donde se encuentran las ruinas del pozo de La Botella se localizan los restos de un poblado, que seguramente estaría vinculado a la explotación de este filón Sur. De éste, aún se pueden identificar una estructura cuadrangular de aparejo trabado con argamasa, posiblemente defensiva, en la cota más alta del cerro y varias estructuras de aterrazamiento en la ladera sur-suroeste. Este poblado se ha adscrito a época romana por la cerámica a torno y las planchas de plomo documentadas, sin poder precisar más en la cronología ya que los fragmentos de cerámica recuperados se encuentran muy rodados (Contreras *et al.*, 2005).

A juzgar por la magnitud de las labores mineras (rafas, socavones de desagüe, etc.) y las escombreras existentes, la explotación romana de este filón, al igual que el filón Mirador, sería fruto de una actividad planificada que se extendería a lo largo de varios siglos, posiblemente, desde el s. II a.C. hasta el II d.C. El poblado del Cerro de la Mina La Botella, que hemos adscrito a este periodo, estaría claramente relacionado con el control y la explotación de estos recursos mineros (Arboledas, 2007: 510-519).

33. Rafas de la mina El Macho, Filones Norteados del filón Sur, minas de El Centenillo (Baños de la Encina). Estas dos rafas mineras se encuentran en la ladera SE del Cerro A Cielo Abierto, a escasos 100 metros al norte de las ruinas del pozo San Eugenio, mina El Macho. Ambas rafas mineras romanas se excavaron directamente sobre una rama desprendida del filón Sur, formando un filón norteado (norteado de San Eugenio), cuyo vértice se halla frente al pozo San Eugenio. La primera (UTM: 437486 y = 4243288), tiene unas dimensiones en superficie de entre 0'80-1 m. de ancho por una longitud de más de 100

m. La segunda, mide aproximadamente unos 70 m. de longitud y presenta una anchura que oscila entre uno y dos metros según la potencia del filón. La fisonomía de ésta se ha visto alterada por la explotación moderna en la segunda mitad del s. XX, con la construcción de de socavones en el interior de la misma. Estos trabajos antiguos continuaron en profundidad a través de pozos y galerías de los cuales tan sólo se conocen las diferentes galerías de desagüe para drenar el agua de las labores interiores del filón Sur como el socavón de Caños de las Flores (Arboledas, 2004: 281-282; 2005).

A pesar de que no contamos con evidencias de cultural material, seguramente, estas labores de los filones norteados junto a las del filón Sur serían consecuencia de una explotación común y planificada durante época romana (s. II a.C. hasta el II d.C.) (Arboledas, 2007: 520-523).

34. Escorial-fundición de Fuente Pilé, J12, El Centenillo (Baños de la Encina). Ésta se localiza en la falda oeste de Cerro de la Cuna, sobre una pequeña elevación en la confluencia de dos pequeños arroyos (UTM: x = 435934 e y = 4242219). En este lugar, entre los espacios no cubiertos por la vegetación, se pueden reconocer numerosos fragmentos de escoria además de material constructivo pétreo que pertenecería, posiblemente, a algunas estructuras no conservadas de la fundición. Por el momento, resulta difícil adscribir este yacimiento metalúrgico a un periodo cronológico concreto ya que, además de encontrarse arrasado, el conjunto de cerámica documentada es poco representativo al tratarse de material de arrastre compuesto por fragmentos individualizados de varias épocas (antigua, medieval y moderna). Aún así, hipotéticamente, se podría apuntar la posibilidad de la existencia de una fase antigua y medieval en la que esta planta metalúrgica, sin duda alguna según C. Domergue (1987), estaría vinculada a las labores antiguas del filón Sur, aunque no se debe descartar que el mineral tratado procediera también del filón Ranchero, el cual se encuentra mucho más próximo que el otro (Arboledas, 2007: 524-527).

35. Los Guindos, J13, J-LC-6 (La Carolina). En este lugar, situado a 7'8 Km. al NW de La Carolina y 3'5 Km. al SE de la aldea de El Centenillo se encuentra el otro gran grupo filoniano de la Sierra La Carolina, formado por el filón-maestro Guindo y sus filones cruceros N-S (UTM: x = 440779 y = 4240967). Este grupo filoniano fue explotado intensamente, sobre todo, durante el siglo XX como atestiguan los numerosos restos de minas aún en pie (La Culebrina, Los Curas, El Guindo, etc.). Si bien, el primer momento importante de beneficio de estos yacimientos filonianos se produciría en época romana. Prueba de ello, es la corta rafa localizada cerca la mina de Los Curas, que señala la entrada de trabajos antiguos en profundidad excavados en un afloramiento mineralizado del sector oeste (Fig. 34) (Contreras *et al*., 2008). De ahí los trabajos debieron de progresar hacia el este, donde, al otro lado del río, sobre las laderas del Cerro del Castillo, se constata la presencia de dos filones norteados en la parte meridional del filón de Los Guindos que fueron explotados en época antigua a través de rafas profundas abiertas en las cuarcitas. Estas rafas a cielo abierto prosiguen por el norte que incluso se extienden en el filón de Los Guindos (Domergue, 1987: 276).

Figura 34. Interior de una galería antigua excavada en el sector oriental del filón El Guindo, mina Los Curas, Los Guindos.

Al este del Cerro del Guindo (mina del Guindo), en la cima del cerro amesetado conocido como Cerro de los Castellones se reconocen evidencias de un poblado o recinto fortificado romano-republicano (J-LC-6)[18] (Casado, 2001: 270-272). Concretamente, en la superficie de éste, tanto en la cima como en la ladera sur, se han podido documentar diversas estructuras de aterrazamiento y fortificación construidas con sillares de cuarcita. Además, del mismo se ha recogido un importante conjunto material cerámico adscrito a diferentes periodos de ocupación (Edad del Bronce, época romana republicana y alto imperial y Alto Medieval) (Casado, 2001: 271; Arboledas, 2007; 529-530). Este yacimiento, para la fase romana se ha catalogado como un poblado minero-metalúrgico fortificado al igual que el de Los Palazuelos, Salas de Galiarda ya que presenta unas

[18] El topónimo "Castellones" tiene mucho interés por reflejar la evidencia de estructuras importantes de fortificación como las que tiene el yacimiento. Seguramente, éste sea el cerro donde se localizan los restos del poblado fortificado que C. Domegue (1987: 276) o R. García Serrano (1969: 74) sitúan en el Cerro del Águila, el cual según el Mapa Topográfico de Andalucía 1:10.000 (Hoja 884 (3-1)) se encuentra a menos de 2 Km. del poblado minero de Los Guindos en dirección E-NE, en el término de La Carolina.

características similares como son la presencia de estructuras de fortificación, la cercanía de un escorial antiguo, control del territorio minero (de las minas) circundante y de las vías de comunicación del interior del río Rumblar.

Vinculado a época alto-medieval, además de éste, en el entorno de estas labores mineras se ha podido documentar otro yacimiento en la ladera occidental del cerro situado al oeste del Cerro del Guindo desde el que se controlan visualmente todas estas explotaciones. De éste se pueden reconocer en superficie grandes estructuras rectangulares de bloques de cuarcitas como muros de aterrazamiento y fortificación asociados a cerámica a torno lento o torneta adscrita a este periodo alto medieval (visigodo-emiral). Por último, muy cerca de este último, al otro lado del río Grande, en la cima del Cerro Pardiñas encontramos una estructura cuadrangular (5 por 5 m.) de bloques de cuarcita sin ningún material asociado que se podría relacionar con un fortín romano o alto medieval (Arboledas, 2007: 530-538).

36. Escorial de la carretera JV-5031, El Centenillo (Baños de la Encina). Éste se trata de un pequeño escorial situado en la margen derecha de la carretera JV-5031, a 1'7 km. al cruzar el puente de la Pasada de Castaño sobre el río Grande (UTM x = 436945 e y = 4241254). En la superficie de este paraje tan sólo es posible reconocer multitud de de fragmentos de escoria y algunas estructuras muy arrasadas debido a los procesos de erosión naturales y a la actuación del hombre. El hecho de no contar con un indicador arqueológico o fósil guía hace casi imposible la adscripción de este escorial a un periodo cronológico concreto o histórico determinado. El hallazgo de un fragmento de malla metálica de una criba o tamiz nos indica que la escoria antigua ha sido reprocesada en época muy reciente (Arboledas, 2007: 539-541).

37. Escorial "Los Escoriales", El Centenillo (Baños de la Encina). Éste se encuentra dentro de la finca de Pusiveles, en la falda SW del Cerro de Los Guindos a orillas del río Grande y en la margen derecha de la carretera local JV-5031, La Carolina-El Centenillo (UTM x = 438505 e y = 4240345). En este escorial se localiza abundante escoria vitrificada que según los informadores locales procedería de la refundición del escorial romano del Cerro del Plomo. Por tanto, éste no sería indicio de la presencia de una fundición antigua sino de un lugar donde se procesaron escorias antiguas (Arboledas, 2007: 542-545).

38. Los Guindillos, J-LC-01, Los Guindos (La Carolina). Este yacimiento se localiza en la cima de un pequeño cerro entre los arroyos de Olalla Castellar y de Pata de Palo, al sur de los estériles del lavadero de La Manzana (UTM x = 440570 e y = 4239980). Durante la prospección se pudieron reconocer en la superficie los restos de unas estructuras, que se encontraban muy erosionadas debido a la construcción de un cortijo en la cima, y de un pequeño escorial en el arroyo de Olalla de Castellar. Éste, por el material recuperado, cerámica a mano o torno lento, se adscribe a época alto medieval (emiral) (Casado, 2001: 261). Probablemente, este escorial corresponda con una de las pequeñas fundiciones antiguas halladas por C. Domergue (1987) en este paraje, cerca de la carretera La Carolina-El Centenillo, de donde procedía un denario romano republicano (Arboledas, 2007: 546-549).

39. Las Torrecillas-San Telmo, J17, J-LC-05 (La Carolina). En este paraje, situado en el Barranco de las Pizarras a 1'5 Km. al SW de la población de La Carolina, se halla uno de los dos yacimientos estratiformes, junto al de la mina de El Polígono, que han sido reconocidos y explotados en este distrito minero (UTM: x = 444502 e y = 4235222). Durante época romana, este criadero fue beneficiado a través de una red galerías y cuevas que son resultado de la extracción del mineral (galena argentífera). Muestra de ello es la presencia en esta labores antiguas de lucernas del tipo de Diógenes y de El Centenillo fechadas en época romano-republicanas (Domergue, 1987). Actualmente, la mayoría de las cuevas están cegadas pero aún se pueden observar algunas ellas en el cerro al sur de la mina de Las Torrecillas. Concretamente, en una de ellas, cerca de su entrada, se observa un pilar de estériles con impregnaciones de óxido de hierro que serviría de fortificación para evitar el derrumbe o desplome del techo (Arboledas, 2007: 550). Junto a estos restos mineros, existía una fundición antigua de la que tan sólo quedaba escoria dispersa por la superficie y la parte superior de un molino, el *catilli*, de basalto (Domergue, 1987: 278).

En el mismo cerro donde se encuentra el pozo de Las Torrecillas, junto a la antigua vía de ferrocarril ("Camino de los Túneles"), se asienta un poblado fortificado como el de Cerro de los Castellones en Los Guindos o el de Salas de Galiarda en Baños de la Encina. La cerámica recogida en el mismo muestra la existencia de dos fases de ocupación, una vinculada a época romano-republicana y otra a un periodo alto medieval (Casado, 2001: 268).

Por tanto, Las Torrecillas se trataría de una mina y una pequeña fundición dependientes del poblado fortificado de similares características al de Salas de Galiarda que R. Lizcano *et al.*, (1990) definía como una mina y fundición fortificada fechada en el s. II-I a.C. (Arboledas, 2007: 551-556).

40. Fundición de Fuente Espí, J20, J-LC-10 (La Carolina). Ésta se localiza en una zona amesetada, al NE de donde se emplazó en el S XVIII la nueva población de La Carolina y que hoy ha terminado por ocupar (x = 446569 e y = 4237759). Los trabajos de movimientos de tierra por la construcción del polígono industrial pusieron al descubierto los restos de una instalación metalúrgica romana ligada al tratamiento de la galena argentífera de las minas cercanas de Las Torrecillas, El Castillo, Sinapismo y Aquisgrana donde se constata testimonios de trabajos antiguos (Domergue y Tamain, 1971: 225). Dado la rapidez con la que hicieron las obras, fue imposible documentar y salvar de la destrucción algunas estructuras y de las manos de los expoliadores muchos objetos como monedas, trozos de plomo, etc., si bien, C. Domergue, pudo documentar algunos de ellos (Domergue, 1987: 280-286). A pesar de estos destrozos, en 1987, ante las noticias de la construcción de una nueva fábrica, un equipo de arqueólogos de la Umiversidad de Jaén decidió realizar en esta área una prospección intensiva y cinco sondeos estratigráficos (Choclán, Martínez y Sánchez, 1990: 386). Estas actuaciones arqueológicas pusieron de manifiesto que en esta zona se asentaría una importante instalación metalúrgica que funcionaría desde época tardo-republicana (s. I a.C.) hasta el Alto Imperio (s. I d.C.) (Domergue, 1987: 280; Choclán, Martínez y Sánchez, 1990).

La documentación de precintos de plomo con las siglas S.C. en los niveles claudianos de esta fundición muestra que esta fundición también se encontraría bajo el control de la potente *S(ocietas) C(astulonensis)* durante el periodo de mayor apogeo de ésta, como la del Cerro del Plomo y otras minas de Sierra Morena oriental (Domergue, 1971: 351; Arboledas, 2007: 561-562).

41. Mina El Castillo, J41, J-LC-04 (La Carolina). El yacimiento y las labores mineras antiguas de El Castillo se sitúan en un una colina de tipo "Domo" a orillas del río de La Campana (UTM: x = 447860 e y = 4239420). En la cima del mismo se conservan aún las ruinas de una fortaleza medieval (un hisn) que da nombre a este paraje (El Castillo). Al margen de esta construcción medieval, en este cerro se constata también la existencia de otras fases de ocupación más antigua, concretamente, de la Edad del Bronce y de época romana (republicana y altoimperial), como demuestra la presencia de cultura material y de estructuras de aterrazamiento adscritas a estos periodos (Casado, 2001: 263-265).

Por otro lado, en la ladera norte del mismo cerro, se observan las huellas de varias rafas mineras antiguas. Muy cerca de éstas, 500 m. al Este, a orillas del río Campana se halla un escorial antiguo de grandes dimensiones cuyas escorias han sido reexplotadas repetidas veces (Escosura, 1844-45), la última en 1968. En éste, C. Domergue, pudo recuperar varios fragmentos de cerámica campaniense que fechan al mismo en época romano republicana (s. II-I a.C.) (Domergue, 1987: 280).

Ante estos restos arqueológicos podemos concluir señalando que el filón de esta mina sería explotado, al menos, desde época romana republicana a través de varias explotaciones a cielo abierto. A su vez, el mineral extraído de esta explotación y de las del entorno se transformaría en la fundición-escorial hallado a orillas del río La Campana. Por último, ligado al control de la explotación de estas minas y la transformación del mineral se encontraría el poblado, presumiblemente, fortificado documentado en la cima de este cerro, el cual se ha fechado por el material cerámico en el s. II-I a.C. (Arboledas, 2007: 566-570).

42. Venta Quemada, J18 (La Carolina). En este paraje, que se encuentra a 300 m. al noroeste de Venta Quemada y a 500 m. al norte de la mina moderna del Melocotón (UTM: x = 448530 e y = 4241480), se hallan varias rafas antiguas explotando un filón con dirección N 95° encajado en las pizarras silúricas y cámbricas (Domergue, 1987: 279). Aunque no se ha documentado ningún resto de cultura material en éstas que las vincule a un periodo cronológico concreto, podrían tratarse, por su tipología, de labores mineras excavadas en época romana o prerromana (Arboledas, 2007: 571-572).

43. Mina de San Gabriel, J30, (Santa Elena). Esta mina se sitúa a escasos 500 m. al este de la carretera A-4, a la altura del Km. 261, en una vaguada que nace junto a la carretera y desciende hasta unirse al arroyo de las Huertas y Galbarin (UTM: x = 451656 e y = 4241482). Cerca de las ruinas del pozo moderno de San Gabriel se encuentran los restos de labores antiguas entre los que destaca un pozo antiguo, que según el último explotador, habría contenido una bajada helicoidal. También se ha constatado la existencia de trabajos en profundidad, de cuyas escombreras antiguas proceden varios fragmentos de lucernas de cerámica de forma y tipo irreconocibles y una lucerna de plomo (Domergue y Tamain, 1971; Domergue, 1987: 291).

En las cercanías de esta mina, en un pequeño cerro a 100 metros al sur, C. Domergue, documentó la existencia de estructuras de una fundición (escorias, plomo fundido, paredes de hornos etc.) que se dataría en el Alto Imperio (segunda mitad del s. I d.C.-s. II d.C.) como indican el material cerámico documentado (cerámica común y dos fragmentos de T. S. Hispánica A). Por último, habría que señalar que un km. aproximadamente al sur de esta fundición se hallan los restos de un pequeño recinto fortificado que se ha fechado, según la cerámica recuperada, en época romana republicana. Éste estaría vinculado al control de las minas cercanas y de las vías naturales de comunicación (Domergue, 1987: 291-292; Casado, 2001: 289).

La documentación de fragmentos de TSH A en esta fundición demuestra, al menos, la existencia de una fase de explotación romana Alto Imperial. Si bien, no se debe descartar la posibilidad de que el beneficio de estas minas se iniciara ya en época romana republicana (s. II-I a.C.) (Arboledas, 2007).

44. Mina El Hondillo-Atalaya, J29 (Navas de San Juan). Al norte del centro urbano de Navas de San Juan, en las afueras de la misma localidad, cerca de la carretera que conduce a Santisteban del Puerto (UTM: x = 472508 e y = 4226936), se hallan los restos de labores mineras excavadas en las pizarras silúricas que se supone que fueron efectuadas por los romanos. De ellas debió de extraerse gran cantidad de cobre, a juzgar por los trabajos interiores, ya que las galerías pasan de 1500 m. de longitud (García Serrano, 1969: 181). Esta mina se llama Mina Rica, y fue explotada durante la década de los años 20 del siglo XX por la Sociedad General de Industria y Comercio. C. Domergue, documentó en la superficie de ésta algunos fragmentos de escorias, además, de cerámica barnizada moderna, varios fragmentos de cerámica común, posiblemente, romana (Domergue, 1987: 290-

291). Actualmente, los únicos vestigios que se conservan de esta explotación son la entrada de dos socavones y la escombrera aunque ésta se encuentra cubierta por las basuras de un vertedero (Arboledas, 2007: 580-582).

45. Montero Venero, J31 (Santisteban del Puerto). En la ladera meridional del Monte Venero, entre los ríos Guarrizas y Guadalén (UTM: x = 471613 e y = 4246241) se documenta una rafa de cierta importancia, perpendicular a una fractura NE-SO, excavada sobre las pizarras. Cerca de ésta, se localiza un pequeño escorial que podría ser testimonio del tratamiento del mineral en las cercanías de la mina. Estos restos, como señala C. Domergue, tienen apariencia de ser antiguos aunque no se cuenta con ningún indicador arqueológico con el que se pueda precisar su cronología (Domergue, 1987: 292).

46. Mina Barranco Hondillo, J27 (Montizón). Esta mina se localiza a 8 Km. al NW de Aldeahermosa, en la ladera media del Cerro del Hondillo (UTM: x = 484890 e y = 4249084). En ésta, se constata un filón con dirección N 80° encajado en las pizarras que fue explotado a través de una trinchera de unos 200 metros de longitud y una profundidad máxima de unos 15 m. El mineral extraído fue la galena argentífera que presentaba una ley de 1'485 Kg. de plata por tonelada de plomo (Domergue, 1987: 290). Durante los primeros años del s. XX varias compañías mineras intentaron reexplotar esta mina cesando los trabajos al poco tiempo debido a la escasa rentabilidad (Soriano y Dulce, 1919: 1-3). Probablemente, una vez más comprobamos aquí que en época antigua (romana?) se laborearon las zonas más ricas de los filones de Sierra Morena oriental (Arboledas, 2007: 586-587).

47. Mina Los Engarbos o el Avellanar, J28 (Montizón). En esta mina, situada al sur de la mina moderna de La Central y del río Doñador dentro del paraje del Avellanar (UTM x = 484147 e y = 4246479), se constata la existencia de trabajos antiguos excavados sobre un filón de galena argentífera encajado en las pizarras (Soriano y Dulce, 1919: 3), de cuyas escombreras proceden varios fragmentos de lucernas romanas. La documentación de estos materiales confirmaría que estas labores se realizarían en época romana (Domergue, 1987: 290).

48. Los Palazuelos, J14 (Carboneros). Con este nombre se conoce al paraje con los restos de un poblado fortificado situado a unos 10 Km. al NE de Linares, entre las aguas del embalse de La Fernandina y la carretera local JV-6035 (UTM: x = 436252 e y = 4242978). En éste, P. Mesa y Álvarez, reconoce la existencia de cuatro filones, dos principales, paralelos entre ellos y orientados N 60/65°-240/245°, y sus dos satélites con una orientación E.-O. (Mesa y Álvarez, 1889: 315). Los vestigios de trabajos mineros antiguos (rafas, pozos y galerías) sobre estos filones, concentrados básicamente en los dos filones principales, se observan a lo largo de la meseta, entre los restos del poblado romano y en la ladera nordeste hasta un arroyo tributario del río Guarrizas (Fig. 35). Dichas labores mineras, en época contemporánea, se

Figura 35. Gran rafa central en el filón San Ricardo de Los Palazuelos, Linares.

Figura 36. Planta de los restos mineros y del poblado fortificado romano de Los Palazuelos, Linares (elaborada a partir de la planta de P. Mesa y Álvarez (1890) y C. Domergue (1987).

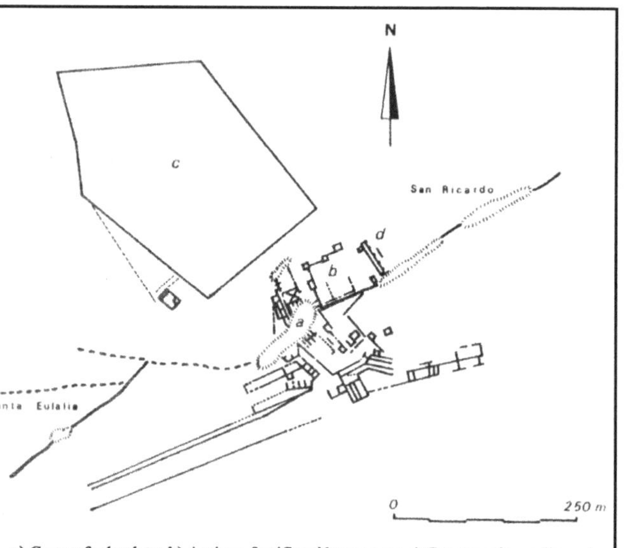

a) Gran rafa de plata; b) Antigua fortificación romana; c) Construccion poligonal d) Cisternas

Filón principal y rafa — Filón crucero

quedaron dentro de las concesiones modernas de "Santa Eulalia 1ª y 2ª" y "San Ricardo 1° y 2°" (Gutiérrez Guzmán, 1999: 303). De entre todas las labores antiguas destacan por un lado, la gran rafa minera situada cerca del poblado fortificado y el pozo conocido como Aníbal, actualmente colmatado, en la concesión de Santa Eulalia; y, por otro, las rafas y las galerías excavadas sobre el filón San Ricardo (Fig. 36) (Arboledas, 2007: 592-594). Estos trabajos antiguos, según los posteriores exámenes, explotaron las zonas más ricas de estos filones alcanzando una profundidad máxima de unos 150 m. bajo la zona de la meseta y unos 100 m. en la ladera NE (Domergue, 1987: 277).

Por otro lado, en la cima amesetada se hallan las ruinas del poblado fortificado de Los Palazuelos las cuales, conocemos gracias a la planta que realizó a finales del s.

XIX el director general la compañía Stolberg y Westfalia, Carlos Lickefett, ya que no se conservan ni uno de los bloques de asperón que la constituían. Éste se trataría de un recinto cuadrangular provisto de varias torres (Sandars, 1924). Al NO de éste, se documenta un recinto poligonal que sólo se puede identificar en las fotografías áreas (Gutiérrez Soler *et al.*, 2002; 2003; Domergue, 1987: 277). Asociadas a estas construcciones, al este, se hallan los restos de cuatro cisternas alineadas de *opus camenticium* y recubiertas de *opus signinum*. Posiblemente, existiría una quinta cisterna paralela al otro grupo que estaría destruida desde antiguo. La presencia de una gran acumulación de estériles por debajo de estas cisternas parece indicar que una parte del agua almacenada (unos 140 m^3) se emplearía para lavar el mineral extraído de estos filones (Domergue, 1987: 278; Gutiérrez Soler *et al.* 2002: 88). Por último, hay que señalar que en las cercanías de estas construcciones, en la ladera sur de este cerro amesetado, se ha localizado recientemente un escorial que confirmaría la tesis, ya defendida por C. Domergue (1987), de la existencia de una fundición romana en este paraje (Gutiérrez Soler *et al.*, 2002: 88).

Los materiales arqueológicos documentados tanto en los restos mineros como entre las construcciones (cerámica, *pondus* de plomo, el relieve de Palazuelos, la inscripción de *Q. Manlius Bassus*) (Mesa y Álvarez, 1889-1890: 332; Sandars, 1905; Domergue, 1987: 278; Gutiérrez Guzmán, 1999: 308) revelan que el yacimiento de Los Palazuelos fue explotado y ocupado desde al menos del s. I a.C. hasta época Alto Imperial (s. I-II d.C.). Éste se trataría de una mina y fundición fortificada, al estilo del yacimiento de Salas de Galiarda, donde los trabajos de extracción del mineral y de transformación estarían controlados y protegidos por el recinto fortificado. Además, desde este recinto se controlaría el tramo del valle del río Guarrizas, tanto al sur como al norte, donde se concentran las labores mineras antiguas (de época romana, s I a. C.-II d.C.) como las del propio filón de Valdeinfierno (Arboledas, 2007: 592-603).

49. Valdeinfierno I, J15, (Vilches y Carboneros). En este paraje emblemático de las minas de Linares, situado a unos 9 km. al NE de esta ciudad, junto a la actual presa de La Fernandina (UTM: x = 449717 e y = 4226263), se documentan varios filones encajados en el granito explotados desde época romana. Actualmente, la gran mayoría de estas labores mineras, reconocidas de antiguo al norte de dicha presa, se encuentran cubiertas por el agua del embalse. Aún así, durante los trabajos de prospección que llevamos a cabo en la zona, pudimos documentar algunas de ellas, fundamentalmente, las situadas en las partes más altas de las laderas donde se encajona el pantano. Entre éstas, destacan sobremanera la gran rafa, de más de 300 m., excavada en el extremo occidental del filón principal de Valdeinfierno, debajo del actual poblado del mismo nombre, y la multitud de socavones y pequeñas rafas abiertas en el extremo oriental de dicho filón (Fig. 37). Asociadas a estas últimas labores mineras, se ha reconocido los restos de un pequeño poblado que se ha adscrito, por las estructuras y

Figura 37. Rafas excavadas sobre dos filones paralelos de Valdeinfierno, Linares-Vilches.

Lámina III. Material cerámico recuperado del yacimiento Alto Medieval localizado junto a las rafas mineras de Valdeinfierno: 1 y 2, olla-marmita de época tardoantigua-altomedieval.

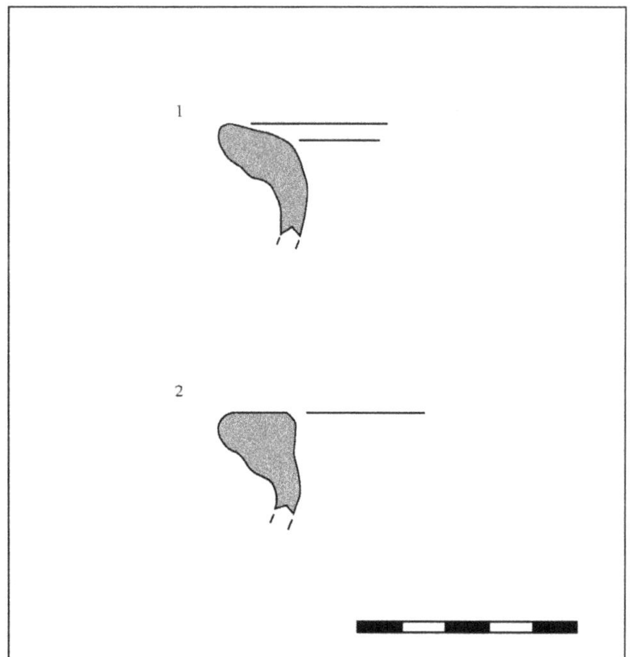

el material cerámico documentado (diferentes formas de cerámica a mano o torneta), a época altomedieval (Lám. III). Por último, a estos restos hay que sumar los socavones y pozos antiguos documentados durante la construcción de las presa de La Fernandina, los cuales fueron destruidos o, bien, quedaron sepultados bajo el agua de dicho embalse (Arboledas, 2007: 604-606).

Estas minas, al igual que las cercanas de Los Palazuelos, fueron explotadas en época industrial por la Sociedad Stolberg y Westfalia. Tras una época de abandono, después de la Guerra Civil pasaron a ser asignadas a la Empresa Nacional de ADARO, la cual a su vez la cedió en arriendo a un contratista de Linares. Éste centró sus trabajos en algunos socavones y en el relave de las escombreras antiguas entre las cuales, los mineros encontraron monedas, cerámica común romana, lucernas, etc. Estos hallazgos confirman la existencia de una fase de explotación romana, la más importante junto a la de época industrial, que estaría vinculada seguramente al poblado fortificado de Los Palazuelos. Otra fase de explotación se produciría en época tardo-antigua/alto-medieval, como parece demostrar la cerámica y los restos del citado asentamiento junto a las labores mineras abiertas en el extremo oriental del filón de Valdeinfierno (Arboledas, 2007: 606-607).

50. Valdeinfierno II, El Alcázar-San Miguel (Vilches y Carboneros). Con este nombre denominamos a un grupo de labores mineras que localizamos a unos 600 metros aproximadamente al sur de la presa de La Fernandina, a ambos lados del río Guarrizas (UTM: x = 450648 e y = 4225332). En este paraje hallamos numerosas vetas o pequeños filones paralelos, encajados en el granito, que fueron explotados a través de pocillos, trincheras o rafas y cortos socavones[19]. Entre todos los vestigios mineros queríamos destacar una rafa de unos 100 m. de longitud por un metro de ancho aproximadamente, hallada a unos 200 m. de la confluencia del Barranco de los Caldereros con el río Guarrizas. Evidentemente, muchas de estas labores, por su tipología, son de época contemporánea, si bien tenemos testimonios del hallazgo de monedas y cerámica romana en las escombreras de las mismas durante su reexplotación época contemporánea (Gutiérrez Guzmán, 1999). Este hecho demostraría el laboreo de estos filones durante época romana, presumiblemente, vinculados al poblado fortificado de Palazuelos y a la fundición de San Julián (Arboledas, 2007: 612-615).

51. Fundición de San Julián (Vilches). Esta fundición se localiza en la ladera del cerro amesetado en cuya cima levanta el cortijo de San Julián, a escasos 2 km. al este de las minas de Valdeinfierno (UTM: x = 452529 e y = 4226382). Esta ubicación obligó a los romanos a construir una plataforma horizontal que sirviera de área de trabajo. Pese al avanzado estado de destrucción de esta fundición, aún se pueden reconocer en superficie evidencias del proceso metalúrgico como escorias y trozos de carbonato cálcico que se utilizarían como fundente. Los cúmulos de escorias y fundentes se concentran masivamente en puntos determinados de la fundición y parecen ser producto del vaciado del contenido de uno o varios hornos destruidos, seguramente por el desmantelamiento de algunos de ellos durante los últimos años, como manifiesta la presencia de grandes bloques escoriados, que con toda seguridad formaban parte de la estructura de los hornos (Gutiérrez Soler *et al.*, 1995: 431). Ésta, en los años 90, fue objeto de una campaña de limpieza y documentación gráfica por parte de arqueólogos de la Universidad de Jaén que determinaron que se trata de una pequeña fundición romana que se encuadraría según la cerámica recuperada, materiales del horizonte ibérico tardío junto a TS hispánica, entre el s. II a.C. al s. I d.C. (Gutiérrez Soler *et al.*, 1995: 436; Arboledas, 2007: 618-620).

52. Villa romana del Cerrillo del Cuco (Vilches). Los restos de esta villa se sitúan a 3'30 km. al SE de Vilches, en una pequeña elevación rocosa de escasos metros desde la que se domina todo el valle al sur de esta localidad (UTM x = 458683 e y = 4227413). Ésta quedó incluida en el interior del pantano de Guadalén y durante mucho tiempo ha permanecido sumergida bajo las aguas del mismo. Ante el peligro de desaparición, arqueólogos del Colegio Universitario de Jaén plantearon en el verano de 1980 una excavación de urgencia que consistió en la realización de dos cortes estratigráficos. Con éstos, sus excavadores documentaron diferentes restos de esta villa como un mosaico y diferentes estructuras. Si bien, de todo ello, lo más interesante para este trabajo fue el hallazgo de abundante escoria de cobre y de un horno al otro lado del arroyo donde se encuentra esta villa. Éste se hallaba en muy mal estado por la acción del agua del pantano pero en ese momento aún se podía documentar en planta. En la superficie se identificaban algunos ladrillos recubiertos de arcilla del alzado del horno (Molinos *et al.*, 1981: 308; Gutiérrez Soler, 2000: 371). Por tanto, según sus excavadores, este yacimiento sería una villa romana que remontaría sus orígenes al s. I d.C. pero que se desarrollaría alcanzando su máximo esplendor en el s. III d.C. Con este momento de mayor desarrollo de la misma se relaciona los restos de actividad metalúrgica (escoria y horno) que se encuadrarían dentro de la economía de la villa. Su ocupación continuaría ininterrumpidamente hasta época alto medieval (Molinos *et al.*, 1981: 308).

53. Minas de Cuatro Amigos y Santa Águeda (Vilches). Se hallan a 3'5 Km. al NE del *oppidum* de Giribaile, a poco más de 1'3 Km. al este de la mina La Española y de la fundición romana de La Laguna (UTM: x=460506 e y=4221787). En estas minas se documentan dos filones paralelos encajados en el granito y separados por escasos 400 m. Ambos, a los largo de todo su recorrido, fueron explotados por medio de numerosas trincheras y pequeños socavones, cesando los trabajos cuando los filones pasaban a estar recubiertos por los materiales terciarios. Desgraciadamente, no contamos con ningún indicador arqueológico que adscriba estas labores a un periodo cronológico concreto, aunque por la tipología de las mismas cabe la hipótesis de que la explotación de estos filones se iniciara en época ibérica, estando vinculada al cercano *oppidum* de Giribaile, donde se ha constatado la existencia de una metalurgia del cobre, seguramente, para la fabricación de idolillos de bronce (Domergue, 1987: 292; Gutiérrez Soler, 2000: 367). Por otro lado, durante época romana, seguramente continuarían laboreándose estas minas, abasteciendo de mineral a la cercana fundición de La Laguna, fechada en época romana-republicana (Arboledas, 2007: 626-630).

54. Fundición de La Laguna, J30 (Vilches). Ésta se asienta en un pequeño montículo que se eleva en el llano

[19] Al respecto, nos contaba el profesor de la Escuela Politécnica Superior de Linares, D. José Dueñas, que durante unos trabajos de prospección minera realizados en esta zona, pudo contabilizar más de 200 labores mineras entre hundiciones, pozos y trincheras.

Figura 38. Vista general del paraje de Paño Pico donde se observan las rafas mineras romanas de San Ignacio y La Cruz y la fundición romana de Cerro de las Mancebas, Linares.

conocido como La Laguna, a escasos 100 metros de la carretera A-312 y junto al antiguo cortijo del mismo nombre (UTM: x = 458447 y = 4221194). En superficie tan sólo hemos identificado numerosos fragmentos de escoria de plomo y acumulaciones de piedra que seguramente formarían parte de las estructuras de la fundición. Sin embargo, C. Domergue, además de escoria documentó un bloque de una tobera de horno y cerámica común pintada de tradición ibérica, observando la ausencia de cerámica típicamente romana (Campaniense o Sigillata) (Domergue, 1987: 292). Ésta, se trataría de una fundición romana del s. II-I a.C. donde se fundiría el mineral procedente de las minas de Cuatro Amigos y Santa Águeda (Arboledas, 2007: 631-635).

55. Rafa de San Ignacio I, pozo Zulueta, mina de Arrayanes, J25 (Linares). Ésta se encuentra a unos 300 m. aproximadamente al norte de las estructuras industriales del pozo de San Ignacio (UTM: x = 445529 y = 4223148). Las labores mineras a cielo abierto explotaron el filón Norte de la mina de Arrayanes en todo su recorrido. La principal rafa tiene una longitud de alrededor de 280 metros y se extiende desde las ruinas del pozo Zulueta hasta la cima del Cerro de Paño Pico. Dentro de la misma, se han reconocido diversos pozos de diferentes secciones (cuadrados, rectangulares y circulares) que se vinculan en su mayoría a una época reciente. Posiblemente, entre éstos, se encuentran los tres pozos yuxtapuestos de unas dimensiones reducidas (1,15 m x 1,15 m; 1,50 m x 1,25 m) con muescas en las paredes separadas por intervalos de 0'50 m. que alude C. Domergue (1987: 289) como antiguos. Con estos trabajos se beneficiarían tanto los minerales de cobre como los de plomo de este filón ya que, como se ha señalado en otro capítulo de este libro, los yacimientos filonianos de Linares, contiene mineralizaciones cupríferas en las zonas superiores mientras que a partir de una cierta profundidad aparecen los minerales de plomo. Asociadas a estas labores, se halla una escombrera de grandes dimensiones, de la que se han recuperado varios fragmentos de cerámica común romana, cerámica pintada ibérica, cerámica medieval y una alabarda típica de la Edad del Bronce (Lám. IV) (Arboledas, 2007: 636-645).

Así, la explotación de esta mina, como indican los restos de cultura material documentados en las escombreras, se iniciaría durante la Edad del Bronce, continuaría en época romana (s. II-I a.C.), medieval (Emiral o califal) y finalizaría en en el s. XX. Durante la fase de explotación romana, que es en la nos interesa en este trabajo, el mineral extraído se fundiría en las fundiciones romanas aledañas de Cerro de las Mancebas, la galena, y de Paño Pico, el cobre (Arboledas, 2007: 636-645).

56. Rafa de San Ignacio II, pozo San Ignacio, mina de Arrayanes, J25 (Linares). Esta segunda rafa de San Ignacio, paralela a la primera y separada por escasos 200 metros, se localiza en la misma ladera este del cerro de Paño Pico, junto a las ruinas del pozo moderno de San Ignacio (UTM: x = 445606 y = 422837). Ésta está excavada sobre el otro de los filones norte de la mina Arrayanes que es paralelo al anterior. Tiene una longitud de unos 300 metros aproximadamente (Fig. 38). Al igual que en la rafa de San Ignacio I, las evidencias de labores mineras que se observan actualmente en ésta son pequeños pozos, hundiciones, socavones, etc. que se corresponden con los trabajos que los sacagéneros desarrollaron desde el siglo XVIII.

Entre los terreros de estériles de estas labores mineras se ha documentado, al margen de la cerámica de época reciente y la alabarda anteriormente citada, una moneda, un As de Celsa de época de Augusto; dos lucernas del tipo similar a la Dressel 10 muy frecuente en el sur peninsular en el s. I d.C. (Domergue, 1987: 289); varios fragmentos de ánforas Dressel 1; y numerosos restos de cerámica común romana y de cerámica medieval (de cocina y almacenaje-transporte) (Lám. V). Este material demuestra que esta mina, al igual que la anterior, fue explotada durante las mismas etapas crono-culturales, si

Lámina IV. Material cerámico recuperado de la rafa romana de San Ignacio I, Linares: cerámica común romana (1); cerámica ibérica pintada (2).

Lámina V. Material cerámico recuperado de la rafa romana de San Ignacio II, Linares: cerámica medieval, ataifor (1 y 2); lucerna de tipo similar a la Dressel 10 (3) (elaborada a partir de C. Domergue (1987) y el material de prospección).

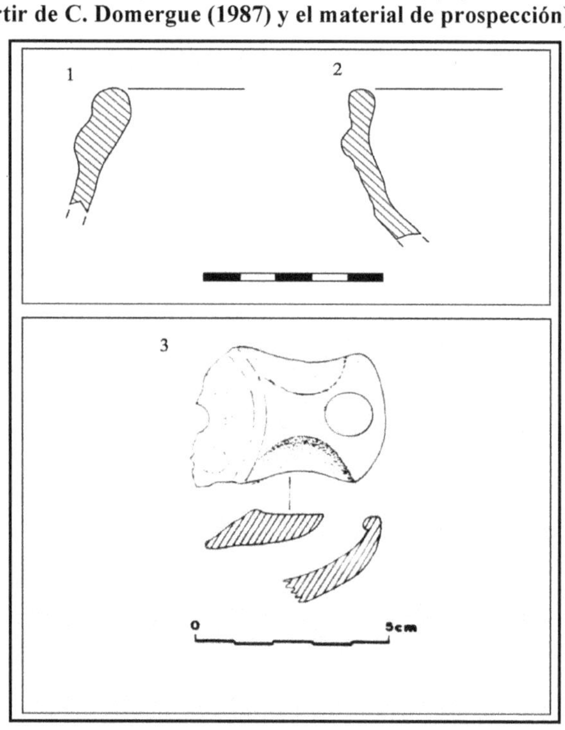

bien el hallazgo de esta moneda y de las lucernas demuestra que la explotación de las mismas en época romana se prolongaría hasta el s. I d.C. (Arboledas, 2007: 646-651).

57. Mina-filón La Cruz, J24 (Linares). Las labores mineras antiguas sobre el filón La Cruz se localizan al NE del residencial La Cruz y se extienden desde la antigua fundición con el mismo nombre (UTM: x = 444710 y = 4221759) por el borde y ladera W de la meseta granítica del cerro de Paño Pico hasta el pozo Porvenir Oscuro, situado ya en límite con la depresión pantanosa de la Laguna (UTM: x = 445429 y = 4224011). Este filón fue explotado en época antigua a través de rafas a cielo abierto continuando su laboreo en profundidad por medio de pozos y galerías. Una de las explotaciones a cielo abierto más importantes y que mejor se distingue, se encuentra en la ladera norte de Paño Pico, la cual presenta una longitud aproximada de 300 m. Respecto a los trabajos subterráneos sabemos, gracias al testimonio de P. Mesa y Álvarez, de la existencia de un socavón excavado a unos 100 m. (tercera planta) de profundidad que drenaría el agua de esta mina conduciéndola hasta el paraje conocido como La Laguna (Mesa y Álvarez, 1889-1890: 332). Curiosamente, la profundidad alcanzada coincide con el cambio de la metalización predominante cobriza a los sulfuros de plomo. Esto nos lleva a pensar que los trabajos se paralizarían por la poca ley de la galena o también, posiblemente, por las dificultades técnicas (Arboledas, 2007: 652-653).

En la actualidad, no se conservan apenas nada de estas labores debido a la intensa explotación industrial. Si bien, las referencias del ingeniero de minas de fines del s. XIX (Mesa y Álvarez, 1890) y el hallazgo de elementos de cultura material (dos barras de plomo, fragmentos de lucernas y de ánforas Dressel 1) en las escombreras de esta mina certifican la importancia que debieron alcanzar los trabajos en época romana (s. II a.C.-I d.C.), tan sólo superados en época contemporánea. Seguramente, el mineral de cobre extraído se trataría en la fundición romana de Paño Pico mientras que la galena se fundiría en Cerro de las Mancebas (Arboledas, 2007: 654-655).

58. Cerro de las Mancebas, J24 y 25, J-GU-5 (Linares). Este cerro testigo se levanta en medio de la llanura pantanosa de La Laguna, rodeada por importantes explotaciones mineras como la de Arrayanes, La Cruz y Coto La Luz (UTM x = 445823 y = 4224101). En 1986, debido a las excavaciones clandestinas, se decidió llevar a cabo una intervención arqueológica de urgencia que se basó en la realización de varios sondeos estratigráficos con el fin de documentar las estructuras emergentes y de fijar su cronología (Hornos y Cruz, 1987).

Fruto de esta intervención, fue la documentación de diversas estructuras en dos áreas claramente diferenciadas del yacimiento que se han asociado a momentos diferentes de ocupación. Por un lado, en la cima del mismo se halló un espacio rectangular construido con grandes sillares del cual se conserva su flanco oeste y sur. En el centro del mismo se aprecia la estructura cuadrangular de un edificio, que por su ubicación y factura pudiera ser una torre. Otro muro, de menor grosor que el primero, viene a cercar toda la estructura, pareciendo formar un corredor entre la muralla superior y él mismo. Esta zona superior del cerro se ha datado, según los materiales recuperados durante la excavación, entre los siglos II-I a.C. (Colectivo Proyecto Arrayanes, 2005: 22), y se podría vincular al control de las explotaciones mineras cercanas y de las vías de comunicación de la zona como también a la transformación del mineral como demuestra la existencia de gran cantidad de escoria de plomo (escorial) en la ladera suroeste. En este sentido, la recuperación de varios proyectiles de plomo de honda se podría explicar o bien con la producción de los mismos en este yacimiento o, bien con la presencia de algún elemento militar encargado de estas funciones de control y vigilancia. Por tanto, ante esto, este yacimiento podríamos considerarlo como un ejemplo más de poblado minero-metalúrgico fortificado al igual que Salas de Galiarda (Arboledas, 2007: 658-660).

Por otro lado, en la terraza inferior de la ladera norte, se documentó una estructura con columnas adosadas que podrían corresponderse con la zona de habitación de una villa romana, de una época más tardía (alto y bajoimperial) (Colectivo Proyecto Arrayanes, 2005: 22), dedicada, posiblemente, tanto a la actividad agrícola como al procesamiento del mineral procedente la minas cercanas (Arboledas, 2007: 660).

59. Filón el Mimbre-La Luz, Coto la Luz, J26 (Linares). El filón principal y sus paralelos de este grupo minero están encajados en el granito al norte de Linares, cuyo trazado es paralelo al de Arrayanes (UTM: x = 445847 y = 4221473). Estos filones, como los de Arrayanes o La Cruz, debieron ser explotadas con intensidad durante época romana, aunque de ello se tienen pocos datos. Hasta el momento, la mejor información procede del trabajo de C. Domergue (1987) que señala como los trabajos mineros antiguos en la mina de El Mimbre profundizaron hasta los 115 metros, los cuales fueron destruidos por los realces de época industrial; más al norte, en la mina de El Carmen, en la ladera oeste de Cuarto de Enmedio, existe una rafa de unos 70 m. de longitud que ha sido alterada por los trabajos de los sacagéneros. Por último, éste indica que unos 900 m. más al norte de estas labores, en la mina de San Andrés, se hallaban varios pozos de pequeña sección excavados sobre el mismo filón los cuales fueron reconocidos en época moderna hasta una profundidad de 21 m. Éstos estaban comunicados con los trabajos subterráneos que se encontraban llenos de agua. Según este investigador, dichos vestigios parecen responder a técnicas de explotación antiguas (Domergue, 1987: 290). Recientemente, durante los trabajos de prospección de esta última mina se pudieron reconocer numerosas hundiciones y pozos pequeños junto a las escombreras de la explotación industrial sin poder distinguir si son producto de una explotación antigua o de la actividad de los sacagéneros (Arboledas, 2007: 665).

60. Cerro del Chantre, J-L-02 (Linares). Este cerro se sitúa al norte de la fundición La Cruz, junto al filón del mismo nombre. En la cima amesetada del mismo, que tiene una forma triangular, localizamos áreas donde se acumula gran cantidad de piedra que evidencian la existencia de estructuras, de la que tan sólo quedan los cimientos de las mismas. Además, debemos señalar la posibilidad de que el cerro estuviera amurallado, ya que en el límite del mismo aflora la roca, la cual, se encuentra muy bien cortada, lo que nos hace pensar que sobre la misma se asentara una línea de muralla. El hallazgo de cerámica a mano o torno lento nos permite fechar este yacimiento en época alto medieval. Seguramente, habría que asociar al mismo, la pequeña necrópolis descubierta a escasos 700 m. al norte, junto a la mina Antoñita, la cual también se ha datado en el mismo periodo (Arboledas, 2007: 669-670).

Por otro lado, en la zona superior de este cerro se han documentado dos rafas y dos pequeños pozos, que beneficiaron dos pequeños filones respectivamente encajados en el granito con una dirección SW-NE y paralelos entre sí (Fig. 39). Tradicionalmente, estos trabajos mineros, por su tipología y la integración en el terreno, han sido considerados tradicionalmente como antiguos (prerromanos, romanos?) aunque no contamos con ningún elemento material que lo confirme. Si bien, la existencia de un poblado altomedieval en la cima se podría vincular con la explotación de estos pequeños filones y los de La Cruz y Arrayanes así como con el control de todo el territorio minero circundante (Arboledas, 2007: 669-671).

61. Los Alemanes, J23 (Linares). En este paraje, situado al norte del residencial La Cruz, se hallan cuatro filones paralelos encajados en el granito, que fueron explotados intensamente en época romana (UTM x = 444448 e y = 4222725). Concretamente, el filón más meridional de todos, el de La Mejicana, fue explotado a través de trabajos superficiales a lo largo de 900 m. Otras labores antiguas de unos 400 metros de longitud fueron excavadas en el filón principal de Los Alemanes. El filón Virgen de Linares, situado más al norte de este grupo, fue atacado en dos puntos; en el nordeste, las rafas se suceden sobre unos 200 metros y, en el Sudoeste sobre unos 300 m. Por último, un filón crucero (Buena Vecina) en su intersección con el filón principal de Los Alemanes fue

Figura 39. Rafa romana del Cerro del Chantre, Linares.

laboreado por pequeños pozos de 0'80 m. por 0'80 de lado, lo que parece señalar la existencia de una zona más ricamente mineralizada, como sucede también en otros filones del distrito (Mirador o Guindo)) (Domergue, 1987: 287). Actualmente, estas labores mineras, pozos y rafas, referenciadas por C. Domergue y los vestigios de la antigua explotación minera de Los Alemanes, se encuentran cubiertos por los arenales de estériles producidos por el lavadero de Vimora. Dichos vestigios mineros, a pesar que no se ha documentado ningún material arqueológico, se han considerado por su tipología como antiguos (romanos) (Arboledas, 2007: 677-680).

62. Mina San Roque, J21 (Linares). En el lugar donde se encontraba esta mina, hoy se halla una urbanización moderna y anárquica dependiente de la ciudad de Linares conocida con el mismo nombre (UTM: x = 444448 e y = 4222725). Ésta se asienta sobre un campo minero que atraviesan varios filones paralelos, siendo el de San Roque el más importante (Gutiérrez Guzmán, 1999: 350-351). O. Davies, durante su visita a las minas de esta región, constató la existencia de trabajos antiguos excavados sobre este filón (Davies, 1935: 157). Este testimonio de O. Davies es corroborado por los informes mineros posteriores, según los cuales, los restos de explotación superficial (rafas) y los trabajos en profundidad (anchurones) abundan en esta zona de granito distribuyéndose por las zonas donde se concentran las mineralizaciones. Al norte de esta mina, el paso al granito está acompañado por desnivelaciones que permitieron a los mineros antiguos atacar los filones por medio de galerías (Domergue, 1987: 287). Actualmente, se pueden observar algunas de estas labores al norte de esta urbanización aunque éstas se encuentran muy alteradas debido a la reexplotación llevada a cabo hasta fechas muy recientes por los sacagéneros. Tanto O. Davies como C. Domergue, basándose en la tipología de las mismas, la adscriben a una época antigua (romana) (Davies, 1935: 157; Domergue, 1987: 287).

63. Mina El Chaves, J22 (Linares). Esta explotación se localiza en la ladera este del cerro amesetado de Los Alamillos, junto a la urbanización de San Roque y, por tanto, muy cerca de las labores mineras anteriormente citadas (UTM: x = 443196 e y = 4222395). En este lugar, al igual que en la mina de San Roque, localizamos numerosos restos de calicatas y trincheras que evidencian la explotación del filón El Chaves en época antigua. La mayoría de las evidencias mineras que actualmente se observan en esta zona como las ruinas de las casas de herramientas, pozos maestros, etc. corresponden con los trabajos modernos llevados a cabo por las compañías mineras modernas y por los sacagéneros. Sin embargo, entre las labores mineras hallamos varios pozos casi colmatados y pequeñas rafas que han explotado por completo la caja filoniana de los filones, lo cual parece indicar su explotación en época antigua ¿romana, prerromana? (Arboledas, 2007: 686-687).

Entre las labores mineras documentamos un pequeño escorial junto a una acumulación de piedras y un pequeño hoyo que pudiera ser un horno. Debido a la escasa cantidad de escoria podríamos interpretar este escorial, como una pequeña fundición antigua o bien como el lugar donde se realizó una prueba de fundición del mineral extraído para comprobar su ley (Arboledas, 2007: 688).

64. Cerro de San Bartolomé (Linares). Se trata de un cerro testigo, situado en el valle del mismo nombre, a un km. al noreste del residencial La Cruz (UTM: x = 443491 e y = 4223195), en cuya cima amesetada se encuentran las ruinas de la ermita del siglo XVII que da nombre a este sitio. Ésta se asienta sobre las ruinas de un posible poblado romano, del cual parecen evidenciarse todavía algunos sillares de asperón y granito de grandes dimensiones. Este yacimiento, por la tipología de la estructuras, se podría adscribir a un periodo romano-republicano dado que a nivel de material sólo aparecen fragmentos de tégulas y de material de construcción. Desde éste se controlan visualmente las minas de sus alrededores, como la de El Chaves, San Roque, La Cruz, Los Alemanes, etc. (Arboledas, 2007: 691).

Además, tanto en la ladera oeste como este de este cerro se documentan diversas labores mineras (rafas y pequeños pozos) excavadas sobre dos pequeños filones paralelos (NE-SW) encajados en el granito. Estos vestigios, por su tipología y situación, se podrían asociar al mismo periodo cronológico que el yacimiento documentado en la cima (época romana). Si bien, algunos de ellos, como uno de los pozos documentados con un brocal de piedra, serían producto de una explotación más reciente. Así, en definitiva, en este paraje se halla un poblado que seguramente estaría ligado al control y explotación de las minas cercanas (Arboledas, 2007: 691).

65. Horno del Castillo (Guarromán). Éste se trata de un yacimiento arqueológico situado en un cerro tipo domo a orillas del río Guadiel, a 1'3 km. al sureste de Guarromán. Ante el continuo y grave expolio que venía sufriendo en los últimos años este yacimiento, a finales de 1989, arqueólogos de la Colegio Universitario de Jaén decidieron plantear una intervención arqueológica con el objetivo de delimitar la extensión del mismo, limpiar y catalogar las estructuras existentes en superficie y fijar las diferentes fases de ocupación. Para ello, realizaron en primer lugar una prospección superficial del área que ocuparía dicho asentamiento y, en segundo lugar, plantearon la excavación de catorce sondeos estratigráficos. Los trabajos de excavación pusieron al descubierto cinco fases de ocupación: las tres primeras corresponden a época romana, la cuarta se asocia a época medieval y la quinta a época moderna. Concretamente, en este trabajo nos centraremos en las tres fases de ocupación romana que se iniciarían en el s. I a.C. y continuarían hasta el s. IV d.C. (Serrano y Risquez, 1991).

Los arqueólogos encargados de la excavación señalan que durante la fase republicana y alto-imperial este asentamiento se dedicaría, seguramente, al tratamiento (triturado y lavado) del mineral procedente de las minas próximas (las explotaciones del paraje de Cañada Incosa) que relacionan con la existencia de los restos de varias cisternas y canales de *opus caementicium* revestidas de *opus signunum* además de mineral (Serrano y Risquez, 1991). Por su parte, de la última fase de ocupación romana, durante el Bajo Imperio, se documentan los restos de una villa romana. De todos los vestigios documentados, destaca la existencia de un horno que fue catalogado como metalúrgico por los arqueólogos que excavaron en este yacimiento (Serrano y Risquez, 1991). Si bien, después de analizar los datos publicados del mismo (la planta, los materiales arqueológicos) por estos investigadores afirmamos que no se trataría de un horno metalúrgico sino de un horno de cerámica (Arboledas, 2007: 696-705).

66. Cerro Hueco, filón Cobre, J9 (Bailén y Guarromán). Este filón, como su paralelo más importante, el Matacabras, se localiza en el extremo NE del batolito granítico de Linares, al sur del actual polígono industrial de Guarromán y al norte del río Guadiel (UTM4: x = 38385 e y = 4221256). Ambos filones, antes de desaparecer por debajo del asperón triásico, han sido explotados por medio de trincheras o rafas a cielo abierto. Las obras antiguas más importantes se concentran en la parte oriental de este filón, entre el pozo nº 5 de El Cobre y la mina de Los Alemanes, en el paraje de Cerro Hueco, y continúan por la Dehesa de Cerro Pelado, con la mina Atila o Atilana. Concretamente, en Cerro Hueco, junto al pozo San Luis, encontramos una rafa antigua de más 150 m. excavada sobre el filón. Ésta se encuentra parcialmente cubierta por los estériles de la explotación industrial de esta mina. En los hastiales de la rafa aún se pueden reconocer la impronta de tres pequeños pozos de sección rectangular, de un metro de lado, separados por escasos metros. En medio de los mismos, se observan unas pequeñas oquedades situadas entre ellas a una distancia regular (30 cm.) que pudieron servir como escalones para acceder a los trabajos en profundidad (Fig. 40). Este tipo de pozos, por su tipología e improntas, se han asociado a época romana. La existencia de los mismos en los hastiales de la rafa revela que esta zona del filón fue explotada en primer lugar a través de pozos y galerías y, en segundo lugar, por medio de cortas a cielo abierto. Sin bien, por el momento no podemos precisar si la apertura de estas últimas se llevo a cabo en época antigua (romana) (Arboledas, 2007: 706-708).

Tradicionalmente, la explotación tanto del filón Cobre como el de Matacabras a través de estas rafas y pozos se ha vinculado a una época antigua. Si bien, el inicio de la explotación de los minerales cobre presentes en las zonas superficiales de estos filones se podría remontar a la Prehistoria Reciente, Edad del Bronce, vinculándose a los yacimientos metalúrgicos cercanos de Cerro Pelado (J-L-1) y Dehesa de Matacabras (J-GU-1). Pero, como evidencian la mayoría de las labores mineras reconocidas,

Figura 40. Vista general de la rafa de Cerro Hueco, Linares.

será en época romana cuando se inicie una explotación a gran escala (Arboledas, 2007: 708-709).

67. Cerro de Buena Plata o Atalayones, J-BA-18 (Bailén). Este cerro, con forma de cuchillo y amesetado se sitúa en la orilla oeste del río Guadiel junto a la mina contemporánea de La Esmeralda (UTM: x =437514 y = 4219414). Recibe su nombre del explotador de estas minas entre los años 1868 y 1885, Eduardo de Bonaplata, aunque en los planos mineros del s. XX aparece como Vértice El Cuchillo, por hallarse en el mismo un vértice geodésico. Concretamente, en la ladera este del mismo localizamos una rafa muy estrecha, entre 40-50 cm. de anchura, de cierta profundidad y de unos 20 m. de larga. En la prolongación del mismo filón, tanto hacia el noreste (en la ladera sur del cerro) como el suroeste (en la cima del mismo) se observan, integradas en el terreno, las huellas de otras rafas que explotarían el filón en toda su longitud (Arboledas, 2007: 716-717).

Por otro lado, en la cima del mismo se hallan los restos de un asentamiento que se documentaron por primera vez durante las prospecciones arqueológicas realizadas por arqueólogos de la Universidad de Granada en la Depresión Linares-Bailen, dentro del Proyecto Peñalosa (Pérez Barea *et al*., 1992a). Éste se adscribió a la Edad del Bronce por los fragmentos de cerámica recuperados. Así, la presencia de éste, nos lleva a pensar que, posiblemente, el inicio de la explotación de esta mina se vincule a este periodo de la prehistoria, continuando la misma durante época antigua (Arboledas, 2007: 717).

68. Fundición Los Tercios (Linares). Ésta se ubica en un pequeño cerro, a un km. aproximadamente al noreste de Linares y a dos km al sur de las minas de Arrayanes, el cual fue dividido en dos tras la construcción de la carretera A-312 (UTM: x = 446999 y = 4218742). La fundición de Los Tercios se conoce gracias a las prospecciones arqueológicas realizadas recientemente con motivo de la construcción de la futura vía férrea que unirá la factoría de Santana Motor (Linares) con la estación de Vadollano[20]. En un principio, este yacimiento fue catalogado como un pequeño asentamiento rural de época alto imperial. Si bien, con el inicio de la excavación en extensión y la documentación de diferentes restos asociados al tratamiento del mineral se ha interpretado como una fundición romana de época Alto Imperial (s. I d.C.). Entre los vestigios, además de los fragmentos de escoria extendida por la superficie, destacan dos pequeñas cisternas de planta rectangular de *opus signinum* que se han definido como piletas de lavado del mineral. Hasta el momento, poco más se puede indicar de dicho yacimiento ya que en la actualidad se encuentra en proceso de excavación, aunque si se pueden resaltar aún dos cuestiones que creemos que son fundamentales para entender la ubicación de esta fundición en este lugar. La primera y más importante, es que por la falda sur del mismo discurriría el trazado del Camino de Aníbal que unía Cástulo con el Sureste, a la cual se le une justo en esta zona, entre este cerro y el situado un km. más al noreste (Castro de la Magdalena), un camino antiguo procedente del interior del área minera de Linares. Por dicho camino y enlazando con la segunda de las cuestiones, llegaría el mineral (la galena) de las minas cercanas, como la de Arrayanes y Coto La Luz, a esta fundición para ser concentrado por medio del lavado y la fusión.

69. Fundición Fuente del Sapo (Linares). Ésta se asienta en una vaguada a orillas del rio Guadiel, frente al citado cerro de Buena Plata y a escasos 1'5 km. al sur de los restos mineros de Cerro Hueco, dentro de la finca de Cañada Incosa (UTM: x = 437898 y = 4219164). Concretamente, en la superficie de la misma, se pueden reconocer grandes concentraciones de escoria la cual fue relavada, según el dueño de la finca, a mediados del s. XX. Además, también se observan numerosas estructuras, construidas con piedras de granito de mediano tamaño trabadas con argamasa, que se podrían vincular con la existencia de diferentes estancias o habitaciones dentro de esta fundición. Asociadas a éstas, documentamos gran cantidad de fragmentos de tégulas e ímbrices que corroboran que estamos delante de una instalación metalúrgica de época romana sin poder precisar más su cronología. Por último, al igual que la anterior, esta también se ubica junto a las minas del filón Cobre y cerca del trazado que hemos propuesto para la antigua vía romana que unía Cástulo con Sisapo a su paso por esta zona.

En definitiva, el análisis del registro arqueológico recogido en este catálogo conjugado con la información procedente de los textos de los escritores grecolatinos, los epígrafes mineros y la numismática nos permite llevar a cabo en los siguientes capítulos de esta monografía una reconstrucción de cómo se explotaron estas minas, durante que periodo, qué técnicas se emplearon, quién y bajo qué régimen jurídico, administrativo y fiscal lo hicieron y cómo se articulo el territorio al socaire de la explotación de las mismas.

[20] La construcción de este tramo del ferrocarril supondrá la destrucción de la práctica totalidad de este yacimiento ya que está previsto que su trazado atraviese por la mitad del mismo. Este hecho ha determinado su excavación en extensión con el fin de documentar y recuperar todos los vestigios.

IV. LA MINERÍA EXTRACTIVA ROMANA EN SIERRA MORENA ORIENTAL

IV.1. TÉCNICAS DE EXPLOTACIÓN DE LAS MINAS ROMANAS

La llegada de los romanos a esta región minera no supuso un gran cambio en los sistemas de explotación de los yacimientos filonianos de esta región minera respecto a periodos precedentes. Realmente, éstos no emplearon técnicas o máquinas nuevas ni la inventaron sino que más bien recurrieron a las prácticas tradicionales sencillas, sabiendo generalizar técnicas eficaces (utillaje de hierro), inaugurar sistemas de explotación racionales a partir de los logros anteriores (explotación por pozos y galerías) o dar a estos últimos una amplitud no alcanzada hasta entonces. Su principal contribución tecnológica fue su organización (cómo emplearon esas técnicas o adoptaron máquinas que no habían sido concebidas para esta actividad) siendo su característica fundamental, como señala G. Tamain (1966b: 295), la uniformidad, la racionalidad, el volumen y sistematización de las explotaciones mineras en todo el ámbito romano, alcanzando niveles de producción que sólo serán superados en época industrial. Éstos difundieron las mejores técnicas conocidas en cualquier parte del mundo romanizado, con el fin de unificar, estructurar e intensificar la explotación de todas las minas de su territorio.

A partir de la implantación romana en la península se produce una intensificación de la producción minera como demuestran los numerosos testimonios arqueológicos mineros y metalúrgicos documentados. Posiblemente, este aumento en la escala de la producción y explotación derive también de técnicas mejoradas, por ejemplo, el uso de hornos de pozo con fuelles y un mayor desarrollo de los tipos de hornos de tazón. Pero, además, está íntimamente ligada a las necesidades civiles y militares de la cultura romana, que crearán una fuerte demanda de todo tipo de metales desde los nobles, para amonedación y objetos de lujo, hasta el hierro, destinado a la fabricación de armas y utillaje agrícola e industrial (Tylecote, 1976: 53).

Durante los primeros años de estancia, los romanos desarrollarían y extenderían las técnicas de explotación que se empleaban desde la Prehistoria Reciente hasta su llegada (Edmonson, 1987:44). Según C. Domergue (1987; 1990), las técnicas de explotación minera en Hispania meridional estuvieron en manos indígenas hasta bien entrado el s. I a.C., lo cual se traduciría en la continuidad de algunos instrumentos y técnicas procedentes de épocas anteriores como comprobamos en Sierra Morena. Así, en este distrito, al menos durante los dos primeros siglos de ocupación, los filones metalizados se siguieron explotando a través de labores a cielo abierto, beneficiando de esta manera los niveles superiores de los afloramientos ricos en cobre y plomo-plata. Ejemplo de esto son las numerosas rafas documentadas en este distrito como la de Salas de Galiarda o El Centenillo. Por el contrario, bajo el Imperio, muchos de estos yacimientos mineros continuaron explotándose en profundidad pero por medio de pozos y galerías.

Al hacerse cargo de estas minas la administración imperial se produjeron profundos cambios tecnológicos (una mejora en las técnicas metalúrgicas), produciéndose ahora una operación industrial a gran escala. La escala del planteamiento por todo el territorio imperial, y la instalación efectiva de los centros de trabajo, ponen de manifiesto una minuciosa planificación, que no hubiera sido posible sin la participación activa del gobierno, el imperio (García Romero, 2002: 215).

Como hemos señalado en un capitulo anterior, los principales minerales explotados en esta región fueron los óxidos y carbonatos de cobre (en los niveles superiores de los filones) y, sobre todo, los sulfuros de plomo (las galenas y galena argentífera) con la intención de extraer plata y plomo. También se constata la existencia de minerales de hierro (hematites, oligisto, gohetita) procedentes de las monteras oxidadas de los filones que aparecen en las escombreras de los trabajos mineros antiguos, posiblemente, como productos de desecho, ya que apenas tenemos datos sobre el trabajo del hierro. El beneficio de uno u otro mineral llevaría parejo una técnica minera de extracción diferente debido, fundamentalmente, a la disposición del mineral dentro del filón. Como sabemos, muchos de los filones metalíferos de esta región, sobre todo, los de las zonas de Salas de Galiarda-Los Escoriales y Linares, presentan mineralizaciones cobrizas en las partes superiores en forma de óxidos y carbonatos, mientras que a partir de una cierta profundidad (80-120 metros) aparecen minerales plomizos (galenas y galena argentífera).

La explotación del plomo es un exponente claro de las necesidades del mundo romano, prácticamente inexistente en el indígena. Plinio (*N.H.*, XXXIV, 164) indica que el plomo se extrae con gran trabajo en Hispania y en toda la Galia, pero en Britania abunda en la misma superficie del suelo, de ahí que lógicamente, se nos indica la técnica de explotación en cortas, en Britania, y en pozos y galerías en Hispania y Galia. Aunque, evidentemente, las cortas y rafas se emplearon en la explotación de muchos yacimientos del Sur peninsular como por ejemplo los de Sierra Morena y los de Cartagena.

La recuperaron de la plata de la galena era rentable para los romanos siempre que hubiese un porcentaje mínimo de 100 grs. por tonelada de plomo (Maya, 1990: 209-210). Domergue (1990: 426) señala que, en las minas de plomo argentífero de Sierra Morena, los romanos continuaron los trabajos a gran profundidad en los filones de galena, de la que podían extraer entre dos y cuatro kilogramos de plata por cada tonelada de plomo, mientras que no pasaban de los treinta metros en aquellos de más bajo contenido argentífero (García Romero, 2002: 216).

La puesta en marcha de cualquier explotación minera de gran tamaño requeriría la realización de costosas infraestructuras que comenzaría, en primer lugar, por el reconocimiento de la existencia de cantidad suficiente de la mineralización buscada, bien basándose en trabajos mineros anteriores, bien utilizando unos criterios de prospección elaborados a partir de experiencias y conocimientos previos para conseguir localizar y evaluar lo que no siempre es evidente sobre el terreno. La gran variedad de minerales y, su no menos extensa variedad de yacimientos, hace que el proceso de prospección minera sea una labor verdaderamente difícil y compleja en la que los conocimientos adquiridos y la experimentación directa sobre el terreno juegan un papel fundamental.

Los numerosos vestigios mineros documentados durante los últimos trabajos de campo llevados a cabo en esta zona (Contreras *et al*, 2005; Arboledas *et al*., 2006), junto a la información procedente de las citas de los escritores greco-latinos y de la bibliografía existente, permite que podamos reconstruir, aproximadamente, cuáles fueron las técnicas mineras extractivas empleadas por los romanos en la explotación de los yacimientos mineros de Sierra Morena.

IV.1.1. La prospección

Previamente a la explotación de los filones metalíferos, se iniciaba la búsqueda de los mismos, para lo cual emplearían diferentes técnicas de prospección, aunque en la mayoría de los casos, los romanos explotaron los yacimientos mineros que ya habían sido laboreados en época anteriores, como demuestra el hallazgo de los vestigios mineros de la mina El Polígono o Los Escoriales y la cita de Diodoro (*B.H.,* V, 38). En la labor de descubrimiento de las nuevas minas en época romana sería fundamental la simbiosis entre los conocimientos de los nativos sobre la minería de su propio terreno y los conocimientos técnicos o geológicos aportados por los ingenieros romanos (Arboledas, 2007).

Figura 41. Los diferentes métodos de prospección según G. Agricola en el s. XVI, entre ellos la radestesia (Agricola, 1556).

Los sistemas de prospección, por norma general, eran sencillos. Los prospectores debían saber qué buscaban y ser capaces de identificarlos, por lo que se guiaban de una serie de signos externos del terreno, como por ejemplo, la vigilancia de la escarcha en la vegetación, pues blanquea toda la hierba excepto en las zonas donde hay mineralizaciones; la inspección de la coloración de las hojas de los árboles, ya que pueden presentar irregularidades cuando se encuentran bajo una veta; la observación del agua de los manantiales, que por proceder del interior de la tierra puede arrastrar mineralizaciones; y, por último, la existencia o no de vegetación o la aparición de especies que sólo pueden sobrevivir en lugares donde existía mineral con gran cantidad de metales (Agrícola, 1556: 44-45) (Fig. 41). A este respecto, la planta denominada agrillo tradicionalmente se ha creído que únicamente crecía en los escoriales y zonas ferruginosas del SO peninsular, sin embargo, se ha comprobado que esta planta germina en los suelos y terrenos, en general, muy ácidos.

Otro signo identificativo era por la coloración del terreno y las emanaciones gaseosas (Healy, 1993: 101). Al respecto, Plinio (*N.H.*, XXXIV, 142) escribe que "*observando el color de las tierras se localizarán fácilmente los yacimientos de hierro*". También, el peso y el color negro de las gravas de casiterita, el azul de la azurita, el verde de la malaquita, el resplandor del oro y el rojo de los óxidos de hierro, cuyos tintes colorean los afloramientos cuarzosos de los yacimientos filonianos de Sierra Morena, eran indicios claros para localizar una mina (García Romero, 2002: 218). Por último, uno de los métodos de prospección conocido por los romanos, cuyo rendimiento ha sido muy discutido desde la Antigüedad, es la radiestesia, técnica en la que se utilizaba la vara de zahorí (Agrícola, 1556: 45-49; Luzón, 1970: 225; Antolinos, 2005: 74). Este sistema tradicional se utiliza aún día en las zonas rurales para la búsqueda de aguas subterráneas. En este sentido, este fenómeno puede tener una justificación si conocemos que, los filones de cuarzo que acompañan a las mineralizaciones, fruto de las filtraciones por las diaclasas, suelen ir acompañados de un manto freático en profundidad. Así pues, encontrar

Figura 42. Pozo de prospección moderno del Cortijo Salcedo, Baños de la Encina.

agua y minerales en esta zona de Sierra Morena posiblemente iría aparejado (García Romero, 2002: 220).

Una vez reconocido el posible criadero, el siguiente paso consistía en realizar una serie de calicatas (pozos o galerías) de reconocimiento, fundamentales y necesarias para documentar la existencia o no del mineral en el lugar elegido. Así pues, se realizaban sobre el terreno varias catas o perforaciones (en forma de pozos y galerías *ternagi*) con el objeto de extraer algunas muestras y practicar unos análisis preliminares para comprobar la riqueza del mineral, pero sobre todo, para tener una primera aproximación de la potencia y dirección del filón (Fig. 42) (Antolinos, 2005: 74). Este sistema se basa en el método del éxito y el error, que implica mucho tiempo y esfuerzo (Shepherd, 1993: 13), pero a su vez garantizaría un análisis certero. Algunas veces siguiendo el mismo método, se excavaban pozos gemelos y uno de ellos cortaba el filón. El ejemplo más paradigmático, como señala J. M. Luzón, son los más de trescientos pozos excavados en la Cabeza del Pasto (Huelva) (Luzón, 1970: 225).

También fue muy frecuente una vez que estaba en funcionamiento una explotación la excavación de pequeñas galerías transversales con el fin de documentar nuevos filones, ya que, como señalan Plinio (*N.H.*, XXXIII, 31, 1) y Estrabón (*Geo.*, III, 3, 2), la Península Ibérica ofrecía la particularidad de que cuando se encontraba una vena de mineral, podían buscarse en las proximidades otras similares, en la seguridad de que tales trabajos no se verían nunca defraudados. Por esta razón, en la segunda tabla de Aljustrel encontramos varias disposiciones redactadas con el deseo expreso de favorecer y apresurar la labor de las galerías de prospección (*ternagi*) a partir de las galerías de desagüe (*Vip*.. II, 15, 17, 18) (Luzón, 1970: 226). Este sistema está ampliamente documentado en las minas del Suroeste peninsular.

Pero todo no era buscar yacimientos mineros, sino que debían comprobar también la buena calidad del mineral encontrado para ver si era rentable su explotación. En este momento entra en juego un primitivo sistema de análisis: la piedra de toque. Plinio (*N.H.*, XXXIII, 67), que la denomina con el nombre de *coticula*, se asombra de la escrupulosa aproximación con que un experto puede determinar el contenido de oro, plata o cobre de un mineral después de haberlo frotado con esta piedra, aunque el sistema, recalca Plinio, no es infalible (Luzón, 1970: 226). Otro método para estimar la ley del mineral se haría tomando muestras mediante el lavado (Maya, 1990: 204).

Sin lugar a duda, el control más riguroso para observar las leyes del mineral sería la realización de un análisis metalúrgico, es decir, fundir el mineral para ver su rentabilidad. Así, cuando querían saber la riqueza en plata de la galena argentífera recurrían a la copelación (Domergue, 1990: 392). A esta práctica, se han vinculado unas pequeñas copelas de arenisca, algunas de ellas con signos numerales y restos de plomo, documentadas en el

Figura 43. Conjunto de copelas procedentes de las minas de El Centenillo (Museo Arqueológico de Linares).

área de El Centenillo y en la fundición romana de Fuente Espí (La Carolina) que se exponen en el Museo Arqueológico de Linares. Tradicionalmente, estas piezas se han adscrito a época romana[21] (Fig. 43). No obstante, por la forma de las piezas no se pueden descartar otras hipótesis, como que se tratase de moldes para algún objeto pequeño o que éstas se emplearan en época moderna. (Arboledas 2007: 780).

IV.1.2. Los sistemas de laboreo

En líneas generales, en las minas de Sierra Morena oriental se distinguen dos sistemas de explotación del mineral en la Antigüedad (Forbes, 1966: 197; Ramin, 1977: 85-89; Domergue, 1990: 413-491; Healy, 1993: 86-116). Por un lado, tenemos los trabajos "a cielo abierto" y, por otro, en el interior del terreno mediante pozos y galerías, si bien, en algunas ocasiones, convivieron ambos métodos en una misma zona de explotación, empezando el laboreo de la mina "a cielo abierto" y prosiguiendo en profundidad por medio de pozos y galerías, tal y como ocurrió en el filón Mirador-Pelaguindas de El Centenillo o en la mina de Los Palazuelos (Carboneros).

En cualquier caso, está claro que la elección del método de explotación dependió de las características del mineral, su localización con relación a la roca encajante en la que se presentara, dirección, potencia y otros tipos de condicionantes físicos, geológicos y económicos (Antolinos, 2005: 74). Al respecto, se ha indicado que, en las minas de plomo argentífero de Sierra Morena, los romanos continuaron los trabajos a gran profundidad en los filones de galena más argentífera, deteniendo la explotación cuando la ley de plata disminuía considerablemente. Esto, es una prueba clara de que el

[21] Para conocer detalladamente las características y dimensiones de este conjunto de copelas nos remitimos a la descripción realizada por los arqueólogos encargados del inventariado de los fondos del Museo Arqueológico de Linares en Domus, el cual se puede consultar a través de internet.

progreso de la explotación de una mina estuvo constantemente controlado y orientado por los análisis de las muestras de mineral recogidas en el frente de trabajo (Domergue, 1990: 426).

Concretamente, este control y conocimiento de la geología local por parte de los mineros antiguos lo observamos en El Centenillo. En esta área, los geólogos reconocieron que el filón Mirador (con mineralización de galena) se volvía estéril cuando pasaba a los niveles esquistosos; que las fracturas con orientación norte-sur eran estériles; y que, cuando dos filones se cruzaban, aumentaba la riqueza de la mineralización. Paralelamente, comprobamos que los trabajos antiguos se centraron en las partes del filón encajado en las cuarcitas y en las zonas donde se cortaban dos filones, mientras que hay una ausencia total de labores antiguas en los filones norteados (estériles) y en los encajados en las pizarras. Otro ejemplo más lo encontramos en la mina de Los Palazuelos donde los informes de los geólogos de la empresa alemana de Stolberg y Westfalia a finales del s. XIX señalan que los romanos beneficiaron completamente las partes más ricas de estos filones hasta una profundidad de más de 100 metros, cesando a partir de esta cota los trabajos (Mesa y Álvarez, 1890: 324; Gutiérrez Guzmán, 1999: 304-306). Con esto queda claramente demostrado que los romanos en Sierra Morena buscaron y explotaron las partes más ricas de los filones mineralizados deteniendo los trabajos cuando la ley del mineral descendía (Tamain, 1966b: 293; Domergue, 1990: 426-427).

a) Explotaciones a "cielo abierto"

Un primer método, muy bien documentado en esta área minera, consiste en la explotación a cielo abierto de los crestones visibles de los filones metalíferos en superficie, mediante trincheras, rafas y pozos simples verticales de poca profundidad. Este método se abandonaría cuando la profundidad exigía la aplicación de técnicas más complejas y la explotación no resultaba rentable. Este sistema se reconoce perfectamente en el área de El Centenillo (Fig. 44 y 45) o en el área de Linares con la rafas de San Ignacio (mina de Arrayanes) o, también en Salas de Galiarda, donde se observa como el filón fue explotado a través de una rafa junto a una serie de pozos (Pocicos del Diablo) (Arboledas, 2007).

Este sistema de explotación a "cielo abierto" se caracteriza por ser una práctica minera con una técnica poco innovadora, simplista, sencilla, arrancando aquella parte del filón de mayor riqueza, que se vendría utilizando desde siglos atrás, cuestión ésta que se relacionaría con el hallazgos de numerosos martillos de piedra, con ranura central para el enmangüe, en las escombreras de las rafas y trincheras de este distrito. Estas técnicas heredadas perduraron incluso en algunas zonas hasta finales del Imperio, e incluso en época contemporánea, aunque parece que fueron más comunes en época romano republicana, pudiéndose relacionar esto con la existencia de pequeñas explotaciones en manos de arrendatarios y sociedades (Arboledas, 2007: 783-784).

Figura 44. Rafa romana excavada en el filón Norteado del filón Sur, El Centenillo.

Figura 45. Rafa minera del Cerro de Buena Plata excavada en el granito, Bailen.

El empleo de este método tan rudimentario se explica por causas económicas (es mucho más barato que el de pozos y galerías) y mineralógicas, ya que en los yacimientos filonianos de Sierra Morena oriental la mayor concentración de plata y cobre se encuentra en las partes superficiales y menos profundas, mientras que a medida que se profundiza el contenido argentífero disminuye, con lo que la mina se hace menos rentable económicamente, cesando su explotación a los pocos metros, como sucede en las diversas rafas documentadas en este distrito minero del Alto Guadalquivir (Arboledas, 2007: 785). Además, este sistema presentaba otras ventajas destacables, como era el aprovechamiento de la luz natural, más seguridad para los operarios, y en la mayoría de las ocasiones, la posibilidad de no tener que fortificar o consolidar las labores (Antolinos, 2005: 74).

b) Los trabajos subterráneos: pozos y galerías

Una vez atacado el filón mineralizado a través de trincheras o rafas, siguiendo la traza del mismo en toda su longitud, como primer paso, el siguiente y segundo método sería trabajar en profundidad mediante pozos de extracción que llegarían hasta el filón, abriéndose un gran número de ellos por toda la superficie, como se observa en los pozos documentados sobre el filón Mirador, a través de los que se extraería el mineral y el agua por diferentes sistemas. En otras ocasiones, los criaderos eran atacados directamente por medio de pozos trazados sobre el mismo filón (por ejemplo, los del arroyo del Murquigüelo o de la mina de San Roque), los cuales unirían el exterior con las galerías de explotación (Arboledas, 2007). Las galerías de excavación, formadas como consecuencia de la extracción del mineral que se encontraba en el filón, eran normalmente poco espaciosas y, en los lugares donde el mineral aprovechable era escaso, de dimensiones tan exiguas que incluso era necesario arrastrarse para poder pasar por ellas (García Bueno *et al.*, 1996: 79).

En cualquier caso, hay que señalar que no todas las labores interiores se trazaron exclusivamente para la extracción del mineral sino que en numerosas ocasiones la construcción de estos pozos y galerías respondió a otras funciones totalmente distintas al arranque del mineral como fue el desagüe y la iluminación de las minas, aunque siempre con el objetivo de facilitar los trabajos de extracción (Antolinos, 2005: 74).

Este sistema, mucho más complejo, requeriría de una previa planificación de la explotación así como también una mayor inversión económica que se aplicaría en las minas más ricas y rentables. Por ello, pensamos que éste tan sólo pudo ser llevado a cabo por importantes sociedades o por el mismo Estado, una vez que las minas pasaron a estar bajo su explotación.

Los pozos

El uso de los pozos se impone bien por la disposición verticalizada de un filón, por su profunda ubicación o, bien, por la necesidad de ventilación e iluminación de las galerías, para acortar el tiempo y la distancia de extracción del mineral, o bien como técnica de prospección filoniana (Domergue, 1967: 39).

Figura 46. Pozo rectangular antiguo del Arroyo del Murquigüelo, Baños de la Encina.

La documentación arqueológica ha permitido definir diversos tipos de pozos a partir de sus morfologías, si bien presentan unas dimensiones variables que oscilan entre 1 y 2 m. de lado o diámetro, aunque predominan los de tamaño reducido (Antolinos, 2005: 75). Los pozos romanos son generalmente regulares, pero no pueden sacarse conclusiones cronológicas de sus secciones, que probablemente dependían de los materiales que utilizaban para entibar y de la roca donde se excavaban. La madera requiere pozos rectangulares o cuadrados, mientras la piedra seca mejora su agarre en los circulares (García Romero, 2002: 264).

Los pozos documentados en esta región, siguiendo la tónica general de los que aparecen en el resto de Sierra Morena, suelen ser de sección rectangular-cuadrangular, entre 1 y 2 m. de lado, alcanzando algunos de ellos profundidades considerables, que variaran según la disposición de las mineralizaciones ricas en el filón (Tabla 1). Ejemplos de éstos encontramos en El Centenillo, en la mina La Cruz o en el área del arroyo Murquigüelo (Fig. 46). También hay pozos de sección reducida (menos de un metro) excavados sobre el filón como por ejemplo las improntas de pozos circulares con oquedades separadas por unos 30 o 40 cm. que se observan en la pared oriental de la corta de Cerro Hueco/Filón Cobre (Linares); los pozos de pequeña sección excavados en el filón Luz, en la mina de San Andrés (Domergue, 1987: 290); y, por último, los pozos circulares hallados cerca de la mina de San Guillermo, sobre el filón Sur en El Centenillo. Aunque esta tipología de pozos es muy característica del periodo romano, en Sierra Morena no son tan abundantes y comunes como en el Suroeste. Estos cumplirían con diversas funciones, la de ventilar e iluminar las galerías interiores, la de orientar la explotación del filón así como para la extracción del mineral y el acceso al interior de la mina (Palmer, 1927: 306-310; Luzón, 1967: 138; Pérez Macías *et al.*, 1990: 43; 1996: 15).

El otro tipo de pozos fueron los helicoidales. Se tratan de pozos circulares con rampa o escalera helicoidal dispuesta en la pared. De esta tipología sólo se conocen dos, uno en la mina de Cala (Huelva) y el otro en la mina de San Gabriel, en Santa Elena (Jaén) (Domergue, 1990: 423). Actualmente, de éste último únicamente se observan los restos de un embudo excavado sobre el granito y sobre el que, según el testimonio de Enrique Burguillo, el último explotador de esta mina, se encontraba un pozo con una escalera helicoidal labrada en la pared del mismo (Domergue, 1987: 291).

MINAS	METAL	PROFUNDIDAD
El Centenillo	Ag, Pb	230 m.
Palazuelos	Ag, Pb	100 m.
La Cruz	Ag, Pb,Cu	100 m.
La Luz	Ag, Pb	115 m.
Los Escoriales	Cu	177 m.
Salas de Galiarda	Cu	300 m.
Arroyo Murquigüelo	Cu	25 m.

Tabla 1. Profundidades máximas alcanzadas por los romanos en las minas del distrito minero de Andújar-Linares-La Carolina (elaborada a partir de Domergue, 1990: 430-431)

Por último, la otra tipología de pozos documentada en las minas del Sur peninsular son los pozos gemelos o pareados. Se entiende por pozos gemelos aquéllos que, agrupados en dos, distan escasa distancia entre ellos. Tradicionalmente este tipo de pozos se ha adscrito al periodo romano.

La mayor concentración de pozos gemelos o pareados la encontramos en la Faja Pirítica Ibérica del Suroeste (Cabezo de los Silos, en la Zarza y, Cabezas del Pasto, en Sotiel Coronada Huelva) (Domergue, 1983: 15-16 y 158-161). Por el contrario, este tipo de pozos son poco frecuentes en Sierra Morena aunque existen algunos ejemplos en las provincias de Córdoba (García Romero, 2002: 266) y de Jaén. El mejor y único ejemplo conocido hasta el momento en esta última provincia se encuentra en la mina de D. José Martín Palacios, Baños de la Encina, donde el filón fue explotado por medio de varias calicatas y de dos parejas de pozos gemelos (Fig. 47). Los resultados de la tomografía eléctrica practicada en esta mina parecen apuntar a la existencia de una posible cavidad o galería debajo de las labores superficiales, que seguiría la dirección del filón trabajado, y que conectaría ambas parejas (Peña y Teixidó, 2005; Arboledas *et al.*, 2008).

En cuanto a su funcionalidad ha habido varias interpretaciones. Ciertos investigadores proponen que la realización de pozos gemelos obedecen a una estrategia de prospección filoniana, asegurando uno de los dos el hallazgo del filón. En Cabezas del Pasto los pozos gemelos se sitúan en una línea a lo largo o perpendiculares al filón; en el primer caso, la pared divisoria no tiene que tener más de un metro; en el segundo caso, tiene que tener dos o tres metros de espesor, para evitar que los esquistos se desmoronen (Davies, 1935: 120). Sin embargo, la hipótesis más generalizada es la que los justifica como un sistema de aireación mediante tiro forzado, o incluso como estrategia para ahorrar mano de obra. Estos pozos gemelos se comunicaban en profundidad (en la galería), donde un fuego en la base de uno de ellos provocaba un tiro hacia arriba transportándo el aire viciado del interior de las galerías hacia el exterior, mientras que por el otro pozo entraba aire de la superficie en sentido inverso (Luzón, 1970: 226). Quizá sería más fácil supervisar dos pozos juntos, para lo que sólo se necesitaría un hombre en el torno. Mientras en uno, el trabajador estaba recogiendo, en el otro, se sacaba el cesto (Domergue, 1990: 421; García Romero, 2002: 266).

En el SO, durante el Alto Imperio, al fisco le interesaba multiplicar el número de pozos para así aumentar el número de explotadores, y con ellos el número de ingresos, por lo que dividiría el yacimiento en concesiones de superficie uniforme, cada una destinada a la abertura de un par de pozos gemelos. Son las concesiones regulares (*puteus locusque putei*) que indica *Vip. I.* 9 (Domergue, 1983: 162-163; 1990: 420-421; García Romero, 2002: 266).

Admitiendo que éstos sirvieran para la ventilación, en la medida en que una concesión era autónoma, cada una necesitaba una instalación de este tipo, lo que podría indicar que los pares de pozos marcan las consiguientes concesiones. Con éstos, además, se podrían conseguir un doble objetivo al mismo tiempo. Si pensamos en la pareja de pozos de Cabezas del Pasto, uno de ellos con escalones y el otro entibado; el primero, podríamos sugerir que estaría reservado al acceso del personal y el otro a la extracción del mineral mediante el torno. En general, estos pozos son de poca sección, observándose pozos de 70 cm. de lado en Riotinto (Domergue, 1990: 421-422).

Figura 47. Pozos gemelos romanos de la mina de José Martín Palacios, Baños de la Encina.

Las galerías

En líneas generales, las galerías antiguas solían tener secciones cuadrangulares y podían alcanzar gran longitud aunque también son comunes formas trapezoidales y ovales. Las formas trapezoidales parecen tener un promedio de 0,48 m de ancho en el techo y 0,61 m en el piso y tienen aproximadamente un metro de altura (Shepherd, 1993: 17-18). En las minas de *Laurium* (Grecia), las galerías adoptan secciones rectangulares, cuadradas y trapezoidales y, tienen una altura media de 0,60 m. sin superar nunca el metro. En las minas de Santa Justa y Aljustrel en Portugal presentan unas dimensiones de 1,80 x 1,20 m y 1,20 x 1 m, respectivamente. En Bosnia y en Dacia alcanzan por término medio 0,70 m de altura, y en Mitsera (Chipre) no rebasan los 0,50 m. (Davies, 1935: 16; Ramin, 1977: 66; Antolinos, 2005: 75).

Las galerías romanas pueden ser de tres tipos, según su funcionalidad: galerías de explotación, de desagüe (socavones) y de prospección (*ternagi*). A esta tipología se puede sumar otra más, las galerías inclinadas o truncadas cuyo mejor ejemplo se encuentra en la mina de Santa Bárbara (Posadas, Córdoba) (García Romero, 2002: 259-261). Este hecho (la funcionalidad) condicionaría en gran medida, la propia morfología de las mismas.

Normalmente, los trazados de galerías de explotación se adaptan a la disposición del filón, hallándose desde pequeñas y tortuosas hasta los grandes anchurones, producto de la extracción de bolsadas de mineral. Estas masas de mineral fueron explotadas por el sistema de minería moderna conocido como de "huecos y pilares". Para evitar derrumbes en el proceso de extracción, los mineros antiguos se veían obligados a dejar una serie de columnas de mineral en el interior de las bolsadas, aunque estas contuvieran algo de mineral o bolsadas de ganga. Los mejores ejemplos de explotación por anchurones y pequeñas galerías se hallan en las minas del Sureste (Antolinos, 2005: 75) y del Suroeste peninsular (Pérez, Funes, Pumares, 1985: 27; Pérez Macías *et al.*, 1990) ya que este sistema de extracción se adecúa mejor a las masas mineralizadas de estas zonas que a los yacimientos filonianos de Sierra Morena. Aún así, en el yacimiento estratiforme de Las Torrecillas-San Telmo en La Carolina, se documentan algunos ejemplos de anchurones asociados a la explotación de la galena argentífera (Fig. 48).

La gran mayoría de las galerías romanas documentadas, como las del Arroyo del Murquigüelo o las del filón Sur (Fig. 49) (La Carolina), se caracterizan por su tamaño reducido, responden a una estrategia consciente de extracción minera con el fin de ahorrar costos, tiempo y trabajo, supuesto que disminuían la cantidad de ganga extraída y hacían innecesario entibarlas (Arboledas, 2007: 795-801). Sin embargo, cuando pretendían que por ellas pasasen personas adultas o animales de carga se hacían con una mayor anchura y altura. En este caso se hace necesario la entibación con madera o piedras (Luzón, 1970: 227).

Figura 48. Cueva o anchuron romano de la mina de Las Torrecillas-San Telmo, La Carolina, en la que se observa un pilar de estériles.

Figura 49. Galería antigua excavada en el sector oriental del filón Sur, El Centenillo.

IV.1.3. Consolidación y fortificación de los pozos y las galerías

Cuando la roca o el terreno donde se excavaban las rafas, los pozos y las galerías era duro, no sería necesaria su entibación, pero cuando esto no era así, las labores mineras debieron ser entibadas. El minero romano, siempre que fue posible, evitó la entibación de las labores

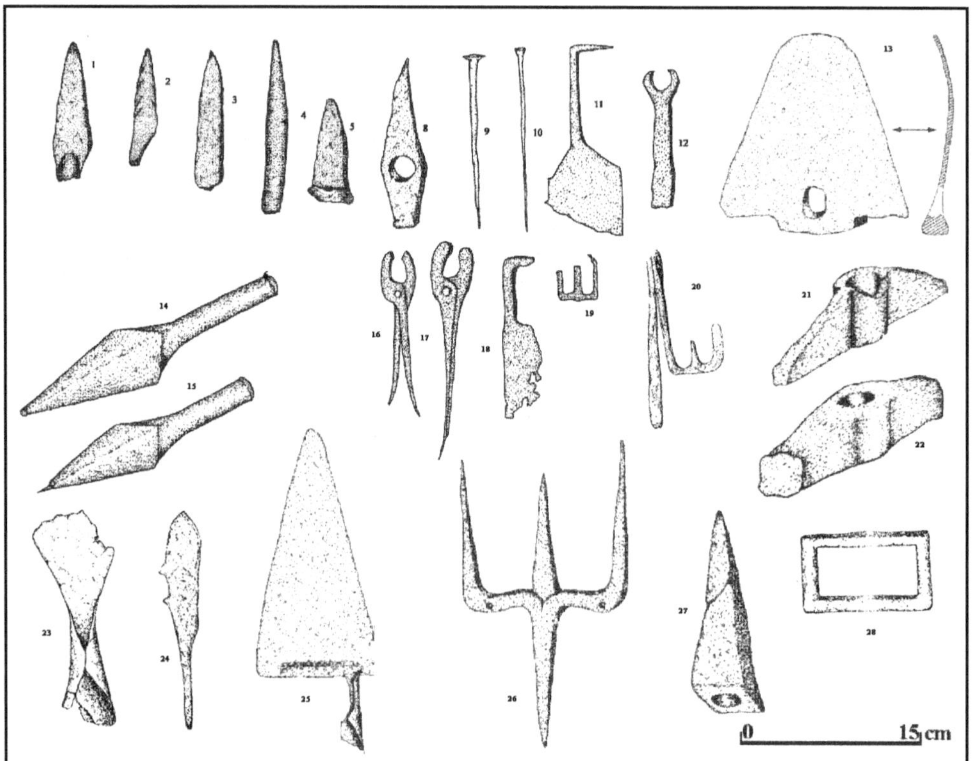

1 y 27 picos-saneadores; 2, 3, 4, 5 cuñas y punterolas; 8 pico-martillo; 9 y 10 clavos; 11, 18 y 24 herramientas de carpintero; 12 útil indeterminado; 13, 23 y 25 azadón, resto de pala y útil triangular preparado para el enmangüe respectivamente; 14 y 15 barras-pico; 16 y 17 tenazas; 19 y 20 llaves; 21 pico doble; 22 mallei; 26 tridente; 28 elemento de hierro de una puerta?

Lámina VI. Herramientas procedentes del filón Mirador (elaborada a partir M. Soria y M. López (1978).

subterráneas, para lo cual, en muchos casos, los pozos y las galerías se hacían muy pequeños con el fin de no entibarlas y, por tanto, de economizar aún más las explotaciones.

En el caso de las estrechas rafas a cielo abierto, se emplearon tirantas de madera o zonas sin explotar del filón que iban de un lado a otro de las paredes de la rafa con el fin de evitar el derribo mientras que se profundizaba, facilitando por otro lado, el acceso y salida de los mineros como del mineral (García Bueno *et al.*, 1996: 79).

Para la consolidación de los pozos y las galerías se recurrió fundamentalmente a dos tipos de materiales, la madera, para la entibación, y la piedra para el encofrado. La preferencia o la decisión por uno de estos materiales vendrían determinadas por el coste de la construcción, las posibilidades económicas del explotador, las características del terreno o el periodo de ejecución de los trabajos de extracción.

En líneas generales, para la entibación de los pozos o las galerías se empleo básicamente la madera de pino y de encina, esta última recomendada por Vitrubio (II, 9), aunque también se utilizaban otras como el haya, el roble o el castaño (Antolinos, 2005: 75). La fabricación de mamposterías de piedra tanto en seco como ordinarias (con mortero de cal y arena) fue el segundo sistema de fortificación empleado por los romanos. Ambos métodos de reforzamiento, tanto con la madera como con la piedra, se han empleado hasta época contemporánea, el primero fundamentalmente para las galerías y el segundo, sobre todo, para reforzar o bien, sólo la entrada de los pozos (lo que comúnmente se denomina como el brocal del pozo) o bien, en toda su profundidad según la dureza de la roca donde se haya excavado el pozo.

En las galerías, los romanos utilizaron diferentes formas de entibamiento y reforzamiento con el fin de prevenir posibles derrumbes. Una de las posibilidades fue la de emplear los mismos estériles para ir rellenando los vacíos que ocasionaba la extracción del mineral. Otra forma era la utilización de pilares, sobre todo, en los anchurones o grandes salas de extracción. El pilar es el medio más fácil de sostener el techo de un filón, se trata de islotes estériles o mineral pobre, que se dejan *in situ* y hacen el papel de columnas que soportan el techo de una sala (Domergue, 1990: 427-428). Únicamente, en el caso de que los minerales beneficiados fuesen muy ricos, se conformaban pilares con bloques de escombro o se sustituirían por puntales de madera (Shepherd, 1993: 25). En este distrito se documentan dos claros ejemplos de la utilización de este sistema de fortificación, el primero en las cuevas de Las Torrecillas (La Carolina) y, el segundo, en Los Escoriales (Andújar) (Arboledas, 2007: 803-804). Sin embargo, la forma más común de entibar las galerías fue con los cuadros de madera que se utilizaron sistemáticamente cuando lo exigía la inestabilidad de los terrenos atravesados (Domergue, 1990: 417-418).

IV.1.4. El arranque del mineral y ferramenta

El arranque del mineral se realizó por medios manuales, con el auxilio de determinadas herramientas y con unos métodos sencillos. Las huellas de picos y punterolas en las paredes del interior de las minas son un testimonio de esta intensa y laboriosa actividad manual (Luzón, 1970: 230). En ocasiones, los mineros romanos para abatir las rocas más duras se ayudaron del fuego y el agua, como señala Diodoro (*B.H.*, III, 12) en su relato sobre las minas de oro de Egipto, e incluso de vinagre según Plinio (*N.H.*, XXXIII, 21, 71). Este mismo autor (Plinio, *N.H.*, XXXIIII, 21) alude también la utilización de la cal. El ataque de las calizas se hacía también haciendo un agujero, rellenándolo con cal viva, añadiéndole agua se convertía en cal apagada. La reacción producía mucho calor y una gran expansión que posibilita la rotura de la roca (García Romero, 2002: 250).

El rápido proceso de calentamiento de la roca con el fuego y de enfriamiento con el agua produciría un efecto de dilatación y contracción de la misma que ayudaría a su fracturación. Sin embargo, las limitaciones de este método son muchas en el caso de ambientes reducidos y de escasa ventilación, aumentando todavía más cuando se trata de explotaciones que han llegado a una cierta profundidad o de sulfuros metálicos por su posibilidad de entrar en ignición emitiendo gases sulfurosos de alta toxicidad (Shepherd, 1993: 22-23; García Romero, 2002: 248). Los trabajos a los que se ha aplicado fuego se reconocen fácilmente ya que éstos presentan perfiles redondeados continuos sin ángulos o esquinas agudas, la cara de roca es muy suave con escasas evidencias de marcas de herramientas y, en los mejores de los casos, aparecen restos de cenizas, carbón y las paredes tiznadas (Craddock-Gale, 1988: 169-170). En el Sur peninsular se han documentado algunas minas donde se ha empleado el fuego como en las de la Loma del Sueño (Berja, Almería) (Domergue, 1987: 5).

Para arrancar el mineral de los filones en esta época se ayudaron de numerosas herramientas, en su mayoría muy sencillas, de las cuales nos han llegado algunos ejemplares gracias a las aportaciones de la arqueología. Concretamente, para esta zona de Sierra Morena oriental contamos con el conjunto de herramientas hallado en el pozo Mirador del El Centenillo a una profundad de unos 100 metros que actualmente se conserva en el Mueso Arqueológico de Linares (Lám. VI). Éste estaba constituido por un martillo (*mallei*), un pico-marro, dos punterolas de sección cuadrangular y una de sección circular, un azadón, dos tenazas, dos barras-pico y dos picos saneadores; diversas herramientas de carpintero (una hoja de cepillo, azuelas y una sierra?) posiblemente de los entibadores de esta mina; y, finalmente, una serie de útiles de uso dudoso (clavos, una llave y una posible visagra?), relacionados, posiblemente con la existencia de puertas para la ventilación (Soria Lerma y López Payer, 1978). Estas herramientas corresponderían a la última fase de explotación de este filón antes de su abandono al igual que los tornillos de Arquímedes documentados en esta misma mina (Arboledas, 2007: 811-812).

La mayoría de las herramientas utilizadas por los mineros fueron de metal y más concretamente de hierro, aunque se han documentado también de bronce, sobre todo para la fabricación de utensilios o de máquinas que estaban en contacto permanente con el agua (cubos, bombas, etc.). Para este uso también se recurrió al plomo y a la madera, material este último, que sirvió para confeccionar utiles tales como palas, escaleras y recipientes diversos (Domergue, 1990: 401). Será en época romana cuando se introduzca de manera generalizada en los trabajos mineros, las herramientas de hierro frente a los útiles de piedra y hueso de épocas anteriores, de menor capacidad de penetración y más difícil manejo en espacios reducidos (martillo), consiguiendo con ello aumentar sustancialmente los rendimientos. Aunque algunas de las herramientas de piedra como los martillos mineros de piedra con escotadura central para el enmangue se siguen utilizando todavía durante época romana republicana como parece afirmar el registro arqueológico (García Romero, 2002). Entre las herramientas metálicas halladas en las minas romanas encontramos los grandes *malleus* (marros o mazas), los picos, cuñas, el pico-martillo, la piqueta, el azadón, el legón, el rastrillo, las barras-pico, las tenazas, etc.

IV.1.5. Acceso a las minas y extracción del mineral

La entrada de los mineros hacia el interior de la mina desde la superficie se realizaba por las mismas obras ejecutadas en las excavaciones subterráneas, a través de las rafas, pozos y galerías de desagüe. El acceso a las estrechas rafas de esta zona se realizaría siguiendo la técnica de escalada libre aprovechando las tirantas de estériles y excrecencias de la roca. Seguramente, en muchas ocasiones se ayudarían de cuerdas o emplearían escaleras de madera, formadas por un grueso madero de sección cuadrada, con una serie de escotaduras a modo de sierra. Este tipo de escalera fue muy útil para salvar los desniveles del interior de la mina como demuestra el hallazgo de una de estas piezas en las minas de Mazarrón. Arqueológicamente, en el complejo minero de Aljustrel se ha constatado la utilización de un sistema de escaleras dispuestas por pisos (Almeida, 1970; Antolinos, 2005: 77).

Sin embargo, la forma más sencilla tanto de acceder al interior de la mina como de extraer el mineral de la misma sería a través de los pozos, de los socavones de desagüe como los de El Centenillo y de galerías inclinadas o truncadas cuyo mejor ejemplo se halla en Santa Bárbara (Córdoba). En esta mina se documento una galería truncada de 2 por 2 metros de sección, con escalones tallados en la roca que descendía hasta los 85 metros de profundidad y, por la cual, pudieron pasar animales, como demuestra el hallazgo de un esqueleto de caballo (Domergue, 1990: 419).

Los pozos fueron la otra vía de acceso al interior de la mina. Cuando éstos eran muy estrechos se supone que los mineros descenderían apoyando la espalda en la pared (Domergue, 1990:419; Luzón, 1970: 228). Sin embargo, en el caso de pozos más anchos éstos se ayudaron de cuerdas y de orificios excavados en las paredes de los pozos como los documentados en las improntas de la mina de Cerro Hueco (Linares) (Fig. 50). En otras ocasiones, como en la mina de Arrayanes, se documentaron tres pozos vecinos de pequeña sección, en cuyas dos paredes enfrentadas de dichos pozos, cada 50 cm., se disponen muescas que sirvieron bien para poner tirantas de madera o bien para permitir a los mineros subir o bajar ayudándose de una cuerda (Domergue, 1990: 419). Por último, otro medio de acceso sería bajar amarrados a las cuerdas de los tornos o poleas, o ir dentro de los mismos recipientes empleados para el desagüe o extracción del mineral.

Respecto a la extracción del mineral, una vez que éste había sido abatido y reunido con las legonas y rastrillos, se cargaba en espuertas y esportones de esparto como las que se han documentado en las minas de Cartagena y Mazarrón (Fig. 51). Seguramente, se debieron utilizar otros recipientes como cubos de madera y cuero, cestas de mimbre y algún tipo de carretilla en las galerías más amplias (Gossé, 1942: 52-53; Antolinos, 2005: 79).

El mineral cargado en los contenedores se acarrearía manualmente desde los frentes de explotación hasta el exterior a través de las propias labores de explotación, galerías inclinadas y de desagüe o mediante el empleo de tornos rudimentarios de diversos modelos en las bocas de los pozos. Su transporte dentro de las galerías se realizaría "a mano limpia", bien de manera individual, o bien colectivamente, estableciendo una cuadrilla de obreros o formando una cadena, pasándose las espuertas o recipientes hasta la superficie (Antolinos, 2005: 79). Esta tarea junto a otras más, como señala Diodoro (*B.H.*, III, 13), la llevarían a cabo mayoritariamente niños y muchachos adolescentes ya que los adultos no podrían acceder a las zonas más estrechas y angostas. Sin embargo, excepcionalmente, en algunas explotaciones la extracción del mineral se realizaría con la ayuda de animales de carga como en la mina de Santa Bárbara (Córdoba) donde se encontraron los restos de un caballo, e incluso de carruajes, como se ha constatado en las explotaciones auríferas de Três Minas (Portugal) (Domergue, 1990: 432).

En otras ocasiones, el mineral se acarrearía hasta el fondo de los pozos desde donde se elevaría hasta la superficie por medio de poleas y tornos (Fig. 52). Para la operación de izado se empleaban cables confeccionados con fibras vegetales o cuero, bien directamente o enrollados en tornos simples o combinados con poleas, formando una especie de "cabria" (descrita ya por Vitrubio, *De Arch.*, X, 2, 1-3) como las documentadas en la mina de Aljustrel, (Viana *et al.*, 1956: 12-13). Ejemplares de estos aparatos se han documentado en diversas minas del Sur peninsular, en Cartagena-Mazarrón (Murcia), en Riotinto (Huelva), en Aljustrel (Portugal), en Almodóvar y Fuente Obejuna (Córdoba) (Gossé, 1942; Domergue, 1990: 415-416; García Romero, 2002). Concretamente, en la zona de nuestro estudio, P. Mesa y Álvarez (1890: 332), señala que en la mina de Los Palazuelos se documentaron trozos

Figura 50. Improntas de dos pequeños pozos antiguos con oquedades en el medio, en la pared sur de la rafa de Cerro Hueco, Linares.

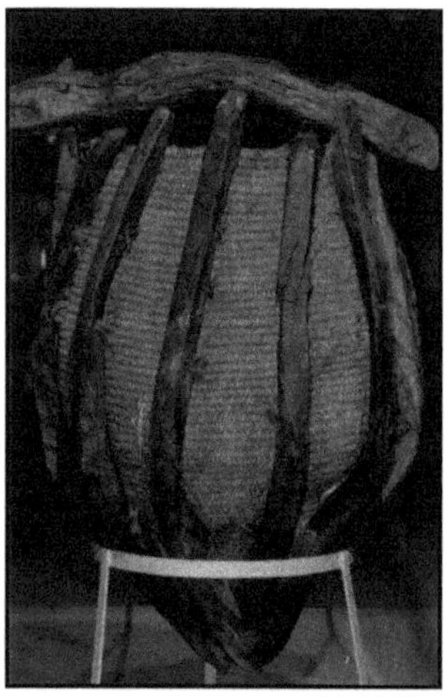

Figura 51. (Izquierda) Espuerta de esparto y madera para extraer el mineral del interior de las minas, Cartagena (Antona del Val, 1987). Figura 52. (Derecha) Poleas de madera procedentes de las minas de Cartagena (Museo Arqueológico de Cartagena).

de madera que, por su figura, debieron haber servido de ejes para pequeñas norias o aparatos de desagüe a brazo. Posiblemente algunos de éstos fueran tornos simples como indica C. Domergue (1990: 415).

IV.1.6. La iluminación

A medida que los trabajos mineros en esta zona aumentaban en profundidad, los romanos se encontraron con importantes problemas que solventar como fueron la iluminación, la ventilación y el desagüe de las aguas subterráneas, una vez que sobrepasaban los niveles freáticos. Respecto a la iluminación, una de las soluciones adoptadas fue la excavación de pozos lucernarios, de dimensiones reducidas, que sirvieron tanto para la iluminación como para la ventilación. Este sistema de iluminación está ampliamente constatado en las minas de Riotinto (Luzón, 1968: 138). En nuestra área de estudio se han documentado algunos pozos de este tipo como los de la mina de San Andrés en Linares que bien pudieron cumplir estas funciones.

Sin embargo, las lucernas fueron el principal elemento de iluminación en el interior de las minas, aunque también se pudieron alumbrarse con teas y antorchas impregnadas con resinas, si bien el uso de las mismas generaba ciertos inconvenientes en las labores interiores, ya que consumían una gran cantidad de oxígeno y emanaban gases tóxicos, en detrimento de los propios mineros (Ramin, 1977: 72).

Las lucernas podían ser de cerámica, bronce y plomo, aunque las más comunes y utilizadas fueron las primeras. En Hispania, las lucernas de plomo tenían forma de cuchara con un vástago agudo para poder ser enmangadas como la hallada en la mina de San Gabriel (Santa Elena) (Domergue, 1990: 461). Pero, como se ha señalado, el instrumento común de iluminación en las minas romanas fue la lucerna cerámica en la que ardía aceite de oliva, el combustible que menos humo ocasionaba. Éstas podían ser de dos tipos: portátiles, con mango, y las de los nichos, sin mango, más grandes y bastas. Las lucernas cerámicas mineras eran toscas y resistentes. Seguramente, cada minero tenía su lámpara como se puede observar en el relieve de Palazuelos y según nos transmite Diodoro (*B.H.* II, 12, 1-14, 5; V, 11). Éste autor refiriéndose a las minas de oro de Egipto y a las de Hispania indica que los mineros solían alumbrarse con lucernas sujetas a la frente. Si bien, habría otras que se disponían permanentemente en pequeñas oquedades excavadas en las paredes de las galerías llamadas lucernarios. Los numerosos hallazgos de lucernas romanas en las minas de Sierra Morena oriental (Fig. 53), sobre todo, del tipo que aparecen en Diógenes I (lucernas de tradición helenística, otras parecidas a las campanienses del s. II a.C. y del tipo delfiniforme) (Domergue, 1967) reflejan la gran importancia que tuvo la minería extractiva subterránea.

IV.1.7. La ventilación

La ventilación de las labores subterráneas fue el otro gran problema que debieron solventar los mineros antiguos ante el peligro de morir asfixiados por la falta de oxigeno. La mejor solución y más sencilla aplicada fue la de ventilar el interior de las minas por medio del tiro natural a través de los socavones y los pozos. El método empleado se basaba en la circulación natural del aire, confiando en el tiro natural y las corrientes, ayudados mediante diversos dispositivos simples (Healy, 1993). Para este propuesto, también se utilizarían los pozos gemelos como las galerías paralelas comunicadas entre si

Figura 53. Fondo de lucerna romana procedente de la mina de La Cruz, Linares.

Figura 54. Llaves, posible bisagra y herramienta de hierro hallados entre el conjunto de ferramenta recuperado del interior del pozo Mirador, El Centenillo.

por intersecciones en cruz, lo cual ayudaba al movimiento de aire. Las puertas, durante época romana, se emplearían para regular el tiro natural y controlar la dirección de las corrientes de aire en el interior de las galerías, tal y como demuestra el hallazgo de una llave, una pieza metálica (bisagra?) y numerosos clavos entre el conjunto de herramientas aparecido en el pozo Mirador que podría corresponder a una puerta (Fig. 54). Este sistema basado en la colocación de puertas en las galerías se debió seguir empleando en épocas posteriores como recoge en un grabado de G. Agrícola (1556). Por último, Plinio (*N.H.* XXXIII, 28, 3) nos transmite como los mineros, cuando el aire estaba enrarecido, tenían costumbre de agitar telas húmedas, lo que creaba corrientes de aire además de atrapar el polvo.

IV.2. LOS SISTEMAS DE DESAGÜE DE LAS MINAS ROMANAS

El agua en las minas antiguas se convirtió en el principal problema cuando los trabajos de extracción sobrepasaban los niveles freáticos, inundando las propias labores subterráneas, llegando, incluso, a provocar la paralización de la explotación y su posterior abandono (Antolinos, 2005: 80). Sin embargo, las minas más productivas y con mejores mineralizaciones se continuaron explotando en profundidad como las de El Centenillo o La Cruz (Linares) aunque para ello, los mineros romanos debieron utilizar una serie de métodos y artilugios para evacuar el agua.

Mina	Socavón	Profundidad	Longitud	Sección
F. Cobre (Bailén)	_____	_____	_____	Sin especificar
El Centenillo (Baños de la Encina)	Pelaguindas	_____	_____	Rectangular 1`75 x 1'50 m.
El Centenillo (Baños de la Encina)	Zapatero	_____	_____	Rectangular 1'40 x 1 m.
El Centenillo (Baños de la Encina)	Don Enrique (Dos socavones)	150 m.	_____	**1.** Rectangular 2 x 2,5 m. **2.** sin especificar
El Centenillo (Baños de la Encina)	Don Francisco	210 m.	1000 m.	Rectangular 0'90 x 0'95
El Centenillo (Baños de la Encina)	De la Huerta	250 m.	_____	Rectangular 1'50 x 2 m.
El Centenillo (Baños de la Encina)	Norte del Cerro del Plomo	_____	_____	_____
El Centenillo (Baños de la Encina)	De las Monedas	_____	_____	_____
El Centenillo (Baños de la Encina)	De la Teja	_____	_____	_____
A Cielo Abierto (El Centenillo)	Del Río	175 m.	800 m.	_____
A Cielo Abierto (El Centenillo)	Caño de las Flores	_____	250 m.	_____
A Cielo Abierto (El Centenillo)	_____	_____	110 m.	_____
A Cielo Abierto (El Centenillo)	_____	_____	60 m.	_____
A Cielo Abierto (El Centenillo)	_____	_____	50 m.	_____
Salas de Galiarda (Baños de la Encina)	Del Escudo	238 m.	60 m.	_____
La Cruz (Linares)	_____	100 m.	_____	_____
San Roque (Linares)	_____	_____	_____	_____
Valdeinfierno (Carboneros)	Varios Socavones	_____	_____	_____
Mina El Alcázar (Vilches)	Varios socavones	_____	_____	Rectangulares. Aprox. 1,5 x 1 m.

Tabla 2. Listado de socavones de desagüe romanos de las minas de Sierra Morena oriental elaborado a partir de la lámina XXI de C. Domergue (1990: 435) y de los trabajos de prospección que hemos llevado a cabo.

Por otro lado, el agua fue a su vez imprescindible para llevar a cabo actividades relacionadas con la concentración del mineral, el lavado, y para la explotación de los yacimientos auríferos secundarios, como los del Noroeste peninsular o los de la provincia de Granada (Cerro del Sol, en Cenes de la Vega y Caniles).

El agua en las minas puede proceder de la lluvia, especialmente en Europa atlántica; del nivel marino, en minas costeras como las del Egeo; o más corrientemente, como era el caso en Hispania, por el corte de las capas freáticas. Esto se debe a que las labores mineras traspasan generalmente el nivel freático y, en consecuencia, obligan a la desecación constante de las zonas de trabajo para contrarrestar las filtraciones (Luzón, 1968: 101). A este respecto, Diodoro Sículo (*B.H.* V, 37) dice que una vez desecadas las galerías por medio de los tornillos de Arquímedes, los mineros siguen trabajando a su gusto (Luzón, 1968: 101).

Para evacuar el agua de una mina hay dos posibilidades: elevarla o drenarla, mediante la excavación de una galería inferior o socavón de desagüe, siempre y cuando la topografía del terreno lo permitiera. Actualmente, es más rentable la primera solución, usando bombas eléctricas o de aire comprimido. A escasa profundidad, el drenaje no plantea problemas, ya que para evacuar el agua sería suficiente con la utilización de métodos simples o bien con la excavación de una pequeña galería de desagüe a una profundidad inferior a las de los trabajos mineros. Trabajar bajo el nivel freático es una tarea muy diferente. Las profundidades de 200-300 m alcanzadas en Sierra Morena o en el Sureste peninsular muestran la eficacia de las técnicas romanas, en particular las de desagüe (Domergue, 1990: 433-434; García Romero, 2002: 303).

Ante la problemática de drenar el agua, los romanos adoptaron diversas soluciones dependiendo de la cantidad de agua a desaguar y la profundidad a la que se encontraba (Luzón, 1968). Algunos los métodos y "máquinas" empleados para este fin se han documentado en el área de nuestro estudio, nos referimos fundamentalmente a las galerías de desagüe y los tornillos de Arquímedes, aunque no por ello dejaremos de hacer referencia a otros sistemas evidenciados en las minas del Sur peninsular. Estos artilugios y máquinas, en un principio, fueron inventados para otros usos, como los agrícolas, pero los romanos tuvieron la capacidad de readaptarlos e introducirlos en el interior de las minas (Luzón, 1968: 101; Davies, 1935: 7 y 201).

IV.2.1. Métodos simples: desagüe manual con auxilio de recipientes

Cuando la cantidad de agua era exigua, la profundidad a salvar era escasa y el interior de las labores lo permitiera, se emplearon recipientes que se trasladarían hasta la superficie u otro lugar de la mina manualmente o por medio de torno o poleas. Así, para este menester se utilizarían espuertas y esportones de madera y esparto embreado, cubos de madera y metal, cazos y canales de madera como los hallados en las minas de Sierra Morena y Sureste (Ramin, 1977: 79; Domergue, 1990: 440-442; Domergue, 2008: 121). De estos elementos, en esta región minera del Alto Guadalquivir tan sólo se tiene constancia de un cubo de bronce hallado en El Centenillo con las siglas S.C. (Sandars, 1905: 332) y de un cubo de madera descubierto, según P. Mesa y Álvarez (1890: 332), en el interior de la mina de Los Palazuelos. Sin embargo, conforme aumentaba el volumen de agua a evacuar, se hizo necesario el empleo de diversas máquinas o la excavación de las galerías de desagüe.

IV.2.2. Los socavones de desagüe

En las minas de Sierra Morena oriental, el sistema más práctico empleado en el drenaje de las labores mineras subterráneas fue el de realizar galerías, con una pendiente o inclinación más o menos suave, dirigidas hasta el exterior y por debajo del nivel de inundación de la mina. Este procedimiento de desagüe sólo era posible en zonas montañosas próximas a un valle al que vierten las aguas (Luzón, 1968: 101; Healy, 1993). En realidad, éste se trataba, según los ingenieros de minas, de un sistema natural de desagüe (Antolinos, 2005: 81). El empleo de este tipo de galerías de desagüe o socavones estuvo bastante difundido en la minería romana de la Península Ibérica, empleándose fundamentalmente en las minas de Sierra Morena, como a continuación veremos, del Sureste(Cartagena-Mazarrón y Almería) y de la Faja Pirítica del Suroeste (Domergue, 1990: 434-437; Healy, 1993: 40; Wahl, 1998; Antolinos, 2005). En muchas ocasiones, como se ha constatado en El Centenillo (socavón de Don Francisco o el de Caño de las Flores), estas mismas galerías sirvieron también para el acceso al interior de las labores, la extracción del mineral y para la prospección de nuevos filones (Domergue, 1990; 2008: 122).

Cuando Diodoro (*B.H.,* V, 37, 3), siguiendo a Posidonio, menciona las galerías inclinadas con las que en las minas de Turdetania se evacuaba el agua, no evoca sino a los socavones o "caños" de desagüe, siendo ésta la primera mención que de ellos se hace en la literatura. No hemos de extrañarnos ante el hecho de que para éste constituye una novedad el desagüe de las minas, puesto que en *Laurium* la porosidad de la roca y en Egipto la sequedad del clima hicieron innecesario el drenaje (Domergue, 1990: 434).

El primer ejemplo arqueológicamente constatado parece remontarse a la Edad del Bronce y se encuentra en la mina cuprífera del Arroyo del Cuezo (Montoro), donde no se ha encontrado ningún vestigio de ocupación posterior (Domergue, 1990: 434). A pesar de estas evidencias arqueológicas y la cita de Diodoro, como señala C. Domergue, no podemos asegurar que los socavones de desagüe sean una invención ibera (Domergue, 2008: 122), pero si podemos señalar que este sistema de desagüe natural es característico de las minas romanas de Hispania, predominando junto a la utilización de máquinas.

Como hemos señalado en párrafos anteriores, esta técnica de desagüe está ampliamente constatada en las minas de este distrito minero, en El Centenillo, en Valdeinfierno (Carboneros), en Linares y en Salas de Galiarda (Baños de la Encina) (Tabla 2). Sin duda, de todos los ejemplos conocidos, el más representativo y mejor estudiado es el grupo de socavones (conocidos como Pelaguindas, Zapatero, Don Enrique y Don Francisco) excavados en la pareja filoniana Mirador-Pelaguindas en El Centenillo (Baños de la Encina) (Fig. 27 y 55), los cuales se disponen de manera escalonada -como también los de Valdinfierno o los del filón Sur de El Centenillo- marcando las diferentes fases de explotación del filón Mirador (Rickard, 1928; Tamain, 1966b; Caride, 1978). Esto revela una premeditada y perfecta planificación a la hora de explotar este filón ya que a medida que evolucionaban las labores extractivas, los mineros romanos observaban que la mineralización proseguía en profundidad y, por tanto, era necesario abrir nuevos socavones a niveles cada vez más profundos (Domergue, 1990: 439).

La presencia de más socavones como el de La Huerta, el de las Monedas, el de La Teja y el de la ladera norte del Cerro del Plomo por debajo del socavón de Don Francisco, el cual marcaba el límite de los trabajos en profundidad en el filón Mirador, parece revelar que los romanos no sólo explotarían, como siempre se ha propuesto, dicho filón, sino que a través de éstos también trabajarían posiblemente los niveles inferiores del filón Pelaguindas así como los pequeños filones del Cerro del Plomo y de Las Monedas (Arboledas, 2007: 838-845). Todos estos socavones fueron limpiados y rehabilitados para su posterior reutilización a partir de finales del s. XIX. Tal es así, que algunos de ellos como el de Don Francisco, el situado en las faldas de la ladera norte del Cerro del Plomo o el socavón de La Huerta, aún siguen drenando el agua del interior de la mina.

En la ladera este de la montaña conocida como A Cielo Abierto (El Centenillo, Baños de la Encina) por los restos mejor conservados de rafas romanas que se encuentran en la misma, hallamos otra buena muestra del empleo de esta técnica de desagüe, donde los romanos perforaron escalonadamente cinco socavones que servirían para la extracción del mineral y más eficazmente para desaguar las labores más profundas (hasta los 225 metros de profundidad) del sector oriental del filón Sur. De las cinco galerías documentadas destacan fundamentalmente el Socavón del Río y el Caño de las flores. El primero de ellos tiene más de 800 metros de largo y se encuentra a 175 metros de profundidad respecto a la boca del pozo San Eugenio, coincidiendo con el nivel más profundo de las labores romanas en este sector. El segundo, situado cuarenta metros por encima del anterior, tiene unos 250 metros de longitud y en su entrada documentamos una gran escombrera, reflejo de un muy importante servicio del mismo para la extracción de mineral y de escombros, como se ha explicado anteriormente (Caride, 1978: 73).

La importancia de los vestigios antiguos mineros de Salas de Galiarda atrajo a inicios del s. XX la atención de los mineros. La topografía del lugar les permitió perforar en la ladera oeste del cerro donde se levantan las ruinas de Salas de Galiarda, en el paraje conocido como la Huerta del Gato, un socavón con el fin de cortar en profundidad el filón por debajo de los trabajos antiguos. De hecho, se propusieron primero reparar un socavón antiguo (socavón del Escudo) que se abrió en la ladera, en la cota 502. Después de un trayecto de 60 m en el granito, el socavón penetraba en los antiguos trabajos representados en superficie por rafas poco visible debido a los desprendimientos e integración en el paisaje de la zona. En la cota 428 se trazó otro socavón con el que comprobaron que el anterior en la cota 502 marcaba el límite inferior de las obras antiguas y de la mineralización, lo que significa que los mineros antiguos explotaron la parte más rica de este filón como hemos visto se ha visto ya en otras minas de este distrito (Acedo, 1902: 117: Domergue, 1987: 262).

En Valdeinfierno, situado en el sudeste de Palazuelos, y por donde transcurre el curso del río Guarrizas, se han documentado diversos restos antiguos sobre los filones, siendo estos mismos mucho menos profundos que los documentados en Palazuelos. La explotación de Valdeinfierno destaca por la presencia de numerosos socavones excavados en el granito y en las pizarras, a través de los cuales se explotaron pequeños filones de corta longitud y desaguarían los trabajos subterráneos (Fig. 56) (Gutiérrez Guzmán, 1999: 313). Los socavones antiguos trazados en los niveles más profundos del valle del río Guarrizas actualmente no se pueden observar debido a que el agua del embalse de La Fernandina los ha cubierto (Arboledas, 2007: 845)

Por último, este sistema de desagüe también se emplearía para drenar los trabajos subterráneos antiguos del filón La Cruz (Linares). En el s. XIX, cuando la explotación pasó a manos de la sociedad Minera de La Cruz, se localizaron trabajos mineros romanos muy desarrollados que llegaron a alcanzar los 100 metros de profundidad (Domergue, 1987: 288). Entre los vestigios mineros antiguos, P. Mesa y Álvarez señala la existencia de un notable socavón de desagüe que alcanzó en profundidad la tercera planta (unos 100 m.) de las modernas concesiones, evacuando el agua de la mina al paraje conocido como La Laguna[22], lugar donde se levanta el Cerro de las Mancebas (Mesa y Álvarez, 1890: 332).

En Vipasca, donde conocemos la existencia de una racionalización y sistematización de los trabajos, existía un socavón principal de desagüe del coto minero y socavones particulares de cada una de las concesiones en que se dividía dicho coto. Este socavón general de Vipasca era una estructura de utilidad pública, controlada directamente por los servicios del procurador que debía arrendar su mantenimiento a una empresa privada de dicha localidad. Dado el carácter estratégico de esta obra ningún particular podía modificar su trazado y era preciso

Figura 55. Entrada del socavón de desagüe Pelaguindas, El Centenillo.

Figura 56. Entrada de uno de los socavones de Valdeinfierno, Linares.

[22] Este topónimo alude a la existencia de una laguna que se ha mantenido hasta que fue desecada en época reciente.

el descubrimiento en las inmediaciones de un nuevo yacimiento minero (*novum metallum*) para que, como medida excepcional, se pudiera permitir que se le tocara. En *Vip*. II, 14-18 se dictan las precauciones a observar respecto al socavón de desagüe, especificando las distancias mínimas que los explotadores de pozos de cobre y plata vecinos al socavón de desagüe debían mantener entre éste último y sus trabajos, siendo de 18 m en los argentíferos y de 4,5 m en los cupríferos (Domergue, 1983: 16-23 y 156-157; García Romero, 2002: 311-312).

C. Domergue (1990: 460) señala la imposibilidad de que los preparativos necesarios para efectuar la excavación de los socavones lo hicieran los pequeños arrendatarios de la República o los *coloni* del Alto Imperio, dadas sus escasas disponibilidades a la hora de poner en explotación las concesiones. Más bien durante la República serían las grandes sociedades de mineros, en nuestro caso, sería la S.C., la cual tendría los recursos suficientes, tanto económicos como humanos, para llevar a cabo la construcción de socavones de desagüe y emplear diversas máquinas elevadoras de agua (tornillo de Arquímedes, noria, etc.). Durante el Alto Imperio, el fisco se encargaría de llevar a cabo estas infraestructuras. Según las últimas disposiciones del reglamento de Vipasca (*Vip*., II, 14-18) se constata que todo lo que concernía al socavón de desagüe era competencia del fisco, siendo plausible que este trabajo de interés general se efectuara por iniciativa y a cargo del fisco. La ejecución de estos trabajos, incluso su mantenimiento y funcionamiento, debía ser arrendado por la administración imperial y adjudicado en subasta pública, según las formas previstas en *Vip*., I, 1 y 2, por un personal especializado en estos temas (Domergue, 1990: 460).

IV.2.3. Las máquinas elevadoras

Cuando la configuración del terreno impedía la construcción el sistema de socavones, se hacía necesario o bien elevar el agua hasta el exterior o bien encauzar las aguas hacia un punto concreto del interior de la mina, utilizando ingeniosos mecanismos o máquinas de elevación que fuesen menos agotadores y más efectivos que el transporte manual de cubos. Estos mecanismos están perfectamente descritos en la obra de Vitrubio, el cual dedica un considerable apartado (*De architectura*, X, 4) "*a hablar de las diversas máquinas que han sido inventadas para elevar agua*" (Luzón, 1968: 103). Todas esas máquinas eran, sin embargo, caras y sólo se emplearían en las grandes explotaciones mineras (Healy, 1993: 108), como las de El Centenillo, y posiblemente, éstas, por los lugares donde aparecen en el interior de las minas, en las zonas más profundas, se vincularían con las labores desarrolladas en época altoimperial. La mayor parte de las máquinas de desagüe hasta el momento proceden de las minas del Sur Peninsular (Cartagena, Sierra Morena y el Suroeste). Estas consisten en tres procedimientos descritos con todo detalle por Vitrubio (*De architectura*, X, 6-11): la noria, el tornillo de Arquímedes y la bomba de Ctesibio (Luzón, 1968: 103).

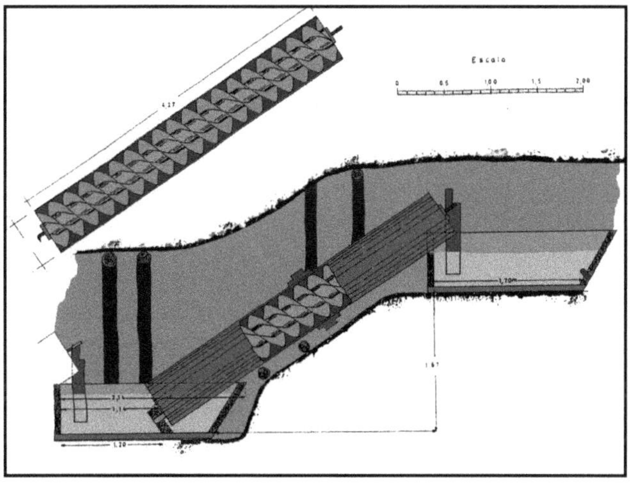

Figura 57. Esquema del tornillo de Arquímedes mejor conservado de los cinco hallados en el filón Mirador, El Centenillo (Colectivo Proyecto Arrayanes).

Todas las máquinas de extracción de agua empleadas por los romanos se usaron ya en época helenística en la agricultura para la irregación, pero sus técnicos tuvieron la idea de emplearlas en el desagüe de las minas y, cuando lo hicieron, todo su arte consistió en hacer que fueran verdaderamente eficaces. El aporte técnico de los romanos no se basó en la invención de las máquinas, sino en el uso que se hizo de ellas (Domergue, 1990: 460).

De las máquinas empleadas en el desagüe de las labores mineras subterráneas de la Península en época romana, en el distrito minero de Linares-La Carolina, únicamente, se tiene constancia del tornillo de Arquímedes (Vitruvio, *De architectura*, X, 4, 4) y de la noria (Vitruvio, *De architectura*, X, 4, 3), los dos artilugios más empleados por los romanos. En 1911 en El Centenillo, los ingleses, durante la explotación de la planta XI del filón Mirador (por los pozos Santo Tomás y Águila), a unos 220 metros de profundidad, hallaron una serie de cinco tornillos de Arquímedes dispuestos en cadena por debajo del nivel del socavón de Don Francisco en el que vertían el agua elevada. De los cinco, tres de ellos fueron extraídos, uno para enviarlo eventualmente al Museo Nacional o a la Escuela de Minas, los otros dos para ser conservados en la provincia, pero desgraciadamente desaparecieron en el lamentable incendio (1947) del almacén en que estaban guardados (Hill y Sandars, 1911; Rickard, 1928; Tamain, 1966b: 296-297; Domergue, 1990: 450). Éstos funcionarían, por su situación, en la última fase de explotación de este yacimiento (s. I-II d.C.) (Arboledas, 2007).

La figura 57, representa al ejemplar mejor conservado de las minas de El Centenillo del cual, G. Tamain realizó una descripción detallada: "*El citado tornillo consiste en un árbol central (a) de madera de roble (de 20-25 cm. de diámetro), sobre el cual se fija una cinta espiral de cobre (b) (de 15-20 cm. de anchura por 0`2 cm. de gruesa), de modo que forma un tornillo sin fin. Esta cinta está igualmente fija al chasis que constituye el cuerpo de la bomba: este último (c) es un cilindro de madera (de 60 cm. de diámetro y 4 m. de largo aproximadamente).*

Todos los empalmes se hacen con remaches de cobre (d, d`). En cada extremo del árbol, es decir exactamente en el eje del tornillo, hay una punta metálica (de hierro según Richard) que hace oficio de pivote: el pivote inferior descansa en un tejuelo de piedra o de cobre, mientras que la punta superior gira en una cavidad hecha en un montante de madera. Unas cuñas o pedales (en número de 4, y dispuestas a 90º, al parecer) se encuentran entibadas. Era puesta en movimiento por uno o dos esclavos, y la espiral, en su árbol rotor, aspiraba el agua recuperada en un cajón inferior (g), y la elevaba hasta una tina superior (g`), donde era recuperada por otra bomba, y así sucesivamente... Se puede imaginar de este modo, con Rickard (1927: 92), que cada una de estas bombas se accionaba por un hombre, que apoyando sus manos con toda seguridad en una barra transversal impulsaba con el pie los pedales, unos tras otro. O bien es preferible suponer el caso, como se haría en El Centenillo, de que dos hombres colocados uno junto al otro, de espaldas a la pared, accionarían esta bomba por turno riguroso, tal como hace hoy un motorista que intenta arrancar su máquina" (Tamain, 1966b: 295-296).

El eje del caracol debía de disponerse inclinado, dejando una extremidad dentro del agua y la otra sobre una arqueta receptora que recogía el agua. Los tornillos de Arquímedes hallados en las minas de El Centenillo, Posadas (Córdoba) y Sotiel Coronada (Huelva) se colocaban a lo largo de una galería inclinada escalonadamente en batería hasta llegar al exterior o a la altura del socavón. El agua en cada salto se elevaba 1`5 m. El funcionamiento del tornillo se conseguía mediante aletas aplicadas a la parte exterior, moviéndose por la presión de los pies del trabajador. Normalmente el obrero se colocaba cerca de la pared y podía sostenerse apoyando los brazos sobre unas maderas (Luzón, 1968).

El segundo artefacto más empleado en las minas romanas de la península fue la rueda hidráulica o noria, sobre todo en las del Suroeste (Riotinto, Tharsis y Aljustrel) (Palmer, 1926-27; Luzón, 1968; Domergue, 1990; Domergue y Bordes, 2004; Manzano y Ojeda, 2006: 14 y 18-19) (Fig. 58). Los únicos elementos que se conocen de esta máquina en este distrito minero proceden de la mina

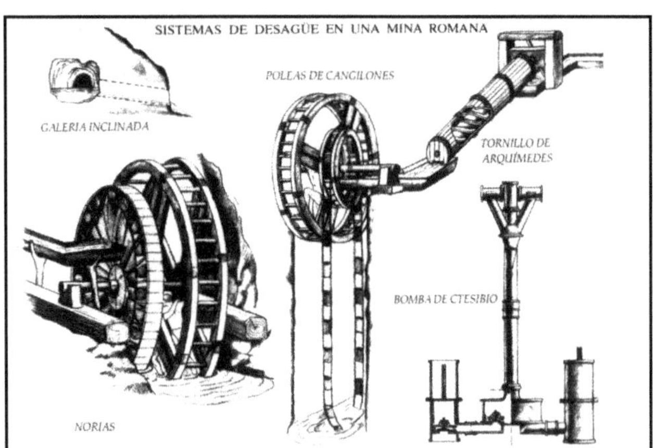

Figura 58. Grabado de los diferentes sistemas de desagüe empleados en las minas romanas (Colectivo Proyecto Arrayanes).

de Palazuelos, en la que según el testimonio de P. Mesa y Álvarez, se encontraron un cangilón pequeño de madera y otros trozos del mismo material que debieron haber servido de ejes para pequeñas norias o aparatos de desagüe a brazo, un torno (Mesa y Álvarez, 1890: 332).

Viturbio (X, 4) indica que "*se construirá una rueda en torno a un eje, del tamaño que se adecue a la altura exigida*". Las norias mineras encontradas en Hispania tienen unos diámetros que varían de 4'87 a 3'65 m., siendo más frecuente diámetros de 4'28 a 4'63 m. (Domergue, 1990: 446). Éstas, para evitar la corrosión, fueron construidas enteramente de madera, que se utilizaba incluso como elemento de unión en forma de puntillas de sección. La única pieza de metal era el eje, normalmente de bronce, excepto en las norias de Sao Domingo (Portugal) que era de encina. Los análisis realizados a la noria conservada en el Mueso Provincial de Huelva muestran por un lado una gran unidad constructiva, adecuados a unos modelos tipificados y, por otro, la sabia elección de la materia prima con que se fabricó cada elemento de la rueda, a fin de dotarla de una gran resistencia para las especiales condiciones de trabajo de la mina (Rodríguez Trobajo: 2006). Los discos y las tapas se hicieron de pino negral, los radios de abeto, los cangilones de pino silvestre, el cojinete conservado de roble y las espigas y clavijas mayoritariamente de roble (Ojeda Calvo, 2006: 28 y 38).

La rueda hidráulica o noria es comparable a una rueda de una bicicleta o un carro, con un eje, un cubo, unos radios y una llanta, pero difiere en dimensiones y por las artesas fijadas a la llanta (Domergue, 1990: 446). En el eje se insertaban los pares de radios (de 22, 24, 25, 27 y 30, según los ejemplares) que soportaban a su vez una corona de cangilones y artesas. Los cangilones tenían una abertura en cada lado, por los que se llenaban de agua cuando estaban en la parte más baja (dentro del agua) y, se vaciaban en una canal de madera en la parte más alta. Sobre esta corona se disponían una serie de listones de madera (de 5 cm. a 20 cm. de anchura y 4 cm. de grosor), uniendo los extremos de los radios que sobresalen ligeramente bajo las artesas. Esa tablita se utilizaba de "peldaño" que los mineros pisarían con la punta de los pies transmitiendo la fuerza necesaria como para accionar la noria. Seguramente, sería necesario más de un obrero para poner en funcionamiento una máquina de este tipo tan pesada por su propia estructura y por el agua que además debía elevar. Además, los mineros encargados de su funcionamiento debieron estar apoyados en pequeños potros encastrados oblicuamente en altura y detrás de la rueda (Domergue, 1990: 449; 2008: 125-127; García Romero, 2002: 328-329).

Las ruedas se introducían dentro de la mina en piezas sueltas y numeradas para evitar errores en su montaje. Éstas se ensamblaban *in situ*, en el lugar exacto que iba a ocupar la misma. Normalmente, las norias se colocaban solas o, preferiblemente, por parejas, en batería, en galerías o pozos escalonados, con un par en cada escalón, elevando el agua hacia el siguiente, comunicadas entre ellas por cortas galerías por donde el agua circulaba en canales (Domergue, 1990: 448). Concretamente, en Riotinto se encontró un conjunto de ocho parejas de ruedas que colocadas de manera sucesiva conseguían elevar el agua a una altura de 29 m. (Gonzalo y Tarín, 1886: 35; Luzón, 1968: 111) y, en Tharsis, doce parejas en el criadero del Filón Norte (Luzón, 1970: 229). Los ejes de las ruedas reposaban encima de unos soportes constituidos por vigas de madera sólidamente encastradas en las paredes (Domergue, 1990: 448). La disposición de estas parejas de norias estaba estudiada de forma que, girando en sentido inverso, vertiesen el agua en el canal siempre con la misma dirección, gracias a lo cual era impulsada hacia la fosa del piso superior para ser recogida por el par siguiente. Sin embargo, no todas estaban de dos en dos, ya que en los sitios en que la cantidad de agua lo permitía se colocaba una única rueda, que sería suficiente para cubrir las necesidades de desecación (Luzón, 1968: 111).

La utilización de una u otra máquina (tornillo de Arquímedes o noria) estaría condicionada entre otros factores por la propia naturaleza de las explotaciones mineras. Si observamos, la gran mayoría de las norias documentadas en la península están asociadas a las explotaciones de las grandes masas mineralizadas del Suroeste o Sureste. Esto se debería, en buena medida, a que la instalación de las norias necesitaría de grandes espacios que no existirían en la minería filoniana de Sierra Morena, aunque no debemos olvidar otros factores tan importantes como la cantidad de agua a desaguar, la profundidad de la misma y el rendimiento de las máquinas. Por el contrario, los tornillos de Arquímedes se adaptaría mucho mejor a los espacios reducidos y estrechos más característicos de la minería filoniana como la de Sierra Morena de donde proceden los vestigios más importantes, concretamente de Santa Bárbara (Posadas, Córdoba) y El Centenillo (Baños de la Encina, Jaén). No obstante, esto no debería ser siempre así ya que por ejemplo, en Sotiel Coronada (Huelva), los tornillos se hallaron asociados a una polea de cangilones. Por tanto, creemos que las características de la explotación minera serían decisivas para la instalación de una u otra máquina, junto a otros condicionantes como el agua a desaguar, la altura de elevación, etc.

Por último, la polea de cangilones (Vitruvio, *De architectura*, X, 4, 4) y la bomba de Ctesibio (Herón, *Neumáticas* I 28, 2; Vitruvio, *De architectura*, X, 14) fueron los otros dos artilugios empleados para el desagüe de las minas del Sur peninsular documentados por la arqueología y citados por los autores clásicos, de los que hasta el momento no tenemos constancia en la región minera de nuestro estudio[23]. Respecto al primero, en líneas generales, se trataba de los mismos tornos y poleas utilizados en la extracción del mineral, así como algunos de los recipientes citados anteriormente, como vasijas de cerámica, cubos de metal o espuertas de esparto. El hallazgo más importante de este mecanismo se halló en la mina de Sotiel Coronada en Huelva, asociado a una batería de tornillos de Arquímedes. Concretamente, en el fondo de un pozo antiguo de esta mina se constato la existencia de cinco cubos de bronce con el borde exvasado atados a una cuerda de esparto con el objeto de suspenderlo a través de una polea de madera (Domergue, 1990: 441; García Romero, 2002: 332-333; Antolinos, 2005).

En cuanto a la bomba de Ctesibio, en las minas hispanas se han documentado dos: la primera, de bronce y muy bien conservada, se descubrió en Sotiel Coronada y, la segunda, de plomo, se halló en una terrera antigua situada en el Barranco del Hoyo del Agua, en la Sierra Cartagena (Caro Baroja, 1955; Luzón, 1968; Landels, 1978; Domergue, 1990: 454). Tradicionalmente, se ha planteado la duda de sí ésta se utilizó para desaguar los minados subterráneos o, tal vez, se aprovecho para sofocar pequeños incendios dentro de la mina o apagar el fuego empleado por los mineros para arrancar el mineral. Nosotros, al igual que otros investigadores (Landels, 1978: 200; Domergue, 2008: 123) pensamos que, por la forma de las mismas y sus dimensiones, éstas se utilizarían para la segunda de las opciones citadas. Si bien, en el caso de la segunda bomba, como sugiere C. Domergue, no sería imposible que se emplazara para elevar el agua del interior de la mina hasta el exterior, al menos a una cierta altura (Domergue, 2008: 123).

---

[23] En este trabajo tan sólo mencionamos algunos de los aspectos más relevantes de estas dos máquinas, de las que, como hemos señalado, no tenemos constancia en este distrito minero. Por tanto, para ver otras cuestiones como la descripción técnica del artilugio, su funcionamiento, etc., nos remitimos a la extensa bibliografía existente referente a los sistemas de desagüe de las minas que recogemos al final de este libro (Luzón, 1968; Caro Baroja, 1955; Landels, 1978; Domergue, 1990; García Romero, 2002; Viollet, 2005; Arboledas, 2007).

V. EL TRATAMIENTO DE LOS MINERALES: LA METALURGIA ROMANA

Una vez arrancado el mineral, éste era trasladado a las plantas metalúrgicas u *officinae* donde era tratado. Siempre que fue posible, las fundiciones se establecieron a pie de mina, en el lugar más apropiado. Estos complejos de procesamiento del mineral se encontraban acompañados de talleres anejos, donde el mineral se molía y después se concentraba mediante el cribado, el lavado y sucesivos procesos de tostado, fusión y refino (Domergue, 1990: 495). Según los metales tratados, los metalúrgicos recibían el nombre de *aerarii, argentarii, aurileguli, ferrari, plumbarii, stannatores* (Binaghi, 1946: 4; García Romero, 2002: 341).

Según el reglamento de *Vipasca* (*Vip.* I, 7), sabemos que las minas de dicho distrito tuvieron sus propias fundiciones, que fueron alquiladas a contratistas (*conductores*) bajo pagos específicos, los cuales no estaban incluidos en lo estipulado por la concesión minera. En la misma ley, en el párrafo siguiente, se indica que el mineral fundido allí, pero procedente de otro lugar, debía de pagar al fisco unos honorarios especiales de un denario por cada cien libras. Esa penalización sugiere la existencia de pequeños operadores activos en minas próximas, tal vez privadas o sujetas a un régimen de explotación diferente a las minas imperiales de *Vipasca*, que no tuvieron recursos suficientes para dotarse de sus propias fundiciones (Edmonson, 1987: 80; García Romero, 2002: 344).

Normalmente, el transporte del mineral hacia las fundiciones, desde las minas, se realizaba, en el caso de que se encontrara a una corta distancia, por medio de sacos de esparto u otros contenedores similares con la ayuda de animales de carga y tiro, ya que, si la planta metalúrgica estaba en las inmediaciones, se efectuaría en los mismos continentes con los que el mineral se extraía del interior de las minas. Concretamente, la segunda tabla de *Vipasca* (*Vip.* II, 9) precisa que el mineral debe transportarse de la mina a las fundiciones sólo en horas de sol (entre el amanecer y el ocaso) con el fin de evitar fraudes al Fisco y prevenir los robos y escamoteos (D'Ors, 1953: 129; Domergue, 1983: 147).

En numerosas ocasiones, constatamos, por las escombreras documentadas junto a las labores mineras romanas (por ejemplo las rafas de El Centenillo, de Los Palazuelos o las rafas de San Ignacio), que la primera trituración y clasificación se haría a pie de mina con el fin de transportar a la fundición tan sólo el mineral concentrado (Arboledas, 2007: 873).

Durante los trabajos de campo, los vestigios de fusión, como escorias, restos de hornos, etc., son los que directamente nos informan sobre la existencia de una fundición (Domergue, 1990: 495). La gran mayoría de los escoriales de plomo-plata de Sierra Morena han sido lavados y refundidos en época contemporánea por importantes compañías mineras (Los Manzanos o S.M.M. de Peñarroya) debido a que su reexplotación, a veces, era mucho más rentable económicamente que extraer el mineral de la mina, ya que las escorias antiguas contenían aún un alto porcentaje de plomo[24] (Márquez Triguero, 1983: 225). Por ello, de lo que había sido una instalación organizada, con sus hornos, edificios, talleres,... hoy únicamente observamos espacios de varias hectáreas de extensión totalmente arrasados, donde tan sólo existen montones de tierra y escorias de diferentes tipos y épocas. Ejemplos muy claros de esto son las fundiciones de La Tejeruela, La Fabriquilla, Arroyo de Ministivel, Fuente Pilé, pozo Santo Tomás, Fuente Espí, Cerro de las Mancebas, Fuenta del Sapo, La Laguna,... Sin embargo, los enormes escoriales de Riotinto o Tharsis permiten imaginarnos lo que debía ser el ambiente de estas instalaciones rodeadas por colinas de escoria (Domergue, 1990: 495).

V.1. EL EMPLAZAMIENTO DE LAS FUNDICIONES ROMANAS DE SIERRA MORENA ORIENTAL

El investigador Márquez Triguero (1983), en su trabajo sobre las fundiciones romanas de la Sierra Morena cordobesa, señala que: "*Las fundiciones se reparten, unas veces próximas a la mina y, otras en lugares recónditos y apartados de ellas, en zonas donde no existe el menor indicio de la presencia de mineral.*

Los requisitos indispensables para fijar el emplazamiento de una fundición fueron los siguientes:

- Madera en abundancia como combustible. Normalmente se emplearía la autóctona del lugar, en Sierra Morena, la encina y el alcornoque.
- Agua, para el lavado del mineral.
- Una buena situación, donde corriera el viento suficiente, que favoreciera la evacuación de los humos nocivos y el tiro de los hornos.
- Y por último, una idónea posición estratégica que facilitara tanto el acceso de la materia prima (el mineral) como su salida.

Éstas fueron las características fundamentales que los mineros antiguos buscaban a la hora de instalar una planta metalúrgica. Pero en cambio, cuando no querían alejarse de las minas, los técnicos mineros intentaron aprovechar al máximo las condiciones locales para emplazar las fundiciones. Generalmente, las minas se hallan en lugares montañosos, donde normalmente suele haber vientos fuertes para el tiro, madera para el combustible y agua. Si bien, cuando faltaba alguno de estos elementos intentaban buscar la mejor solución

[24] Para explotar un escorial antiguo era necesario denunciarlo previamente al igual que una mina. En este distrito minero tenemos constancia de un buen ejemplo que conocemos gracias al artículo publicado por L. de la Escosura en el Boletín Oficial de Minas sobre los escoriales de La Carolina. Éste señala la existencia de un gran escorial en el término de esta población, concretamente en la mina El Castillo, que fue denunciado por una compañía de la misma localidad (Escosura, 1844-1845: 212). En la actualidad, en este lugar, apenas se observan algunos fragmentos de escoria por la superficie.

Nº	Denominación	Elementos metalúrgicos	Situación	Cronología	Minas próximas
8	Los Escoriales	Escorias de cobre	Ladera	s. II a.C.-I d.C.	Los Escoriales
10	Salas de Galiarda	Escorias	Ladera	s. II y I a.C.	Salas de Galiarda, Pocicos del Diablo
11	Huerta del Gato	Escorias de cobre	Valle de Arroyo Peregrina	s. I a.C.-III d.C.	Salas de Galiarda, Pocicos del Diablo
17	Las Encebras	Escorias	Llano, valle de Las Encebras	Alto Medieval	Socavón Las Encebras
22	Cerro del Plomo	Escorias de plomo, legamos, hornos, crisol	Ladera Cerro del Plomo	s. II a.C.-II d.C.	Filón Mirador, Pelaguindas, Cerro del Plomo
23	Cerro Este Cerro del Plomo	Escorias de plomo, estructura de lavado	Ladera	Época romana?	Filón Mirador. Pelaguindas, de Las Monedas
24	Escorial de río Grande	Escorias de plomo	Ladera, valle del río Grande	Época romana?	Filón Pelaguindas y de Las Monedas
26	Pozo de Santo Tomás	Escorias de plomo	Ladera	s. II-I a.C.	Filón Mirador
27	La Tejeruela	Escorias de plomo, pared de horno, hornos	Ladera	s.II-I a.C./ Alto Medieval	Filón Mirador
28	La Fabriquilla	Escorias, restos de hornos	Ladera	s. I-III d.C.	Filón Mirador
29	Fundición del Cerro de las Tres Hermanas	Escorias de plomo, ánforas Dressel 1	Ladera	s. II-I a.C.	Filon Mirador y Avutarda?
30	Fundición Arroyo Ministivel	Escorias de plomo, restos de hornos	Ladera en el arroyo Ministivel	Época romana	Filón Mirador
34	Fundición Fuente Pilé o Pilet	Escorias de plomo	Ladera, arroyo de Fuente Pilet	Época romana?	Filón Ranchero y filón Sur
36	Fundición de la carretera JV-5031	Escorias de plomo, pared de hornos	Ladera, a orillas de un arroyo	Época romana?	Filón Sur y El Guindo
37	Escorial "Los Escoriales"	Escorias	Ladera, orillas del río Grande	Época romana? Contemporanea	Filón El Guindo
38	Los Guindillos	Escorias	Ladera, a orillas de un arroyo	Época romano-republicana?/Alto Medieval	Filón El Guindo
39	Las Torrecillas-San Telmo	Escoria de plomo, un *catilli*	Ladera, orillas del arroyo de Las Pizarras	Época romana-republicana	Yacimiento estratiforme de Las Torrecillas
40	Fuente Espí	Escorias de plomo, litargirio y plomo derretido	Llanura en la cima de un cerro amesetado	Época tardo-republicana y Alto Imperial, s. I a.C.-I d.C.	Yacimiento estratiforme de Las Torrecillas, mina de El Castillo, Sinapismo y Aquisgrana
41	Mina El Castillo	Escorias de plomo,	Ladera a	Época romana-	Mina El Castillo y

		cerámica Campaniense	orillas del río Camapana	republicana (s. II-I a.C.),	Sinapismo
43	Mina San Gabriel	Escorias de plomo, mineral y plomo fundido	Ladera de pequeño cerro	Época Alto Imperial	Mina San Gabriel y Venta Quemada
48	Los Palazuelos	Escorias	Ladera del cerro de Palazuelos	Época romana, s I-II a. C.-II d.C.	Mina Palazuelos y filón de Valdeinfierno
51	San Julián	Escorias, fundentes, posibles estructuras de horno	Ladera media a orillas del arroyo San Julián	S II a.C.-I d.C.	Filones de Valdeinfierno
52	Cerrillo el Cuco	Escorias de cobre	Ladera media a orillas del río Guadalén	Villa romana alto-Bajo Imperial	Pequeñas minas de las cercanías
54	La Laguna	Escoria de plomo, bloque de tobera	Ladera casi en llano junto a un arroyo	Época romana, s II-I a. C.	Mina de Cuatro Amigos, santa Agueda y mina La Española
58	Cerro de las Mancebas	Escorias de plomo	Ladera junto a un laguna	Época romana, s. II-I a.C.	Mina de Arrayanes, Filón La Cruz y Coto La Luz
65	Horno del Castillo?	Cisternas	Ladera, cerca del río Guadiel	Tardo republicano Alto Imperial	Minas de Majada Honda
68	Los Tercios	Piletas de lavado, posibles hornos y escoria	Pequeña loma	Alto Imperial	Mina de Arrayanes
69	Fuente el Sapo	Restos de paredes de hornos y escorias	Media ladera de una pequeña loma junto al rio Guadiel	Romana	Mina del Cerro de Buena Plata y Cerro Hueco

Tabla 3. Fundiciones romanas del distrito minero de Linares-La Carolina-Andújar (Arboledas, 2007).

posible. Así, por ejemplo, en el entorno de la fundición romana de Cerro del Plomo no existe un curso de agua que abasteciera los lavaderos para el mineral. Este problema lo solucionarían utilizando el agua procedente de los socavones de desagüe, del socavón de D. Enrique y D. Francisco, que conducirían hasta la instalación de lavado por medio de canales de madera (Domergue, 1971: 347). Sin embargo, ante este mismo problema, en Los Palazuelos y Salas de Galiarda optaron por la construcción de cisternas para almacenar el agua que sería utilizada para estos menesteres.

En el área minera de este estudio se documentan numerosas fundiciones, prácticamente una o varias por cada mina, formando el binomio mina y fundición (Tabla 3[25]). Entre los binomios atestiguados en la zona, destacan entre otros, como se observa en la tabla 3, el compuesto por el filón Mirador con las instalaciones metalúrgicas del Cerro del Plomo, pozo de Santo Tomás (Solana del Águila), arroyo de Ministivel y La Tejeruela en El Centenillo y, el de los filones de Arrayanes, La Cruz y Coto La Luz con las fundiciones del Cerro de las Mancebas y de Los Tercios[26] en Linares. Éstas, al igual que en otras regiones mineras del Sur peninsular, se

[25] En esta tabla se recogen aquellos yacimientos en los que se constata la presencia de uno o varios elementos que creemos como determinantes de la presencia de una fundición. El más indicativo de ellos y presente en todas las fundiciones es la escoria. Además hay que señalar que en esta relación hemos mantenido la numeración empleada en el catálogo de yacimientos minero-metalúrgicos del distrito minero de Linares-La Carolina.

[26] Esta fundición, localizada en las cercanías de la Estación de ferrocarril de Vadollano, se ha descubierto con motivo de la construcción de la línea de ferrocarril que une la mencionada estación con la factoría de Santana Motor, en Linares. Actualmente, este yacimiento se encuentra en proceso de excavación.

asientan en la ladera media y baja de cerros, en la mayoría de los casos, junto a la mina, en zonas estratégicas con abundante vegetación y cercanas a los cursos de agua y a los caminos antiguos[27]. Entre los ejemplos más representativos de centros metalúrgicos podemos mencionar el del Cerro del Plomo, La Tejeruela, Cerro de las Mancebas, Los Escoriales y mina El Castillo (Arboledas, 2007: 876-877).

La mayoría de las fundiciones documentadas de esta región se fechan en los momentos de mayor desarrollo de la actividad minera en esta zona, entre el s. II a.C. y II d.C., aunque por su número predominan las de época romana republicana sobre las imperiales. Por el contrario, para este segundo periodo (el Alto Imperio) se identifican instalaciones metalúrgicas de dimensiones mucho más grandes que las de la época anterior, como son las de Fuente Espí (La Carolina) y La Fabriquilla (El Centenillo), junto al Cerro del Plomo. Éstas se ubican en lugares más alejados de las minas, donde no existe ningún indicio de mineralización. Este hecho podría estar condicionado por la búsqueda de combustible (madera), agua y un lugar bien situado y comunicado que facilitara la exportación del metal obtenido, dentro de la nueva política imperial centrada en la explotación intensiva de las minas más productivas y rentables.

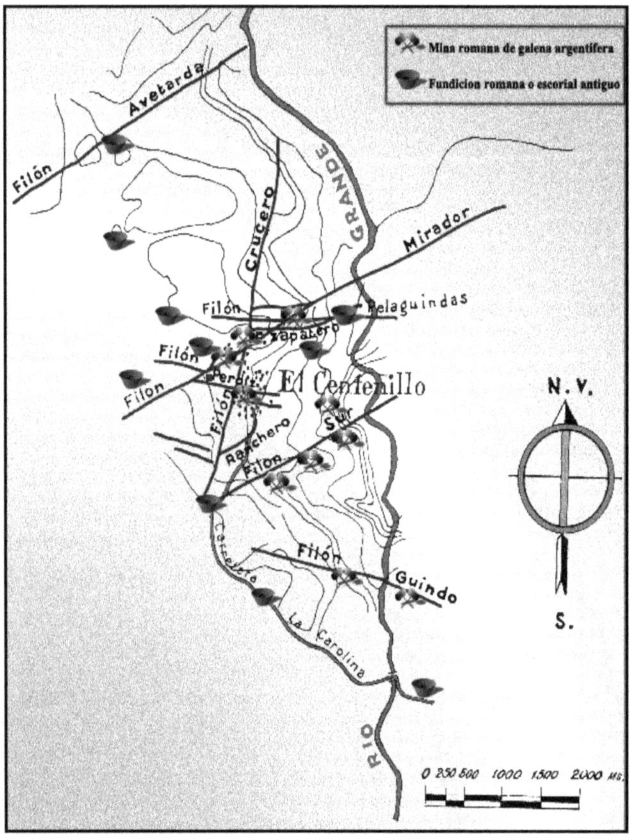

Figura 59. Mapa de distribución de las fundiciones y labores mineras romanas de El Centenillo (elaborado a partir de un mapa del Colectivo Proyecto Arrayanes).

[27] En el capitulo VI de este libro se analiza el trazado de las principales vías de comunicación que unían esta área minera con los centros urbanos de Cástulo e *Isturgi*, el cual, como hemos comprobado, estaría ligado íntimamente a la existencia de explotaciones mineras y fundiciones.

Sin embargo, para el ingeniero de minas C. Caride (1978), la ubicación de la fundición romana de La Fabriquilla se explicaría por la existencia en su proximidad de antiguos filones metalizados ahora desconocidos que, si bien, las numerosas prospecciones geológico-mineras llevadas a cabo a lo largo del s. XX no han detestado. Por tanto, ante la inexistencia de minas explotables en las cercanías nos ratificamos aún más en la idea de que su ubicación se debe a las causas citadas anteriormente.

Ante la concentración de fundiciones alrededor de los filones de El Centenillo, C. Domergue intento relacionar los trabajos mineros con éstas según su emplazamiento (Fig. 59). Desde esta perspectiva, la fundición de La Fabriquilla y La Tejeruela se habrían abastecido de los minerales de las labores superficiales del filón Mirador, mientras que el Cerro del Plomo habría tratado la galena de los trabajos profundos evacuados por las galerías de de Don Enrique y Don Francisco. Por otro lado, observamos que La Tejeruela y el Cerro del Plomo son parcialmente contemporáneos, esto, en palabras de C. Domergue, significa que a finales del s. II a.C. principios del s. I a.C. la actividad minera prosiguió tanto en los niveles superficiales como en los profundos de este filón (Domergue, 1987: 270-271). La fundición de la Fabriquilla, sin embargo, estaría en funcionamiento durante la explotación de los niveles superiores bajo época Imperial, s. I-III d.C. como demuestra el material recuperado. Con esta relación, C. Domergue propuso un cuadro cronológico donde relaciona los trabajos extractivos del filón Mirador con las fundiciones cercanas (Domergue, 1987: 271), que reproducimos a continuación con los nuevos datos aportados por nosotros:

- Una primera etapa, a finales del S II a.C. en la que el mineral explotado en los niveles superiores del Mirador se tratarían en las fundiciones de la Solana del Águila (pozo de Santo Tomás) y en La Tejeruela.
- Una segunda etapa, a finales del S. II a.C. y S. I a.C. en la que se trabajaría los niveles superficiales e inferiores del filón Mirador que abastecerían de mineral a las plantas metalúrgicas de La Tejeruela y Arroyo de Ministivel y del Cerro del Plomo respectivamente. Probablemente, el mineral tratado en la fundición de Cerro de las Tres Hermanas procedería de este filón.
- En una última etapa, s. I y II d.C. se explotarían los niveles inferiores del filón Mirador, que suministrarían mineral a la fundición del Cerro del Plomo y mientras tanto los niveles superiores, posiblemente abastecerían la fundición de la Fabriquilla, la cual hemos fechado en época Imperial, s. I-III d.C.

Por su parte, el mineral extraído en los trabajos inferiores del filón Pelaguindas, del filón Las Monedas, fechados antes del año 45 a.C., podrían vincularse con el escorial localizado a orillas del río Grande, cerca de la entrada del socavón de desagüe de Las Monedas. Por último, la fundición de Fuente Pilé (Cerro de la Cuna) se asociaría a las labores mineras del filón Sur y Ranchero mientras que la de la carretera JV-5031 y Los Guindillos a los trabajos del filón El Guindo.

En el caso de las explotaciones mineras y fundiciones del entorno de La Carolina, también se puede llevar a cabo una reconstrucción similar a la que C. Domergue propuso para El Centenillo. Parece que en un primer momento, en los s. II y I a.C. el mineral explotado en las minas de Las Torrecillas de San Telmo y de El Castillo se trataría en sendas fundiciones aledañas a éstas que se adscriben a este periodo. Por el contrario, en un segundo momento, en el cambio de era y época Alto Imperial, parece que el mineral de estas minas se trasladaría para su procesado a la importante instalación metalúrgica de Fuente Espí, en la misma población de La Carolina, fechada entre finales del s. I a.C. principios del s. II d.C.

Un hecho interesante a destacar es el que documentamos en el área de Linares, concretamente en el paraje de Paño Pico y La Laguna donde se encuentran las explotaciones de San Ignacio, filón La Cruz y Coto la Luz. Como sabemos, los filones del macizo granítico de Linares, en las partes superficiales, arman en cobre mientras que en profundidad, lo hacen en plomo. Ante la dualidad de mineralizaciones, en época romana se optó por la instalación de dos fundiciones coetáneas muy cercanas entre sí, especializándose, una en el procesado de los minerales de cobre, la fundición de Paño Pico junto al pozo de La Mejicana, y la otra, en los minerales de plomo, la del Cerro de las Mancebas. El registro arqueológico documentado en ambas fundiciones ratifica esta hipótesis, ya que en la primera aún se conservan restos de escoria de cobre, y en la segunda, durante las prospecciones superficiales y la excavación de urgencia (Hornos y Cruz, 1987) llevadas a cabo en la misma, tan sólo se han recuperado escorias de plomo. Ambas fundiciones, se han adscrito a época republicana.

Por otro lado, al igual que observamos en la zona de La Carolina o en El Centenillo, durante época Alto Imperial el mineral de la mina de Arrayanes y La Cruz seguramente se procesaría en la recientemente descubierta fundición de Los Tercios, la cual se adscribe por el material cerámico recuperado a dicho periodo cronológico. Ésta se localiza a poco más de dos kilómetros de estas minas, en una pequeña loma, cerca de la población de Linares, a cuyo pie pasaría el trazado del antiguo Camino de Aníbal o vía Heraclea. Con esto, volvemos a observar como las fundiciones más importantes de este distrito fechadas en época Alto Imperial (Fuente Espí en La Carolina o La Fabriquilla en El Centenillo) se ubican en lugares "algo más alejados" de las explotaciones y siempre junto a importantes vías de comunicación, lo cual viene a confirmar que este hecho sería un factor determinante a la hora de decidir dónde se instalaría una fundición.

Finalmente, queríamos anotar también que, en el mismo lugar de emplazamiento de las fundiciones romanas de El Centenillo, situadas junto al camino antiguo de San Lorenzo-Baños de la Encina, nos referimos a La Fabriquilla, La Tejeruela, Fuente Pilé y Los Guindillos, constatamos la existencia de una fase de ocupación Alto Medieval, como demuestra el material recuperado de las mismas, lo cual indica que, probablemente, durante este periodo estos yacimientos también estarían ligados a la actividad metalúrgica.

V.2. EL PROCESO DE CONCENTRACIÓN DEL MINERAL

Los minerales extraídos de los filones de esta región, excepto los que se encontraban en estado nativo, además de metal, contenían otros elementos llamados ganga (cuarzo, fluorita, etc.), los cuales, deberían ser eliminados hasta obtener el metal. El proceso de concentración del mineral se realizaría en varias fases, la molienda, el cribado, el lavado y el último, la fusión, que constaría, a su vez, de tres procesos sucesivos, la tostación, la fusión y el refino. De todo este proceso, como a continuación vamos a explicar, tenemos constancia en las fuentes literarias, epigráficas (*Vipasca*, Plinio, Estrabón, etc.) y, sobre todo, en el registro arqueológico que ha quedado fosilizado en el terreno. Básicamente, en este trabajo nos centraremos en las evidencias localizadas en este distrito minero.

V.2.1. La molienda

La molienda sería la primera fase del proceso de concentración. Según sea su estadio tecnológico, así será el resultado final. Su grado evolutivo se comprueba fácilmente observando la granulometría de la escombrera: cuánto más antigua, mayor grosor y mayores pérdidas (García Romero, 2004: 106). Ésta, como hemos señalado anteriormente, se iniciaría ya en el interior de la mina y proseguiría en la boca de la misma, como reflejan las escombreras documentadas junto a las minas antiguas de esta zona. Dichas operaciones se repetirían tantas veces como fuera necesario hasta convertir los fragmentos de mineral en polvo. Cuanto mejor molido estuviera el mineral más fácil y efectivo resultaría el lavado y la fusión del mismo.

Para este menester se emplearían diferentes instrumentos y mecanismos, desde los más simples y manuales como los grandes martillos de escotadura y martinetes, morteros de piedra y piedras cazoleta hasta los más complejos como los molinos manuales, los rulos, los molinos de reloj y los "bocards" (Domergue, 1990: 497-500; García Romero, 2002: 349-367; Domergue, 2008: 143-147)[28]. Sin embargo, cada uno de ellos se utilizó en una fase diferente del proceso de la molienda. Así, por ejemplo, los martinetes o rulos servirían para realizar un primer desmenuzado del mineral y los morteros se emplearían en una segunda fase, previa a la última

[28] En este trabajo tan sólo se analizaran los restos asociados a este proceso, documentados en nuestra área de estudio. Por tanto, nos remitimos a la extensa bibliografía existente que adjuntamos al final de este libro, para todo aquel que esté interesado en conocer detalladamente los diferentes instrumentos y métodos empleados en la trituración del mineral en época greco-romana.

molienda en las piedras cazoletas o en molinos. Vinculados al proceso de concentración del mineral, en esta área de estudio, se han documentado algunos de los instrumentos citados que a continuación analizamos.

En diversas minas de esta región, como Salas de Galiarda y Los Escoriales se han hallado numerosos martillos de piedra que en época romana se dedicarían posiblemente a esta actividad. Concretamente, de la segunda de las minas citadas, procede un gran martillo de piedra con ranura para el enmangue de 19'5 Kg. (Domergue, 1987: 261), que se usaría como un martinete en la molienda del mineral. Seguramente, para su manejo se necesitó de algún dispositivo, un sistema de palanca o cigüeñal, tal y como ilustra la reconstrucción esquemática realizada por J. García Romero (2002: 349), formando un martinete. A este tipo de artilugio se podría asociar un gran bloque de granito, de forma totalmente redondeado, con un diámetro de unos 50 cm. aproximadamente (Fig. 60) hallado cerca de la mina y poblado fortificado de Salas de Galiarda. Éste presenta una ranura horizontal y otra vertical para su sujeción, que recorren todo su perímetro exterior, cortándose perpendicularmente en la mitad de la pieza.

Asociado también con este sistema de trituración, se halló en la mina y fundición de San Gabriel (San Elena) una cavidad regular (0,44 m. de diámetro y 0,34 m. de profundidad) excavada en el granito. Según C. Domergue, ésta sirvió como mortero para triturar el mineral, y el mazo de grandes dimensiones se pondría en funcionamiento con la ayuda de un balancín apoyado sobre un suporte, a través de un cable y una polea, como la máquina de moler el trigo que menciona Polibio (1, 22) (Domergue, 1990: 497).

De las demás máquinas o instrumentos citados no tenemos evidencias en este distrito, tan sólo cabría mencionar por un lado, un posible *catillus* gigante de granito, aparecido en la mina de San Gabriel, que pertenecería seguramente a un enorme molino de reloj de arena empleado en la última fase de molienda (Domergue, 1990: 499-500); y, por otro, las piedras cazoletas y los molinos de mano, usados desde época pre histórica como se observa en el yacimiento argárico de Peñalosa (Baños de la Encina). Sin embargo, en las minas del Sur peninsular si se han documentado restos de estos artilugios, así por ejemplo, ejemplares de rulos se han hallado en Cartagena, de morteros de piedra en Riotinto y de los molinos rotativos y piedras cazoletas en las minas de Sierra Morena (Domergue, 1990; 2008; García Romero, 2002).

V.2.2. Concentración y enriquecimiento del mineral por el lavado

El lavado constituye la tercera fase de concentración, tras la molienda y la criba. En realidad se trata de un cribado hidráulico, seguido de sedimentación. Los mineros antiguos se basaban en el concepto de la concentración gravimétrica, es decir, en el hecho de que los granos de mineral son más pesados que los de su ganga. Es la concentración gravimétrica. Mediante una corriente de agua se separan unos de otros, arrastrando el agua los más ligeros (Conophagos, 1980: 96). Plinio, al mencionar el procesamiento del mineral, hace referencia al lavado: "*quod effossum est, tenditur, lavatur, uritur, molitur in farinam*" (*N. H.* XXXIII, 21-4).

El agua, que tanto perjudicaba en el proceso de extracción, era fundamental en la elaboración del concentrado, así que, siempre que se encontró disponible, se reutilizó en los lavaderos. Este es el caso del Cerro del Plomo (El Centenillo) donde, como hemos señalado anteriormente, en la boca del socavón de desagüe D. Francisco se estableció la planta metalúrgica, empleándose el agua drenada de los trabajos subterráneos del filón Mirador (Domergue, 1971).

Sin embargo, en otras ocasiones, este recurso se encontraba a veces lejos o a diferente cota de las plantas metalúrgicas, lo cual hizo necesario la construcción de estructuras hidráulicas de almacenaje dentro de las mismas. A lo largo de Sierra Morena se han documentado numerosas cisternas construidas en *opus caementicium* y revestidas de *opus signinum* (García Romero, 2002) que se dedicarían al almacenamiento de agua tanto para el consumo humano como para un proceso productivo (la agricultura, la metalurgia, etc.)[29]. Concretamente, en este distrito, destacan las cisternas de los poblados minero-metalúrgicos de Salas de Galiarda (Corchado y Soriano, 1962; Domergue, 1987: 263) y Los Palazuelos (Fig. 61 y 62) (Domergue y Tamain, 1971: 216; Domergue, 1987: 277-278). Sus dimensiones, así como la gran cantidad de agua que podían almacenar (unos 140 metros cúbicos), hacen que se deban relacionar, sin lugar a dudas, con un proceso productivo (lavado del mineral) más que con el abastecimiento humano (Gutiérrez Soler *et al.*, 2002).

Figura 60. Gran martillo de ofita de más de 10 kg. de peso, mina El Polígono, Baños de la Encina.

[29] Como señala J. García Romero esa doble función, agrícola y metalúrgica, es admisible cuando se efectúan en el mismo entorno ambas actividades económicas, pero la mayoría de las cisternas localizadas en Sierra Morena se emplazan en parajes donde la agricultura está fuera de lugar (García Romero, 2002: 372).

Figura 61. Entrada de una de las cisternas del poblado fortificado de Salas de Galiarda, Baños de la Encina.

Figura 62. Restos de una de las cisternas del yacimiento de Hornos del Castillo, Guarromán.

En época romana se emplearon diferentes sistemas de lavado del mineral como las mesas de lavado (Healy, 1993: 184-188; Conpphagos, 1980: 301-302), los *sluices* o *agogae* mencionados por Plinio para las minas de oro (*N.H.*, XXXIII, 76) (Domergue, 1990: 474-477; Pérez García y Sánchez-Palencia, 2000: 208-225; Sánchez-Palencia, 2002: 138-145), los lavaderos helicoidales de Laurion (Conophagos, 1980; Domergue, 2008: 147-150), los escalonados con cazoletas en el castro de San Torcuato (Orense) (Chamoso, 1954-55) o las cisternas interconexas de Coto Fortuna (Mazarrón) (Ramallo y Arana, 1985: 63; Domergue, 1990: 500-501; Domergue, 2008: 152-153). Básicamente, el funcionamiento de la mayoría de estos sistemas consistía en pasar repetidas veces una corriente de agua que arrastraría las partículas estériles por su menor peso, quedando depositadas en el fondo las partículas más densas y, en consecuencia, más ricas en metal.

Concretamente, en estas minas de Sierra Morena se han documentado restos arqueológicos que evidencian la existencia de diferentes métodos de lavado. Seguramente, uno de éstos bien pudo ser la criba hispanorromana que cita Polibio cuando describe como se concentraba la galena argentífera de las minas de Cartagena (Estrabón, *Geo.*, III, 2, 10). Ésta consistía en un cajón de madera poco profundo con un enrejado metálico en el fondo, que se encontraba suspendido por cadenas o cuerdas unidas en un madero horizontal. Una vez lleno de mineral triturado era sumergido y elevado en una cisterna llena de agua por un obrero con movimientos bruscos. De ese modo, en el agua, los granos de mineral se van clasificando rápidamente, depositándose por capas, según su densidad, en el fondo del cajón o cisterna. Así, el mineral más denso se acumularía en el fondo, los estériles más ligeros en la parte superior y los mixtos entre los dos anteriores. Por su parte, el mineral que se quedaba dentro de la criba, se volvía a triturar para posteriormente ser cribado y lavado. Este proceso se repetiría tantas veces como fuera necesario hasta obtener el concentrado idóneo listo para fundir (Ramin, 1977: 109; Domergue, 1990: 501). Esta técnica se practicaría igualmente en la Edad Media como señala G. Agrícola (1556) y en época contemporánea. En las minas de Sierra Morena y del Sureste, el aparato empleado para este menester hasta los años 60-70 fue el *cajón de palanca* o *criba cartagenera* (Fig. 63)[30].

Para el lavado del mineral de las minas de El Centenillo también se ha interpretado una cavidad circular excavada en la pizarra (de 1 m. de diámetro por 0'70 m. de profundidad), hallada en la loma situada al este del Cerro del Plomo (Fig. 64). Ésta formaría parte, según C. Domergue, de una estructura de lavadero de similares características al descubierto en el Coto de la Fortuna (Luzón, 1970: 237; Ramin, 1977: 111-113; Domergue, 1990: 501-502), que estaba compuesto por quince cavidades circulares y rectangulares unidas por un canal. Posiblemente, éstas pertenezcan a una instalación de

[30] A lo largo de los trabajos de campo llevados a cabo en este distrito hemos podido documentar en algunas pequeñas explotaciones mineras y escombreras antiguas los restos de este tipo de criba cartagenera. Por otro lado, el Ingeniero Técnico de Minas T. Cerón Cumbrero, en su reciente libro *Lavaderos en minas y terreros de Linares-La Carolina*, publicado en 2005, realiza un magnífico análisis de los diferentes sistemas de lavado, tanto manuales como mecánicos, empleados en época contemporánea en las minas de este distrito, entre ellos, la criba cartagenera o el cajón de palanca.

lavado por gravimetría (Domergue, 1987: 270; 1990: 502).

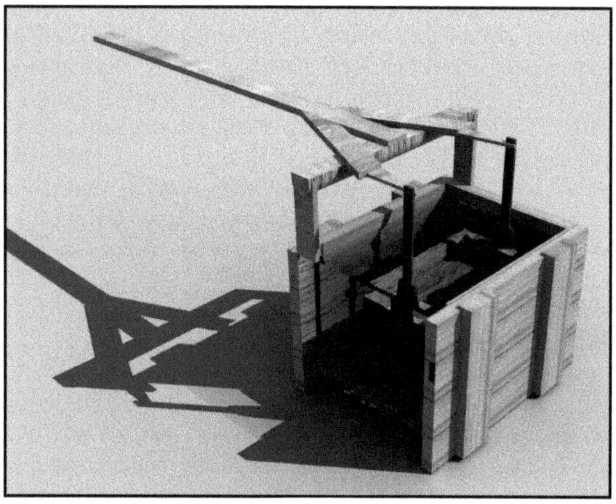

Figura 63. Reproducción de una criba cartagenera o cajón de palanca (Colectivo Proyecto Arrayanes).

Figura 64. Detalle de pozo localizado en el escorial al este del Cerro del Plomo, perteneciente a una posible estructura de lavado, El Centenillo.

Figura 65. Recipiente de plomo procedente de El Centenillo, empleado, probablemente, en el lavado del mineral (Museo Arqueológico de Linares).

Este lavadero funcionaría como el del Coto de Fortuna, exceptuando algunas salvedades. Según la propuesta de J. Ramin (1977: 112-113), que ha sido secundada por la gran mayoría de los investigadores (Domergue, 1990. 502), las cubas de estos lavaderos funcionarían por separado, lavando una cantidad concreta de mineral. Una vez que la cuba estaba llena de agua (y de mineral) comenzaba la operación. Ésta consistía en agitar la mezcla de agua y de mineral sin interrupción con la ayuda de un palo o pala de madera. Después de un tiempo, se quitaría la tabla que unía los dos depósitos por su parte alta, pasando hacia el otro depósito el agua con los estériles de la parte alta. Esta operación se repetiría las veces necesarias hasta obtener el concentrado idóneo (Ramin, 1977: 112-113). Sin embargo, este proceso diferiría un poco del que se llevaría a cabo en el lavadero de El Centenillo ya que, a las cubas de éste, no se le adosaban otras de planta rectangular. Por tanto, ante la inexistencia de un depósito adjunto donde fuera el agua con los estériles, éstas se pudieron emplear de dos formas: una, haciendo rebosar las pozas con agua a la vez que se removía el mineral triturado con un palo eliminando así los estériles y, la otra, sería esperar a que se depositaran tanto el concentrado de mineral y los estériles en el fondo, una vez agitada la mezcla de agua y mineral. En ambas opciones, una vez terminado el proceso, sería necesario vaciar el agua de la cuba como paso previo a la extracción primero de los estériles y después, el concentrado del mineral.

Procedente también de El Centenillo, en el Museo Arqueológico de Linares se exponen dos recipientes de plomo cuya interpretación sugiere que servirían, entre otras cosas, para el lavado del mineral (Fig. 65). El primero, es un recipiente cilíndrico de plomo con las paredes muy deformadas y dobladas, de 23, 7 cm. de altura por 37 cm. de diámetro, y 2,2 cm. de grosor. El segundo, también es un recipiente cilíndrico de plomo, de 22,8 cm. de altura por 60,1 cm. de diámetro y 1 cm. de grosor. Este último presenta en el fondo cuatro orificios rectangulares hechos desde el exterior los cuales, seguramente, por cómo se distribuyen, estén relacionados con el soporte donde estaría colocado el recipiente. Estos se dispondrían de manera escalonada, funcionando como el lavadero documentado en Montevechio (Cerdeña) (Binaghi, 1938). Probablemente, este tipo de lavadeo se utilizarían en una última fase de lavado y con pocas cantidades de mineral.

En muchas ocasiones, del proceso de lavado, al igual que del de triturado, además de las estructuras hidráulicas y objetos asociados a estas actividades, se han conservado otras huellas en el terreno, como son la presencia de léganos finos, de escombreras, etc. Concretamente, en el yacimiento del Cerro del Plomo, se pudo atestiguar la existencia de lavaderos en la segunda plataforma gracias a la documentación en los cortes 2 (estrato VI) y 3 (estrato IV) de finísimas capas de léganos de color amarillento verdoso, conocidas en la zona como "cisquero", ya que fue imposible documentar otro tipo de vestigio arqueológico (estructuras, etc.) (Domergue, 1971: 289). Los análisis realizados por C. Domergue a varias muestras de estos léganos han rrevelado que la ganga del mineral tratado estaba compuesta principalmente por sílice (cuarzo), óxidos de hierro, barita, aluminio y rastros de sulfatos de calcio y de magnesio (Domergue, 1971: 363; Domergue, 1987: 563). Estos análisis, juntos a los de las escorias de la misma fundición, demuestran que la trituración y el lavado del mineral no bastaron para separar toda la ganga del mineral, la cual sería eliminada totalmente en el proceso de fundición.

V.3. LA FUNDICIÓN DEL MINERAL

La fundición consiste en un nuevo proceso de concentración gravimétrica, en caliente, mediante la cual, en fases sucesivas de tostación, fusión y refino, se van desprendiendo los elementos indeseables del mineral que no pueden separarse en frío, hasta conseguir un metal más puro (García Romero, 2004: 109).

V.3.1. Las fases metalúrgicas

Grosso modo, los minerales explotados pueden aparecer en forma de óxidos-carbonatos (malaquita, azurita, etc.) y de sulfuros (galena argentífera, calcopirita, pirita, etc.), lo cual supone un tratamiento pirotécnico especifico para cada uno de ellos. Así, en teoría, para extraer el metal de los sulfuros se debían llevar a cabo las tres fases metalúrgicas mencionadas anteriormente, tostación, fusión y refino.

El proceso de tostación o "fundición a mata" es la primera operación metalúrgica a que se somete a un sulfuro mineral, mediante la adición de temperatura para la separación de los sulfuros de la ganga. En la tostación se elimina azufre, ácido carbónico, cinc y otras impurezas que no podrían separase por el proceso mecánico de lavado. Diversos cambios químicos tienen lugar; bien una oxidación (de los sulfuros) o una calcinación (cuando hay una descomposición en carbonatos, sulfatos, arseniatos, etc.). Los hornos suelen ser grandes oquedades semiesféricas excavadas en el suelo, sin estructura externa permanente (Tylecote, Chaznavi y Boydell, 1977: 305; Calabrés *et al.*, 1995: 304). La tostación sería un proceso previo y fundamental, sobre todo, para poder extraer de los minerales polimetálicos (sulfuros de cobre como la pirita o calcopirita), con altos contenidos de hierro, el cobre metálico y otros metales, como la plata.

El siguiente proceso es la fusión que supone una licuación, por lo que requiere mayor temperatura. Por ello, el combustible suele ser carbón vegetal, el horno es cerrado, se aplican tiros forzados y se añaden elementos (fundentes) a la carga para subir la temperatura o para captar la ganga indeseada o el metal requerido. De todo ello resulta un proceso gravimétrico, permaneciendo la ganga o escoria en superficie y el metal en el fondo (Healy, 1993: 194).

El refino es una fusión muy vigilada de un concentrado al que se han de quitar escasos y controlados elementos. Las cantidades a tratar son reducidas y se tratan en crisol, abierto o cerrado, para recibir un chorro de aire o no. En esta fase, según que metales busquemos, se haría uso de la copela o la amalgama (García Romero, 2004: 111). Concretamente, en este distrito los romanos practicarían la copelación para extraer la plata de la galena argentífera.

El principal mineral que se procesó en la gran mayoría de las fundiciones de este distrito minero, excepto el cobre del valle del Jándula y de algunas minas del distrito de Linares, fue la galena, de la que se extraería el plomo y la plata. La plata se convirtió en el metal más preciado por los romanos después del oro, mientras que el plomo sería un subproducto que se explotó y comercializó a gran escala.

Los procesos de obtención del plomo y la plata son muy variados, ya que depende de las características de un concentrado en particular. En cualquier método se pueden diferenciar, al menos, las tres etapas mencionadas anteriormente. En primer lugar, se procedía a la tostación, la cual eliminaba anhídrido sulfuroso, obteniéndose de ello aglomerado de óxidos de plomo, el cual se fusiona con carbono en un horno de cubeta, y así obtener plomo metálico impurificado y sin desplatar, también llamado plomo de obra. El proceso termina con un refinado por caldeo a temperatura moderada con el fin de separar la plata del plomo de obra que se conoce como copelación (Arana Castillo, 1983: 943).

La copelación consiste básicamente en recuperar los metales nobles, plata y oro, de los minerales en que están contenidos en baja concentración, como es el caso de la galena argentífera de esta zona que contenía en pequeñas proporciones, plata. La mena, concretamente el plomo sin desplatar, se calentaba en una copa o copela hasta fundirlo y, sobre esa fusión metálica, se fuerza una corriente de aire que oxida las impurezas (Fe, Pb, Zn, Cu, etc., sobre todo, plomo), que son absorbidas por la pared porosa de la copela. En el caso de recuperación de la plata, ésta quedaría en el recipiente en estado líquido fundido, momento en el que aparece un destello brillante que indica el final del proceso. De esta forma se recupera hasta un 95% de la plata en la primera copelación. En ocasiones, este proceso se repetiría hasta conseguir desplatar totalmente el plomo de obra. La desplatación del plomo provocaba una elevada pérdida de este elemento, de ahí la presencia de gran cantidad de litargirio (OPb) y de un elevado porcentaje de óxido de plomo en las escorias metálicas de las fundiciones romanas de Sierra Morena y Cartagena (Antona del Val, 1987: 75-76). En último lugar, se procedía a reducir nuevamente los bloques de litargirio (el óxido de plomo resultante de la copelación) hasta convertirlos en plomo listo para su comercialización en forma de lingotes.

V.3.2. La carga de los hornos y el combustible

Para llevar cabo todas estas fases de fundición del mineral se emplearía gran cantidad de combustible, madera (leña) y carbón, dependiendo de la fase de fundición o del mineral tratado. En términos generales, la tostación requería madera y la fusión carbón vegetal, fabricado con leña de pino, roble o encina (Cleere, 1976: 240; García Romero, 2004: 111). Tanto en Sierra Morena como en el Suroeste se utilizo fundamentalmente la madera de encina (*Quercus ilex*), aunque también se pudieron emplear otras variedades como por ejemplo el alcornoque (*Quercus suber*) y la coscoja (*Quercus coccifera*) (Edmonson, 1987: 75).

Normalmente, la carga de los hornos se disponía de manera estratificada, alternando una capa de mineral y otra, doble, de combustible. Este es el caso del horno de tinaja que se descubrió cargado junto al arroyo Guijuelo, en Mestanza (Ciudad Real). Este horno alternaba lechos de mineral con otros de leña (Márquez Triguero, 1983: 226-227).

Dentro de los hornos, además del mineral a fundir y el combustible, se añadían intencionadamente otros elementos que facilitaran la captación y separación de la ganga del mineral; éstos son los fundentes. Los fundentes variaran según el mineral tratado. Así, por ejemplo, la sílice y el hierro son desechables en minerales sulfurosos, como las galenas y las calcopiritas. Si la ganga tiene demasiada sílice, para atraerla, hay que añadir a la carga óxidos de hierro o manganeso, que son los que captan y separan, flotando en forma de escoria fayalítica (doble monóxido de hierro-dióxido de de silicio [$2FeO.SiO_2$]). Si la ganga es baja en sílice y alta en hierro, para captar el hierro se requiere agregar sílice, como cuarzo o arena (García Romero, 2002: 387).

Una práctica habitual en la fundición del Bronce Final y la metalurgia fenicia, aunque los fundidores de plata romanos también la utilizaron, fue añadir al horno pequeñas cantidades de cuarzo libre con el objetivo de hacer la escoria más quebradiza y así, extraer por medios mecánicos, las partículas metálicas que encerraba (Blanco y Rothenberg, 1981: 77).

En época romana y prerromana, el plomo fue muy utilizado como captador de metales nobles, concretamente, de la plata. La importancia de este hecho radica igualmente en que evidencia una tecnología metalúrgica altamente desarrollada, en la que se conoce, no sólo que los minerales ricos en plomo, tipo "gossan", lo son igualmente en plata, sino también que en aquellos minerales ricos en plata y más pobres en plomo, se puede beneficiar igualmente la plata mediante el aporte de plomo metálico. La necesidad del plomo para la copelación, al actuar éste como colector, requirió un comercio interior dentro de la península para abastecer de este metal a las zonas mineras donde el mineral contenía poco plomo, como por ejemplo, la Faja Pirítica del Suroeste. Este comercio se remonta a época tartésica y se prolonga hasta el periodo romano. Según J. Fernández Jurado, los fenicios suministrarían a los indígenas del Suroeste el suficiente plomo para llevar a cabo el proceso de extracción de la plata por copelación (Fernández Jurado, 1993: 154-155). Este plomo, según los análisis de isótopos de plomo practicados a diferentes muestras de escoria recogidas en diferentes yacimientos tartésicos fechados entre el s. VIII y V a.C., procedería del distrito de Linares-La Carolina y de Cartagena (Hunt Ortiz, 2003; Domergue, 2008: 160) como ya habían sugerido algunos investigadores (Fernández Jurado, 1993: 154-155). A esta misma necesidad respondería también el hallazgo de lingotes de plomo en las minas romanas de Riotinto (Huelva), fechados en el cambio de era, procedentes de *Carthago Nova* (Antona del Val, 1987: 78; Domergue, 2008: 160).

Concretamente, en las fundiciones de este distrito, los metalurgos romanos emplearon diferentes fundentes en la fundición de la galena, fundamentalmente, los óxidos de hierro y los carbonatos de calcio. Así, por ejemplo, los análisis de muestras de escorias recogidas por C. Domergue en diferentes estratos del Cerro del Plomo, con una cronología que se extiende desde el s. I a.C. hasta el s. II d. C., muestran un alto contenido en hierro (Domergue, 1987: 559). Tales cantidades de silicatos de hierro en las escorias correspondería a la adicción de óxidos de hierro como fundente en el proceso de fundición de la galena.

Por otro lado, los resultados de los análisis de las muestras de escorias recogidas en diferentes instalaciones metalúrgicas antiguas de este distrito revelan que en las fundiciones romanas del Cerro del Plomo, La Tejeruela y Cerro de las Tres Hermanas (anexo nº 2, Tabla 4, 6 y 8) en El Centenillo, y de la Huerta del Gato (anexo nº 2, Tabla 1 y 2) en Baños de la Encina, además de los óxidos de hierro se emplearían como fundentes también el carbonato cálcico y el óxido alumínico (Arboledas, 2007: 902-903).

En la fundición de San Julián, cerca de las minas de Valdeinfierno, Vilches (Jaén), parece que igualmente se utilizó el carbonato cálcico como fundente tal y como indica el hallazgo de gran cantidad de fragmentos de este mineral mezclados entre la escoria. El añadir un tipo u otro de fundente y la cantidad necesaria del mismo, estuvo determinado por el mineral que se fuera a fundir (Arboledas, 2007: 903).

V.3.3. Las evidencias arqueológicas del proceso metalúrgico

La explotación de los escoriales antiguos de las minas del sur peninsular durante los dos siglos pasados propició el descubrimiento de numerosos vestigios asociados a la fundición, de los cuales apenas se conserva nada, excepto algunos dibujos o descripciones detalladas realizadas por los ingenieros de minas, como por ejemplo, las de J. Gonzalo y Tarín (1886: 40) para las minas de Huelva o las de Ezquerra del Bayo (1850: 503-508) acerca de los hornos aparecidos en el escorial Roma (cerca del Cabezo Rajao) en la Sierra de Cartagena. Sin embargo, por otro lado, la refundición de estos escoriales por parte de los "sacagéneros" y de algunas compañías mineras, como por ejemplo, la Sociedad Minera Metalúrgica de Peñarroya, nos ha privado de la posibilidad de conocer y documentar gran parte de los restos relacionados con la metalurgia romana. Así, la mayoría de las huellas documentadas asociadas al proceso de fundición del mineral en las plantas metalúrgicas de este distrito como La Fabriquilla, La Tejeruela, Cerro de las Mancebas, Paño Pico, La Laguna, etc., se reducen básicamente al hallazgo de escorias, de paredes de hornos (arcilla vitrificada, ladrillos, bloques de piedra con escoria) (Fig. 66), o a fragmentos de galena, de litargirio, de plomo metálico y de algún crisol (Arboledas, 2007: 907-908).

a) Hornos

Aunque contamos con la información oral de la existencia de hornos en algunas fundiciones romanas como La Tejeruela, La Fabriquilla o Cerro del Plomo (El Centenillo), realmente las evidencias de los mismos en esta zona se reducen actualmente, en la mayoría de los casos, a la documentación de gran cantidad de paredes de horno (Domergue, 1971; 1990)[31]. Recientemente, F. Arias de Haro (2001), en las fundiciones de La Tejeruela y Arroyo de Ministivel (El Centenillo) identificó tres hornos de pequeñas dimensiones y gran profundidad en la primera de éstas y, uno de características similares, en la segunda. De éstos, tan sólo hemos podido documentar uno de ellos en La Tejeruela (Fig. 67), además de gran cantidad de escoria y de cúmulos de piedras quemadas y fragmentos de arcilla con escorificaciones procedentes de los hornos.

Concretamente, en la fundición romana del Cerro del Plomo, hasta el momento el único yacimiento metalúrgico excavado en este distrito C. Domergue, no se documentó ningún horno de fundición de galena, pero a buen seguro, los hubo de haber. Éstos, al igual que los de otras fundiciones, fueron destruidos por los "sacagéneros". Dicho investigador supone que los hornos debieron de localizarse en las grandes excavaciones circulares existentes en las plataformas media e inferior de este yacimiento. Además, en el estrato VII del corte 8, situado entre dos de estas excavaciones, las capas de ceniza se hacían cada vez más gruesas conforme se acercaban a estos hoyos (Domergue, 1971: 340 y 347).

De cualquier forma, los pedazos de ladrillos vitrificados y los bloques de cuarcita quemados por el fuego, hallados en muchos de los estratos, prueban su existencia, así como las escorias negras parecidas al vidrio encontradas también en casi todos los cortes y estratos. Sin embargo, y dada la cantidad de mineral que sin duda se fundió en la Antigüedad en esta planta metalúrgica, son pocas las escorias documentadas. Según C. Domergue, es probable que se arrojasen en las vertientes sur y este, donde los "sacagéneros" han lavado mucha tierra, sin sacar a luz, al parecer, tantas paredes como en la vertiente norte (Domergue, 1990: 347). Por las noticias orales de los mineros de El Centenillo, sabemos que los escoriales localizados al este del Cerro del Plomo y el escorial de Los Escoriales, en Los Guindos, son producto del tratamiento de la escoria que los "sacagéneros" cogían

Figura 66. Escorial en la falda este del Cerro del Plomo, El Centenillo.

Figura 67. Posible horno de fundición romano de la fundición de La Tejeruela, El Centenillo.

del Cerro del Plomo. Esto explica que en el yacimiento no se encuentre el volumen de escoria esperado respecto de la cantidad de mineral que se trataría en época romana.

Un testimonio más de la existencia de hornos de fundición en este yacimiento junto a las evidencias arqueológicas reseñadas anteriormente, es la información transmitida por un "sacagénero" del lugar, el cual confirmó haber encontrado en el Cerro del Plomo las partes más bajas de las cubas de los hornos, con restos de plomo en el fondo y canales al exterior. Éstos últimos, probablemente, serían las zanjas por donde se sangraba el horno, tanto para limpiar las escorias como para obtener el metal (Domergue, 1971: 348).

Al margen de este yacimiento, en los años 90 del siglo pasado se llevaron a cabo algunas intervenciones arqueológicas puntuales de urgencia en diferentes lugares del distrito, que dieron a conocer la existencia de posibles restos de hornos de fundición en el yacimiento romano de Horno del Castillo (Guarromán) (Serrano y Rísquez,

[31] Desgraciadamente, no contamos con ninguna descripción o dibujo alguno de estos hornos que nos permita conocer el tipo, forma, etc., ya que éstos fueron destruidos antes de que pudieran ser estudiados.

1991) y en el Cortijo de San Julián (Vilches) (Gutiérrez Soler *et al.*, 1995). Concretamente, en el primero de los yacimientos citados, se documentó un horno, según sus excavadores de fundición, cuya construcción podría ser de finales del s. II d.C. y principios del III d. C. (la tercera fase de ocupación del mismo) (Serrano y Rísquez, 1991: 264). Sin embargo, por la tipología del horno en base a la planta publicada y el registro recuperado, creemos que éste se trataría más bien de un horno cerámico y no metalúrgico.

Por su parte, en la fundición romana del Cortijo de San Julián (Vilches) se han constatado escorias y fundentes masivamente, en puntos determinados del yacimiento, y que parecen ser producto del vaciado del contenido de uno o varios hornos destruidos, seguramente, por el desmonte de algunos de ellos en los últimos años, como manifiesta la presencia de grandes bloques de piedra, a menudo escoriados, que con toda seguridad formaban parte de la estructura de los hornos y que han sido acumulados en la linde de separación entre la zona de dehesa, sobre la que se ubica la fundición, y la de olivar. La presencia de varios hornos parece quedar confirmada por el crecimiento de encinas que aprovechan los huecos dejados por éstos para emplazarse, permitiendo el desarrollo y profundización de sus raíces en busca del agua del subsuelo, contribuyendo a la destrucción de las estructuras (Gutiérrez Soler *et al.*, 1995: 431).

Por último, en el término de Vilches, junto al cortijo del Arcediano, cerca de la villa romana del Cerrillo del Cuco (Molinos *et al.*, 1981), se conoce la existencia de una pequeña ocupación rural de época altoimperial, San Alejo, a la que se asocia un horno de fundición y restos de escorias de cobre. Se sitúa en la parte contraria del arroyo respecto del lugar de la casa, posición muy habitual que permitiría evitar los humos nocivos. El horno se encontraba muy deteriorado pero aún así se pudo documentar la planta del mismo. En su construcción se utilizaron ladrillos recubiertos de arcilla refractaria, la cual todavía permanece pegada a muchos de ellos. La ubicación del hallazgo pone de manifiesto la importancia de los procesos extractivos y de transformación del mineral a pequeña escala en la periferia del sector más oriental de Sierra Morena (Gutiérrez Soler, 2000: 371), si lo comparamos con las zonas centrales de El Centenillo.

El panorama esbozado en los párrafos anteriores acerca de las evidencias de hornos en este distrito no difiere mucho del resto de las minas del Sur peninsular, donde se conocen muy pocos ejemplos. Entre ellos destacan los más de cincuenta ejemplares descubiertos en el escorial Roma, en Cabezo Rajado (La Unión, Murcia) (Ezquerra del Bayo, 1850: 504-505; Domergue, 1990: 503-504), el hallado en la fundición El Robledo (San Lorenzo de Calatrava, Ciudad Real) (Domergue, 1990: 504), los tres encontrados en la fundición de Guijuelo (Mestanza, Ciudad Real) (Marquez Triguero, 1983: 226) y los documentados en Tharsis y Riotinto (Huelva) (Gonzalo Tarin, 1886: 40; Domergue, 1990: 505). Todos ellos presentan unas características comunes, como estar una parte de ellos excavados en la roca, tener una planta circular y un alzado construido de cuarcitas o pizarras y, por último, contar con orificios para la introducción de la tobera y el sangrado de la escoria. La mayor diferencia entre los mismos son sus dimensiones, tanto en el diámetro como en el alzado. Así por ejemplo, los hornos de Cabezo Rajado medían 2,10 m. de alto por 0,60 m. de diámetro mientras que uno de los tres hallados en la fundición del Guijuelo tenía 4 m. de diámetro por 2 m. de altura.

Las evidencias de hornos constatadas en este distrito, como por ejemplo en las fundiciones de La Tejeruela o el Cerro del Plomo, parecen responder a la misma tipología de hornos que los citados en el párrafo anterior, Es decir, se tratarían de hornos de planta circular, de diferentes dimensiones que estarían compuestos por una parte excavada en la roca, un alzado construido de cuarcitas o pizarras, uno o más de un canal para el sangrado de la escoria y uno o varios orificios donde se colocarían las toberas por la que se insuflaría el aire necesario para avivar y mantener las temperaturas necesarias en la fundición del mineral. Además, éstos contarían en el fondo con una cuba donde se depositaría el metal. Concretamente el canal de sangrado se situaría por encima de la cuba del horno ya que el metal se depositaría en la misma y la escoria se quedaría por encima.

b) Crisoles

Los crisoles, junto al litargirio, son el testimonio arqueológico más fehaciente de la existencia de una fase de refino dentro del proceso de fundición, en este caso, de la galena argentífera para extraer la plata (la copelación).

Los crisoles se emplearon tanto para refinar oro, conseguir aleaciones y en la manufactura de acero. Éstos debían ser fuertes para aguantar el peso del metal, levantarlos y volcarlos en un molde, y deben ser resistentes a las altas temperaturas (García Romero, 2002: 412). Por ello, se realizaban con arcilla refractaria, o con una mezcla de arcilla y arena (Forbes, 1950: 577)[32]. Hasta la actualidad, los únicos crisoles que se conocen de arcilla en esta región minera proceden de los diversos yacimientos de la Edad del Cobre y Bronce documentados, como el de Peñalosa (Baños de la Encina) (Contreras Cortés, 2000).

Las copelas son un tipo de crisoles específicos, utilizadas en el proceso de copelación o refino empleado para extraer los metales nobles, el oro y la plata, de los minerales que los contenían en bajas proporciones, en este caso, sería de la galena argentífera.

[32] Respecto a los crisoles, Plinio (*N.H.*, XXXIII, 69) nos informa que éstos "*se hacen de tasconio, una tierra blanca como arcilla de alfarero, que es la única sustancia que puede soportar los esfuerzos combinados del fuelle, el calor del fuego y la carga resplandeciente del crisol*". *Tasconium* es una palabra que procede del término hispano "tasco", que tiene el significado de crisol o copela. En la misma línea, Diodoro (*B.H.*, III, 13, 3) señala que los crisoles se hacían de una clase especial de arcilla (Healy, 1993: 218).

Los crisoles también se fabricaron en piedra, en granito, cuarcita, traquita, etc., e iban protegidas de otro material refractario (Binaghi, 1939). De las minas de El Centenillo proceden dos de los ejemplares de crisoles en piedra empleados en la copelación mejor conservados de todo el Sur peninsular. El primero de ellos, apareció al pie de la vertiente septentrional del Cerro del Plomo, a unas decenas de metros hacia el oeste de la Fuente Ferruguminosa. Éste está tallado en un bloque de asperón micáceo rojizo, una roca desconocida en las proximidades de El Centenillo (Fig. 68). Exteriormente, presenta una base o zócalo ovalado (52 x 48 cm.) y es prácticamente plano en su pared vertical. Interiormente, el crisol está recubierto por una capa de plomo fundido, blanqueado por la oxidación, y como quiera que el material con el que ha sido realizado es relativamente poco resistente, también las fisuras se han ido rellenando de plomo líquido. La delgada capa de plomo que tapiza el interior del crisol se extiende casi hasta el borde. Por las dimensiones del mismo se ha podido calcular fácilmente su capacidad, que estaría entorno de los 7.500 a 8.500 cm^3 (Tamain, 1962: 277-278).

El segundo ejemplar se expone en el Museo Arqueológico de Linares. Éste es un crisol de gran tamaño, de forma oval abierta y con el borde irregular redondeado. Mide 22,2 cm. de altura por 38,5 cm. de diámetro y 17,2 cm. de profundidad, con paredes de 5,8 cm., de grosor. La superficie se encuentra muy quemada y cubierta por una pátina de metal (plomo) que hace que no se pueda definir claramente el tipo de roca con el que se realizó. Por la textura de la superficie parece que se trata más bien de algún tipo de arenisca, probablemente, del mismo material en que se labró el crisol mencionado en el párrafo anterior (Arboledas, 2007: 915).

El tamaño de los crisoles que usaban los metalurgistas del Cerro del Plomo para obtener la plata se puede advertir observando el frecuente hallazgo de los pedazos de litargirio de este yacimiento, pedazos pequeños, dispersos por los sondeos, y pedazos grandes, de 5 ó 6 cm. de espesor, que pesan hasta 5 Kg. Dichos crisoles, hechos con arcilla refractaria, debían de ser de gran tamaño, acaso hasta 70/75 cm. de diámetro (Domergue, 1971: 348). Hay que señalar que hasta ahora, como hemos visto, los únicos crisoles documentados en El Centenillo son de piedra arenisca.

Figura 68. Crisol de arenisca procedente de El Centenillo (Museo Arqueológico de Linares).

c) Escorias

Las escorias, junto al metal puro, marcan el resultado final de todo el proceso de concentración, cuyo aspecto y composición dependen del mineral fundido y de las fases de preparación del mismo, así como las condiciones de los hornos. Cuánto más compactas son, más modernas; cuánto más aturronadas, más antiguas. De la misma forma, el aspecto más vítreo o más fluido, las hace posteriores en el tiempo. Grosso modo, para este periodo antiguo se pueden diferenciar dos grandes tipos de escoria, las de horno y las de sangrado.

Las escorias de horno son producto de la fundición del mineral en hornos que no disponían del canal de sangrado. Generalmente, la fundición se realizó a mata, por lo que, bajo la capa de escoria, se encontraba la masa de metal. Si la fundición no se hacía a mata, el metal se encontraba mezclado con la escoria, por lo que, habitualmente, había que reprocesarla para extraérselo. La escoria de horno tiene, generalmente, un contenido en cobre u otro metal más elevado que la de sangrado, pero es muy poco homogénea. La del fondo es más compacta y la superficial es más gaseosa y ligera. En conjunto, esta escoria se caracteriza por ser muy tosca, porosa y de aspecto viscoso (Blanco y Rothenberg, 1981: 141; García Romero, 2002: 408).

Las escorias de sangrado son producto de la extracción continua de las mismas a través de una canal hasta el exterior. El sangrado o extracción progresiva de las escorias permitió alargar los rendimientos de los hornos, haciéndolos trabajar en un proceso de carga y vertido de escorias continúo, hasta colmatar de metal el fondo de esos hornos (García Romero, 2002: 408). Para ello, los hornos debían tener dos pocetas excavadas, una en el interior del mismo y otra, situada en el exterior, a un nivel inferior, a donde fluirían las escorias que saldrían del horno por medio de un canal.

Este tipo de escoria es fácilmente reconocible ya que en la superficie se observan los "hilillos" de diferente grosor formados al salir ésta en estado liquido por el orificio de sangrado del horno. La realización de un corte estratigráfico en el escorial de Corta del Lago (Riotinto, Huelva) reveló que la escoria con el orificio de sangrado más fino se asociaría a los estratos del periodo republicano, mientras que la de mayor grosor se vincularía a los dos primeros siglos de nuestra era (Fig. 69). Los diferentes estratos definidos donde se encontraban las lupias de escoria se dataron por el material cerámico recuperado y las monedas (Rothenberg *et al.*, 1989).

Como hemos señalado a lo largo de este punto, las escorias son el principal elemento que actualmente se documenta en los lugares donde se ubicaron las fundiciones. En época romana hubo un aumento enorme en la escala de la producción metalúrgica y, por tanto, también en el volumen de generación de escorias respecto al periodo prerromano (Tylecote, 1976: 53). Prueba de ello son los inmensos escoriales romanos documentados en Riotinto y Tharsis (Rúa Figueroa, 1859; Gonzalo y Tarín, 1886; Pérez Macías, 1995). Pero, no sólo la producción fue mayor sino que también aumentaron los instrumentos de producción. Las tortas de escoria son mucho más grandes, lo que demuestra que los hornos también lo eran, y además, eran de carga continua y sangrado de escorias (Blanco y Rothenberg, 1981: 175).

El análisis de las mismas, por ejemplo, por medio de FRX (Fluorescencia de Rayos X) y SEM (Microscopía Electrónica de Barrido), nos permite conocer algunos aspectos del proceso de fundición como por ejemplo qué mineral se fundió, los fundentes empleados, la composición del mineral como la ley del mismo (Arboledas, 2007: 916).

Así, los resultados de este tipo de análisis (FRX y SEM) practicados a las muestras de escorias recogidas de las fundiciones de este distrito ponen de relieve que en época romana, como ya observamos en el capitulo de la geología y metalogenesis, en el subdistrito de La Carolina y Santa Elena se explotaron los minerales de plomo-plata mientras que en el de Andújar, principalmente, los minerales de cobre y, en el de Linares, cobre de los niveles superficiales y plomo-plata de los secundarios (Arboledas, 2007: 918).

Las escorias analizadas y documentadas de esta región son de dos tipos, de cobre y plomo-plata. En general, en época romana, la pérdida de cobre era muy constante, no pasaba de 1'5-2 % y raramente inferior a 0'30 %. Los resultados de los dos análisis de escorias de cobre de este distrito, concretamente de la Huerta del Gato, vienen a confirmar esta generalidad, ya que la primera muestra contiene un 2'34 % y la segunda un 2 % de cobre (anexo nº 2, Tabla 1 y 2).

Por su parte, las escorias de plomo-plata analizadas son todas fayalíticas y, excepto las analizadas por C. Domergue (1971), presentan unos porcentajes entre 5-10 % de plomo. Concretamente, en dos de las muestras se detectan unas fases mineralúrgicas de sulfuro de plomo con unos niveles aceptables de plata, entorno a un 0'70 % (anexo nº 2, Tabla 4 y 8).

Por último, con el análisis de éstas, también hemos comprobado que los fundentes incorporados en la fundición de los minerales de cobre y plomo-plata fueron tanto óxidos de hierro como carbonatos de calcio (Arboledas, 2007: 919).

Figura 69. Dos lupias de escoria de sangrado de Riotinto (Huelva), donde se aprecia el diferente grosor de los hilillos.

d) El litargirio

Con la copelación del plomo de obra en crisoles o copelas se obtenía, por un lado, la plata, el metal buscado, y por otro lado, el óxido de plomo o litargirio, como producto sobrante de este proceso de refino.

El litargirio se ha documentado en muchas fundiciones de Sierra Morena y el Sureste, además de pequeños y grandes pedazos, en forma de pequeños tubos o *tubili*. Concretamente, en el Cerro del Plomo se recuperaron unos pequeños tubos cilíndricos de litargirio cerrados por una de sus extremidades (números de registro 83, 204, 221, etc.). Su diámetro oscila entre 13/18 mm. El mejor conservado tiene 90 mm. de largo (Domergue, 1971: 348, Lám. XVIII). Asimismo, en el sector de San Ramón, en la Sierra de Cartagena, en Cabezo Agudo cerca de Cabezo Rajado, y en la mina de La Loba, también se documentaron estos tubos (*tubuli*) de litargirio (Domergue, 1990: 507).

Gracias a Plinio (*N.H.*, XXXIII, 106-108) y Conophagos (1959) sabemos cómo se obtendrían estos tubos o *tubuli* de litargirio. Éstos se producirían sumergiendo una barra de hierro dentro de una copela durante el proceso de fundición del plomo de obra retirándolo inmediatamente. Con ello, se comprueba que ésta se recubre de una capa de plomo. Esta operación se repite varias veces, añadiendo sucesivamente nuevas capas, unas sobre las otras, al trozo de hierro. Una vez alcanzado el diámetro deseado, se detiene la operación y se separa el litargirio que cubre la barra de hierro, obteniendo un tubo de litargirio del mismo tipo que los documentados en Laurión (Grecia) (Conophagos, 1959) y el Cerro del Plomo (El Centenillo, Jaén), formado por varias láminas de plomo (Domergue, 1990: 507).

De esta manera, se consiguió dar al litargirio una forma más o menos estándar, manejable y de un peso reducido, siendo por tanto éste, el procedimiento más cómodo de comercializar este producto como demuestran los restos en el pecio Planier 3 (Domergue, 1990: 507). Seguramente, el litargirio, como afirma Paladio (*De veterinaria medicina*, 14. 3. 3) se emplearía en la Antigüedad como método curativo, enumerándose entre las diversas drogas que debe haber en una casa para la curación de los animales (Mangas y Myro (Eds), 2003).

V.3.4. Los moldes y los lingotes.

Una vez fundido el metal, se procedía a su vertido en moldes. Hay dos tipos de moldes: los de los lingotes y los de los objetos, que adoptan la forma del utensilio que se quiere fabricar. Los moldes se realizaron en arcilla y en piedra, aunque la cerámica es el material dominante hasta la Edad Moderna en que se empezará a usar más la piedra (García Romero, 2002: 414). Los moldes se fabricaban de arcilla refractaria, utilizando otro molde de madera (Vallespín, 1986: 305). Todos los moldes que conocemos dentro de nuestra area de estudio pertenecen a la Edad del Bronce, procedentes de yacimientos metalúrgicos como el de Peñalosa (Baños de la Encina) (Moreno Onorato,

2000). Éstos son tanto de piedra (asperón) como de cerámica.

Los romanos vertían el metal en lingoteras que conformaban lingotes, conocidos como *massae* o *formae*, contraseñados con los nombres del propietario o fundidor, del emperador, de funcionarios administrativos, de fletadores, o con siglas y emblemas (Binaghi, 1938: 5). Los lingotes era la forma más cómoda de transportar y comercializar el metal hacia Roma como el principal destino. Éstos, una vez llegados a su destino, serían vendidos a los diferentes artesanos que lo transformaría en diversos objetos, desde tuberías de plomo hasta vajilla de bronce, etc.

Los lingotes de plata, oro y estaño, por su valor, han dejado pocos rastro, habiéndonos quedado, sobre todo, los de cobre y plomo, dos de los metales, junto a la plata, que se explotaron en el distrito minero Linares-La Carolina. La mayoría de los lingotes que se conocen proceden de hallazgos en pecios (Laubenheimer-Leenhardt, 1973: 1) como por ejemplo el de Cabrera 5, el de Port-Vendrers II o el de Planier II (Domergue, 1990: 284; 2004a; Klein *et al.*, 2007; Rico *et al.*, 2005-2006).

En cuanto a los lingotes de cobre romanos presentan la típica forma planoconvexa, que sigue la tradición de la Edad del Bronce Antiguo (Tylecote, 1976: 59). En la Península Ibérica, para época imperial se han diferenciado dos tipos de lingotes de este metal: los troncocónicos (Tipo I), mucho más numerosos y los planoconvexos (Tipo II) (Domergue, 1966; 1984; 1987a; 1990: 283-285; 2004a; Rico *et al.*, 2005-2006)[33]. Del segundo tipo, sólo se conocen cuatro lingotes, tres proceden del pecio Planier II y uno de los alrededores de Marseillan (Hérault). C. Domergue, tras el análisis de las inscripciones de los mismos, indica que éstos debían de proceder de las minas del Sur peninsular, de Sierra Morena o del Sudoeste, siendo los mismos característicos del s. II d. C. (Domergue, 1990: 285-286).

En el distrito minero de Sierra Morena oriental no se conoce lingote de cobre alguno de época romana. Los únicos documentados en esta área proceden del yacimiento de la Edad del Bronce de Peñalosa (Baños de la Encina). Éstos presentan una forma circular planoconvexa con un diámetro aproximado de 5 cm. En general, presentan algunos gases en superficie formados durante el vertido y su color es gris oscuro tirando a negro (Moreno Onorato, 2000: 209-211). Formalmente, estos son similares a los de época romana, planconvexos, con las diferencias de peso y de la calidad del metal. Aún así, se observa cómo los lingotes del periodo romano, como señalábamos anteriormente, siguen la tradición de la Edad del Bronce.

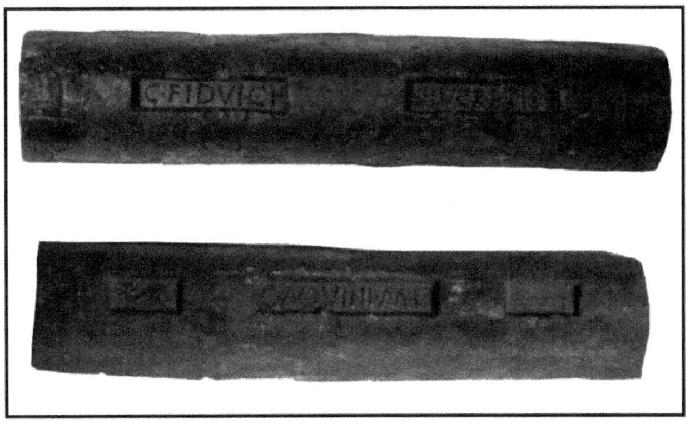

Figura 70. (Arriba) Lingote romano de plomo marcado por *C. Fidius y S. Lucretius* de la segunda mitad del s. I a.C. o principios del s. I d.C.; (Abajo) Lingote romano de plomo marcado por *C. Aquinius* de la finales del s. I a.C. o principios del s. I d.C. (Museo Nacional de Arqueología Marítima, Cartagena) (Almagro Gorbea y Álvarez Martínez (eds.), 1999).

Los lingotes de plomo romanos (*massae plumbae*) se obtenían con el vertido del metal fundido, previamente copelado, en moldes de arcilla, en cuya base se impresionaban inscripciones. Éstos, como hemos señalado, se marcaban con una cartela en relieve en el dorso o a punzón en los laterales, con el nombre del propietario o explotador de la mina: emperador, ciudadano o compañía; el lugar de procedencia: región o tribu; y, por último, una contramarca: delfín, caduceo, cisne, ancla, palma. A veces, llevan otros nombres de funcionarios fiscales y/o compradores secundarios. Aunque presentan considerables variaciones de peso, los hispanos pesaban, aproximadamente, cien libras romanas y los británicos, unas doscientas (Boulakia, 1972: 141).

De forma genérica, la tipología de los lingotes de plomo se ha elaborado en base al número de cartuchos presentes en el lomo, de uno a tres; o respecto a sus perfiles, semicilíndricos o troncocónicos (Fig. 70). Un elemento diferenciador más lo constituyen las grafías y los cargos oficiales o personalidades privadas a que hacen mención (García Romero, 2002: 425).

Así, en base a esto se han distinguido dos grandes grupos de lingotes de plomo: los semicilíndricos y los troncopiramidales. Los primeros de ellos, corresponden a los tipos **I a, b,** y **c** de la clasificación de C. Domergue (1990: 211-212 y 253), los cuales presentan una, dos y tres cartelas respectivamente, y con tres perfiles distintos, según F. Laubenheimer-Leenhardt (1973: 173-174). Éstos, con un peso que oscila entre 32-35 kg. (algo más de 100 libras romanas), son hispanos y proceden de Cartagena o de Sierra Morena. Los mismos se han adscrito al periodo republicano aunque se prolongan hasta inicios del Alto Imperio (Domergue, 1990: 211-212).

El segundo de los grupos, los troncopiramidales, equivalen a los **tipos II, III y IV** de la clasificación de C. Domergue (1990: 211). Los lingotes hispanos de este grupo proceden fundamentalmente de Sierra Morena los cuales se han datado en época alto-imperial (s. I d.C.), momento en que las minas de esta región estaban aún en

[33] Hasta el momento, los escasos hallazgos de lingotes de cobre de época republicana ha provocado que no se haya podido elaborar una tipología de los mismos. Por otro lado, para cualquier asunto acerca de las tipologías de lingotes de cobre nos remitimos a las obras de Laubenheimer-Leenhardt (1973) y de C. Domergue que recogemos en la extensa bibliografía.

pleno rendimiento mientras que las del Sureste peninsular habían iniciado un progresivo proceso de declive.

Este segundo tipo de lingotes se caracteriza por tener una base mucho más ancha y el lomo particularmente estrecho. Concretamente, los hispanos presentan un cartucho especialmente reducido. Sin embargo, el cartucho de los lingotes británicos y sardos ocupa casi la totalidad de la superficie del lomo. Además, las letras de los lingotes británicos son de gran formato, a diferencia de las cartelas estrechas y letras pequeñas de los hispanos (Laubenheimer-Leenhardt, 1973: 173-174 y 193).

En esta zona minera romana de Sierra Morena tan sólo se ha documentado un lingote de plomo procedente, según E. Hubner, de Cástulo. Éste, portaba la inscripción de una sociedad no familiar (Domergue, 1966: 1990: 256 y 266, nº 1020), o bien de un particular (CIL II, 3.280: 444; González y Mangas, 1991: 161), *T. IV[V]ENTI - M.LV.*, explotador/es de una mina castulonense. Dicho lingote, se incluye en el tipo I de la clasificación de C. Domergue (1990: 256 y 266).

Sin embargo, a pesar de que sólo conocemos un lingote en esta zona, seguramente, muchos de los que se han hallado en los diferentes pecios descubiertos en el Mediterráneo procederían de este distrito minero. Un ejemplo de ello pueden ser los lingotes del pecio Cabreara 5, descubierto al sur de Mallorca (Colls, Domergue y Guerrero, 1986: Domergue, 1994; 1998). Este pecio se ha fechado en el primer cuarto del siglo I d. C. Con dicha cronología, según C. Domergue, habría pocas posibilidades de que los 43 lingotes allí descubiertos procediesen de las minas de *Carthago Nova* (Domergue, 2000: 62). Efectivamente, los nombres de los productores que se leen en las estampillas moldeadas (Colls, Domergue y Guerrero, 1986; Domergue, 1994; 1998) no son los que aparecen en los lingotes de Cartagena; además, son desconocidos en la epigrafía cartagenera. Al respecto, los primeros estudios practicados parecen indicar que procederían con toda seguridad de la Bética, concretamente de Sierra Morena.

Así, con el fin de determinar la procedencia concreta de los mismos, recientemente C. Domergue ha comparado la signatura isótopica de muestras extraidas de once de los cuarenta y tres lingotes del pecio, con muestras de mineral y metal procedentes de El Centenillo (Cerro del Plomo) y de la fundición de Fuente Espí (La Carolina)[34]. La confrontación ha revelado que hay una gran probabilidad de que los lingotes de Cabrera 5 procedan de El Centenillo, o por lo menos, de las minas de este distrito (Domergue, 2000: 62-66).

Por último, otro ejemplo como el descrito en el párrafo anterior, puede ser el lingote de plomo de sección trapezoidal hallado en el yacimiento submarino de Cap d'en Font (Sant Lluís, Menorca) que se ha encuadrado, por la tipología y paleografía, en época augustea. Éste, presentaba en la cartela una inscripción de una sociedad plumbaria, SOC. PLVMB. R, y en el dorso lateral, en el centro AGRIP, que se repetía en una de los extremos, aunque sólo se apreciaban parcialmente las AG iniciales (Rodá, 2004: 185-186). Estas siglas, I. Rodá, la ha interpretado como *SOC(ietatis) PLVMB(ariae) [CA]R(thaginiensis)* (Rodá, 2004: 185-186).

Tradicionalmente, los diversos autores han propuestos disparidad de procedencias para este lingote. Por ejemplo, C. Domergue (1990) señala que no es hispano mientras que M.P. García-Bellido (1998), tras el estudio de las inscripciones indica que procedería del SO de Extremadura (La Serena o Azuaga). La opción más tentadora era atribuirle un origen de *Carthago Nova*. Sin embargo, los análisis de isótopos de plomo han determinado que la compatibilidad de la caracterización isotópica más probable sería con las minas de Linares-La Carolina y no con las minas de Cartagena. Aún así, I. Rodá apoyada en la lectura de las siglas *SOC. PLVMB. R*, recogida anteriormente, y con el lingote de Cabrera 5 inscrito con las letras PLVMB (delphinus) CA + [...], interpreta que esta sería una sociedad minera que estaría controlada por Agripa o bien produciría metal para él. Esta sociedad, ante la disminución productiva de las minas de Cartagena, buscaría nuevas zonas de extracción en el distrito de Linares-La Carolina (Rodá, 2004: 188-190). Si bien, nosotros pensamos, como muy bien señala esta investigadora, que estas abreviaturas se pueden interpretar de otra forma. Por ejemplo, la R se puede transribir como *[A]R[GENT]* y la CA del lingote de Cabrera 5, que esta investigadora también asocia con *CA(rthaginensis)*, como *CA(stulonensis)*. Esta segunda opción, a tenor de los resultados de los isotopos de plomo, creemos que sería mucho más viable.

[34] En los últimos años, los análisis de isótopos de plomo, aún con los problemas inherentes de la misma, se ha convertido en la prueba principal para poder determinar la procedencia de los metales.

VI. ORGANIZACIÓN ESPACIAL DEL TERRITORIO MINERO: ANÁLISIS DE LOS RESTOS ARQUEOMINEROS DE SIERRA MORENA ORIENTAL

La explotación de los recursos mineros metálicos (minerales de cobre y sulfuros de plomo-plata) de esta región minera ha condicionado directa e indirectamente a lo largo de la historia, desde la Prehistoria Reciente hasta la actualidad, tanto el paisaje de la misma como el propio patrón de asentamiento. En torno a esta actividad productiva se ha articulado todo el entramado poblacional e industrial creándose además una red viaria que conectaría estas zonas con las principales ciudades del valle del Guadalquivir, llámese Cástulo para época protohistórica y romana como Linares en la actualidad. Concretamente, en este capítulo analizamos la organización espacial de este territorio minero durante los diferentes periodos de ocupación romana, si bien, hemos creído necesario destacar previamente algunas cuestiones acerca del poblamiento en épocas precedentes, como presupuesto imprescindible para comprender la incidencia de la acción de Roma en esta área. Igualmente, también incorporamos un análisis de la dispersión del hábitat en épocas posteriores, completando así una visión diacrónica de la evolución del patrón de asentamiento de esta zona, desde la Prehistoria Reciente hasta época Alto Medieval.

VI.1. POBLAMIENTO MINERO EN ÉPOCA ROMANA

VI.1.1. El patrón de asentamiento hasta la llegada de los romanos.

Como se ha señalado en otros apartados de este libro, la explotación de los yacimientos filonianos de este distrito se remonta a la Edad del Cobre (Contreras *et al.*, 2005a). Concretamente, durante el calcolítico, en esta región minera, se observa una especialización funcional de los asentamientos documentados, distinguiéndose cuatro grupos según su tamaño y localización. Los primeros, se dedicarían a la explotación de las materias primas (mineral de cobre, silex, etc.) y recursos naturales (Los Santos, Andújar). Los segundos, situados junto a las minas, estarían vinculados a la extracción del mineral y su fundición (Siete Piedras, Villanueva de la Reina). El tercer grupo estaría compuesto por los yacimientos asentados entre la depresión de Linares-Bailen y el interior del área minera (cuenca del río Rumblar), los cuales actuarían como intermediarios en la distribución del metal (Cerro del Tambor, Baños de la Encina) hacia los importantes poblados calcolíticos del valle del Guadalquivir. Y, por último, se encuentran los grandes poblados centrales mencionados, alejados de la zona de extracción donde también se documenta la actividad metalúrgica como puede ser el asentamiento de Marroquíes Bajos, en Jaén, u otros de menor entidad como el Cerro del Pino, en Ibros (Jaén) (Lizcano *et al.*, 1990: 54-55; Pérez *et al.* 1992a: 89-90). Esta especialización funcional respondería, según F. Nocete, a la demanda de mineral (o más bien de metal) requerido desde los grandes poblados centrales como el de Marroquíes Bajos (Nocete, 1994).

Durante la Edad del Bronce, el patrón de asentamiento se hace más complejo con un importante incremento del número de yacimientos, cuya distribución y correlación se conforma en torno a la explotación del cobre. Éstos, que muestran una fuerte jerarquización y cierta especialización, seguramente, dependerían de los grandes poblados centrales localizados en la depresión Linares-Bailén, en torno a los ríos Guadalimar y Guadalquivir, uno de ellos bien pudo ser Cástulo (Contreras, 2000). Sin embargo, las últimas investigaciones llevadas a cabo sobre la cuenca del río Rumblar ponen de manifiesto que la disposición de estos yacimientos no parece estar vinculada directamente ni a la distribución espacial de las minas ni a su explotación, sino más bien en función del control del territorio, del procesamiento y distribución del metal (Jaramillo, 2005).

La excavación en extensión del yacimiento metalúrgico argárico de Peñalosa (Baños de la Encina) ha revelado que la actividad metalúrgica se llevaría a cabo en espacios abiertos (desprovistos de techumbre) en el interior de las unidades domésticas y no en espacios concretos del yacimiento (Moreno Onorato, 2000), probablemente, por un personal especializado a tiempo parcial. Las características del proceso metalúrgico y los espacios en los que se realizaba, posiblemente, implicarían la participación de todos los miembros del grupo, incluidas las mujeres, desarrollando actividades como la molienda, para lo que emplearían piedras cazoletas y los molinos de mano (de los que se han documento varios cientos) o la selección del mineral (Sánchez y Moreno, 2003: 417; 2005: 271).

El hallazgo de lingotes de cobre planos convexos y de moldes apuntan hacia la existencia de un intercambio de este metal, abasteciendo, probablemente, los yacimientos metalúrgicos del Rumblar, como el de Peñalosa, La Verónica y el Cerro de las Obras, a los grandes centros nucleares del valle del Guadalquivir (Contreras y Cámara, 2002). Incluso, los resultados de los análisis de materiales metálicos de Gatas (Stos-Gale, Hunt y Gale, 1999: 357) sugieren que la materia prima o el producto acabado procederían de Sierra Morena, lo que implicaría no solo un comercio a escala regional sino un circulación interregional (Castro *et al.*, 1999).

Según la documentación arqueológica, a finales del la Edad del Bronce parece que se produce un abandono generalizado en esta zona minera. La alta especialización de dichos asentamientos, orientados a la explotación minera y al control de la distribución de la producción de productos elaborados, ya sea en lingotes como en objetos, entra en crisis, posiblemente, por la consolidación de nuevos circuitos de intercambio y nuevas rutas controlados por Tartessos (Pérez *et al.* 1992a: 92). La mayoría de los asentamientos del Bronce Final, entre ellos el de Cástulo o Giribaile (Blázquez, 1985; Blázquez y Valiente, 1981; Blázquez y García-Gelabert, 1985; Blázquez *et al.*, 1987), se sitúan en zonas bajas, tradicionalmente orientadas a la explotación agrícola, en los valles del río Guadalquivir y de sus afluentes principales.

La riqueza metalífera de la Península Ibérica, y concretamente, del área minera del Alto Guadalquivir, favorecieron para que se convirtiera en un foco de atracción desde la antigüedad, hecho por el que muchos investigadores han explicado el establecimiento de colonias de poblaciones del Mediterráneo Oriental (fenicios-púnicos y griegos) atraídos por el afán de hacerse con los metales, junto a otros productos. Dicha llegada de poblaciones posibilitaría un aumento de la producción y comercio del metal, entre ellos, la plata. El impacto de estas colonizaciones se refleja perfectamente en el registro arqueológico, especialmente, del yacimiento de Cástulo (Blázquez y Valiente, 1981). Su presencia propiciaría una serie de contactos y relaciones entre los indígenas (los pobladores de la península y explotadores de las minas) y los colonizadores fenicios a través de las vías terrestres naturales que conectaban el Alto Guadalquivir con la costa levantina y malagueña (Sáez Fernández, 1982: 111-113). Para esta época parece que Cástulo sería el eslabón o nexo de unión entre la zona minera del interior de Sierra Morena oriental y los centros de la costa mediterránea, realizando la función de centro redistribuidor, a través del que se daría salida al metal (Arboledas, 2007). Este papel de centro político y comercializador, posiblemente, lo ejercería ya durante la Edad del Bronce, como se ha sugerido tras las prospecciones que el Proyecto Peñalosa ha realizado en la depresión de Linares-Bailén (Pérez *et al.*, 1992a; Contreras, 2000).

El papel desarrollado por Cástulo durante el periodo protohistórico se va a acentuar durante el periodo ibérico y púnico, donde ya aparece en las fuentes escritas como una de las ciudades más importantes de la región oretana junto a Oria ((Estrabón, *Geo.* III, 3, 2; Plinio, *N.H.*, XXXI, 80-III, 9-III, 19-2) (Contreras de la Paz, 1961). Su situación geográfica, en las puertas de Despeñaperros, camino de la Meseta y paso obligado hacia la Bética desde el Levante y su emplazamiento en un estratégico nudo de caminos, hizo que se convirtiera desde época muy temprana en el centro de la región minera y agrícola del Alto Guadalquivir, y núcleo de distribución y aprovisionamiento de productos. Debido a esta situación, la economía de Cástulo girará en torno a la rica agricultura, a la minería y al activo comercio con los pueblos que llegaron hasta las costas de la Península, como se observa en el registro proporcionado por las necrópolis ibéricas de esta ciudad (Blázquez, 1965; Blázquez, 1984a; Blázquez y García-Gelabert, 1994: 501-502). Esa gran actividad desplegada por la ciudad derivaría también en su predominio político sobre los poblados colindantes, como centro receptor de materia prima y de distribución de los productos (García-Gelabert, 1987).

La riqueza minera de esta zona, como su ubicación, sería una de las causas por la que los cartagineses decidieron conquistar esta región del interior, apartada de la costa, rompiendo así la tradición de la política de pactos llevada a cabo por los púnicos. De esta manera, la zona se convertirá en una plataforma formidable para las operaciones bélicas y como fuente de aprovisionamiento de hombres (mercenarios), así como también vituallas para sus ejércitos y su política de expansión (alimentos, metal para pagar a la tropa, etc.) (Contreras de la Paz, 1971; Blázquez, 1969). El papel de los mismos, hasta la llegada de la familia bárquida, se habría limitado a estrictamente a la de comercializar con el metal explotado por los iberos. A partir de ese momento se ha sugerido que las explotaciones de las minas pasaron a estar bajo su poder, el del estado cartaginés, pues antes no había habido una conquista del territorio hispano por Cartago (Blázquez y García-Gelabert, 1987a; Domergue, 1990: 166-167). Por diversos motivos, entre ellos la necesidad de abundante plata para costear la contienda contra Roma, hizo que se intensificara la explotación de las minas del Sur y Sureste de la Península, como señalan Plinio (*N.H.*, XXXIII, 96-97) y Diodoro (V, 36-38) (Blázquez, 1992), y que en Cástulo se acuñaran las primeras series monetales con leyenda local y bajo el patrón púnico (García-Bellido, 1982: 142).

Si bien, a pesar de estos datos y de las noticias de los ingenieros de minas que señalan la existencia de vestigios ibéricos y púnicos en esta área minera (Mesa y Álvarez, 1890), es muy difícil detectar e identificar estos momentos de explotación debido por un lado a que estas minas continuaron laboreándose en épocas posteriores y, por otro, a la escasez de restos arqueológicos conservados. Al respecto, también habría que señalar que, al margen de los grandes *oppida* como Cástulo, Giribaile u Oreto, en esta región minera no se conoce hasta el momento poblamiento alguno asociado al mundo ibérico anterior a la presencia romana. Tan sólo, se podrían citar los poblados o recintos fortificados como el de Salas de Galiarda, Los Escoriales, etc., ligados a la explotación de las minas y control del territorio, cuya cronología, por los datos arqueológicos disponibles, no se remonta más allá del s. II a.C.

VI.1.2. La etapa republicana.

La romanización de estas comarcas del Alto Guadalquivir hay que relacionarla con el desarrollo de la II Guerra Púnica y la dinámica conquistadora y colonialista de los romanos en Hispania. El proceso se inicia en el 206 a.C. con la caída del *oppidum* de Cástulo, centro de esta región, en manos de los romanos y continúa a principios del s. II a.C. con la creación de la frontera en el curso medio del río Guadiana. Este será el punto de arranque que permitirá el desarrollo económico en torno al valle del Guadalquivir y la puesta en marcha de las explotaciones de Sierra Morena. Sin embargo, seguirían afectando a esta zona minera algunos episodios bélicos, como las convulsiones derivadas de las guerras celtibéricas-lusitanas y de la denominada Segunda Guerra Celtibérica (Fernández Ochoa *et al.*, 2002: 50). Indudablemente, esta inestabilidad, que se mantiene hasta finales del s. II a.C., debió de influir en la explotación de las minas, y prueba de esta inquietud política y social, será la ocultación de numerosos tesorillos, no sólo en nuestra área de estudio, como los de El Centenillo, Mogón, Los Villares, Chiclana de Segura, etc., sino también en toda Sierra Morena, como los de Pozoblanco o Villanueva de Córdoba. Todos éstos se encontraron en lugares de explotaciones mineras o en el circuito de elaboración y tráfico del metal (Chavés Tristán, 1996).

Tras la conquista romana, estas comarcas de Sierra Morena oriental se incorporaron a la *provincia Hispania Ulterior*. La reorganización de los territorios hispanos llevada a cabo por Augusto en el año 27 a.C. afecta a nuestra zona, pues sabemos que este emperador desplazó algunas áreas mineras de la *Ulterior* Bética, bajo el control del Senado, a la Tarraconense con el fin de controlar directamente los beneficios de las minas. Este hecho lo podemos interpretar como una señal de que las minas de este distrito, o al menos algunas, aún contenían ricas mineralizaciones rentables de ser explotadas en época altoimperial, como así confirman los datos arqueológicos.

Es difícil, a tenor del registro con el que contamos, precisar y situar el momento en que se inició la explotación de las minas de Sierra Morena una vez finalizada la contienda entre romanos y cartagineses. El hallazgo de un divisor de *Kástilo* (Cástulo) anterior al 206 a.C., en la mina de La Loba (Mora Serrano y Vera, 1995), ha llevado a proponer a J. García Romero que las minas cordobesas se explotaron desde los inicios de la conquista romana (García Romero, 2002). No obstante, dicho hallazgo puede ser un indicio de su explotación en época púnica, si bien debemos tener en cuenta el tiempo que pudo estar esta moneda en circulación. Probablemente, durante el periodo posterior a la conquista romana, en la primera mitad del s. II a.C., como señala C. Domergue, los romanos explotarían las minas cercanas a la ciudad de Cástulo (Domergue, 1990), mientras que las del resto del distrito no comenzarían a explotarse intensamente hasta mediados y finales del s. II a.C., una vez que se había estabilizado, relativamente, la situación política y social; aunque como referíamos anteriormente, los conflictos bélicos, revueltas y el clima de inestabilidad en el global de la Península debieron influir en esta zona, como demuestran la ocultación de los tesorillos.

Ya en el s. I a.C. se produjeron dos episodios bélicos que, al igual que en el siglo anterior, debieron influir en la explotación de las minas de esta región. El primero de los mismos fue la Guerra Sertoriana y el incidente ocurrido unos años antes del levantamiento de Sertorio, cuando éste, siendo tribuno militar de Didio, sofocó una revuelta en la ciudad de Cástulo (Plutarco, *Sert.* 3) (Cabrero, 1993).

El otro suceso acaecido en este siglo fue la contienda civil entre los seguidores de Pompeyo y César. Éste, como se ha comprobado con la excavación de algunos poblados mineros de Sierra Morena, afecto de tal manera a la actividad minero-metalúrgica de esta región que pudo ralentizar e, incluso, detener los trabajos temporalmente. Así, en la secuencia estratigráfica del Cerro del Plomo se observa un abandono rápido y repentino a mediados del s. I a.C., el cual se ha relacionado con las Guerras Civiles (Domergue, 1971). A estos conflictos bélicos también se atribuyen la ocultación de dos tesorillos monetales en El Centenillo, entre ellos el del socavón de Las Monedas (Chavés Tristán, 1996). Además, la cronología de las fundiciones de El Centenillo y Los Guindos, como La Tejeruela, pozo de San Tomás, etc., fechadas en el s. II y I a.C., parece avalar igualmente el hiato que sufren los trabajos minero-metalúrgicos de esta zona que se volverán a retomar a partir del s. I d.C. Algo muy similar se detecta en las explotaciones del entorno de La Carolina, donde las fundiciones anexas a las minas de El Castillo y Las Torrecillas, por el material arqueológico documentado, parece que cesan su actividad a mediados-finales del s. I a.C. A partir de este momento, el mineral extraído en esas minas se trasladaría para ser tratado a la fundición cercana de Fuente Espí (dentro del núcleo urbano de La Carolina) que comienza a funcionar en los últimos años del s. I a.C. y continúa a lo largo del s. I d.C.

Fuera de este distrito minero también se conocen otros yacimientos mineros donde se ha observado este hecho, por ejemplo en la mina de La Loba (Fuente Obejuna, Córdoba) (Blázquez, 1982-83; Blázquez, Domergue y Sillières, 2002), de Diógenes (Ciudad Real) y la fundición de Valderrepisa (Fuencaliente, Ciudad Real). Concretamente, en Diógenes, el beneficio de los filones iniciado en época republicana (s. II-I a.C.) continuaría en época altoimperial, pero esta vez, el complejo metalúrgico se instalaría en otro punto, al oeste del anterior (Domergue, 1967), no continuando en el mismo lugar como ocurre en el Cerro del Plomo. Por su parte, en la fundición de Valderrepisa, en el valle de Alcudia, se ha comprobado con su excavación que su actividad cesaría a mediados del s. I a.C. (Fernández Rodríguez y García Bueno, 1993; 1994; García Bueno y Fernández Rodríguez, 1995).

Por tanto, observamos que el hiato en las explotación de las minas y en la actividad metalúrgica no fue un hecho aislado que se produjera tan sólo en El Centenillo y este distrito minero, sino que parece ser un acontecimiento extendido al menos en toda Sierra Morena central y oriental durante un momento de inestabilidad generalizada asociada a las Guerra Civiles. Posteriormente, una vez pacificado el imperio romano se reactivará de nuevo la explotación de una gran parte de las minas de este distrito, no de todas, e incluso algunas comenzarán ahora su explotación como es el caso del complejo minero-metalúrgico de San Gabriel.

Tanto las fuentes escritas, epigráficas y numismáticas, como el registro arqueológico documentado confirman que Sierra Morena (concretamente, en nuestro caso, la parte Oriental), cuya importancia en la antigüedad se asocia a la riqueza metálica de las minas, fue un dominio minero que alcanzaría su máximo esplendor en las épocas tardorrepublicana y altoimperial (s. II a.C. e inicios del s. II d.C.).

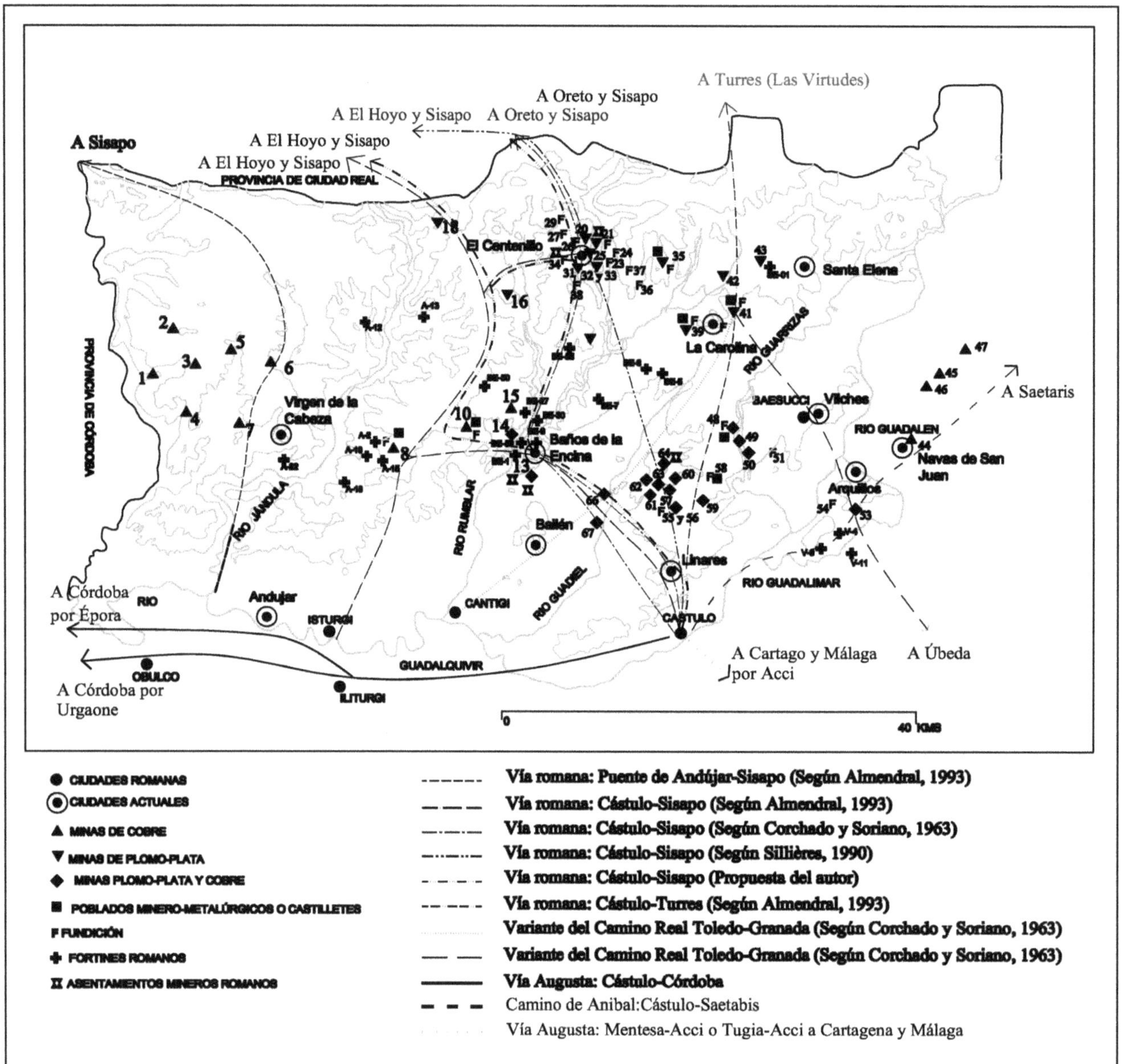

Figura 71. Dispersión de los yacimientos arqueomineros de época romana republicana junto a los trazados de las vías romanas de Sierra Morena oriental (Jaén).

La implantación romana en el área objeto de este estudio llegó con la puesta en marcha de una explotación económica centrada, directa o indirectamente, en la actividad minero-metalúrgica, eje principal a partir del cual se articularía gran parte del poblamiento de estas comarcas mineras, creándose además toda una red viaria regional que uniría el interior del área minera con las principales ciudades del valle del Guadalquivir (Cástulo o *Isturgi*). De esta manera, las vías de comunicación debieron de jugar un papel fundamental en la romanización de esta región minera como de todo el sur peninsular. Al respecto, L. Abad, adaptando la metáfora de Herodoto de que “Egipto es un don del Nilo” señala que la romanización del Sureste fue un don de la vía, del camino o los caminos que discurrían N a S. y E a O, y que unían ciudades como Valentia, Saitabi, Ilici y Cartago Nova, y todas ellas con la principal capital del Alto Guadalquivir, Cástulo (Abad, 2003: 118).

Frente a los grandes núcleos situados en el valle del Guadalimar y Guadalquivir, esta zona minera, estaba desprovista de todo entramado urbano, siendo los poblados vinculados a las tareas minero-metalúrgicas los grandes protagonistas del poblamiento republicano. En cambio, en este periodo (s. II y I a.C.), los yacimientos ligados a la actividad agropecuaria son muy escasos. Las prospecciones llevadas a cabo en las cuencas del Rumblar, Jándula y Depresión de Linares-Bailén revelan que el gran desarrollo de este tipo poblamiento rural sin vocación minera tuvo lugar a partir de la primera mitad del siglo I d C. y mediados del s. II d.C. como evidencia el material arqueológico recuperado. La mayoría de dichos asentamientos se ubican en el fondo de los valles y en las zonas de contacto con las primeras estribaciones meridionales de la Sierra Morena jiennense (Lizcano *et al.*, 1990). Esto supone un cambio en el patrón de ubicación de éstos respecto a los asociados a la explotación de las minas.

En la cartografía presentada (Fig. 71), se observa como la actividad minera en este distrito se desarrolló en áreas de sierra, con una topografía y relieve complicado, que se caracterizan por presentar un poblamiento débil y disperso en general que se concentra o hace más denso en el entorno de los grandes campos filonianos, como El Centenillo, La Carolina o Linares. Así, la explotación de estas minas y la producción de metales (plomo, plata y cobre) llevada a cabo por los romanos impulsó la creación de un tipo de poblamiento basado en poblados mineros y fundiciones que se localizan en las proximidades de las minas de plomo-plata y cobre, así como en las cercanías del entramado de vías secundarias y caminos naturales que conectaban el área minera con las principales vías romanas y grandes centros urbanos. En algunos casos, parece indudable que Cástulo (y probablemente también *Isturgi*), ejercería el control sobre estas áreas y poblaciones mineras, actuando como canalizador para la salida del metal hacia Roma y otros territorios del mundo del dominio. El mismo papel desempeñado por Cástulo, pero en otras regiones de Sierra Morena, lo desempeñaría *Sisapo* (Fernández Ochoa *et al.*, 2002) y *Mellaria* (Vaquerizo *et al.*, 1994).

Los asentamientos mineros relacionados con los trabajadores seguramente consistirían en pequeñas aldeas o grupos de casas que se situarían a pie de mina o dentro de las instalaciones metalúrgicas y cuya distribución está relacionada con la dispersión de los filones explotados (Mangas y Orejas, 1999: 255). Concretamente, en la zona de estudio, al igual que en otras regiones mineras del sur peninsular, apenas se tiene constancia de la existencia de esta clase de asentamientos mineros. Esto se puede deber a diferentes factores, como que los mismos se encuentren ocultos dadas sus pequeñas dimensiones y su escaso registro, o bien, han sido destruidos o, simplemente, no se han conservado al haber sido construidos con materiales perecederos, como puede ser la madera. Otra posibilidad, como señalan A. Blanco y J. M. Luzón, es que esos pequeños asentamientos donde residirían los mineros se situaran junto a los poblados fortificados (Blanco y Luzón, 1966: 77). En este sentido, H. Sandars interpretó el recinto poligonal situado al NO de la fortificación de Los Palazuelos (Sandars, 1905).

En otras ocasiones, la inexistencia en algunas zonas de este tipo de poblados se explica a que los trabajadores de las minas vivieron dentro de las instalaciones metalúrgicas, ya que, como se ha comprobado con la excavación de los yacimientos de La Loba (Blázquez, domergue y Silliéres, 2002), Valderrepisa (Fernández Rodríguez y García Bueno, 1993) y Cerro del Plomo (Domergue, 1971), en el interior de las mismas conviven sectores de habitación, con talleres, áreas de fundición y de almacenaje. Este hecho también se constata en otras fundiciones de este distrito minero como La Tejeruela y La Fabriquilla en El Centenillo, o la de San Julián en Vilches. Concretamente, en las dos primeras se ha constatado, además de restos de hornos, crisoles y escorias, la existencia de edificaciones y estructuras de habitación cuya funcionalidad se desconocía, pero que, posiblemente, se puedan vincular a espacios de almacenes, talleres y habitaciones.

En la mayoría de los casos citados, las actividades no mineras y metalúrgicas de estos poblados aparecen ocultadas por el menor peso relativo de las mismas. Los almacenes, escoriales y fundiciones se "imponen" sobre las estructuras de hábitat y los ajuares domésticos (Mangas y Orejas, 1999: 257), que no obstante, están presentes en los poblados metalúrgicos de este distrito (La Fabriquilla, La Tejeruela, Cerro del Plomo, Cerro de las Mancebas, La Laguna, etc.) como hemos comprobado.

Si bien, a pesar de todo esto, con este tipo de asentamientos mineros se pueden relacionar las estructuras rectangulares documentadas por G. Tamain en las cercanías del filón Mirador y fundiciones de La Tejeruela, Arroyo de Ministivel y pozo de Santo Tomás, como la de Solana del Águila (Tamain, 1966b); y los dos yacimientos, de pequeñas dimensiones, reconocidos junto a la rafa romana de Baños de la Encina (Las Mendoza y Las Marquesas). De los dos últimos, en la actualidad no se conserva ninguna estructura en superficie ya que se asientan en una zona cultivada de olivos, pero sí se han podido recuperar abundante material cerámico, tanto una serie de tradición ibérica como cerámica romana republicana de transporte y almacenaje (Casado, 2001: 174-176 y 179-181).

Dentro de la estructura de poblamiento de este distrito minero durante época romana republicana destacan los poblados que hemos calificado como minero-metalúrgicos fortificados, y que otros investigadores han denominado como "castilletes" (Gutiérrez Soler *et al.*, 2002; 2003)[35]. Salas de Galiarda (Fig. 24 y 72) (Baños de la Encina), Los Escoriales (Andújar), Los Palazuelos (Carboneros) y Las Torrecillas-San Telmo (La Carolina) son los casos más ilustrativos y "mejor" conocidos, a los que se suman los yacimientos de la Mina El Castillo (La Carolina) y el Cerro de los Castellones (Fig. 73) (Los Guindos, La Carolina). Entre esta tipología habría que incluir, además, la fundición de Cerro de las Mancebas (Linares) que presenta en la cima del cerro testigo donde se asienta restos de estructuras de fortificación. Por el contrario, habría que excluir de este grupo a la fundición del Cerro del Plomo ya que no se evidencian restos de fortificación y si de aterrazamiento (Arboledas, 2007).

[35] Algunos de ellos fueron dados a conocer y estudiados desde finales del s. XIX y principios del s. XX gracias a la labor de los ingenieros de minas que trabajaron en las compañías mineras extranjeras, entre los cuales cabe destacar la figura de Horace Sandars (1905). Estos primeros trabajos de Sandars (1905) y Acedo (1902) fueron continuados en la década de los '60 del s. XX por los estudios de Corchado y Soriano (1962) y Domergue y Tamain (1971), los cuales se han completado en los últimos años con las prospecciones arqueometalúrgicas y actividades arqueológicas llevadas a cabo por las universidades de Granada (Contreras *et al.*, 2005) y de Jaén (Gutiérrez Soler *et al.*, 2002).

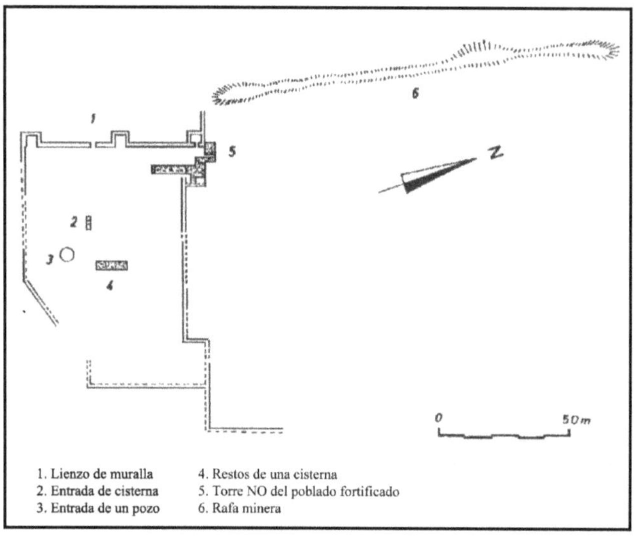

Figura 72. Planta del poblado minero-metalúrgico minero fortificado de Salas de Galiarda, Baños (elaborada a partir de Domergue, 1987).

Figura 73. Vista general del poblado romano fortificado de Los Castellones, Los Guindos. Abajo derecha, detalle de una de las estructuras.

Todos los "castilletes" parecen formar parte de un patrón de asentamiento propio del ambiente de sierra, basado en un entramado de explotaciones y poblados mineros de diverso tamaño que muestran una fuerte dependencia respecto al aprovechamiento de las labores que proporcionan los filones de galena argentífera y minerales de cobre, en los que es tan rica esta parte de Sierra Morena (Gutiérrez Soler, 2000: 373; Gutiérrez Soler *et al.*, 2002: 79).

Después de un análisis pormenorizado de cada uno de estos yacimientos observamos que todos los mismos comparten las siguientes características comunes:

- Se asientan en cerros con gran control visual del entorno minero, junto a las minas.
- La gran mayoría de estos poblados presentan estructuras defensivas de fortificación aunque en algunos casos, como en el Cerro de las Mancebas, Mina El Castillo y Cerro de los Castellones, sólo se observan las primeras hiladas enmascaradas entre el terreno.
- Normalmente, en casi todos los casos, las fundiciones se encuentran instaladas a escasos metros de la fortificación (en Los Palazuelos, Los Escoriales, Mina El Castillo, Las Torrecillas, etc.).
- Al menos, en tres ejemplos de estos poblados, Los Escoriales, Salas de Galiarda y Los Palazuelos, se comprueba un fuerte control del agua ya que dentro de la fortificación se hallan construcciones relacionadas con el aprovisionamiento y almacenamiento de la misma, que se destinaría tanto al consumo humano como para el lavado del mineral.
- Por último, el comienzo de los mismos se ha fechado, gracias al material arqueológico recuperado y a las estructuras emergentes, en el s. II a.C., continuando algunos, como el de Los Palazuelos o Los Escoriales, hasta el s. I d. C. (Gutiérrez Soler, 2000: 375). No obstante, esta cronología se encuentra pendiente de ser confirmada con la excavación de algunos de dichos yacimientos.

Como hemos reflejado en el párrafo anterior, estos yacimientos presentan unas características propias que los distinguen de las torres, fortines, fortificaciones de borde, y fortines de control bien conocidos en las Campiñas de Córdoba y Jaén. Estos poblados minero-metalúrgicos fortificados se documentan también en otras regiones mineras de Sierra Morena, como en Córdoba (García Romero, 2002: 452-453), en Extremadura (Ortiz Romero, 1995; Rodríguez Díaz y Ortiz Romero, 1990), y en la provincia de Granada (González *et al.*, 1997; 2001).

Las interpretaciones acerca de los "castilletes" de Sierra Morena oriental han oscilado entre considerarlos como construcciones prerromanas (Sandars, 1905; Ruiz Rodríguez, 1978; Corchado y Soriano, 1962), defensas ante las inestabilidades del s. I a.C. (Domergue y Tamain, 1971), o recintos destinados al control de la mano de obra romana o construidas con posterioridad al abandono de los trabajos. Sin embargo, a tenor de lo expuesto hasta el momento, parece claro que estos yacimientos estarían relacionados con el beneficio directo de los recursos mineros y con la vigilancia de los pasos naturales y caminos romanos que comunicaban las diferentes minas del distrito con los principales centros urbanos, no descartando para ello, la presencia de algún elemento militar, como sugiere M. P. García-Bellido para las fortificaciones de La Serena (Badajoz) (García-Bellido, 1994-95).

Este férreo control de la actividad minera-metalúrgica y del territorio podría responder a la existencia de inestabilidad en la zona a lo largo del s. II y I a.C. (Guerras Lusitanas, Guerra Sertoriana, etc.) ya que las explotaciones mineras se encuentran en áreas aisladas, escarpadas, de difícil acceso y alejadas de los grandes centros, lo cual favorecería la proliferación de revueltas y de actos vandálicos. Al respecto, no debemos olvidar el clima de inseguridad que se vivió en algunos momentos en el *Saltus Castulonensis*, región en la que se encuadra esta área minera y que era el paso natural hacia el Levante desde el valle del Guadalquivir, así como el límite fronterizo entre las provincias de la Bética y Tarraconenese. Buena prueba de ello es la carta que Asinio Polion, legado de Julio Cesar en la *Ulterior* desde el año 44 a.C., escribió a su amigo Cicerón, en la cual hace referencia a los constantes latrocinios que se producían en esta zona (Contreras de la Paz, 1960a). Este tipo de actos de pillaje, bandolerismo, guerra de guerrillas, según A. García y Bellido, serían muy frecuentes, sobre todo, contra los romanos entre el siglo III a.C. y I a.C., e incluso en épocas anteriores (García y Bellido, 1945).

Poco sabemos de otros elementos importantes para la reconstrucción del patrón de asentamiento aunque los escasos datos disponibles, aún muy dispersos, procedentes de las prospecciones arqueológicas sistemáticas, revelan la existencia de un dispositivo de fortines en las cuencas del río Rumblar (Fig. 74) (Lizcano *et al*., 1990) y del Jándula (Pérez Bareas *et al*., 1992b) que reafirman la idea de la necesidad de ejercer un importante control sobre las explotaciones mineras y los principales ejes de comunicación tanto los pasos naturales como los caminos.

La ordenación espacial de torres o fortines en la cuenca del Rumblar parece obedecer a tres estrategias bien definidas. La primera de ellas, la formaría una cadena alineada en dirección SW-NE que jalonaría el acceso a la cuenca del Rumblar desde la Depresión donde se sitúa la ciudad de Cástulo, formando una autentica barrera de visibilidad y defensa así como de control de la cuenca en sus accesos (Lizcano *et al*., 1990: 59)[36].

Figura 74. Fortín romano republicano y altoimperial de la Playa del Tamujoso, Baños de la Encina.

[36] Esta línea de fortines estaría formada por los yacimientos documentados con las siglas J-BE-5 (Cerro Salcedo); J-BE-6 (Cerro del Santo); J-BE-7 (El Basurero); J-BE-9 (Castillo de Baños de la Encina) durante las prospecciones arqueológicas realizadas por el Proyecto Peñalosa en esta cuenca (Lizcano *et al*., 1990: 59).

El segundo sistema supondría el control directo de las explotaciones mineras, ubicándose las torres al lado de los filones como el yacimiento del Retamón (J-BE-50) que se sitúa cerca de las minas de José Palacios y Doña Eva y junto a la antigua Vereda de la Plata (Casado, 2001: 198-200); y el tercero, garantizaría el control de las rutas interiores, como en el caso de la desembocadura del río Pinto en la confluencia con el río Grande, donde se localizan los yacimientos J-BE-27 (Los Quintos I) (Casado, 2001: 139-141) y J-BE-30; y las vías secundarias romanas que unirían Cástulo e *Isturgi* con el interior de Sierra Morena. Por ejemplo, el trazado del viejo camino de San Lorenzo a Baños de la Encina que discurre entre el río Pinto y Grande está jalonado por varios fortines desde su salida en Baños hasta su llegada a El Centenillo (J-BE-27, 30 y 55). En el caso de la tercera línea observamos que los fortines se disponen en el tramo del camino en el que no se encuentra poblamiento y explotación minera alguna, excepto las minas de Araceli. Esta misma complejidad de control, también se observa en la propia construcción con un reiterativo patrón de torre cuadrada central y anillos exteriores cuya base arquitectónica la constituyen los grandes sillares calizos y graníticos, que en algunos casos se suministraron desde distancias superiores a 10 Km., así como el abastecimiento subsitencial que sin lugar a dudas, debió provenir de las misma Cástulo (Lizcano *et al*., 1990: 59).

Por su parte, los fortines documentados en la cuenca del Jándula parecen estar dispuestos en función a determinadas necesidades estratégicas. Por un lado, se encuentran los recintos localizados jalonando el cauce del río, ejerciendo un control efectivo y directo (J-A-12, J-A-13, J-M-2); y por otro lado, están los recintos más alejados del Jándula, que parecen controlar las rutas interiores de acceso a la cuenca (J-A-2, J-A-15, J-A-16, J-A-18, J-A-23) (Fig. 75). Todos ellos presentan una gran capacidad visual y se ubican sobre unidades geomorfológicas de difícil acceso y fácilmente defendibles.

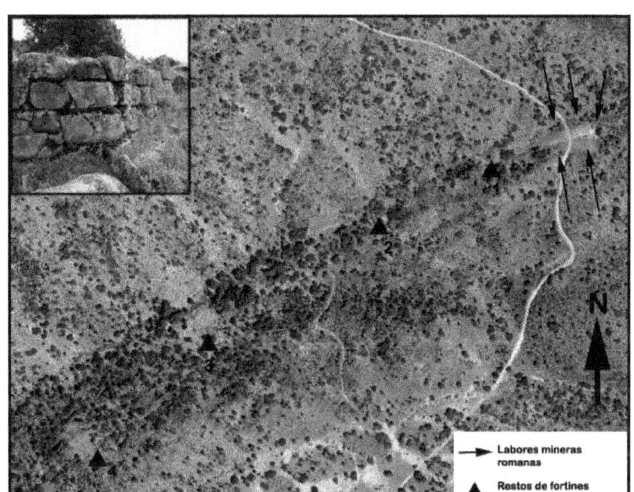

Figura 75. Fotografía área del cerro Mosquililla, Los Escoriales, donde se ubican los cuatro fortines romanos y las labores mineras documentadas. Arriba a la izquierda, detalle de uno de los lienzos de muralla de uno de estos yacimientos (Andújar).

Estas torres o fortines, en un primer momento, fueron fechados en el s. I d.C. por la presencia de cerámica del alfar de Andújar en algunos de los documentados en el Jándula (Lizcano *et al.*, 1990: 59; Pérez Bareas *et al.*, 1992b) y de TSH en el fortín de la Playa (J-BE-58) (Casado, 2001: 217). Sin embargo, tras el estudio del material cerámico recuperado durante las últimas prospecciones arqueometalúrgicas realizadas en la cuenca del Rumblar, básicamente, cerámica pintada de tradición ibérica, ánforas Dressel 1, etc., habría que retrotraer la cronología de los mismos al s. II y I a.C., continuando algunos de ellos activos hasta el s. I d.C., como el mencionado fortín de La Playa (J-BE-58) y algunos de los localizados en la cuenca del Jándula. Esta cronología coincide, además, con el momento de máximo desarrollo de la explotación minera de este distrito y con la propuesta para los poblados minero-metalúrgicos ("castilletes") de Sierra Morena oriental.

Esta compleja estructura de control del territorio (fortines y poblados fortificados), que se mantendría al menos hasta el s. I d.C., respondería a la necesidad de controlar directamente las explotaciones mineras y las rutas interiores de la sierra. Por estos caminos, que analizaremos a continuación, se extraería el metal de estas minas y llegarían los productos de primera necesidad, como el aceite, cereal, vino, vajilla, etc., procedentes de la depresión (Cástulo e *Isturgi*), en unos momentos de gran inestabilidad política y social y en unas zonas aisladas. Un sistema similar parece documentarse para época republicana y altoimperial en las minas del Suroeste, donde se han evidenciado la existencia de toda una serie de fortines en torno a la vía que unía Riotinto con Huelva (Pérez Macías, 2006: 56 y 81; Pérez Macías y Delgado Domínguez, 2007).

VI.1.3. La época altoimperial

La reordenación económica altoimperial provocaria la disminución en el número de las explotaciones al menos desde el punto de vista cuantitativo, pero no en el retroceso de la minería en su conjunto. En este momento se caracteriza por la concentración de la inversión en los yacimientos mineros más rentables de esta región (El Centenillo, Los Guindos, Los Escoriales, Palazuelos), y una reorganización de la explotación y la posesión de la tierra más acorde con la política económica llevada a cabo por el Emperador (Fig. 76) (Arboledas 2007: 756).

Durante este periodo, algunos de los poblados minero-metalúrgicos ("castilletes") de época romano republicana continuaron activos, tal como demuestra la estratigrafía del yacimiento del Cerro del Plomo y los materiales recogidos en Los Palazuelos y Los Escoriales, e incluso en algún caso, por ejemplo Los Palazuelos, hasta época tardía, aunque para estos momentos, la implantación de la administración imperial representó cambios importantes en núcleos de la importancia de El Centenillo, como se constata a través de la epigrafía y la numismática.

De la misma forma, la presencia de TS Hispánica en los fortines documentados en las cuencas fluviales del Jándula (Pérez Bareas *et al.*, 1992b), del Rumblar (en el fortín J-BE-58) y del Guadalimar (J-V-4 y 11) (Pérez Bareas *et al.*, 1992a) revelan la persistencia de esta compleja estructura de pequeños recintos fortificados vinculados al control del territorio minero y de las vías de comunicación del interior, al menos, hasta época flavia. Sin embargo, esta estructura poblacional, compuesta por los fortines y los poblados fortificados de época republicana, que surge al socaire de la explotación de las minas, parece sucumbir a finales del s. I d.C. (y principios del s. II d.C.), momento en el que se iniciaría el declive de la actividad minera y el despegue de la explotación agropecuaria de los valles del interior de la sierra y de la depresión de Linares-Bailén (Arboledas 2007: 756).

Al mismo tiempo se documenta la presencia de un modelo de fundición de tamaño medio situada a media ladera o en pequeñas lomas. Estas fundiciones parecen repetir un mismo esquema, similar al de época republicana, emplazándose junto a las minas, en zonas con abundante vegetación y cercanas a los cursos de agua y a los caminos antiguos. Buenos ejemplos de ello son las fundiciones de cortijo de San Julián (Vilches), San Gabriel (Santa Elena) y Los Tercios (Linares). Por otro lado, identificamos otro tipo de instalación metalúrgica romana altoimperial de grandes dimensiones que se sitúa en zonas "alejadas" relativamente de las explotaciones mineras, pero a su vez en lugares estratégicos, junto a importantes vías de comunicación y zonas con abundante vegetación. Los casos mejor documentados son los de las fundiciones de La Fabriquilla (El Centenillo) y la de Fuente Espí (La Carolina). De todas las instalaciones mencionadas, La Fabriquilla y San Julián funcionaron ya desde época republicana, mientras que las de San Gabriel, Los Tercios y Fuente Espí son fundaciones *ex novo* de este periodo.

A partir de finales del s. I d.C. e inicios del s. II d.C. se inicia un periodo de decadencia de la explotación de las minas de este distrito, y en general, de todas las de Sierra Morena, aunque algunas explotaciones seguirían activas hasta el final del Imperio, como por ejemplo, la de Los Palazuelos o El Centenillo, si bien ya no con la misma intensidad y escala que en etapas precedentes. Paralelo a este declive de la minería, se observa un auge de la explotación agropecuaria de los valles del interior de la sierra y de la depresión de Linares-Bailén que está ligada a un cambio del patrón de asentamiento de esta región (Arboledas, 2007: 758).

Tradicionalmente, la decadencia de la minería en este distrito y, en general, de Sierra Morena se ha explicado por el agotamiento de los principales filones. Sin embargo, este hecho habría que relacionarlo más bien con el descenso de la ley del mineral a partir de ciertas profundidades. Así, los ingenieros de minas del s. XIX y principios del XX, en sus informes mineros, indican claramente y, en muchos casos lo dan a entender, que los romanos paralizaron los trabajos mineros en profundidad cuando la ley del metal explotado era muy baja, o cambiaba la mineralización, o bien encontraban zonas

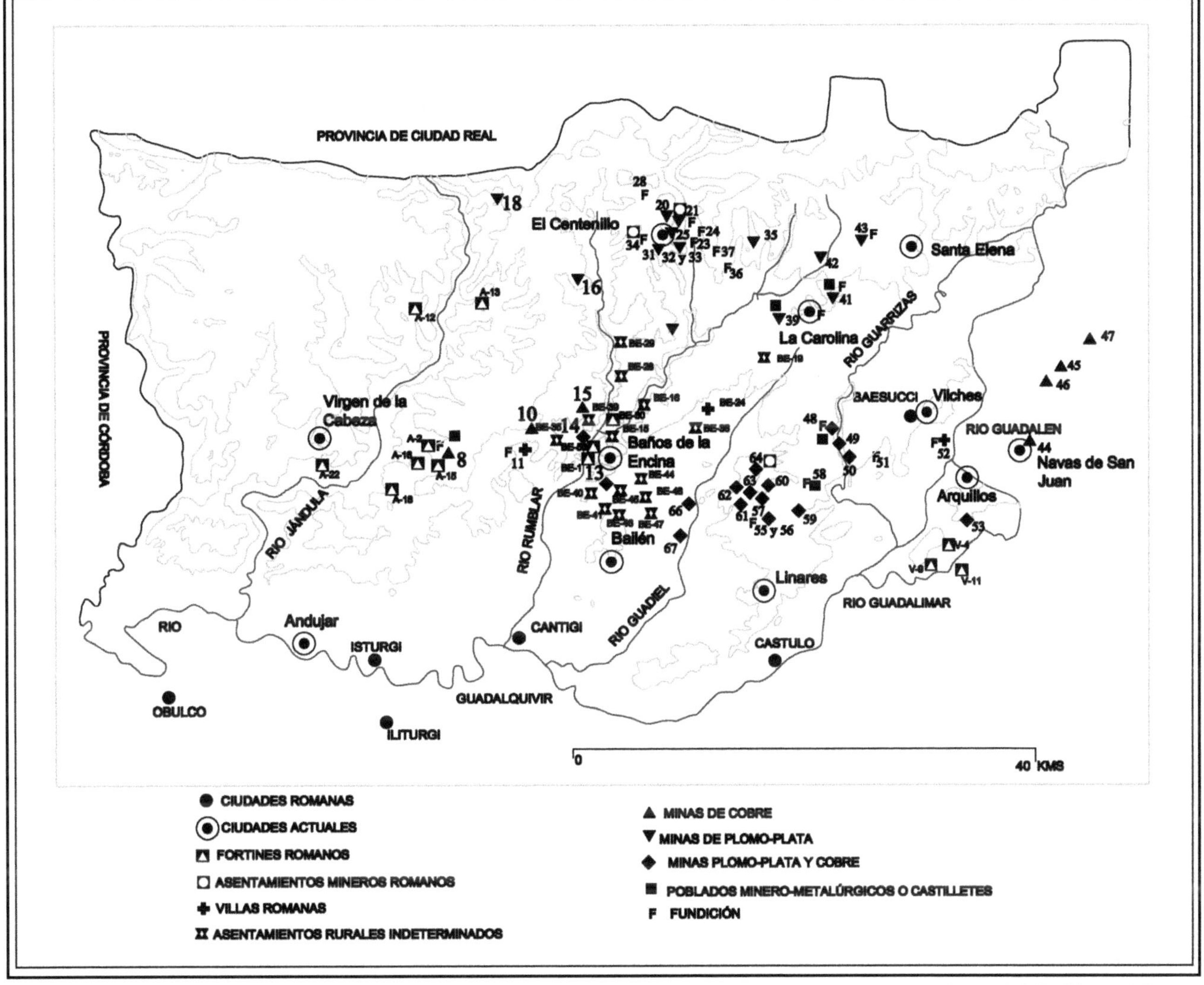

Figura 76. Mapa de dispersión de los yacimientos arqueológicos y las minas de época romana alto imperial de Sierra Morena oriental (Jaén).

estériles, explotando, por tanto, las zonas más ricas de los filones. Un buen ejemplo de ello lo encontramos en la mina de Los Palazuelos, donde los ingenieros y geólogos de la compañía alemana Stolberg y Westfalia determinaron, tras los trabajos de reconocimiento de las labores antiguas, que los romanos prácticamente habían explotado las zonas más ricas del filón (Gutiérrez Guzmán, 1999: 287-311). A este factor se unirían otros como la incapacidad, o más bien, la dificultad técnica que suponía trabajar a ciertas profundidades lo cual suponía el encarecimiento de la explotación y disminuía su rentabilidad; y la propia política económica altoimperial (a partir de época flavia) que centró sus objetivos en otros distritos mineros mucho más rentables que competían con el de Sierra Morena, como era el foco británico (Plinio *N.H.*, XXXIV, 164) o el del Suroeste peninsular (Jones y Mattingly, 1990: 179-196; Mangas y Orejas, 1999: 243; Arboledas, 2007: 1008).

La concesión de la ciudadanía por Vespasiano (Plinio, *N.H.*, III, 30) a los hispanos en el año 70 d.C. y la concesión del *status* de *municipium* romano en época flavia a *oppida* de esta región minera como *Baesucci* (Vilches), *Aurgi* (Jaén) e *Ilugo* (Santisteban del Puerto) (Morales Rodríguez, 2002: 24) y de otras zonas de Sierra Morena central como *Baedro* (Los Pedroches) y *Mellaria* (Fuente Obejuna) (Vaquerizo *et al.*, 1994), supuso para las ciudades y para los ciudadanos encontrarse con un territorio que hasta entonces había sido *ager publicus*. Esto va a provocar una intensificación de la explotación del territorio (que se manifiesta en la centuriación) con la creación de infinidad de asentamientos rurales que explotarían los recursos de la Depresión Linares-Bailén, produciéndose una amplia estructuración del territorio (Pérez Bareas *et al.*, 1992a: 93) que ha sido analizada en otras áreas cercanas como el valle Alto del Guadiato (Vaquerizo *et al.*, 1994) y en la campiña oriental de Jaén (Choclán y Castro, 1988; Guerrero, 1988).

Respecto a este poblamiento rural de carácter agropecuario, hay que señalar que la información disponible[37] hasta el momento no nos permite realizar

[37] Toda la información con la que contamos sobre estos yacimientos procede de las prospecciones sistemáticas que se han llevado a cabo en las diferentes cuencas fluviales de la zona, el valle del Rumblar

una clasificación de los yacimientos, de tal manera que resulta difícil distinguir entre *vici, villae, pagi*, etc. Este problema no es exclusivo del área que estamos investigando ya que la falta de excavaciones sistemáticas y completas en los yacimientos rurales conocidos en numerosas zonas hispanas, plantean dificultades insuperables hasta el momento (Fernández Ochoa *et al.*, 2002: 56).

En estos momentos de decadencia de la actividad minera, a principios del s. II d.C., lejos de producirse una despoblamiento del interior de la cuenca minera (en el interior de la sierra), se asiste a una "colonización" de los valles del interior de Sierra Morena oriental, como se observa en la cuenca del Rumblar (J-BE-15, J-BE-16, J-BE-28, J-BE-24 y J-BE-33) y en sus inmediaciones, de pequeños asentamientos cuya asociación edafológica parece advertir una importante economía agropecuaria. Este tipo de poblamiento, que adquiere mayor relevancia en el contacto de las estribaciones serranas y la Depresión Linares-Bailén (J-BE-19, J-BE-22, J-BE-23, J-BE-24, J-BE-25, J-BE-33, J-BE-4, J-BE-44, J-BE-45, J-BE-46, J-BE-47, J-BE-48, J-BE-41, J-BE-40, J-BA-3, J-BA-4, J-BA-6, J-BA-8 y J-BA-10), marcaría la aparición de una nueva economía en la ya decadente zona minera y metalúrgica (Lizcano, *et al.*, 1990: 59).

Esta proliferación de asentamientos agrícolas se acentúa mucho más en la Depresión de Linares-Bailén, donde se han documentado más de 50 yacimientos de este tipo, principalmente de pequeño tamaño (menos de una hectárea) que se adaptan, según C. Pérez Bareas *et al.*, (1992a: 93), a la definición de *villa* como un edificio construido según el modelo arquitectónico romano, integrado en una contexto histórico ajeno al mundo indígena y de dos hectáreas como máximo (Choclán y Castro, 1988: 207)[38]. Éstos se asientan predominantemente en terrazas o zonas de vega muy favorables a la práctica agrícola del cereal, la vid y el olivo; manteniéndose los grandes asentamientos o ciudades como Cástulo y llegando los yacimientos rurales a casos extremos de tamaño pequeño (menores de 0'5 has.), como el J-JB-16, J-BA-23 e I-15. Esta gran profusión de asentamientos sobre el espacio da idea de la complejidad del territorio y su intensiva explotación, que durará poco tiempo, pues a mediados del s. II d.C. ya se ha producido una importante desaparición de éstos y una concentración de la población en algunos que aumentan su tamaño (Pérez Bareas *et al.*, 1992a: 93).

Según se desprende de los datos recogidos, como bien señala C. Fernández Ochoa *et al.* (2002) para la zona del valle de Alcudia, en Sierra Morena central y oriental la explotación de los recursos agropecuarios formó parte de la estrategia productiva desde los inicios del periodo altoimperial, cuando se desarrollan los centros principales (*Sisapo, Mellaria*, Cástulo) y los nuevos municipios flavios (*Baesucci, Aurgi*, etc.), y su despegue parece coincidir con un momento en que se han ido abandonando algunos de los centros metalúrgicos de época republicana. Los asentamientos rurales son fundaciones *ex novo* y están orientados a la colonización agraria con la puesta en valor de tierras, que hasta esta fecha, apenas habían sido explotadas, al menos de forma intensiva. Si bien es cierto que los centros minero-metalúrgicos tardorrepublicanos también habrían necesitado proveerse de alimentos y, por tanto, tuvieron que existir asentamientos agropecuarios durante este periodo, los cuales, en el estado actual de la investigación, todavía no ha sido posible localizar (Fernández Ochoa *et al.*, 2002: 57).

VI.1.4. El Bajo Imperio.

Durante el Bajo Imperio se acentúa aún más la crisis en la que había entrado la actividad minera de esta zona a principios del s. II d.C. Si bien, la presencia de cerámica y de abundantes monedas fechadas hasta la época de Diocleciano (383 d.C.) en las minas de El Centenillo, La Carolina, Linares, Los Palazuelos, etc., reflejan que debió de continuar una cierta actividad productiva, aunque no con la misma intensidad y escala que en época republicana y altoimperial. Probablemente, la explotación se reduciría a las labores de pequeñas dimensiones y fáciles de explotar (que no necesitaran grandes infraestructuras), las cuales, el fisco dejaría en manos de comunidades locales o de particulares, en condiciones fiscales distintas a las de época altoimperial (Pastor *et al.*, 1981: 66; Mangas y Orejas, 1999: 275).

Figura 77. Restos de las termas romanas de la villa del Olivar, Cástulo, Linares.

(Lizcano *et al.*, 1990), Jándula (Pérez Bareas *et al.*, 1992b) y Depresión Linares-Bailén (Pérez Bareas *et al.*, 1992a) por arqueólogos de la Universidad de Granada.

[38] Muchas y muy variadas han sido las definiciones que se han dado sobre este tipo de asentamiento en sus múltiples categorías (Rodríguez Neila, 1993-94; 1994; Cortijo Cerezo, 1993). Concretamente, Vaquerizo *et al.*, (1994: 178-179) en su estudio sobre el poblamiento en la región minera del valle alto del Guadiato señala que en el análisis de yacimientos excavados, una villa es un edificio o conjunto de edificios que muestran una mínima unidad espacial y temporal, situado fuera de los núcleos urbanos o semiurbanos y con una dualidad funcional: lugar de residencia y de explotación agrícola (aunque podríamos incluir igualmente las villas marítimas o suburbanas, en la que no se observa la segunda característica, y también algunos de los llamados recintos fortificados o torres, de tradición ibérica y que, en su opinión, funcionaron como centros de explotaciones rurales) (Vaquerizo *et al.*, 1994: 178-181).

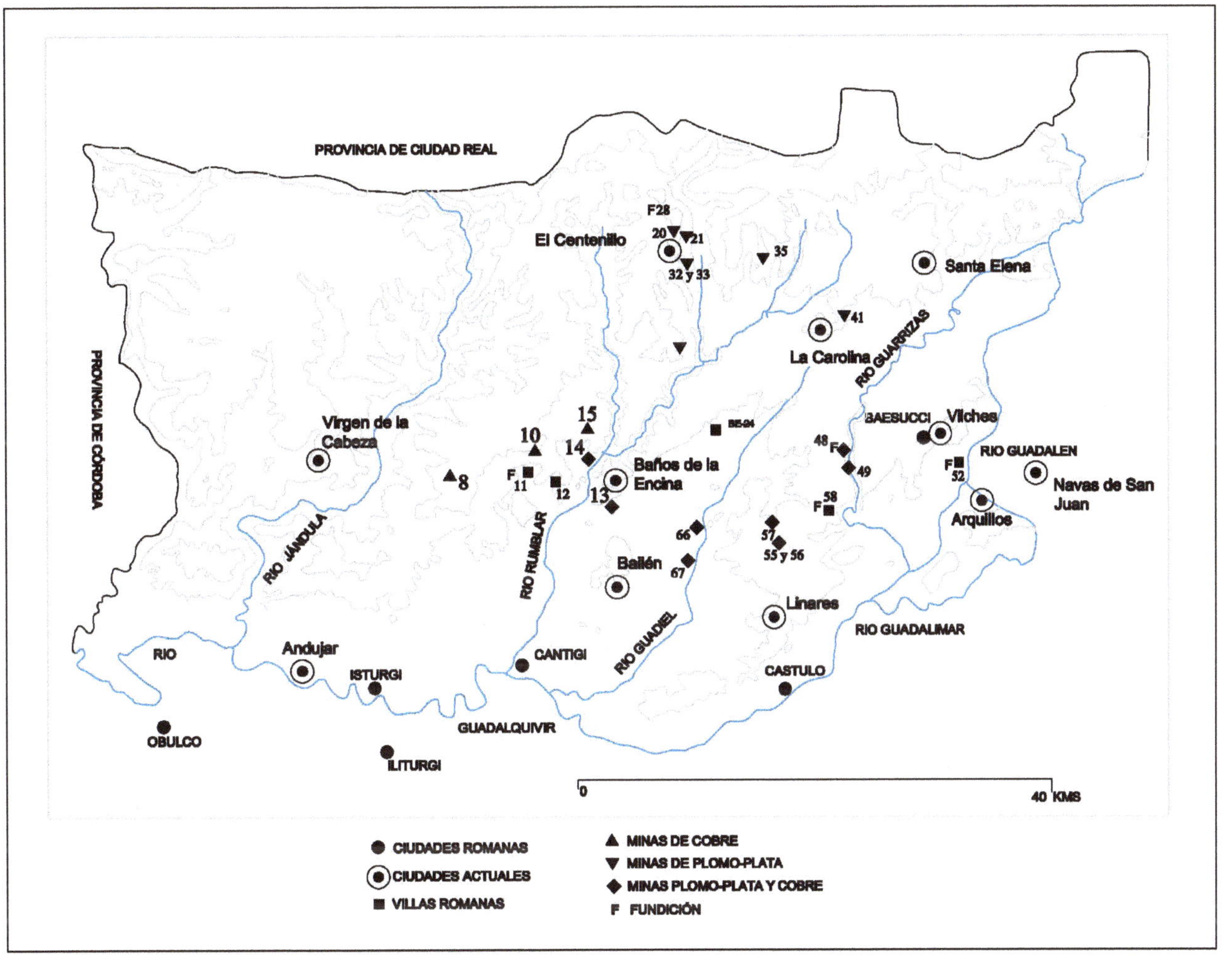

Figura 78. Mapa de dispersión de los yacimientos arqueológicos y minas de época romana bajo imperial de Sierra Morena oriental (Jaén).

La ciudad de Cástulo no va a estar al margen del periodo de decadencia o transformación iniciado en el s. III d.C., a partir del cual, entra en un declive que se verá acentuado por la crisis de la minería. El colapso económico producido por la baja de las explotaciones mineras, unido al impacto de las invasiones bárbaras y al vacío de poder, dieron como resultado que Cástulo no volviera a recuperarse. A partir de principios de s. IV, y según las prospecciones y excavaciones sistemáticas, había en Cástulo grandes edificios derruidos, testigos de una época de esplendor pasada, que sirvieron de cantera para la construcción de otros edificios. Ello está patente en la villa del Olivar, que fue construida intramuros de la ciudad sobre las termas, reutilizando materiales de otros grandes edificios (Blázquez, 1979: 109-267; Blázquez, Contreras y Urruela, 1984; Blázquez y García-Gelabert, 1987a) (Fig. 77). Dicha reutilización de material de construcción es un síntoma claro de la decadencia, de una economía precaria (Blázquez y García Gelabert, 1994) y de una nueva reorganización del espacio urbano en la que se ven inmersas las ciudades del mundo romano occidental a partir del s. III d.C., siendo Cástulo un ejemplo más.

Por el contrario, en estos momentos avanzados del Imperio se constata una significativa proliferación de *villae* (del mundo del campo), iniciada ya en Alto Imperio como hemos visto, que se distribuyen principalmente en áreas lejanas y marginales (Fig. 78). Serán éstas y los centros urbanos que sobreviven a la crisis los que articulen la explotación del territorio de esta zona (Pérez Bareas, 1992a: 94).

Entre las numerosas villas descubiertas en esta vasta área minera vamos a referenciar tan sólo las que se sitúan en los valles del interior de la zona minera, con presencia de agua y de tierras aptas para la actividad agropecuaria pero además cerca de filones metalíferos explotables, como por ejemplo, las villas alto y bajo imperiales del Cerrillo del Cuco (Vilches) (Molinos Molinos *et al.*, 1982) y del Arroyo Peregrina-Huerta del Gato (Fig. 79) (Baños de la Encina) (Contreras *et al.*, 2005b), y las bajo imperiales del Horno del Castillo (Guarromán) (Serrano y Risquez, 1991: 260) y Arroyo de los Yegüeros (Baños de la Encina). El registro arqueológico documentado parece indicar que en éstas, además de ser lugares de residencia y dedicarse a la explotación agropecuaria, se llevarían a cabo otras actividades económicas, como la transformación del mineral o la producción de cerámica

Figura 79. Restos de una de las piscinas de las termas de la villa romana de la Huerta del Gato o Arroyo de la Peregrina, Baños de la Encina.

que se han vinculado a la explotación doméstica en el ámbito de la economía de *villa* (Arboledas, 2007: 762).

VI.1.5. Antigüedad Tardía-Época Alto Medieval.

Tras la caída del mundo romano, lejos de producirse una despoblación de este distrito minero, durante la Antigüedad tardía y la Alta Edad Media se observa, por un lado en consonancia con la proliferación de las *villae*, la presencia de pequeños asentamientos rurales (la mayoría de menos de una hectárea) asentados en pequeños valles del interior de la sierra y en zonas altas amesetadas, seguramente dedicados a la agricultura y ganadería. De éstos se han documentado los cimientos de numerosas estructuras, fundamentalmente rectangulares, junto a una gran cantidad de fragmentos de cerámica de almacenaje. Asociados a algunos de los mismos, en sus inmediaciones, se hallan restos de tumbas, todas ellas expoliadas, que o bien se hicieron con lajas de pizarras o fueron excavadas en el granito en los lugares donde aflora este material. Los mejores ejemplos de este tipo de yacimientos se documentan en la cuenca media del río Rumblar y en los Montes de Selladores-Contadero y Lugar Nuevo en la cuenca alta del río Pinto, afluente del anterior. Entre ellos podemos mencionar los asentamientos de Barranco del Manzanillo (Baños de la Encina), de la Umbría de Revuelves (Andújar) (Fig. 80), La Cuerda de la Casavieja (Andújar) y Los Borondos (Andújar) (Arboledas, 2007; Arboledas y Contreras, 2009).

Por otro lado, se constata la existencia de algunos de estos poblados junto o sobre afloramientos mineros como el del Collado del Manzano en este Parque Nacional, o los de Las Minillas (Fig. 37), en el término de Villanueva de la Reina, o por último, el documentado junto a la presa de La Fernandina y sobre las labores mineras de Valdeinfierno. Todos ellos pudieron estar directamente vinculados a los trabajos de extracción del mineral.

Junto a esta tipología de asentamiento en llano, en zonas propensas para la actividad agro-ganadera y minera de este distrito minero de Sierra Morena se documentan, además de castillos y fortalezas como las de Baños de la Encina, Giribaile o Navas de Tolosa (Fig. 81), numerosos yacimientos en altura de época altomedieval (emiral) presentando algunos de ellos estructuras de fortificación como el de Los Guindos, Cerro de los Castellones (Los Guindos, La Carolina) y Cerro de las Tres Hermanas, la Hermana Oeste (finca de Naval Sach, El Centenillo, Baños de la Encina). La gran mayoría de ellos son fundaciones *ex novo* mientras que algunos se asientan sobre poblados minero-metalúrgicos romanos republicanos, por ejemplo el de Las Torrecillas y mina El Castillo en La Carolina, o sobre fortines romanos republicanos y alto imperiales. Su disposición, en cerros con gran visibilidad, estaría en función de la vigilancia de las explotaciones mineras y sobre todo, de las rutas y caminos que conectaban la meseta con el valle del Guadalquivir. Así, por ejemplo, en el entorno del camino de Baños de la Encina a San Lorenzo, cuyo trazado discurre por el área prospectada, se hallan los yacimientos de la Hermana Oeste (Cerro de las Tres Hermanas, El Centenillo, Baños de la Encina) y el J-BE-30, en la confluencia del río Pinto con el río Grande (Arboledas, 2007: 766).

Figura 80. Vista general del yacimiento alto-medieval de la Umbria de Revuelves, Andújar. En primer plano, a la izquierda, restos de una cista.

Figura 81. Castillo de Navas de Tolosa, La Carolina. Debajo del mismo se observan los restos de una rafa minera antigua (Proyecto Peñalosa).

De este mismo momento (Alto Medieval), se han hallado también dos fundiciones, Las Encebras y La Tejeruela. La primera de ellas se sitúa en una pequeña loma adehesada en medio del valle del mismo nombre y junto al trazado de la vía romana Cástulo-Sisapo, hoy Cañada Real, dentro de este Parque Nacional de Selladores, Contadero y Lugar Nuevo. En la superficie de este yacimiento se documenta gran cantidad de escoria, probablemente, producto del tratamiento del mineral extraído de los pequeños filones que se encuentran en las cercanías. Y en la segunda, la fundición de La Tejeruela, emplazada dentro de la finca de Naval Sach (Baños de la Encina), a escasos metros del filón Mirador (El Centenillo), se documenta una fase de época alto-medieval que también pudo estar ligada a la actividad metalúrgica. La situación de ambas parece indicar que en este periodo se siguió un patrón para el emplazamiento de las fundiciones muy similar al de época romana, cerca de las minas, de cursos de agua, en zonas con suficiente vegetación para el combustible y en las proximidades de caminos a través de los que dar salida al metal extraído (Arboledas, 2007: 767; Arboledas y Contreras, 2009).

Durante este periodo, se continuarían explotando las labores ya existentes desde época romana y anteriores, a las que habría añadir alguna que otra nueva como posiblemente la mina de Piedra La Cuna en estos Montes de Selladores-Contadero o las rafas del Cerro del Chantre y San Bartolomé en Linares. En este distrito minero constatamos algunos ejemplos claros de minas que explotadas en época romana, continuaron su laboreo en la Antigüedad Tardía y la Alta Edad Media, como demuestra la presencia de cerámica adscrita a este periodo en las escombreras de las rafas de San Ignacio, del filón La Cruz y Valdeinfierno, todas ellas en Linares (Arboledas, 2007: 767). Esto demuestra que en este distrito no parece haberse producido en ningún momento un abandono completo de la actividad, como tradicionalmente se ha defendido, aunque si se observa un retraimiento (Martín Civantos *et al.*, en prensa; Arboledas y Contreras, 2009: 116).

Por último, tecnológicamente, esta época supone un retroceso importante que, como en otras muchas esferas económicas, no es más que el resultado de la adaptación a las nuevas condiciones sociales creadas con la crisis del Mundo Antiguo. Se seguirán aprovechando las mismas vetas que en épocas anteriores a partir de la infraestructura heredada de época antigua. Presumiblemente, la extracción se realizaría entonces desde los pozos y galerías ya abiertos, pero siguiendo ahora el filón de manera irregular a través de pequeñas cavidades que intentan aprovechar solamente las masas mineralizadas, sin sistemas de entibación o desagüe. Así ocurre también durante la Alta Edad Media en otras zonas de Europa como la Toscana (Francovich, 1991). Este sistema de trabajo permite la extracción de cantidades pequeñas de mineral sin necesidad de realizar una inversión ni en trabajo ni en dinero. Seguramente, sería desarrollado por campesinos como complemento de la actividad agrícola o ganadera, de manera más o menos organizada o coordinada y sin necesidad de que intervenga ninguna autoridad exterior estatal o señorial (Martín Civantos *et al.*, en prensa). Con ello, se podría relacionar la existencia de multitud de pequeños asentamientos rurales durante este periodo en esta región (Arboledas y Contreras, 2009: 116)

VI.2. LAS VÍAS DE COMUNICACIÓN: ELEMENTO VERTEBRADOR DEL TERRITORIO MINERO Y CÁSTULO

La posición de la mayor parte de las explotaciones mineras y metalúrgicas en el interior de Sierra Morena Oriental, como hemos visto en el catálogo, obligó a los romanos a establecer una red de caminos dependientes de la actividad económica principal a la que se dedica este territorio, la minería.

Por tanto, una consecuencia fundamental de la presencia romana en esta área será la formación de un entramado viario destinado a facilitar la administración y la explotación de los recursos de un territorio que poseía una gran riqueza minera y un escaso número de centros urbanos (en el interior de esta zona ninguno) (Melchor Gil, 1993: 64). Por estos caminos circularon los principales productos, del interior de este distrito (metal fundamentalmente), que eran transportados a los grandes centros comerciales de la Depresión Linares-Bailén, como Cástulo, *Isturgi* o *Iliturgi*.

Dicho entramado viario, seguramente, aprovechó en parte el trazado de caminos y lugares de paso tradicionales utilizados en épocas anteriores (ibérica, Bronce Final y quizás, algunas ya eran conocidas y empleadas en época argárica). Además de las vías principales, como la vía Hercúlea (camino de Aníbal), vía Augusta y la de Cástulo-Malaca, existen otros caminos de vital importancia minera como la vía Cástulo-Sisapo, el camino Cástulo-Oreto, Andújar-Sisapo, Toledo-Cástulo (antiguo camino real de Toledo-Granada) y todo una red de caminos secundarios que facilitarían la conexión de las explotaciones mineras con las principales ciudades de esta área, además del transporte del metal hacia las mismas. En definitiva, éstas serían fundamentales para la romanización de esta zona actuando como el principal elemento vertebrador de todo el territorio minero.

Por tanto, ante el papel tan importante que debieron de jugar las vías en este territorio, en los siguientes párrafos vamos a intentar seguir la disposición del trazado de algunos de los caminos más importantes, fundamentalmente, la vía Cástulo-Sisapo, y su relación con las minas y fundiciones del distrito, a la vez que comprobaremos si los fortines romanos documentados se ubicaron en función del control de dichos caminos. Para ello, contamos con los datos de las prospecciones arqueológicas realizadas en la zona, la información de mapas de finales del s. XIX de esta área, concretamente, los mapas a escala 1:50.000 de Linares y La Carolina publicados por la Dirección General del Instituto Geográfico y Estadístico en el año 1901, y los trabajos sobre caminos y veredas antiguas efectuados, entre otros autores, por M. Corchado y Soriano (1963 y 1969) y J.M.

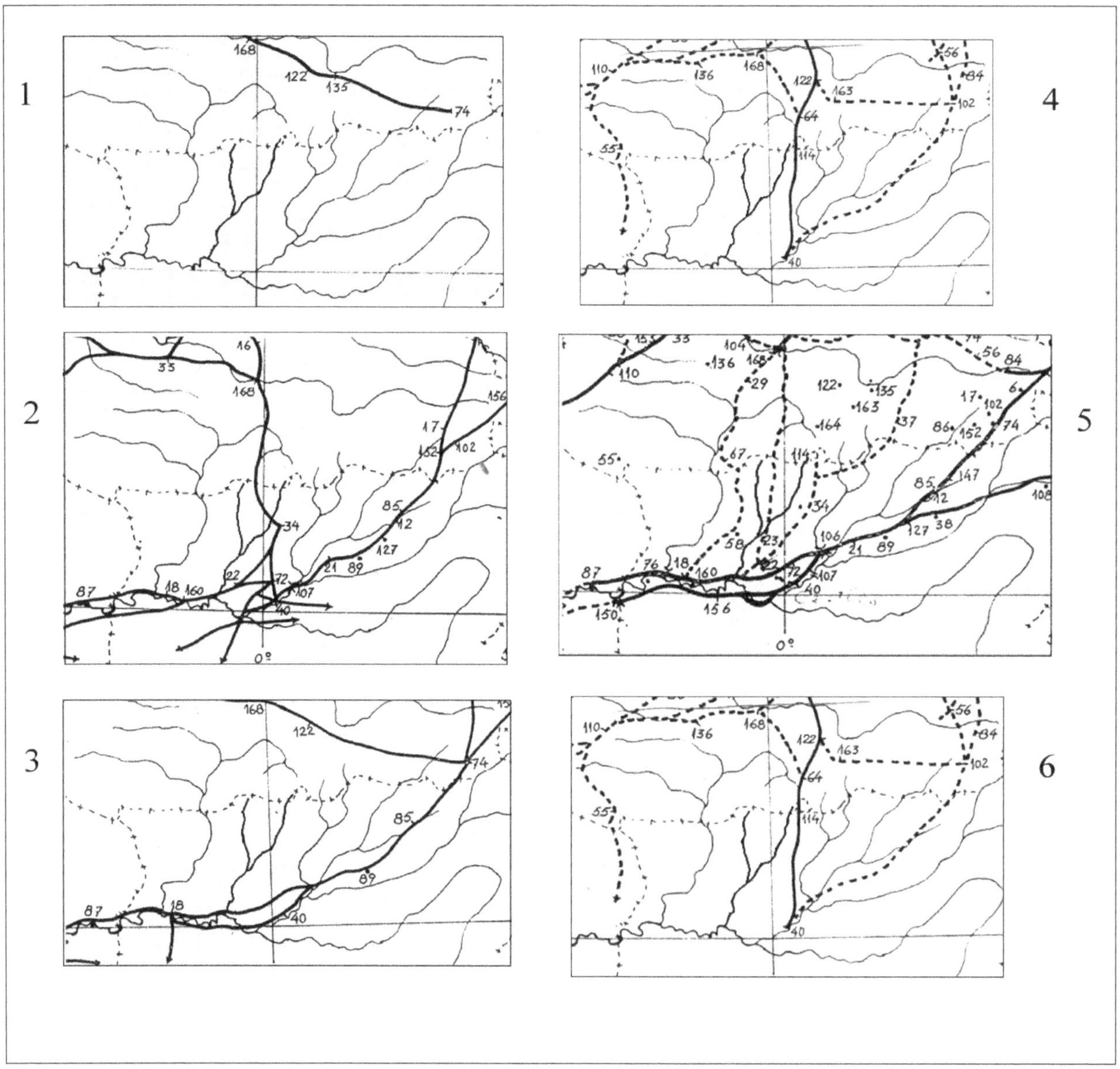

Figura 82. Mapas de vías romanas obtenidos en base al trabajo de M. Corchado Soriano (1969), de los que se ha extraído la zona del distrito minero Linares-La Carolina: Mapa (1), Representación de las vías romanas descritas por Coello (1874-1897); Mapa (2), Representación de vías romanas según el mapa de Hübner (1892); Mapa (3), Representación de vías romanas según el mapa de Saavedra (1862); Mapa (4), Representación de vías romanas y caminos con característicos trazados por Blázquez y Delgado (1892-1921; Mapa (5), Representación de vías romanas seleccionadas como seguras y probables; Mapa (6), Representación de vías pecuarias de Sierra Morena oriental (Jaén).

Almendral (1993), que han centrado sus estudios en las vías transversales entre el Guadiana y el valle del Guadalquivir (Fig. 82).

VI. 2. 1. El camino de Cástulo a Sisapo.

La principal vía romana que surcaba el interior de esta región minera de Sierra Morena oriental, y de la única que tenemos constancia en las fuentes escritas es la vía Cástulo-Sisapo. La existencia de esta vía se conoce gracias a la inscripción dedicada a Quinto Torio Culeo (CIL., II, 3270; CILA., I, 91), el gran benefactor de Cástulo, por los ciudadanos de esta ciudad (Contreras de la Paz, 1965). Entre las magnánimas muestras de evergetismo que este procurador de la Bética concedió a la ciudad de Cástulo, se cita en dicha inscripción en primer término, la reconstrucción a su costa de los muros de la ciudad y la donación de un terreno para la construcción de los baños de uso público[39]. También se menciona la colocación de estatuas de Venus *Genetrix* y Cupido en el teatro añadiéndose la remisión a los castuloneneses de una deuda de diez millones de sextercios, así como el ofrecimiento de un banquete público. Y por último, entre esta serie de liberalidades efectuadas por Culeo, se menciona la reparación de la vía que, a través del Salto Castulonense, unía esta ciudad con Sisapo, gran centro minero de la Oretania. Además, también aparece explicitada la causa de dicha restauración: *absidius imbribus corruptam munivit*

[39] Para R. P. Duncan-Jones, esta donación viene a demostrar que este personaje poseía propiedades en la ciudad (Duncan-Jones, 1974).

(Contreras de la Paz, 1965; Duncan-Jones, 1974; Carrasco Serrano, 1997).

Sisapo (y en general la región minera del valle de Alcudia), quedaría comunicada con las minas de esta región y con Cástulo, a través pues, de esta vía constatada en la mencionada inscripción de *Q. Thorius Culeo*. Pero en este texto epigráfico, tan sólo se alude con el término Salto Castulonense parte de la trayectoria de dicha ruta, no teniéndose ninguna otra referencia sobre su trazado (Carrasco Serrano, 1997). Esto ha provocado que los investigadores realicen numerosas propuestas acerca del posible trazado de la misma, siguiendo, en la mayoría de los casos, los recorridos de las vías pecuarias y caminos reales. Según R. Contreras de la Paz ésta partía en dirección Noroeste desde Cástulo pasando por el Castro de la Magdalena y por las proximidades de Linares (Contreras de la Paz, 1965: 83).

Por otro lado, P. Sillières señala que hay que tener en cuenta las diversas fundiciones romanas y emplazamientos mineros existentes en la zona. Así pues, según éste, la vía saldría de Cástulo para dirigirse hacia Linares y continuar hacia Guarromán, para posteriormente llegar hasta el importante enclave minero de El Centenillo (Fig. 71). A partir de El Centenillo, la vía seguiría hacia el oeste hasta El Hoyo, para desde allí pudiendo haber proseguido, bordeando al pie de la Sierra de Puertollano hasta llegar a los alrededores de Hinojosas de Calatrava y Cabezarrubias, y posteriormente, unirse a la vía procedente de *Mariana y Carcuvium*, transcurriendo juntas ambas hasta Sisapo (Sillières, 1990: 491-492).

Por su parte, M. Corchado y Soriano señala que el camino más corto que une la ciudad de Oreto con Cástulo, puede ser el ignorado itinerario de la vía de Cástulo-Sisapo (Corchado y Soriano, 1963: 17) (Fig. 71). Según éste, la salida desde Cástulo la haría por el camino de Bailén y Baeza que pasa a pie de Cástulo, para enlazar con Baños de la Encina pasando por la actual ciudad de Linares. En esta localidad confluían y se separaban varias rutas, unas que irían hacia Salas de Galiarda y Vereda de la Plata y otras que se dirigían a Andújar, Bailén y Linares. Desde Baños de la Encina, el trazado de esta ruta seguía entre el río Pinto y Grande por el camino de Baños de la Encina a San Lorenzo hasta El Centenillo, desde donde continuaba por el puerto de Navalgallina (finca de Naval Sach) hacia San Lorenzo de Calatrava pasando por las Sierras de El Hoyo y San Andrés. El camino proseguía por tierras manchegas hasta la ermita de Azuqueca, donde se encontraban las ruinas de Oreto, a dos leguas al sur de Almagro. En las cercanías de Oreto coincide con una de las vías de Mérida a Zaragoza, que relaciona el Itinerario de Antonino, la cual pasaba por la antigua Sisapo. Así, este investigador concluye indicando que ningún otro itinerario podía unir más cómoda y directamente estas ciudades (Corchado y Soriano, 1963: 16-17).

Sin embargo, J. M. Almendral propone un trazado de este camino, siguiendo en algunas ocasiones los trabajos de M. Corchado y Soriano (1963; 1969), por Los Escoriales y río Fresneda (C 70 G. Arias, 1987) (Fig. 71). Su origen, según este investigador, es doble. Uno que salía de Cástulo, pasaba por Aras (Linares) y la parte meridional del subdistrito minero de Linares y se dirigía a Baños de la Encina. Pasaba el Rumblar y, por el camino de Los Llanos y la Nava de Andújar llegaba a Los Escoriales. La otra rama partiría desde *Isturgi* (Los Villares de Andújar) con dirección norte, por el Camino de Las Viñas (km. 317 de la N-IV) y el Camino de Los Escoriales, hasta su confluencia en este paraje de los dos ramales (Almendral, 1993: 104-105).

En Los Escoriales arranca un camino al NE siguiendo la linde entre los términos municipales de Villanueva de la Reina y Baños de la Encina ya que este reorrido es el más óptimo. En la hoja del Instituto Geográfico Nacional se llama "Vereda de la Plata", viejo renombre muy indicativo. Después de 20 km. de Los Escoriales, se bifurca y el de la izquierda va directo a El Hoyo, en tanto que el de la derecha toma el nombre de "Camino de los Tembladeros", que también va a El Hoyo, pero antes, sufre una nueva bifurcación, con ramal a El Centenillo, para después seguir a la mina "La Cruz" y concluir en La Carolina. Este último tramo, según este autor, es moderno (Almendral, 1993: 104-105).

En El Centenillo, este camino se cruzaría con el camino antiguo de San Lorenzo-Baños de la Encina que según M. Corchado y Soriano (1963), uniría Cástulo con Oreto por El Centenillo, Baños de la Encina y Linares.

Desde El Hoyo, como propone M. Corchado y Soriano (1963: 15), el camino se dirige hacia el norte, donde se divide en dos: uno que conduce a Oreto por Calzada de Calatrava y el otro, por Mestanza hasta la unión con la calzada Sisapo-*Carcuvium*. Este trazado, cree J. M. Almendral, que era el principal de Cástulo-Sisapo, el mejor recorrido, más directo y próximo a las zonas mineras más importantes (Almendral, 1993: 105).

Por último, en nuestra propuesta planteamos otra hipótesis del posible itinerario de la vía romana Cástulo-Sisapo a su paso por este distrito minero, conjugando las proposiciones reseñadas en párrafos anteriores con los restos arqueomineros (minas, poblados, fundiciones, etc.) de la zona, así como con los conocimientos que tenemos del terreno (Fig. 71).

La vía saldría desde Cástulo hacia el norte hasta la actual ciudad de Linares (*Aras*), donde se unirían otros caminos procedentes del interior del distrito minero de Linares, como el camino de Guarromán o el ramal que conectaba con el Camino Real de Toledo a Granada (la posible vía romana de Cástulo-Turres) en el Castro de la Magdalena.

A partir de esta localidad, el camino continuaba por el límite sur del distrito minero linarense, para cruzar el río Guadiel por el tramo que está flanqueado por las explotaciones mineras del filón El Cobre (Cerro Hueco) y Matacabras. En las cercanías de esta zona se hallan los yacimientos de la Edad del Bronce de Cerro Pelao (J-L-

1), Cerro de Buena Plata (J-BA-18) y Dehesa de Matacabras (J-GU-1) con una clara vocación minero-metalúrgica y de control del valle del Guadiel, como indica su posición y el registro recuperado. Este patrón de asentamiento es muy similar al que se observa en la cuenca del río Rumblar para este periodo.

El camino continúa en dirección NW hacia Baños de la Encina por las tierras fértiles de la Depresión Linares-Bailén jalonado por numerosas villas romanas alto y bajo imperiales (J-BE-44, J-BE-39, J-BE-45, J-BE-45, J-BE-46, J-BE-47 y J-BE-48). Concretamente, en la entrada de dicha localidad, entre la mina de El Polígono o Contraminas (rafa de Baños de la Encina) y la falda S-SE del cerro donde se asienta el castillo de Burgalimar y un posible recinto fortificado romano republicano (J-BE-9) (Castillo, Lara y Choclán, 1992; Casado, 2001: 87-92), este camino confluía con las vías de Andújar[40], Bailén y del Mesto. Actualmente, aún se pueden observar algunos tramos empedrados de estos caminos (Fig. 83) y de las fuentes de agua modernas (s. XVI), tanto en las faldas S-SE del cerro del castillo como junto a la instalación de la depuradora municipal.

Figura 83. Resto del trazado de un camino medieval y moderno empedrado en la entrada de la población de Baños de la Encina.

A partir de ahora, esta vía puede tener dos posibles trazados, ambos igual de válidos y coherentes:

a) El primero, vadearía el río Rumblar por el lugar conocido por los habitantes de Baños de la Encina, como la playa del Tamujoso, donde se asienta un pequeño fortín (J-BE-58) con materiales de época romana republicana y alto imperial, y del que se conservan algunas estructuras (Fig. 74). Continuaría por el camino de Los Llanos y Nava de Andújar, pasando por las actuales fincas de Nuevo Murquigüelo, Los Llanos, Santa Amalia y el Friscalejo-Gorgojil hasta Los Escoriales. En el entorno de este tramo del camino se sitúan varias villas romanas, como por ejemplo la de la Huerta del Gato (J-BE-75), y numerosos asentamientos rurales tardoantiguo-altomedievales (J-BE-74, J-BE-76, J-BE-79, VR-31, Est. 203 y 203). Todo este trayecto que discurre por la cuenca del Rumblar, antes de encarar la subida para llegar hasta Los Escoriales, se controla visualmente desde el poblado minero-metalúrgico fortificado de Salas de Galiarda y el yacimiento calcolítico y medieval de Siete Piedras (J-VR-1).

En Los Escoriales esta calzada se uniría con el que procedía de Los Villares de Andújar, según J. M. Almendral (1993), y proseguiría por la Vereda de la Plata, hoy carretera asfaltada con la matrícula JM-5003, atravesando las fincas de la Nava, Medianería, Retamón y Los Alarcones hasta adentrarse en el Parque Nacional de Selladores-Contadero y Lugar Nuevo. Unos kilómetros antes de llegar a la Casa de Selladores, se bifurca un camino a la izquierda, hoy Cañada Real, que va directo a El Hoyo, y otro a la derecha con el nombre de Camino de los Tembladeros que discurre por el valle del mismo nombre y cruza la carretera JM-5003 por la Casa de Selladores, continuando su ruta hacia El Hoyo. Posiblemente estos dos caminos se ensamblarían cerca del yacimiento metalúrgico de Las Encebras, ya que ambos pasan por este lugar. Antes de llegar al cortijo de Selladores se desvía, a la derecha del Camino de los Tembladeros, un ramal que discurre por la ladera sur y este del Cerro de San Cristóbal, hasta su encuentro de nuevo con la carretera JM-5003, cerca de donde se asienta el posible yacimiento de la Edad del Bronce y romano del Barranco del Bu (J-BE-62). Probablemente, hasta la intersección con el camino de San Lorenzo a Baños de la Encina en El Centenillo, en la falda sur del Cerro de las Tres Hermanas junto a las fundiciones romanas de La Tejeruela y La Fabriquilla, su trazado sea el mismo que el de la mencionada carretera.

A partir de El Hoyo, como indican M. Corchado y Soriano (1963), P. Sillières (1990) y J. M. Almendral (1993), la vía se bifurcaría en dos, una que por Calzada de Calatrava conduciría a *Oretum* y la otra, que llevaría por Mestanza hasta la unión con la calzada Sisapo-*Carcuvium*.

b) El segundo saldría por el N del municipio de Baños con el nombre de camino de Baños de la Encina-San Lorenzo, cruzando el río Grande casi en la unión con el río Pinto, cerca del fortín romano republicano J-BE-30 y

[40] Alrededor de este camino que pasaba por debajo de la mina El Polígono, se ha documentado alguna villa y asentamiento rural romano.

del fortín argárico de Piedras Bermejas (J-BE-14). Justo en este punto se desvía un camino a la izquierda que conecta con la Vereda de la Plata, mientras que el camino principal sigue su itinerario entre el río Grande y Pinto hasta El Centenillo. Más o menos en la mitad de su trazado, poco antes de llegar al cortijo de Los Pastizales, el camino se encuentra jalonado por otro fortín romano republicano, J-BE-55. Unos dos km. al pasar este cortijo se deriva otro carril que conecta con las minas de Araceli y desde ahí, por el camino del mismo nombre, hasta La Carolina, vadeando el río Grande y Renegadero.

A su llegada a El Centenillo por el SW, este camino se encuentra rodeado por varios asentamientos y fundiciones romanas localizadas en el entorno de la Casa de Ministivel y, al menos, una necrópolis, de donde procedería la inscripción de *M. Ulpio Hermeros* (CILA, I, 63). En este punto, enlaza con el ramal que se deriva del Camino de Tembladeros en Selladores que lleva a El Hoyo y de allí a Sisapo.

Entre Baños de la Encina y El Centenillo este camino tiene un trazado duro, pero al pasar a la provincia de Ciudad Real se suaviza y allí se denomina "Cañada Real de la Plata". El tramo al norte de El Centenillo es, según M. Corchado y Soriano (1963: 17) y Sillières (1990: 493), como señalábamos anteriormente, el de Cástulo a Oreto. Por tanto, a tenor de los restos arqueomineros documentados a lo largo de su trazado, no cabe duda de que éste se trataría de un camino, eminentemente, minero muy antiguo.

Realmente este último es el camino más rápido y corto entre Cástulo y Oreto, y junto al primero, el más apropiado y minero para comunicar la ciudad castulonense con Sisapo. Seguramente, como señala P. Sillières (1990) y J. M. Almendral (1993), el primero sea el camino que más se adecue al tener un trazado más suave y directo con Sisapo.

Así, la salida de los metales extraídos de estos grandes centros mineros como son Los Escoriales, Salas de Galiarda y El Centenillo-Los Guindos se podría hacer hacia *Isturgi* por Los Escoriales. Si bien, creemos más factible que el metal de Salas de Galiarda-Los Escoriales se trasladaría hasta Cástulo por Baños y Linares y el de El Centenillo-Los Guindos por el camino de San Lorenzo a Baños de la Encina pasando por Linares (Arboledas, 2007: 742-747).

Por lo que respecta a la cronología de la inscripción de Q. Torio Culeo y gracias a la cual se conoce esta vía no existe unanimidad. J. P. Duncan-Jones (1974: 84), apoyado en la escritura, la fecha entre los años 20 y 160 d.C. Por su parte, R. Contreras de la Paz (1965) la coloca en el s. I d.C. debido a que las referencias a Salto Castulonense en las fuentes literarias son de época temprana. Por último, J. Mª. Blázquez, se inclina por fecharla en el s. III d. C., basándose en que los restos de amurallamiento de Cástulo excavados presentan dos etapas claramente diferenciadas, una prerromana y otra en del s. III, a la cual se vincularía la cita de la inscripción (Blázquez, 1978; 1984b). Sin embargo, nosotros nos decantamos en fecharla en el s. I-II d.C., al igual que J. P. Ducan-Jones (1974) y R. Contreras de la Paz (1965), ya que las reformas que menciona dicha inscripción se adecuan más al s. I d. C. (momentos de máximo esplendor de esta ciudad) que al s. III d.C. como postula J. Mª. Blázquez. Además, es más lógico pensar, que esta vía eminentemente minera, se reformara en unos momentos (s. I d.C.) en los que las minas de plomo-plata, cobre y cinabrio de Sierra Morena aún seguían en plena actividad y no en el s. III d. C. cuando la actividad minera en esta zona es mínima. Esto nos lleva a pensar que dicha vía, antes de ser reparada, estuvo funcionando al menos en Alto Imperio e incluso, por la cronología de los vestigios arqueomineros localizados en el entorno de la misma, desde época republicana. El hecho de que Q. Torio Culeo subvencionara con su propio dinero la reparación de la vía parece poner de manifiesto los grandes intereses económicos que tendría este procurador de la Bética en las minas de Sierra Morena (Arboledas, 2007: 748).

VI.2.2. El camino desde el Puente de Andújar a Sisapo.

Otra posible vía romana que conectaría gran parte del distrito minero con la ciudad de *Isturgi*, es la del Puente de Andújar-Sisapo, que podría ser también la de Cástulo-Sisapo, cuyo primer tramo se superpondría a la calzada 4 (Arias, 1987) entre Cástulo y Puente de Andújar (Almendral, 1993: 102) (Fig. 71).

Según J. M. Almendral, ésta arranca desde el Puente de Andújar hacia el Jándula, hasta el puente de Lugar Nuevo después de unos 15 km. donde se encontraba una imitación de la inscripción de Q.Torio Culeo. Un kilómetro pasado el puente, el camino se bifurca: el de la derecha se dirige a la Virgen de la Cabeza y el de la izquierda a Fuencaliente. Este segundo remonta el arroyo los Santos durante 5 km., pasando cerca de las explotaciones mineras de Navalasno, gira a poniente en tres km., se confunde con la carretera a Solana del Pino durante uno más, bordea el Rosalejo siguiendo el río Cabrera y, desde allí, a Fuencaliente por un terreno agreste. Tiene próximo el "Camino de la Virgen de la Cabeza o vereda de las Ventas", que es una variante suya (Almendral, 1993: 103).

En Fuencaliente, el cañón se abre hacia el N. en el Valle de Alcudia y a la izquierda se llega pronto a la antigua Sisapo (Almendral, 1993: 102-103). Por el puerto de Niefla (Brazatortas) y de Valderrepisa (Fuencaliente) cruza una vía secundaria, que se comunicaba con Sisapo, la cual facilitaría la salida de los metales, presumiblemente, hacia *Epora* (Fernández Ochoa *et al.*, 2002: 52) y posiblemente también hacia Andújar, por el camino descrito anteriormente.

VI.2.3. La vía de Cástulo a Turres.

Una última posible vía romana que se adentra en el interior de otro de los sectores de esta región minera, según J. M. Almendral (1993: 105-106), es el camino de Cástulo a *Turres* (Fig. 71).

Para la descripción de esta vía J. M. Almendral (1993: 106) supone que da comienzo en la carretera Linares-Vadollano, a poco más de 3 Km. de su origen, en el punto donde se encuentra el yacimiento de Castro de la Magdalena (J-L-4) (Fig. 84), que presenta unos niveles de ocupación desde época calcolítica hasta época moderna. Según M. Corchado y Soriano (1963), en este lugar confluiría el camino de Aníbal procedente del Levante que pasaba por Santisteban del Puerto, Navas de San Juan[41], etc., con el Camino Real de Toledo a Granada. En la falda NE de este cerro de la Magdalena se conservan aún los restos de una fuente con un pilón de grandes bloques de piedra arenisca de época moderna pero con reminiscencias romanas, como el nombre que le dan los lugareños, fuente romana, que demuestra el paso por este lugar de un camino antiguo.

Esta calzada que a continuación describimos, en la Hoja 1: 50.000 del Instituto Geográfico se llama "Camino de Granada" en algunos tramos y, en otros, "Calzada Romana", aludiendo a los restos o trayectos que se conservan como tal vía de origen romano (Almendral, 1993: 106).

El Camino Real de Granada, que salva el río Guadalimar por la Estación de Linares-Baeza, continúa, a partir del Castro de la Magdalena, hacia el N. en dirección a La Garza, por lo que hoy es una pequeña carretera asfaltada. Esta calzada sigue por las aldeas de La Fernandina y la Isabela, pasando antes junto al poblado fortificado y mina de Los Palazuelos y Valdeinfierno; deja el asfalto y vuelve a ser camino antiguo y recto hasta Navas de Tolosa. Desde allí, hasta Venta Nueva, el camino desaparece absorbido por la N-IV (Almendral, 1993: 106).

Figura 84. Vista general del yacimiento de Castro de la Magdalena, Linares. Abajo, izquierda, detalle de la fuente medieval conocida como romana. Abajo, a la derecha, restos de una torre medieval musulmana.

A partir de Venta Nueva, el camino se enfila por los collados de La Estrella, pero antes de llegar a ellos se bifurca, tomando la rama derecha el camino hacia Santa Elena y el Puerto del Muladar. La rama de la izquierda, romana, se dirige hacia lo que en tiempos de Isabel II fue famoso balneario de La Aliseda y, remontando por la ribera izquierda del río de La Campana (subafluente del Rumblar), llega a Miranda del Rey. En esta localidad se divide en dos calzadas: la que sigue en dirección N. es la calzada Cástulo-*Turres*, que enfila hacia la cabecera del Arroyo del Rey y sube al Puerto del Rey, cota 1.126, para descender en 4 kilómetros al río Magaña. En este último tramo hay restos de construcciones antiguas (Almendral, 1993: 106-107).

Sigue la calzada cinco kilómetros con la misma representación y cambia su aire al encontrarse labrada; cambia también su denominación por la de "Camino de Magaña", que va directo a Santa Cruz de Mudela, aunque antes se encontraría en *Turres*, actualmente Las Virtudes, en la autovía N-IV (Almendral, 1993: 107).

A la altura de Navas de Tolosa, según M. Corchado y Soriano (1963: 20), se separaban de esta vía central otros dos caminos reales: el de la izquierda, en sentido de la marcha norte sur, continuaba por Vilches, la villa romana de Cerrillo del Cuco, al Puente Mocho sobre el Guadalén. Se cruza con el camino de Aníbal cerca de la fundición de La Laguna y las minas de la Hacienda La Española; pasa al pie del asentamiento ibero-romano y castillo medieval de Giribaile y vadea el río Guadalimar por la Barca de los Escuderos para dirigirse a Úbeda. En su encuentro con el Guadalimar este camino se encuentra franqueado por varios recintos fortificados (J-V-4 y J-V-11) (Fig. 85) que se sitúan en puntos estratégicos desde los que se controlaría esta vía y el territorio de la Vega de Guadalimar (Pérez Bareas *et al.*, 1992a). El ramal de la derecha, pasaba por el convento de la Peñuela, hoy La Carolina, Venta de Carboneros, Guarromán, Andrade y Bailén y, desde éste, seguía el camino de Espeluy hasta confluir, frente a este castillo, con la vía romana (Augusta) de la derecha del río Guadalquivir (Corchado y Soriano, 1963: 20).

Figura 85. Vista general de los restos del fortín romano republicano y altoimperial J-V-4, Vilches.

[41] En los términos de estas poblaciones se documentan las explotaciones mineras antiguas de la mina El Hondillo-Atalaya (Navas de San Juan), Monte Venero (Santisteban del Puerto), Barranco El Hondillo (Montizón) y Los Engarbos (Montizón) (Domergue, 1987).

De esta forma, la vía de Cástulo-*Turres* y sus diferentes ramales conectaría la ciudad de Cástulo con los poblados minero-metalúrgicos y las minas situadas en la vertiente NE y E del distrito minero de Linares-La Carolina, como por ejemplo las explotaciones de San Gabriel, Las Torrecillas, Los Palazuelos, La Laguna, Arrayanes, etc.

En resumen, estas tres vías principales, Cástulo-Sisapo, Andújar-Sisapo y Cástulo-*Turres* (el camino real de Granada-Toledo), descritas a lo largo de estos párrafos, junto a toda la red de caminos secundarios, conformarían una malla de "carreteras" que facilitarían la administración de los recursos minerales, ya que éstas fueron el principal nexo de comunicación entre las zonas mineras de Sierra Morena y la llanura de La Mancha con los grandes centros urbanos, como Cástulo e *Isturgi*. El trazado de su itinerario, como hemos podido ver, estuvo determinado en gran medida por la presencia en las cercanías de las explotaciones mineras. Por tanto, estás vías, unidas a las arterias principales debieron jugar un papel muy importante en la romanización y explotación de esta zona.

VI.2.4. Cástulo, centro comercial del metal y ¿ciudad o centro minero?

La gestión de los recursos minerales no puede entenderse sin la existencia de centros rectores capaces de capitalizar el beneficio de las minas (el metal). En la zona de estudio este papel lo desempeñaría, fundamentalmente, la ciudad de Cástulo junto posiblemente a las ciudades romanas de *Isturgi* (Los Villares de Andújar) e *Iliturgi* (Mengibar), mientras que en otras regiones mineras de Sierra Morena encontramos los centros urbanos de *Mellaria* (Vaquerizo *et al*., 1994), *Baedro*, *Solia* y *Sisapo*.

La ciudad de Cástulo, que hunde sus raíces en la Edad del Bronce (Blázquez y García-Gelabert, 1994a), parece que ejercería desde época orientalizante este papel de centro redistribuidor a través del cual se comercializaría el metal del interior del distrito minero hacia los centros creados en la costa mediterránea. Este incipiente comercio, desarrollado con los pueblos del mediterráneo, atraídos por las riquezas metalíferas de esta zona (plata), se ve reflejado en el registro arqueológico de este yacimiento. Se ha sugerido, tras las prospecciones realizadas en la Depresión de Linares-Bailén que, probablemente, Cástulo fuera, ya en la Edad del Bronce, uno de los grandes centros políticos asentados en las zonas de valle (Pérez Bareas *et al*., 1992a). Este papel se va a agudizar aún más durante el periodo ibérico pleno y púnico, donde ya aparece en las fuentes como una de las ciudades más importantes de la región oretana. Dicha ciudad se convirtió además, junto al área minera circundante, en objeto de deseo durante la segunda contienda púnica-romana como demuestra la concentración de episodios bélicos en esta zona (López Domech, 1996), debido, fundamentalmente, a su riqueza metalífera y a su posición estratégica, en un nudo de caminos entre el Levante, la meseta y el valle del Guadalquivir.

Será tras la conquista romana en el 206 a.C. cuando Cástulo alcance aún mayor prestigio e importancia de lo que ya tenía, debido, fundamentalmente, a su relación con la explotación de las minas, como el principal centro rector de esta región minera del Alto Guadalquivir. En Cástulo podemos ver cómo un núcleo enclavado en una rica región supo organizarse para extraer de la tierra unos extraordinarios recursos económicos, creando para ello, casi desde los primeros momentos de su existencia, una importante infraestructura política y comercial.

Potenciada por la explotación minera y agrícola la ciudad debió tener un gran momento de prosperidad económica y social en época republicana, a juzgar por la importancia de las monedas acuñadas en la localidad, principalmente, desde fines del s. II a.C., cuando, según testimonio de Diodoro (V, 35-38), llegaron gran cantidad de gente con ganas de hacer negocio procedente del sur de Italia. Esta prosperidad continuó hasta la época de los Antoninos, a juzgar por los resultados de las excavaciones dirigidas por J. Mª. Blázquez (Blázquez, 1984a y b; Blázquez y García-Gelabert, 1994a). La presencia de mayoría de numerario (moneda) de Cástulo, sobre todo de su serie minera del tipo mano (García-Bellido, 1982) en las principales regiones mineras de Sierra Morena central y oriental, revela, además de su cercanía a éstas, la importancia económica e influencia que debió de tener dentro del ámbito minero de la cordillera marianica. Hasta tal punto debió ser así, que las monedas de Cástulo en época republicana son imitadas en áreas mineras tan lejanas como las de Huelva (Chaves Tristán, 1987-88; Pérez Macías y Delgado Domínguez, 2007).

Su localización estratégica, en el paso natural entre el Levante y el valle del Guadalquivir, cerca de las minas de Sierra Morena y en plena campiña, a orillas del río Guadalimar, junto a su excelente comunicación, tanto por vía fluvial como por tierra, posibilitaron que Cástulo se convirtiera en el principal nudo de comunicación del Alto Guadalquivir y en centro neurálgico de esta región minera desde el que se controlaría la explotación minera y agrícola, la comercialización o salida del metal y el abastecimiento de todo tipo de productos a las zonas mineras, entre ellos, la moneda. Ya a principios del s. XX el ingeniero inglés H. Sandars (1905), cuando se refería a Cástulo, lo hacía como el distribuidor y, quizás, el centro administrativo de este rico distrito minero.

Con respecto al papel jugado por Cástulo en la minería, C. Domergue (1990), ha criticado firmemente el abuso que los investigadores hacen de la utilización de términos y fórmulas que aluden a su relación con estas minas, como "centro minero de esta región" "las minas de la región de Cástulo", "el distrito minero de Cástulo", etc. Según éste, utilizar dichos términos es considerarla como una ciudad minera, y hasta el momento, no se cuenta con ninguna información evidente que confirme que ésta fuera un núcleo minero que vivió al socaire de las minas[42], como por ejemplo, la ciudad de *Carthago Nova*, donde se ha comprobado que los nombres y familias mencionadas en la epigrafía se encuentran también en los lingotes de plomo, verificando así, según C. Domergue, la estrecha relación de las gentes de *Carthago Nova* con la actividad minera. Por eso, para este investigador, Cástulo sería un centro de comercialización y redistribución del metal, el cual debería su importancia y riqueza a la explotación agrícola y a su papel como nudo de comunicación y foco comercial.

Más allá de las cuestiones del mal uso de la terminología, cuya crítica compartimos con C. Domergue, el propio hecho de que el metal se comercializara a través de Cástulo junto a la presencia de abundante numerario castulonense, las citas de autores clásicos acerca de la situación cercana de minas de plomo y plata e incluso la lectura que se hace de las siglas S.C. parecen ser claros indicios de la relación de esta ciudad con la explotación minera de esta zona, en la que bien pudieron estar asentados los grandes arrendatarios y sociedades. Al respecto F. Chaves Tristán ha planteado que la ciudad castulonenese debió presuponer las necesidades perentorias de numerario de las minas próximas y emitió series del más alto volumen de la Bética (series paralelas), lo que posiblemente haría que los puntos clave en la estructura organizativa de las minas radicarán tradicionalmente en la propia ciudad (Chaves Tristán, 1987-88: 632-633).

Seguramente, en Cástulo, como principal núcleo rector y comercial, se concentraría el metal procedente de las distintas explotaciones mineras de este distrito, desde el cual se exportaría a otras regiones de la península y, sobre todo, a Roma. El metal llegaría a esta ciudad en forma de lingotes cargados a lomos de asnos, mulos o en carros tirados por parejas de bueyes[43] a través de las vías y caminos secundarios reseñados en líneas precedentes.

A partir de la ciudad castulonenese el plomo, cobre y plata pudieron haber salido, o bien a través de la vía fluvial del río Guadalimar y, posteriormente, el Guadalquivir hasta Sevilla o Cádiz, o por medio de las vías romanas que unían Cástulo con el Levante y la costa Mediterránea. Todas estas vías de comunicación conectarían este núcleo urbano con algún gran emporio marítimo de la Hispania romana como Cartagena, *Malaca* o Cádiz, actuando éstas como enlace con Roma, desde las cuales partirían barcos repletos de metal, junto a otros productos, rumbo a Roma.

Las principales vías de comunicación, que hicieron de Cástulo el nudo de comunicación más importante de época romana en el Alto Guadalquivir además de la ya mencionadas anteriormente de Cástulo-Sisapo, Cástulo-Oreto y Cástulo-*Turres*, fueron las siguientes[44]: la vía Cástulo-Cartagena por *Acci* (Blázquez y Delgado Aguilera y Blázquez Jiménez, 1922-23; Sillières, 1990; López Domech, 1990; Jiménez Cobo, 2000b) y Cástulo Córdoba por *Urgaone* o por *Epora* (Sillières, 1990; Roldán, 1975; López Domech, 1990; Corzo y Toscano, 1992; Almendral Lucas, 2001; Jiménez Cobo, 2000a), ambas pertenecen a la vía Augusta; la calzada Cástulo-*Saetabis*, conocido como el antiguo "camino de Aníbal" o también vía "Hercúlea" o "Heraclea" (Sillières, 1990; 1990a; Jiménez Cobo, 1993a y b; 1997; 2000a); y por último la vía Cástulo Málaga por el golfo de Almería o por *Anticaria* (Jiménez Cobo, 2000a; Melchor Gil, 1996; 1999).

Las vías de comunicación se convirtieron en uno de los pilares fundamentales para la romanización de esta zona, en un principio durante la llegada de las tropas romanas, con un eminente papel militar, para pasar a tener un marcado carácter económico, al menos a partir de la *Pax* Romana como señala P. Sillières (1990) para la vía Augusta, que tras la reorganización territorial de Augusto cambió su trazado por el sur (por *Acci*) quedando en "desuso" la antigua o camino de Aníbal. Las diversas vías que se constatan desde Cástulo hacia Córdoba y hacia el sur son para R. López Domech, una demostración de que los productos de la región oretana salían en busca del gran río que los llevará hacia Cádiz o de los puertos del Sur, como los de Málaga, Almuñécar y Almería. Por eso, el tramo de Córdoba-Cástulo fue modificado recorriendo una mayor distancia porque tendría que acercarse a los lugares económicamente interesantes. Por ejemplo, si Valentiniano rehízo este tramo en una época en la que la producción minera no existía, pero el comercio de productos agrícolas era muy fuerte, recogería en esta vía todos los caminos que procedían de la zona olivarera de la zona oretana. R. López Domech incide mucho en la idea de que estas vías tienen un marcado carácter económico, apoyando la teoría de Sillières de que la Vía Augusta, en un principio, era una vía militar, pero que a partir de Augusto que la reformo perdió ese sentido militar, para tener una importancia económica (López Domech, 1990).

Mención aparte merece la vía fluvial compuesta por el río Guadalimar y el Guadalquivir. Estrabón (III, 2, 3)

[42] Probablemente, el desconocimiento existente se deba por un lado a la escasa información con la que se cuenta y, por otro lado, a un problema de la propia investigación.

[43] Al respecto queríamos señalar que aunque los romanos fueron hábiles y resolutivos no conocieron el herraje (que aparecerá en el siglo IX) de las caballerías, ni supieron utilizar el atalaje ni el tiro, como también ignoraban el uso de los estribos, lo cual suponía una gran inseguridad.

[44] Aunque éste no es un tema específico de nuestra investigación sí es fundamental para el completo conocimiento del mismo, ya que las vías de comunicación jugaron un papel esencial en el proceso de romanización y explotación de la Península Ibérica. Por ello, a lo largo de este capítulo hemos incluido un análisis exhaustivo de los posibles caminos romanos que recorrieron el distrito minero de Linares-La Carolina que completamos además con una breve relación de las principales vías romanas que comunicaban a Cástulo con el resto de la Bética y con los puertos del Mediterráneo, remitiéndonos para cuestiones como sus posibles trazados al gran volumen de bibliografía existente (Fita, 1910; Blázquez y Delgado, 1914; Blázquez y Delgado Aguilera y Blázquez Jiménez, 1922-23; Corchado y Soriano, 1963; Corchado y Soriano, 1969; Arias Bonet, 1987; Sillières, 1990; Corzo y Toscano, 1992; López Domech, 1990; Fornell, 1996; Melchor Gil, 1991; 1998; 1999; Carrasco Serrano, 1999; Almendral, 2001; Jiménez Cobo, 1993a y b; 1997; 2000a y b).

menciona que el Guadalquivir era navegable hasta la ciudad de Cástulo (García y Bellido, 1945a; 1958; Abad, 1975; 2000; Chic García, 1990; 1993) confundiendo su origen, como vimos en el apartado de las fuentes literarias, con el de su afluente, el río Guadalimar, transmitiéndonos por tanto, una noticia errónea en cuanto a la identificación de su origen, pero no en lo que se refiere a la navegabilidad de su afluente, el Guadalimar. La existencia de un muelle en Cástulo, documentado por R. Contreras de la Paz (1966a) y por P. Sillières (1990), del cual aún se conservaban hace unos años los restos de sillares, son prueba de lo que fue el tráfico de bateles por este río hacia *Isturgi* y *Corduba* y, en consecuencia, de la economía de Cástulo, cabeza de navegación hacia el Guadalquivir (Almendral, 1994: 56).

El río Guadalquivir en época antigua fue la principal arteria de comunicación de la Alta con la Baja Andalucía y la vía comercial más importante. Estrabón cuando hace referencia a la navegabilidad del Guadalquivir señala que "*hasta Hispalis pueden subir navíos de gran tamaño; hasta las ciudades de más arriba como Ilipa solo los pequeños. Para llegar a Córdoba es preciso usar ya de barcas de ribera...más arriba de Cástulo el río deja de ser navegable...*" (Estrabón III, 2,3) (Abad, 1975; 2000; Chic García, 1990; 1993; Fornell, 1997).

La mayoría de los investigadores han afirmado que los metales del Alto Guadalquivir habrían salido a través de la vía fluvial hasta Hispalis y Cádiz y, desde allí, hasta Roma, pero en los últimos años se han propuesto otras alternativas. Los hallazgos de lingotes de plomo en Cádiz, demuestran que el metal se exportaría por el Guadalquivir, pero según A. Fornell, estos lingotes procederían de Córdoba, y los metales que se producían en el Alto Guadalquivir encontraba su salida al mar a través de las vías terrestres que comunicaban Cástulo con *Saetabis* y, sobre todo, con Cartagena, hecho que no parece ocurrir con los productos agrícolas (Fornell, 1997: 144).

Por otro lado, E. Melchor Gil propone que, aunque tradicionalmente se ha mantenido que el plomo y plata de este distrito saldrían con dirección a *Carthago Nova*, era mucho mejor la ruta hacia Sevilla (terrestre o fluvial) o hacia Málaga (por la ruta ibero-púnica, Cástulo-Málaga, a lo largo de la que se han registrado restos de cerámica orientalizante, ática etc.). Esa ruta hacia Málaga se aprovecharía desde la protohistoria, llegando los metales a poblados costeros feno-púnicos, como el Cerro del Villar, etc. La ruta estaba jalonada por fortines ibéricos, que tendrían una función defensiva, así como para el control y vigilancia de los caminos. *Malaca* sería un centro receptor de los productos metálicos que en época romana se convertiría en un gran emporio. *Malaca* no sólo recibiría el metal procedente del Alto Guadalquivir, sino que también pudo recibir el metal de Córdoba por una vieja ruta ibérica que luego sería calzada romana. Por esta vía de comunicación no sólo se transportaría y comercializarían metales sino también cereales, mármol, cerámica, aceite, salazones, etc. (Melchor Gil, 1998; 1999: 314-316).

Sin embargo, a *priori*, creemos que debido al alto costo y los riesgos para la carga que supone el transporte terrestre de los metales (Chic, 1993)[45], la salida más rápida y económica de éstos se realizaría por medio de pequeñas barcas hasta *Isturgi*, donde posiblemente también se embarcara el metal procedente del interior de este distrito minero, que llegaría a través de la vía romana *Isturgi*-Los Escoriales y El Centenillo. Y desde esta ciudad, ya por el río Guadalquivir, hasta Córdoba, *Ilipla* e *Hispalis*. Aunque no debemos descartar las otras alternativas de Málaga y Cartagena por donde el trayecto por mar hasta Roma como principal destino de la plata, sería más corto.

En resumen, la fundación desde el primer momento de la presencia de Roma en estas tierras de poblados minero-metalúrgicos *ex novo* como Cerro del Plomo, La Tejeruela y Cerro de las Mancebas nos indica cuál fue el sistema seguido para el aprovechamiento de los recursos minerales. La actividad extractiva intensiva y la producción de metales (plomo, plata y cobre) en instalaciones específicas desarrolló un tipo de poblamiento basado en poblados mineros y centros metalúrgicos. Entre la estructura poblacional de toda esta zona, destaca la presencia de los poblados fortificados como Los Escoriales, Salas de Galiarda, Las Torrecillas y Palazuelos, los cuales estarían vinculados al laboreo de los filones de galena argentífera y cobre, de lo que es tan rica Sierra Morena. Posiblemente, durante el periodo de máximo desarrollo, la explotación de estas minas se estructuraría entorno a estos establecimientos fortificados que se han datado entre el s. II a.C. y I d.C. Alrededor, y en conexión con los mismos, se observa todo un sistema de fortines que se han relacionado con el control y vigilancia de las explotaciones mineras y de las rutas de comunicación a través de las cuales se realizarían los intercambios, hecho que se observa muy bien en el valle del río Rumblar o del Jándula. Éstos, por el material cerámico recuperado, se han fechado en el mismo periodo que los yacimientos anteriores. La implantación de esta base económica basada en la actividad minera necesitaría además de una serie de centros principales capaces de gestionar y canalizar el beneficio minero así como de una red viaria que conectara a estas ciudades con las zonas de extracción del mineral.

La reordenación política y económica altoimperial provocaría la disminución del número de las explotaciones pero no en el retroceso de la minería en su conjunto. Este momento se caracteriza por la concentración de la inversión en los yacimientos mineros más rentables de esta región (El Centenillo, Los Guindos, Los Escoriales, Palazuelos) y una reorganización de la

[45] Se ha calculado la diferencia de precios entre el transporte terrestre, el marítimo y el fluvial, obteniéndose una relación de mar: 1, río: 6, terrestre: 39, lo cual refleja cómo el transporte terrestre era muchísimo más caro que el fluvial y, más aún que el marítimo (Chic, 2000: 109). Igualmente, G. Chic señala que R. J. Forbes estima que los costos de transporte terrestre doblaban el precio del grano cada 100 millas (147'2 Km.), y algo parecido debía suceder con todas aquellas mercancías cuyo valor fuese pequeño en relación con su peso (Chic, 1993: 29) que no es este caso del metal.

explotación y la posesión de la tierra. Al mismo tiempo, durante la etapa alto imperial, se observa la pervivencia de la estructura poblacional de época republicana, formada por los poblados fortificados y los fortines, que parece sucumbir a finales del s. I d. C. y principios del s. II d.C. Este hecho podría estar asociado al declive de la actividad minera y metalúrgica y al inicio de la explotación agrícola de estas tierras.

Por el contrario, en este periodo (finales del s. I. d. C.) se asiste a una transformación del patrón de asentamiento de esta región, con la fundación *ex novo* de numerosos asentamientos rurales en los valles del interior de la sierra pero, sobre todo, en las zonas de vega y terrazas fluviales, como se observa en otras zonas de Sierra Morena (Depresión Linares-Bailén). Estos estarían orientados a la explotación agropecuaria de tierras, que hasta esa fecha, apenas habían sido explotadas. El incremento del número de dichos yacimientos indica el nacimiento de una nueva estrategia económica, basada en una intensa explotación agropecuaria, en la ya decadente zona minera y metalúrgica, enmarcada dentro de la política de municipalización de época flavia que supuso para las ciudades encontrarse con un territorio que hasta entonces había sido *ager publicus* debido a la adquisición de un nuevo estatus jurídico, el *municipium*.

El Bajo Imperio supone un momento de recesión minera considerable, si bien, algunos datos reflejan que debió de existir cierta actividad productiva. De hecho, los filones no estaban agotados y seguían siendo susceptibles de ser explotados. Por el contrario, se consolida el poblamiento rural como se demuestra la localización de gran cantidad de asentamientos rurales y villas mientras que las grandes ciudades, como Cástulo, entran en un declive progresivo del que no se repondrá hasta su abandono definitivo en época moderna. Asimismo, también se observa un importante cambio en el proceso de la producción de los metales que a partir de este periodo se vincularía básicamente con la explotación doméstica dentro del ámbito económico de la villa.

Finalmente, en época alto medieval el poblamiento vendrá marcado por la existencia de castillos y asentamientos en altura, algunos de ellos con estructuras de fortificación, que se dispondría fundamentalmente en función del control de los pasos naturales (vados, desfiladeros, etc.) y de los caminos. Respecto a la actividad minero-metalúrgica, se constata la explotación en este periodo de ciertas minas como las rafas de San Ignacio (mina de Arrayanes) y la existencia de fundiciones con un patrón de asentamiento similar al de época romana.

VII. PROPIEDAD, ADMINISTRACIÓN Y GESTIÓN DE LAS MINAS DE SIERRA MORENA ORIENTAL

Durante el periodo de dominación cartaginesa las minas del Sur y Sureste peninsular serían monopolio del Estado, al igual que en el Egipto Ptolemaico y, según J. Mª. Blázquez, continuarían como tales en época romana desde el primer momento de la conquista (Blázquez, 1993: 108; 1996: 181).

La llegada de los romanos a esta región a finales del siglo III a.C., en el marco de la Segunda Guerra Púnica, supuso la intensificación de la explotación de las minas de este distrito alcanzando cotas de producción tan sólo superadas en época industrial. Tradicionalmente se ha esgrimido que el interés de Roma por las riquezas metálicas de la Península Ibérica (la plata de Sierra Morena y el Sureste) fue uno de los elementos decisivos que desencadenaría el enfrentamiento con los cartagineses y la conquista de la misma, tesis simplista pero no exenta de cierta razón. Este interés se observa claramente en el hecho de cómo los romanos, una vez iniciada la contienda en la península en el 218 a.C., emprenden una conquista "selectiva" de zonas concretas (Blázquez, 1970): el primer objetivo fue hacerse con el área minera de Cartagena y, el segundo, con el distrito minero de Sierra Morena oriental con la ciudad de Cástulo a su cabeza. Esta progresión del ejército romano se debería esencialmente por un lado a cuestiones económicas (los metales y los productos agrícolas) y, por otro, a razones estratégicas, ya que en dichas áreas se concentraban las guarniciones cartaginesas. De esta forma, los romanos conseguían hacerse con los importantes recursos metálicos y agrícolas de estas áreas y a su vez privarían a los cartaginenses de los bienes que le reportaban estos territorios, así como del principal puerto de unión entre la península y Cartago.

Una vez expulsados los cartagineses, Roma piensa en permanecer en la Península Ibérica, como se deduce claramente del hecho de que el Senado confiara a Escipión el encargo de arreglar los asuntos de Hispania y de que se empezaran a enviar magistrados anualmente. En estos momentos, se inicia la conquista y pacificación de la península, que no acaba hasta época de Augusto, poniendo progresivamente en explotación todos sus distritos mineros, convirtiéndose así en una verdadera colonia de explotación para los romanos, en "El Dorado del mundo antiguo", como años antes lo había sido para los cartagineses. Este hecho viene avalado por las cifras ingresadas anualmente por los magistrados en el Erario de Roma durante 38 años, y de las que Tito Livio[46] da buena fe. Esta riqueza va a explicar que, a pesar de la gran sangría de hombres que la guerra significó, de lo que hay cifras bien elocuentes en las fuentes literarias, los romanos no pensaran nunca en abandonar la península (Blázquez, 1969; 1970; 1978; Blázquez y Montenegro, 1978; Márquez Triguero, 1989).

VII.1. LA ETAPA REPUBLICANA: LOS ARRENDATARIOS, LAS *SOCIETATES* Y LOS PUBLICANOS

En época romana no existía un derecho minero en sentido estricto, y la mayor parte de los datos sistematizados fueron recopilados en momentos tardíos, cuando la actividad minera tenía poco que ver con la republicana y altoimperial (Castán, 1996). Aparentemente, y en términos generales, las minas de los territorios provinciales conquistados pasaban a formar parte de los dominios del Estado, del *ager publicus*, a pesar de que este no contempla la propiedad privada del subsuelo y, por tanto, no existiría un derecho específico. En consecuencia, el Estado Romano podía arbitrar los sistemas de explotación y gestión que considerara más rentables, cómodos o seguros (Mangas, Orejas, 1999: 210).

Los testimonios obtenidos para el periodo de conquista y los últimos años del s. III a.C. y primeros del s. II a.C., son muy pobres y confusos. Roma heredaría las minas púnicas y éstas continuarían con su actividad desde el mismo momento en que pasaron a formar parte de los dominios del Estado. Como en el caso de *Carthago Nova*, resulta por ahora imposible evaluar el peso de la minería púnica en la zona y el grado de continuidad que supuso la explotación romana (Mangas, Orejas, 1999: 221 y 249). Realmente, lo único que se puede anotar es que estas minas, después de la primera organización provincial en 197 a.C., quedaron integradas dentro de la provincia *Hispania Ulterior* mientras que sus ciudades quedaron estructuradas en dos situaciones diferentes que en un principio vendrán condicionadas por la importancia de las mismas y por la actitud que habían mantenido con respecto al poder romano (Arboledas, 2007: 939).

La gran mayoría de las ciudades del Alto Guadalquivir tuvieron el estatus de estipendiarias, excepto el centro más importante de esta región minera oretana, Cástulo, que adquiere la condición de federada como consecuencia de la entrega de la misma por *Cerdubelus* a los romanos mediante un pacto secreto (Livio, 28, 19-20). Por tanto la ciudad quedó sometida a una *voluntaria deditio*; esta forma de rendición implica la reducción a la condición de *peregrini dediticii* (Gayo, 1, 14) y la entrega de *urbem, agros, aquam, terminos, delubra, utensilio, divina humanaque omnia* (Livio, 1, 38). Ante esta entrega voluntaria, Roma podía concederles algunos privilegios, además del usufructo sobre antiguos bienes, entre los cuales podrían estar las minas del área cercana. Pronto las minas se convirtieron en un polo de atracción de primer orden para los itálicos y, simultáneamente, la aristocracia local empezó a jugar un papel esencial, al incorporarse a las clientelas de las grandes familias romanas (González Román, 1989: 194-195; Mangas y Orejas, 1999: 258).

Desde los primeros años de ocupación, Roma controlaría los pequeños yacimientos de Cataluña, las minas del

[46] Tito Livio, *Ab ur. Con.*, 31, 20, 7; 32, 7,4; 33, 27, 2-4; 34, 10, 4; 34, 10, 7; 34, 46, 2; 36, 39, 2; 36, 21, 11; 39, 26, 7; 39, 29, 6-7; 39, 42, 3-4; 40, 16, 11; 40, 43, 6; 41, 28, 6; 45, 4, 1) y Apiano (*Ib.* 48, 50, 52, 79).

Sureste (Cartagena) y Sierra Morena (Cástulo). En el distrito minero de Linares-La Carolina no se ha constatado ningún resto arqueológico que se feche a principios del s. II a.C., sino que, la mayoría, datan del periodo de máximo desarrollo de estas minas, finales del s. II a.C. y del s. I. a.C., por lo que es probable, como señala C. Domergue, que los romanos a principios del s. II a.C. controlaran sólo las minas que se encuentran en el sector meridional del distrito, en las cercanías de Linares, mientras que, según el registro arqueológico, las del sector norte (El Centenillo, La Carolina y Santa Elena) y las del resto de Sierra Morena, no estarían bajo su poder hasta mediados y finales del s. II a. C., una vez acabadas las campañas bélicas con los celtíberos y los lusitanos (Domergue, 1990: 182-187).

Se han vertido diferentes hipótesis sobre lo que pudo pasar inmediatamente después del 206 a.C., desde las tesis de T. Frank (1959) hasta la de C. Domergue (1990: 241-252), y también se puede especular sobre la posibilidad de continuidad e interrupción de los trabajos, pero la única noticia segura con la que contamos para las minas hispanas se hace esperar unos años. Se trata de las medidas ordenadas por el cónsul Catón en su campaña militar por la Península Ibérica en 195 a.C., transmitidas por Tito Livio (34, 21, 7). En ese momento, Catón impuso un canon (*vectigal*) a las minas de hierro y de plata. Esta referencia se presta a múltiples interpretaciones, pero se puede asegurar que, al menos, algunas minas habían sido arrendadas por el Estado con el fin de obtener de ellas *vectigalia*[47]. Otra cuestión es la de precisar si ése fue el régimen común a todas y quiénes fueron los arrendatarios (arrendatarios, sociedades...). Esta cuestión también es confirmada por los más antiguos lingotes de plomo marcados (ya en la segunda mitad del s. II a.C.). Sabemos, además, que hacia la mitad del s. II a.C., según la descripción de Polibio (Estrabón, *Geo.*, III, 2, 10), las minas cercanas a Cartagena pertenecían al Estado romano, al que proporcionaban 25.000 dracmas diarios (Orejas, 2005: 62).

El único paralelo que puede servirnos lo encontramos en las minas macedonias unos años después, cuando en 167 a.C., el Senado romano tomó medidas para organizarlas. Entre ellas, suprimió el arrendamiento de las minas porque para explotarlas era necesaria la presencia de publicanos y "*donde hay publicanos no hay ni derecho público ni libertad para los aliados*" (Livio, 45, 18, 3-8; 45, 29, 11). Tampoco consideraron factible dejar la explotación en manos de los macedonios, quizás por temor a que recuperasen poder e independencia. El resultado fue la prohibición de los trabajos en las minas de oro y plata y la continuidad de la explotación en las de hierro y cobre, pero sometidas al pago de *vectigalia.* Por todo ello, se puede concluir que tras la conquista, las minas pasaron a formar parte del *dominium in solo provinciali*, y se convirtieron en *res publicae in pecunia populi*, es decir, dominio del pueblo de Roma, que pudo explotarlo para obtener un rendimiento, una renta (Castán, 1996).

Tal vez las medidas adoptadas por Catón (195 a.C.), pudieron afectar a las minas de este distrito que se encontraran bajo el poder de Roma; según C. Domergue, las de las cercanías de la población de Linares (Domergue, 1990: 182-187). Con respecto a las *vectigalia* impuestas por Catón, J. Mª. Blázquez (1993: 109) señala que las minas citadas por T. Livio (34, 21, 7) estarían arrendadas a publicanos o a privadas, pues el Estado no podía autogravarse con tales *vectigalia.*

Una vez sometida totalmente la zona, según C. Domergue (1990: 187), a partir de mediados del s. II a.C., las minas pasaran a formar parte del dominio público del Estado, el cual las arrendaría a arrendatarios particulares, a pequeñas sociedades compuestas por dos o tres socios particulares y a grandes sociedades, a través de la *Locatio Censoria*, convirtiéndose, por tanto, en *possesores* que actuarán de manera individual o agrupada en pequeñas sociedades.

Los lingotes de plomo aparecidos en las minas de Sierra Morena oriental fechados en época republicana y principios del Imperio, normalmente están marcados con los nombres e iniciales de los responsables de la explotación de las minas (*possesores*), o de los fundidores del mineral y los comercializadores del metal (*negotiatores*). Así, en este distrito minero se constata un lingote de plomo con el nombre de dos miembros de una sociedad de particulares; nos referimos al lingote con la marca T. IV(V)ENTI delfín M. LV (*Tito Iuventi M. Lucreti)* (Contreras de la Paz, 1999: 85-86; Domergue, 1990). Sin embargo, para otros investigadores como Hübner (CIL II, 3280: 444) o C. González y J. Mangas (CILA, III, I, 107), éste no representa a una sociedad sino a un *possesor* de una mina. Posiblemente de Cástulo también proceda un lingote de *T. Iuventus T. L. Duso*, el

[47] Mateo señala que el término *vectigalia (populi Romani)* se usaba para designar genéricamente a los ingresos periódicos o rentas públicas, consistentes, por ejemplo, en los cánones que deben pagar los arrendatarios del *ager publicus* o quienes explotan las minas o las pesquerías, y en los impuestos de aduana, sobre manumisiones, ventas públicas o herencias. Durante la República, la percepción de estas rentas, como se sabe, no era tarea directa de una inexistente administración financiera, sino de unos intermediarios privados, precisamente estos *redemptores vectigalium* o *publicani,* que accedían al contrato en licitación por una cantidad alzada ofrecida pagar al *aerarium,* de modo que su ganancia era la diferencia entre lo ofrecido pagar al *aerarium* y lo efectivamente percibido. Así, mientras más alta fuera la percepción sobre lo ofrecido, mayor era la ganancia, de donde el esfuerzo de los *publicani* por ello, que los conducía a cometer abusos contra los obligados al pago. Ello les creó la mala fama popular que se refleja en el Evangelio, en donde los publicanos aparecen en la misma fila que los pecadores y las meretrices (Mateo, 1999).

Según Muñiz Coello, los *vectigalia*, junto a los *tributa*, eran las únicas fuentes de ingresos fiscales que conocían los romanos. *Vectigal* designaba a todo impuesto indirecto, a todo ingreso percibido, bien de las personas particulares, bien de los rendimientos de la explotación de los servicios del Estado. Incluso, *vectigalia* amplía su sentido a toda tasa devengada por el funcionamiento o explotación de los recursos del estado (entre los cuales estarían las minas). *Vectigalia* son los *portoria* o impuestos de paso, la *vicesima hereditatium* o tasa sobre las manumisiones de esclavos; *centesima o ducentessima rerum venalium mancipiorum, quadragessima litium, vectigal urinae*, etc., y *vectigalia* son las tasas por traída y conducción de aguas, por explotación de termas públicas, tiendas públicas, etc., con lo que en sentido amplio, incluso engloba el conjunto de *tributa* (Muñiz Coello, 1980: 34).

segundo, liberto del primero, el *possesor* de la mina (Mangas, Orejas, 1999: 250).

También de estas minas procede un lingote republicano con un nombre quizás campano, *L. Caruli L. f. Hispali Men.*, y otro del Imperio con la marca *Minucia*, que parece referirse a una familia. Hay además, ya en la segunda mitad del siglo I a.C., una posible sociedad de Alcaracejos, formada por dos o cuatro miembros de una misma familia, los *Caenici* (*C.P.T.T. Caenicorum*) de posible origen ibérico. A esta serie hay que unir otros lingotes imperiales posiblemente procedentes de la Sierra Morena y de interpretación complicada, ya que se trata simplemente de dos o tres letras, quizás correspondientes a nombres (*C.M.A.L.M.A., S.O.* (?)), lingotes anepígrafos y de las marcas de control realizadas posteriormente sobre los lingotes (Domergue, 1990: 265-277; Mangas y Orejas, 1999: 250)

Las marcas inscritas en los lingotes, estudiados en su mayor parte, por Cl. Domergue (1966, 1984, 1990) y fechados desde el s. II a. C. y I d.C., permiten registrar la presencia de una emigración itálica en el sur y la paralela integración de las aristocracias locales en la organización puesta en marcha por Roma en las zonas mineras (Mangas, Orejas, 1999: 250). De este modo, entre los nombres reconocidos en los lingotes se encuentran los *Aquini, Atelli, Turulli, Lucreti, Planii*, etc., sobre todo, en el área de Cartagena, en su mayoría procedentes de la región de Campania y de Italia meridional (Blázquez, 1989: 120; 1993: 115).

Estos itálicos constatados en la epigrafía serían los mismos que menciona Diodoro (*B. H.*, V. 38, 15) en su relato sobre las minas hispanas como sus propietarios, los cuales obtenían grandes beneficios. Al mismo tiempo, serían los *negotiatores*, los arrendatarios de las minas, que adquirían, a través de la *Locatio Censoria,* el derecho de explotar las minas. Incluso, las sociedades mineras estarían formadas por itálicos como se desprende del análisis de C. Domergue (1990). Así, los itálicos serían poseedores de bienes públicos, *publica* (*conductores o redemptores o publicani*), responsables de concesiones no muy amplias, a individuos o a pequeñas sociedades. La *locatio conductio* nunca implicaba un traspaso de la propiedad, el adjudicatario o *conductor* no se convertía en el dueño, *dominus*, sino en usufructuario/arrendatario, *possesor* (Mangas y Orejas, 1999: 226-227). Un ejemplo de ello se observa en el lingote de *T. Iuventus, T. L. Duso*, mencionado anteriormente. Sin embargo, es posible que los libertos se hicieran cargo de la gestión directa de las minas desde el primer momento, actuando como enviados de los itálicos que no abandonarían la metrópolis (Sánchez-Palencia y Orejas, 1999: 116).

Los mismos nombres que aparecen en los lingotes de Cartagena se observan en la epigrafía y monedas de dicha ciudad, los cuales pertenecerían a esas familias. En esta ciudad se han documentado cinco familias que explotaban las minas y que tuvieron, además, cargos de relevancia en la administración municipal, lo que demostraría, como indica C. Domergue (1990), el papel tan importante de las minas en la vida económica, social y política de dicha ciudad (Blázquez, 1993: 115). Este fenómeno no se ha podido observar en la zona minera del entorno de Cástulo. La unica referencia que tenemos es la de *T. Iuventius,* gentilicio que no aparece entre la epigrafía local de Cástulo, por lo que siempre se ha deducido que las grandes familias de Cástulo, *Aelii, Cornelii, Valerii*, etc. (Blazquez, 1984b; Pastor, 1984-85), no estarían relacionadas con la explotación de las minas, aunque es necesario realizar un profundo análisis del significado de la reiteración de algunos nombres de Cástulo que aparecen en otras zonas mineras de Sierra Morena y del Sureste; así por ejemplo, *Aelius*, es un nombre muy frecuente en esta ciudad y en otras regiones del Sureste y de la Bética, incluida Munigua (Arboledas, 2007).

Respecto a la consolidación de aristocracias indígenas, hay que citar los interesantes testimonios que proporciona la epigrafía de Cástulo (Marín Díaz, 1986-1987; 1988). A. Marín (1986-1987), señala la aparición en la zona castulonense de nombres romanos, registrados con frecuencia entre los magistrados monetales; así, *Aelius*, *Cornelius* o *Valerius* en Cástulo. Se trataría, según dicha autora, de miembros de las aristocracias locales que consolidaron su poder como clientes de los magistrados romanos, de los que tomarían su nombre, y a los que en ocasiones les delatan los *cognomina* indígenas, como por ejemplo *Lucius Cor(nelius) Sosimilos* (C.I.L.A., I, 130) o *M(arcus) Fulvi(us) Garos*, ambos en Cástulo. Además de éstos, en la epigrafía castulonense hallamos otros ejemplos que se refieren a habitantes cuyo *praenomen* y *nomen* son latinos y el cognomen indígena (Contreras de la Paz, 1979: 432-433). Los nombres itálicos parecen revelar la llegada de gentes que se involucran en las actividades de producción de la región, como la minera (Mangas y Orejas, 1999: 251). Sin embargo, en conjunto, la presencia de itálicos está mejor documentada tanto en el registro arqueológico como en la epigrafía, sobre todo, en Cartagena y su entorno (Orejas, 2005: 62).

Las *societates publicanorum,* con su sede central en Roma, eran compañías formadas por particulares (por varios *socii*) que invertían su dinero en diferentes negocios, entre ellos la explotación de las minas (Mangas, 1996: 49). Sus miembros elegían a los altos cargos directivos (*manceps* o bien *princeps*, el presidente, a quién seguían en jerarquía el *magister*, el *promagister* y el *actor* o *syndicus*) quienes debían rendir cuentas ante sus socios. Cada *socius* recibía unos beneficios proporcionales al capital invertido. Éstas, además contaban con su propio aparato administrativo formado por escribanos, agentes, naves y oficinas en las provincias (Muñiz Coello, 1980: 97-110). Concretamente, estas sociedades se especializaron en la recaudación de los impuestos (*vectigalia*) que debían pagar los arrendatarios del *ager publicus*, quienes explotaban las minas, las pesquerías etc. ante la incapacidad financiera del Estado de realizar esta labor. Esto hizo que éstas adquirieran gran importancia y notable poder económico y político (Domergue, 2004b; 2008: 192). Al respecto, Polibio indica que las sociedades de publicanos tomaron un gran auge durante la II Guerra Púnica, cuando llegaron a prestar dinero al Estado, el cual recuperarían cuando pasaran las dificultades de la guerra (Mangas y Orejas, 1999: 222).

En torno a la naturaleza de la explotación de las minas por parte de las sociedades de publicanos se han articulado muchas teorías (Mateo, 2001: 30-31). Para unos, las minas fueron arrendadas a los publicanos por el Estado pero sin llegar a especificar el modo de disfrute que tuvieron sobre las mismas; otros señalan que a las sociedades de publicanos se les adjudicaba la explotación de las minas en sí, beneficiándose de éstas directamente. Y por último, las tesis de A. Mateo (2001: 31-62) que han sido secundadas por otros investigadores en los últimos años como C. Domergue (2004b; 2008: 192-193) o nosotros mismos (Arboledas, 2007; 2008). Éste, acertadamente, propone que estas sociedades no explotaban las minas directamente, sino que tenían el arriendo de la recogida de los impuestos a los verdaderos explotadores de éstas. Dicho sistema habría supuesto mayores ventajas, tanto para las sociedades de publicanos como para el Erario y los mismos mineros. Para los publicanos, porque sólo se tenían que limitar a recoger los impuestos, necesitando menos inversión de medios. Para el Erario, porque le permitía desentenderse del control de las minas, que se localizaban de manera dispersa por las zonas montañosas, como en Sierra Morena o el Sureste peninsular. Y para los mineros, porque no existiría el peligro de perder las inversiones hechas en las minas en el caso de no ser renovado el contrato de alquiler, ya que Roma arrendaría el cobro de impuestos a través de los censores, asegurando, de este modo, la continuidad de las explotaciones de los mineros siempre que pagarán los impuestos a las sociedades de publicanos (Mateo, 2001: 65). Tito Livio, en la cita que se refiriéndose a las minas de Macedonia (Tito Livio, 45, 18, 3-5), muestra claramente cómo era el mecanismo de recogida de los impuestos (*vectigalia*), en el que las sociedades de publicanos jugaban un papel principal.

Por tanto, podemos señalar que las *societates publicanorum* se encargarían de la recogida de los impuestos que los explotadores (arrendatarios, pequeñas y grandes sociedades mineras) de las minas debían pagar al Estado, actuando como intermediarios. Para ello, éstas participaban en la subasta pública realizada por los censores de Roma cada cinco años, licitando para cubrir los impuestos y negociando una suma determinada a pagar por adelantado al *aerarium*. De este modo, su ganancia sería la diferencia entre lo ofrecido pagar al *aerarium* y lo efectivamente recaudado. Así, mientras más alta fuera la recaudación respecto a lo ofrecido al Estado, mayor era la ganancia. Esto les llevo a realizar excesos contra a los arrendatarios lo cual le creó una mala fama que se refleja en el anteriormente citado texto de Tito Livio que se refiere a las minas macedónicas.

El problema que se plantea a este respecto es saber si las sociedades de publicanos, en general, tuvieron en sus manos la explotación de las minas del sur de la península desde el primer momento de la llegada de los romanos. La propuesta tradicional es la de T. Frank (1959), que considera que el paso de las minas a manos de los publicanos se produciría hacia el 179 a.C., basándose en la fuerte reducción de las sumas ingresadas en el erario romano en relación con los años anteriores (Blázquez, 1989: 119). Sin embargo, para otros investigadores (Domergue, 1990), el punto de inflexión sería el año 195 a.C., a raíz de las medidas adoptadas por el cónsul Catón.

Así, las minas de esta región como las de otros distritos mineros fueron explotadas por arrendatarios privados, solos o a veces formando pequeñas sociedades o

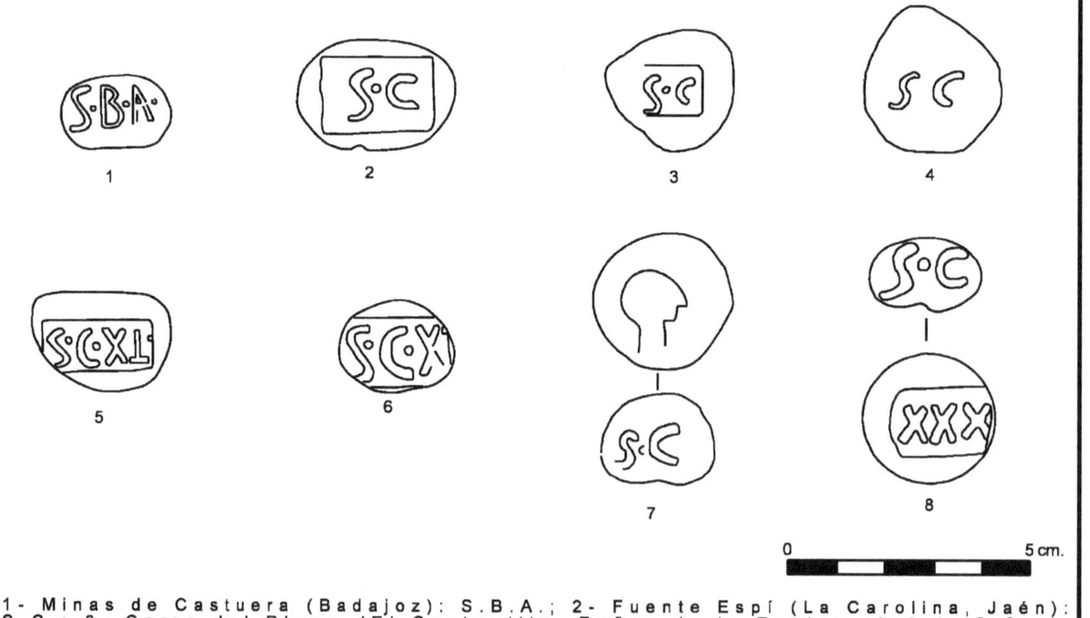

1- Minas de Castuera (Badajoz): S.B.A.; 2- Fuente Espí (La Carolina, Jaén): S.C.; 3- Cerro del Plomo (El Centenillo, Baños de la Encina, Jaén): S.C. 4- Cerro del Plomo: S.C.; 5- Fuente Espí: S.C.X.T.; 6- Fuente Espí: S.C.X.T.; 7- Fuente Espí: cabeza humana mirando hacia la derecha/S.C.; 8- Fuente Espí: S.C./X.X.X.

Lámina VII. Grabados de los precintos de plomo documentados en las minas y fundiciones romanas de Sierra Morena (lámina realizada a partir de C. Domergue 1990: 561).

importantes compañías. Entre los primeros se conocen numerosos ejemplos tanto en Cartagena como en Sierra Morena a través de los lingotes de plomo, de los cuales ya hemos hecho alusión en párrafos precedentes. En cuanto a las sociedades, algunas estaban formadas por miembros de la misma familia o por dos o más socios como hemos visto anteriormente. También hay otras sociedades que tienen el nombre de la mina o de la región minera, como la *S(ocietas) C(astulonensis)* que se conoce por las iniciales S.C. inscritas en diversos objetos (precintos, herramientas, monedas, etc.) documentos en las minas de Sierra Morena oriental.

La dispersión de objetos, precintos y monedas contramarcadas con las siglas S.C. (Lámina VII) muestra que la gran mayoría de las minas plumbeo-argentíferas fueron explotadas por la sociedad *S(ocietas) C(astulonensis)* que perviviría en el tiempo durante unos 150 años, conviviendo con otras sociedades del entorno de Sierra Morena (Contreras de la Paz, 1960b; Tamain, 1961; Domergue, 1971; 1987). Esta sociedad sería una de las más potentes y más activas de la época en el sur peninsular, que explotaría diversas minas de Sierra Morena, sobre todo, las más cercanas a Cástulo, las de El Centenillo, Santa Elena, Linares, La Carolina, Baños de la Encina, y algunas de la provincia de Córdoba, como la mina de La Loba e, incluso, la mina de Diógenes, en Ciudad Real (Blázquez, 1970; López Domech, 1996). Sería tan vasta la zona de acción de ésta que algunos autores (López Domech, 1996: 164; Mangas, Orejas, 1999: 252) sugieren que esa misma compañía explotaría las minas de oro de Hoyo de Campana (Granada) (Domergue, 1987: 189-190; Sánchez-Palencia, 1989: 44-45), confirmando así la opinión de Posidonio (Estrabón, *Geo.,* III, 2, 8) sobre las explotaciones de oro de la Turdetania, al menos, desde el s. I a.C. hasta época Claudia. En éstas, según los recientes estudios realizados por L. García Pulido (2008), se aplicarían los mismos sistemas de laboreo que los documentados en las importantes explotaciones auríferas del noroeste peninsular.

La *S(ocietas) C(astulonensis)*, según M. P. García-Bellido, sería una sociedad de privada formada por varios particulares a la que pasarían las minas a partir del 80 a.C. como consecuencia de la venta de las mismas fomentada por Sila (Estrabón, *Geo.,* III, 2, 10) (Frank, 1959). Este sería, según esta investigadora, la causa principal por la que se dejarían de emitir las monedas de las series paralelas[48] y se iniciaría la emisión de las series latinas, de manera que Cástulo ya no proveerá el numerario necesario para los arrendatarios en las minas. Esta falta de moneda en las áreas mineras será sustituida por el numerario de *Cese* contramarcado con las marcas *S. C.*, con el que esta sociedad suministraría la moneda necesaria con el signo de identidad y de propiedad que, también, aparecerá en las herramientas y en los precintos utilizados para sellar los sacos de monedas o de mineral (García-Bellido, 1982; 1986).

Posiblemente, otra compañía minera que pudo coexistir con *la S(ocietas) C(astulonensis)* tras las ventas de Sila sería la M(etallum) OR(etum) o M(etalla) OR(etana). Ésta se conoce gracias a la interpretación que M. P. García-Bellido (1986: 15) realizó de una moneda de bronce hallada en el yacimiento del Cerro del Plomo, en un estrato fechado en el S I a. C., junto a una moneda de Cese contramarcada con las letras S.C. (Domergue, 1971: 325), en cuyo anverso aparece la letra M y un pico minero, y en el reverso un racimo de uvas y las letras OR (García-Bellido, 1986: 15) (Fig. 21). Lectura ésta no compartida por Cl. Domergue (1971: 15).

Además de la sociedad mencionada, en el sur peninsular se han documentado la existencia de otras sociedades que conocemos gracias a que sus nombres quedaron plasmados en lingotes de plomo, como los hallados en Cartagena de la (*Societ(atis) argent(arium) fod(imarum) mont(is) Ilucr(onensis?*), la *Societ(as) mont(is) argent(arii) Ilucro(nensis?*) (Domergue, 1990: 259-260) y la *Soc(ietas) Baliar(ica)* (Poveda Navarro, 2000), y en otro tipo de soportes (sellos, herramientas, precintos, etc.). En el segundo de los casos, se trata de abreviaturas inscritas en dichos objetos, como la S.C., que se han interpretado como nombres de sociedades que emplearon topónimos para su denominación; entre ellas conocemos la S. B. A. (*Societas (B...) A(rgenti foedinarum*), la S. BA (*S(ocietas) Ba(edrorensis*) o *Ba(eculensis*) o *Ba(etica*), la S. F. B., (*S(ocietas) F (ornacensis) B(aeturiae*)), la S.C.C. y la S.S., *S(ocietas) S(isaponensis)*, responsable de la explotación del cinabrio de Sierra Morena mencionada ya por Cicerón (*Philip* 2, 19, 48) y que aún en tiempos de Plinio seguía en actividad (Plinio, *N. H.* 33, 118, 121). (Domergue, 1990: 259-271; Mangas y Orejas, 1999: 251; Orejas, 2005: 63).

Seguramente, como señala C. Domergue (2008:195), en un primer momento, los explotadores de las minas debieron de comunicar y tratar con los gobernadores de la provincia la puesta en explotación de alguna mina. Así, el papel de estos últimos debió ser el de registrar las denuncias de las minas así como de tener un inventario actualizado de las mismas. Realmente, estas atribuciones que no están recogidas en ninguna fuente concreta, se pueden extraer de la interpretación del texto de Tito Livio (34, 21, 7) que recoge la decisión de Catón de imponer unas tasas a las minas de hierro y plata de la península. Para fijar estas tasas a las minas, éste debió de disponer de la información necesaria sobre las mismas, es decir, su ubicación, su riqueza, la producción, etc., la cual sería proporcionada por los propios explotadores. Así, C. Domergue señala que la persona más apta para realizar este control, por razones de proximidad, sería la autoridad provincial. Según A. Mateo (2001: 62-65), la declaración del explotador bajo la fórmula clásica de la *occupatio* debía ser realizada de manera efectiva ante el gobernador, si bien no debemos de excluir otros procedimientos, como el de la subasta pública. Posiblemente, la

[48] M.P. García-Bellido (1982) tras el estudio que realizó de la moneda con escritura indígena de Cástulo determinó que la ceca de dicha ciudad emitió una serie paralela, dedicándose las monedas de la serie VIa con el símbolo de Mano para el uso en las minas, mientras que la serie VIb con el símbolo Creciente se destinaría al uso en la propia ciudad.

inscripción de *Titus Pasidius Sabinus (operis / T. Pasidi. P.f. Ser / Sabinei*) (Styllow, 2000: 1021-1027) datada en el s. I a.C. y hallada en las minas de Valdeinfierno constituiría uno de los requisitos que acompañarían la declaración de *occupatio* de una mina, el indicar con la misma de quien es la explotación. En este caso, se trataría seguramente de un italiano que emigró hasta la península para hacer negocio en las minas, tal y como señala Diodoro (*B. H.*, V. 38, 15) (Domergue, 2008: 195).

Posteriormente, se iniciaría una nueva etapa, en la que entrarían en juego los publicanos actuando como intermediarios entre el Estado y los explotadores de las minas. Éstos, previo pago por adelantado al *aerarium*, recibirían el arriendo de los impuestos que los arrendatarios y las sociedades mineras debía pagar al Estado. Evidentemente, este sistema acarreo importantes pérdidas de dinero para el Estado mientras que las compañías de publicanos obtuvieron importantes beneficios. Por su parte, los explotadores debieron soportar la tiranía de los publicanos (Domergue, 2008: 195).

En definitiva, durante el periodo republicano, tanto las minas de Sierra Morena oriental como de otros distritos del sur peninsular, de dominio público, el Estado las arrendaría a "empresarios" especializados (aparceros, pequeñas y grandes sociedades) capaces de asegurar la explotación de las mismas asumiendo todas las fases de la explotación (reunir el capital necesario, mano de obra, organizar los trabajos mineros etc.) y pagando los impuestos correspondientes. Éstos se harían arrendatarios de las minas por el procedimiento de la *occupatio* o a través de la subasta pública dentro del marco provincial. Mientras que por su parte, los publicanos eran los arrendatarios de los impuestos que los primeros debían de pagar al Estado, los cuales adquirían mediante las adjudicaciones de los impuestos provinciales, en el marco censorial (Domergue, 2008: 195). Por último, hay que señalar que el análisis de los vestigios de labores mineras romanas documentas en el área de nuestro estudio pone de manifiesto la fragmentación del espacio productivo, es decir, la existencia de numerosas explotaciones lo cual es coherente con la presencia de multitud de arrendatarios y pequeñas compañías.

Este sistema de explotación y de recogida de impuestos en las minas se prolongaría durante la etapa republicana hasta el cambio de Era, momento en el que el Estado va a ejercer un mayor control de las minas, explotándolas directamente a través del *procurator metallorum*. Seguramente, este cambio de régimen de explotación estaría en relación por un lado, con la intención del Estado de sacar mayor rentabilidad a las minas y, por otro, acabar con el poder de estas sociedades y con los excesos que realizaban.

Tradicionalmente se ha planteado un declive de la minería del sur peninsular al final de la República, produciéndose paralelamente un auge de la explotación agropecuaria (Orejas, 2005: 64) y un desplazamiento del capital de las minas a la agricultura (Domergue, 1972), cuestión que hoy día está poco clara. Sin duda, pudo haber fortunas locales que contribuirían al auge de la agricultura, pero también itálicas cuyo origen no es fácil rastrear. Este hecho se podría relacionar con la fundación de numerosas *villae* en estas áreas, algunas de ellas, como las documentadas junto a la rafa de Baños de la Encina, la de la Huerta del Gato (Baños de la Encina), Cerrillo del Cuco (Vilches) o Cerro de las Mancebas (Linares), se ubicaron en lugares próximos a labores mineras, incluso en dos de ellas (Cerrillo del Cuco y Huerta del Gato) se tiene constancia de actividad metalúrgica. De todo ello se puede inferir, como señala J. C. Edmonson (1987: 75) para la región de la Lusitania, que pudo darse el caso de que algún terrateniente cercano a las minas invirtiera en la explotación de las mismas, o bien que el dueño de la villa pudiera haberse enriquecido como resultado de su actividad minera y entonces utilizara parte de su riqueza para invertir en tierra (Arboledas, 2008).

La teoría de vincular este proceso con el paso de las minas a particulares en época de Sila ha tenido bastante aceptación por los investigadores (Blázquez, 1989, 1993; García-Bellido, 1982; Mangas, 1996). Dicho proceso, según A. Mateo (2001: 69), bien por necesidad del Erario (Frank, 1959) o bien por agotamiento de los yacimientos (Domergue, 1990), únicamente pudo afectar a las minas abiertas en el momento de cambio de régimen, bajo la forma jurídica de venta, seguramente a los mismos mineros explotadores de las minas. Este posible cambio, no se observa en los materiales ni en el registro arqueológico, ya que se seguían utilizando las mismas técnicas y modos de producción. Para A. Orejas, la posible existencia de arrendamientos, *locationes* casi a perpetuidad, habría derivado hacia el uso ocasional del término *venditio*. La renovación constante del arrendamiento de las labores, ya que no hay que pensar necesariamente en una adjudicación cada cinco años, explicaría la existencia de varias generaciones de una misma familia vinculada a las labores mineras (Mangas y Orejas, 1999: 227).

Por otra parte, en los últimos años se ha propuesto otra perspectiva ligada al registro arqueológico (Orejas, 2005: 64), a través del cual se constata una disminución de la actividad minera y el abandono de algunos poblados mineros al final de la República como el de Valderrepisa en Sierra Morena, o el yacimiento de Cerro del Plomo, en El Centenillo, con un abandono del poblado datado a mediados-finales del s. I a.C. acción que Domergue (1971) asocia a las Guerras Civiles. A partir de mediados del s. I d.C. se reanudara la actividad minera de este yacimiento del Cerro del Plomo (Domergue, 1971: 342).

A tenor de estos datos, A. Orejas (2005: 65) señala que es lógico pensar que las importantes modificaciones tuvieran relación con los cambios en la ordenación del suelo hispano instaurados por César y Augusto, que implicaron la concesión de nuevos estatutos a ciudades, la configuración de los territorios de las *civitates* y la definición del suelo provincial. Todo este proceso implicaría la creación de un territorio colonial que integraba lo que hasta entonces era *ager publicus*, viéndose las minas afectadas por este hecho. Ante esta situación A. Orejas opina que las minas de Cartagena pasarían a formar parte del *ager públicus* de la colonia, que efectuaría nuevas concesiones a particulares o sociedades. Además, es curioso cómo Estrabón (III, 4, 6) cita las minas como un elemento característico de la ciudad. Este proceso puede que se produjera en otras zonas mineras del sur de la península, como pudo ser el caso de la colonia de *Astigi,* fundada en el año 14 a.C. por Augusto, de donde procede un lingote con la marca *Coloni August. Firma//Fer* (Orejas, 2005: 65).

La municipalización de Cástulo en esta región minera pudo suponer, además de profundas transformaciones en la organización y administración de la misma (adquisición de la ciudadanía romana, la aparición del senado municipal y de los magistrados) (González Román, 1983), importantes reajustes en la organización de su territorio, entre los que pudo estar la integración de algunas minas cercanas a esta ciudad en su territorio, la cual decidiría la forma de obtener beneficios (Arboledas, 2007: 951).

VII.2. LA ETAPA IMPERIAL. UN CONTROL MÁS ESTRICTO DEL ESTADO: EL *PROCURATOR METALLORUM*

Con el cambio de Era y el inicio del principado, Roma va a ejercer un control más estricto sobre las minas, hecho éste que se advierte en varios aspectos. Por un lado, a partir de ahora se observa una tendencia muy marcada del Erario público a controlar las riquezas minerales, incluso algunas explotaciones emplazadas en provincias senatoriales especialmente rentables (Mangas y Orejas, 1999: 272). Por otro lado, el desarrollo de un aparato administrativo del fisco, encabezado por un procurador, el *procurator metallorum*, de rango ecuestre o libertos imperiales, destinados a garantizar el control sobre estos recursos y su buena gestión (Capanelli, 1989; Blázquez, 1989; Domergue, 1990: 288-300; Christol, 1999). El papel del Estado será más visible que en la etapa republicana. Las sociedades y *negotiatores* pasarán a tener una presencia más limitada, pero aún así podemos comprobar el funcionamiento de sociedades en el s. I d. C. (entre las que se encuentran en actividad en Sierra Morena destaca la S.C.). Y en tercer lugar, la solución más frecuente consistió en dejar la explotación en manos de los arrendatarios, *conductores* (eran los arrendadores de las minas), siempre supervisados por los funcionarios del fisco, los *procuratores metallorum*. Hecho este que se traduce en una continuidad del sistema republicano en la explotación de las minas de Sierra Morena durante el Imperio (Healy, 1993; Mangas y Orejas, 1999: 267-268).

Un aspecto que debemos de tener en cuenta a la hora de estudiar esta zona, es la fijación de la división provincial de la Península, tras la cual las minas de Sierra Morena quedaron dentro de la Bética, provincia senatorial, siendo pues responsabilidad del *aerarium Saturni*. Sin embargo, el reajuste de las fronteras provinciales realizadas por Augusto condujo a que las minas del distrito Linares-La Carolina y el territorio de la ciudad de Cástulo, pasaran a la Citerior (posteriormente, la Tarraconense), quedando bajo el control del fisco imperial. Posiblemente, el límite fronterizo entre la Bética y la Tarraconense se fijaría en el valle del río Jándula, lo que supondría que la mayoría de las minas de cobre de Sierra de Andújar, se integraran dentro de la provincia senatorial de la Bética. Este cambio, se explicaría por los intereses económicos del emperador por dominar y controlar las riquezas mineras y agrícolas de esta región. La inscripción del liberto imperial *M. Ulpius Hermeros*, de época de Trajano o Adriano, procedente de El Centenillo, indica el ejercicio de un control por el fisco en esta zona (Mangas y Orejas, 1999: 271).

A lo largo del Alto Imperio resulta complicado llegar a diferenciar las minas senatoriales de las imperiales, y prácticamente imposible aislar las del patrimonio imperial de las controladas por el fisco; lo único que se puede afirmar para este periodo es la convivencia de una gestión del Senado y otra del fisco imperial, así como que en ambos casos, el sistema de *locationes* permanecía aún vigente (Mangas y Orejas, 1999: 271).

A pesar del creciente control del Estado durante el Imperio, se tienen testimonios fehacientes del funcionamiento durante el s. I d.C. de, arrendatarios y sociedades, lo cual se traduce en una continuidad del sistema republicano tanto en las minas encuadradas dentro de la provincia *Citerior* (Tarraconense) como en la *Ulterior* (Bética). Entre ellas, encontramos: la sociedad sisaponense (Vitrubio, Arch., 7, 9, 4; Plinio, N. H., XXXIII, 118; CIL X, 3964); la *Soc. Aerar.* de *Corduba* (Domergue, 1990: 270); los *metalla* Samariense y Antoniano (Plinio, *N. H.*, XXXIV, 165), que estaban por entonces arrendados; las minas del adjudicatario de *Sextus Marius*; y por último, la *S(ocietas) C(astulonense)*, en el distrito minero de Linares-La Carolina (Domergue, 1990: 270-271).

Ésta última mantuvo su actividad en Sierra Morena oriental hasta el s. I d.C., como lo demuestra la documentación de precintos de plomo con las marcas S.C. en los niveles claudianos de Fuente Espí (La Carolina). El estrato arqueológico donde aparecieron los precintos de plomo, similares a los de El Centenillo, se encontraba a 1'10 m. de profundidad y contenía además, abundante escoria, litargirio, plomo fundido, carbón vegetal, cerámica campaniense A (boles de formas tardías) y B, T. S. aretina, monedas ibéricas (sobre todo, de Cástulo) y tres monedas de Claudio fechadas entre los años 41 y 54 d.C. Éstas últimas, han datado el estrato concretamente en el segundo cuarto del s. I (Domergue, 1971: 351-353; 1990: 270-271). Dicha cronología sería corroborada por los sondeos estratigráficos llevados a cabo en 1987, con motivo de la construcción de un polígono industrial en una parte del espacio ocupado por la fundición romana mencionada (Choclán, Martínez y Sánchez, 1990).

Durante este mismo periodo, en las minas de Sierra Morena se documentan otras circunstancias, como son las confiscaciones llevadas a cabo por el emperador. El caso más famoso es el de Sexto Mario, cuyas explotaciones fueron confiscadas por Tiberio, (Dion Casio, 58, 22, 2; Tácito *Ann.* 6, 19, 1; Plinio, *N.H.*, II, 4, 5; Suetonio, *Tib.*, 49). Probablemente, éste fuera más que un propietario, un importante arrendatario de minas de cobre y oro situadas, según C. Domergue, en la sierra al norte de la ciudad de Córdoba y de gran parte de Sierra Morena central, minas cuyo control recuperó el fisco imperial como confirma la presencia de procuradores responsables delegados del fisco en *Hispalis* (*T. Flavius Augusti Libertus Polychrysus*, procurator *Montis Mariani*, CIL, II, 1179) y en Ostia (*procurator massae Marianea (Dorotheus)*, CIL, XIV, 52). Algo así, señalan J. Mangas y A. Orejas, pudo ocurrir con las minas *Samariense* y *Antoniana* (Plinio, *N. H.* XXXIV, 165), arrendadas, la primera, por 200.000 denarios/año y luego, por 45.000, y la segunda mina, la Antoniana, por 400.000 sextercios (Mangas y Oreja, 1999: 274).

El rasgo más destacado del periodo altoimperial es el control fiscal de las explotaciones de cierta entidad: las minas del Suroeste (productoras de plata y cobre), las de Sierra Morena (productoras de plata, plomo y cobre) y las minas de oro del Noroeste. El fisco, según la naturaleza de las minas y de los recursos explotados, va a seguir políticas diferentes. Así, éste recurrió a una explotación directa para las minas de oro del Noroeste (Orejas, 2005; Domergue, 2008: 196-198), dado el carácter estratégico de este metal, y a un sistema indirecto en el caso de las minas de cobre, plata y plomo del Suroeste y Sierra Morena, las cuales eran arrendadas a particulares (*coloni*), pero siempre bajo la supervisión del *procurator metallorum*. Estas dos modalidades dieron lugar a situaciones jurídicas distintas y a la articulación de las relaciones sociales diferentes (Domergue, 1990: 301-306; Orejas, 2005: 66-68; Domergue, 2008).

Dentro del nuevo aparato administrativo del imperio aparece en las minas la figura del *procurator metallorum,* el encargado de la administración a nivel local, actuando como primera autoridad con el poder delegado directamente del Estado. Éste se ocupaba de los aspectos fiscales, de la organización y control técnico de las explotaciones, así como de múltiples aspectos relacionados con el funcionamiento diario de ésta, como se deduce de las disposiciones contenidas en las Tablas de *Vipasca* (Aljustrel) (Magueijo, 1970; Capanelli, 1989; Domergue, 1990; Mangas y Orejas, 1999). Para el desempeño de sus obligaciones como director de la *officina metalli* o *metallorum,* el procurador contaría con la ayuda de esclavos y libertos imperiales cualificados que cumplían funciones subalternas en la gestión administrativa (*tabularii, adiutores tabularii, ab instrumentis tabulariorum, a commentaris, subsequens librariorum, vilici, dispensatores)* (Mrozek, 1968: 308-310; Blázquez, 1989). Por tanto, éste aparece como la máxima autoridad *intra fines metalli* que garantizaba la continuidad de las labores mineras y que al fisco llegasen beneficios directamente procedentes de la actividad extractiva, así como las tasas impuestas sobre otras tareas (Christol, 1999; Mangas, Orejas, 1999: 281; Orejas, 2005: 66).

El fisco, a través del procurador, delimitaba las concesiones mineras, las dimensiones y las distancias de seguridad. El procurador era el responsable de determinar la asignación u ocupación de los distintos pozos (*adsignatio/occupatio*). La solución más frecuente consistió en dejar la explotación en manos de *occupatores, conductores o coloni.* La adjudicación de los pozos mineros se realizaba por subasta pública y los adjudicatarios adquirían una serie de compromisos, tanto fiscales como relativos al desarrollo de la explotación misma. Estos *coloni* u *occupatores* estaban bajo el control del *procurador metallorum*, sin intermediación de *negotiatiores* y contaban con sus propios trabajadores, que podían ser libres y asalariados (*mercenarii*), esclavos o los condenados a trabajar en la mina (*damnati ad metalla*), hecho este que se traduce en una continuidad del sistema republicano en la explotación de las minas de Sierra Morena durante el Imperio (Mangas, Orejas, 1999: 282).

En esta época, las minas de Sierra Morena siguieron siendo explotadas, como muy bien indican los lingotes de plomo, del tipo IV propuesto por Domergue (1990: 266-267), las monedas recuperadas hasta de época de Constantino (Hill y Sandars, 1911: 101) y los datos arqueológicos extraídos de la excavación de los niveles imperiales del Cerro del Plomo (Domergue, 1971) y de la fundición romana de Fuente Espí (Domergue, 1971: 351). Normalmente, los lingotes aparecen con más de una marca efectuada después de la fundición, las cuales incluyen numerales, nombres, etc., que estarían relacionadas con los controles internos en las minas, en las fundiciones, durante la comercialización, los propios que realizaba el fisco, etc. Los más elocuentes son los dos lingotes en los que se lee, con claridad, NER AVG y VESP. AVG., que se interpretan como controles del fisco vinculados a la supervisión imperial de las minas que los produjeron (Domergue, 1990: 266-269; Mangas, Orejas, 1999: 273).

Pero éstos no son los únicos datos epigráficos referentes al control fiscal en las minas de Sierra Morena a lo largo del s. I d.C. Concretamente en El Centenillo se documentó una inscripción de un liberto del emperador Trajano, de cognomen griego, que dedica la inscripción a la *Salud Augusta: Marcus Ulpius Her(me)ros* (CILA., III, 63, pp. 102-103) (Fig. 15). Realmente, dentro del epígrafe no hay una indicación explícita de su papel pero muy bien pudo encargarse de la gestión y administración de esas minas, ya que hay que preguntarse ¿qué haría un representante del fisco Imperial en tiempos de Trajano en un área eminentemente minera como es El Centenillo, sino la de estar relacionado, de algún modo, con las explotación de las minas, la única actividad desarrollada en esta zona?

Junto a esta inscripción, hay que añadir un epígrafe procedente de Cástulo, de *Quintus Thorius Culeo* (Contreras de la Paz, 1965; Duncan-Jones, 1974; Carrasco, 1997) que tuvo entre otros cargos el de (*praefectus*) *fisci* y administrador (*curator*) de Tito en la

Bética (CILA, III, 92, 145-147; Mangas y Orejas, 1999: 274). Éste llevó a cabo toda una política evergetista de grandes reformas y construcciones en la ciudad de Cástulo, dentro de la cual, mandó reformar la vía que unía dicha ciudad con Sisapo, que por esos tiempos se encontraba muy deteriorada a causa de las inclemencias meteorológicas y a su poco uso, ya que el mineral de cinabrio en Sisapo saldría a través de Córdoba. Pero cuando en el s. I d.C. Sisapo pasó a formar parte de la Tarraconense, al igual que antes le había ocurrido a Cástulo, éste personaje tendría grandes intereses económicos en la *socii sisaponenses* que hizo que costease de su propio pecunio la reparación de este camino. La vía reparada volvería a funcionar porque, posiblemente, parte del minio procedente de *Sisapo* se comercializaría por una compañía a través de Cástulo (López Domech, 1990), donde la arqueología ha documentado un pequeño puerto o embarcadero fluvial (Contreras de la Paz, 1966a). Se desconocen las vinculaciones que *Q. Torio Culeo* tendría con la ciudad castulonense. Para ello se han propuesto varias hipótesis; por un lado, Pflaum considera que este personaje procedería de dicha ciudad oretana, y por otro, R. Contreras de la Paz piensa que la vinculación con Cástulo es más bien de tipo matrimonial, es decir, que se casaría con alguna mujer castulonense (Contreras de la Paz, 1965; CILA, III, 91: 144-145).

A este respecto, sí se conocen ejemplos muy claros de la presencia de miembros del fisco imperial a través de los epígrafes procedentes de las minas de la Faja Pirítica Ibérica. Así, en Riotinto fue hallada una lámina de bronce (Luzón, 1970) dedicada al emperador Nerva por *Pudens*[49], un liberto procurador de estas minas, en el año 97 d.C. (CIL, II, 956; Blanco Freijeiro y Rothenberg, 1981). Con esta inscripción se observa, además, el culto que existía en estas zonas hacia el emperador, al igual que se evidencia en la región de Cástulo. En Aroche apareció otra inscripción dedicada por un procurador, cuyo nombre no se ha conservado, también al culto del emperador Nerva[50] (Luzón, 1970; Blanco y Rothenberg, 1981).

Por otro lado, en la epigrafía aparecida en Sierra Morena se observa claramente la presencia de individuos oriundos de otros lugares, probablemente con motivo de la explotación minera. Concretamente, en las minas del distrito de Linares-La Carolina se encuentran tres ejemplos, los dos primeros procedentes de El Centenillo y el tercero de la Mina de Men Baca (posiblemente entre Linares, Cástulo y Vilches). El primer ejemplo, es la inscripción dedicada a *Paternus*, el orgenomesco (D´Ors y Contreras de la Paz, 1959; García Serrano, 1969: 69; CILA., III, 64); el segundo, el dedicado a *Fraternus*, el cluniense (Sandars, 1921; Pastor *et al.* 1981: 63; Domergue, 1987; CILA., III, 65); y el tercero, a *Q. Manlius Bassus*, el egelestano (CIL., II 5.091; Blanco y Luzón, 1966; López Payer *et al.* 1983; CILA., III, 66) (ver capitulo III.2); un último personaje es *Vegetus Auti f.*, nacido en *Conimbriga*, donde se le dedicó el epígrafe, pero que falleció en el *Mons Marianus* (Mangas y Orejas, 1999: 275).

Respecto a estos personajes, parece indudable su vinculación con la áreas mineras, hecho que no implica que en todos los caso estemos ante mineros. Por otro lado, el origen aparece indicado en las dedicaciones, que a veces es cercano (como el del egelestano) y otras muy distante (el cluniense o el cantabro). La onomástica es, o bien indígena, como el de *Vegetus*, o de tipo romano, que esconde, sin embargo, a indígenas, en algunos casos romanizados, como es el caso de *T. Pompeius Fraternus*, el cluniense, de la tribu Galería (Mangas y Orejas, 1999: 275).

Otros muchos más ejemplos se conocen en la epigrafía documentada en las minas de la provincia de Huelva (Blanco, 1962; Blanco y Luzón, 1966: 83-84; Luzón, 1970a). Parte de las gentes vinculadas a las minas procedían de lugares próximos: *Arucci, Turobriga* (ambas cerca de Aroche); como puntos de origen más distantes hay que citar algunas ciudades como *Olisipo, Arabriga* o *Emerita Augusta*. Las áreas de partida más distantes de los emigrados eran la Meseta Norte y el Noroeste (galaicos y lusitanos); entre los puntos de origen aparecen *Termes, Novaugusta, límicos* e *interámnicos*, del sur de Orense y norte de Portugal. Independientemente de las inscripciones en las que el origen es explícito, la onomástica de otros documentos apuntan a la misma dirección, ya que mucho nombres tienen su ámbito de distribución en el Noroeste, Meseta Norte y Lusitania. Así *Camulus, Boutia, Avellus, Galucus* y *Reburri*, entre otros (Blanco y Luzón, 1966: 84: Luzón, 1970a; Mangas y Orejas, 1999: 283-283). Pero, en los epígrafes, no sólo se refleja la llegada de hombres sino también de mujeres, como es el caso de *Novaugusta*, la celtibérica (CIL., II, 3. 353; Luzón, 1970: 297).

Tradicionalmente se ha propuesto que los personajes de los epígrafes mencionados anteriormente, originarios de zonas no mineras, serían mano de obra libre que vendrían a trabajar en las minas a cambio de un salario, atraídos por la mejora de las condiciones laborales recogidas en las Tablas de *Vipasca*. Sin embargo, más allá de estos presupuestos, seguramente, como ya indicaban J. García Romero (2002: 441) y J. Mangas y A. Orejas (1999), estos ejemplos atestiguados representan sólo a aquellos emigrantes con mayores posibilidades económicas, los que pudieron garantizarse ese privilegio. Por tanto, podríamos tener constancia en tales documentos de los escalones superiores de las sociedades mineras: inversionistas, arrendatarios, etc., más que simples trabajadores de la mina. Recientemente, A. Orejas (2005: 67) propone que posiblemente la epigrafía funeraria de la zona minera del Suroeste refleje la presencia de los

[49] En esta inscripción se lee lo siguiente: *IMP(eratori). NERVAE. CAESARI. AVG(usto)/ PONTIFICI. MÁXIMO TR(ibunitia)./(P)OTEST(ate). P(atri). P(atriae). CO(n)S(uli). III/ (DESI)G(nato). IIII. PUDENS. AVG(usti). LIB(ertus)/ (P)ROCURATOR./ (DE SU) O. POSSSUIT.* (CIL, II, 956; Blanco Freijeiro y Rothenberg, 1981).

[50] En la inscripción se lee: *IMP. NERVAE/ CAESARI/ ANG. LIB/ PROCURATOR.*

coloni, que en ocasiones presentan onomástica romanizada, y no trabajadores libres. Las Tablas de *Vipasca* mencionan la existencia de *mercenari* y de esclavos de los *coloni*, que estarían empleados en las tareas minero-metalúrgicas, así como en las domésticas. El reflejo epigráfico de esta mano de obra libre o esclava es prácticamente nulo y el registro arqueológico es insuficiente. De esta forma, las zonas mineras se convertirían en un foco de atracción de gentes de diversos lugares (tantos cercanos como lejanos), con ganas de hacer negocio explotando las minas, los *coloni*, dentro del nuevo marco administrativo imperial de las minas, como ya había sucedido en época republicana con la llegada de itálicos a las minas del sur de Hispania (Sureste y Sierra Morena) (Orejas y Sastre, 2002: 88-89; Orejas, 2005: 67; Orejas, 2005a: 317). Aunque esto no impide que en dicha época se produjera la llegada de mano de obra libre de otros lugares a trabajar a las minas como puede reflejar la presencia de monedas de cecas del norte peninsular.

Por tanto, probablemente, los ejemplos conocidos para la zona minera de Cástulo, el epígrafe de *Paternus,* el orgenomesco, siguiendo la lectura de C. González y J. Mangas (1991) (el difunto y un dedicante), y la inscripción dedicada al ciudadano romano de la tribu Galeria, *Fraternus*, el cluniense, informen de la presencia de arrendatarios, miembros de sociedades mineras o, por la cronología de los epígrafes, de *coloni* provenientes del norte peninsular, que tendrían la concesión por parte del fisco imperial, en este caso de su representante en las minas, el *procurador metallorum*, de explotar uno o varios pozos de las minas de El Centenillo a partir de época Imperial. El fisco, a través de su procurador (uno de ellos, bien pudo ser *M. Ulpio Hermeros*) percibiría unas tasas o cantidades por el arrendamiento o venta de los pozos, y a cambio, los colonos disponían de los metales extraídos, posibilitando así el enriquecimiento de éstos y fomentando la llegada de emigrantes evidenciada en la epigrafía.

Estos *coloni* o *conductores* (explotadores de las minas y otros servicios de un *metallum*) están también documentados en varios *metalla* danubianos; por ejemplo, la epigrafía de *Alburnus Maior* revela la existencia de gentes de estatuto peregrino que realizaban actividades claramente relacionadas con las minas: financieras, compraventas de esclavos y quizás conductores de las minas (*leguli aurariarum*, CIL., III, 1260 y 1307) (Mrozek, 1968: 320-321). La onomástica permite además identificar distintos grupos; entre ellos, destacan los ilirios libres (sobre todo *Pirustae*, probablemente oriundos de Dardanie), desplazados a esta región en diversos momentos del s. II d.C. En ocasiones, éstos eran dueños de esclavos y de casas y desarrollaban actividades económicas y financieras. Incluso, a veces aparecen contratando a trabajadores asalariados. También hay un grupo menos abundante de gentes con el nombre griego, y por último, con onomástica latina o latinizada (Mrozek, 1968: 310-316; Mangas y Orejas, 1999: 284).

En resumen, el nacimiento de un nuevo régimen político, social, económico y fiscal, el Imperio, llevó aparejado, por un lado, una reorganización territorial, por la que la región minera de Cástulo quedó integrada dentro de la provincia Tarraconense, probablemente por los intereses económicos y agrícolas, y por otro, un cambio del régimen jurídico de sus minas. Así, a partir de este momento, a lo largo del s. I y II d.C., se detectan en las explotaciones mineras de esta región de Sierra Morena, en síntesis, las siguientes situaciones:

- La mayor parte de las minas, las más productivas y rentables, o las que producían metales raros o estratégicos, quedaron bajo el control imperial y gestión del fisco (incluso las minas que se encontraban en provincias senatoriales, como la Bética), disminuyendo a partir de esta época el papel de los publicanos y las sociedades mineras, aunque siguieron existiendo algunas a lo largo del Alto Imperio, como la anteriormente citada *Societas Castulonensis*, dedicada a explotar los yacimientos de galena argentífera de la Sierra Morena Oriental. El fisco imperial pudo poner en marcha los mecanismos e infraestructuras precisas para una explotación directa (las minas del Noroeste peninsular), o bien los procedimientos necesarios para obtener los beneficios indirectamente de los yacimientos a través de los procuradores y libertos imperiales, los cuales, concedían a los *coloni* la explotación de uno a más pozos mineros a cambio de pagar unas tasas y cantidades al fisco por la venta o el arriendo de los pozos (por ejemplo, las minas de la Faja Pirítica del Suroeste). Este tipo de explotación también se documenta en el distrito minero de Lianres-La Carolina, como parece indicar la presencia de *libertos* y *procuradores* imperiales; un ejemplo de esto es la inscripción del liberto imperial *M. Ulpius Hermeros* aparecida en El Centenillo y de *Q. Torio Cuello*, que fue administrador, entre otros cargos, de la Bética (Orejas *et al*., 1999: 276; Orejas, 2005; Orejas, 2005a). Posiblemente, los personajes constatados en la epigrafía minera de esta zona como Paterno, el orgenomesco, reflejen la presencia, más que de trabajadores libres, de arrendatarios o de inversores en las minas o, por la cronología de las inscripciones, de *coloni* procedentes de otras regiones de la península, que al igual que los itálicos para época republicana, llegarían con ganas de hacer negocio explotando las minas dentro del nuevo marco administrativo imperial.
- La existencia de minas en manos particulares, cuyo ejemplo más famoso son las minas de *Sextus Marius*, las cuales fueron confiscadas por Tiberio. Minas que probablemente se recibirían como un favor imperial, que el mismo poder podía reclamar en otro momento. El problema es precisar si éstas se trataban de bienes privados o de un tipo de concesión especial. El propio nombre de las minas Antoniana y Samariense (Plinio, *N.H*., 34, 164-165) parecen indicar que en algún momento estuvieron en manos privadas (Orejas *et al*., 1999: 276-277; Orejas, 2005: 68).
- Las minas que integrarían el *ager publicus* de las ciudades. El ejemplo mejor conocido es el de las

minas de Cartagena y, probablemente, las del entorno del municipio castulonense (Orejas *et al.*, 1999: 276).

VII.3. EL BAJO IMPERIO

Durante el Bajo Imperio, las minas del Alto Guadalquivir, según los testimonios arqueológicos y numismáticos, continuarían explotándose, aunque no todas, ni con la misma intensidad y rendimiento que en el periodo republicano y altoimperial. Probablemente, la explotación se reduciría a labores de reducidas dimensiones y en las que no harían falta grandes infraestructuras. En estos momentos, a partir del s. II d.C., el Estado romano va a centrar su interés en otros focos mineros, como el Sudoeste y Noroeste peninsular, las minas Dacias o las Británicas. Es posible que entonces las minas más pequeñas, menos rentables o de difícil acceso, dejaran de ser atractivas para el fisco, y su explotación se dejaría en manos de comunidades locales o de particulares, en condiciones productivas y fiscales distintas (Pastor *et al.*, 1981: 66; Mangas y Orejas, 1999: 275).

VIII. LA MANO DE OBRA EN LAS MINAS ROMANAS DE SIERRA MORENA ORIENTAL

VIII.1. LOS MINEROS Y LAS MINAS

La puesta en explotación de yacimientos mineros de Sierra Morena debió exigir múltiples trabajos de rango y cualificación diversa, desde las responsabilidades técnicas y de la propia gestión administrativa hasta las actividades de picador, fundidor, entibador, etc., así como otras muchas necesarias, bien, dedicadas a atender los servicios de abastecimiento e industria secundaria (manutención de los mineros, producción de herramientas, de carbón, de madera, etc.), o bien, a los cuidados personales de la población minera (médicos, barberos, zapateros,...) (Mangas, 1996: 48). Para ello, habría trabajadores de diversa condición jurídica, desde los esclavos hasta los trabajadores libres.

Las condiciones de la mano de obra de las minas no permanecieron inalterables desde las primeras experiencias en Macedonia o en las minas de las proximidades de Cartagena; por contra, éstas reflejan claramente la evolución de las diferentes formas de integración de las poblaciones conquistadas, que se vuelven provinciales bajo la dominación romana. Durante el transcurso de los siglos esto dio lugar a una serie de formas de sumisión y dependencia que no pasaban por la consolidación de estatutos jurídicos estandarizados ni implicaba necesariamente un estatuto servil. La fiscalidad, la imposición de tributos como señal de dominio sobre los provinciales, hizo posible, a menudo, la obtención de los recursos mineros en los territorios conquistados y la captación del trabajo de las comunidades locales (Orejas y Sastre, 2002: 85).

VIII.1.1. Etapa republicana

Son pocos los datos que se tienen respecto a la mano de obra empleada en las minas de Sierra Morena como del Sur peninsular durante la época romana republicana, a pesar de ser el periodo de mayor explotación de esta región. Los restos arqueológicos y las citas de algunos autores clásicos destacan la importancia de los esclavos como principal mano de obra en las minas, abundante y barata, para esta época. Polibio, tal como lo transmite Estrabón (III, 2, 10), indica que en las minas cercanas a Cartagena trabajaban unos 40.000 hombres (*tetras myriadas anzrópon*), cifra que incluiría no sólo a los mineros sino también a los trabajadores, libres y esclavos, dedicados a toda una industria secundaria y al sector servicios dependientes de la explotación de las minas en unos 400 km^2. Sin embargo, es interesante señalar otras referencias literarias antiguas que reflejan un rechazo a la existencia de importantes acumulaciones de trabajadores en las minas; a este respecto, destacamos la orden del Senado (*lex censoria*) de que en las minas de oro de Bessa (*Victimulae,* Biella, Piamonte), explotadas por los publicanos (Gambari, 1999: 89), no se concentrasen más de 5.000 hombres (Plinio, *N.H.*, XXXIII, 78) (Mangas y Orejas, 1999: 233; Sánchez-Palencia *et al.*, 2006: 267-268).

Por tanto, a la hora de abordar la problemática de la mano de obra en las minas de esta región en época republicana hay un aspecto que no podemos dejar de lado: el régimen de explotación de las labores mineras. Como se señalado en el capitulo anterior, las minas se arrendarían a múltiples adjudicatarios o compañías, fragmentando el espacio productivo. Ello supone que no debieron de existir grupos muy numerosos de trabajadores (dado el tamaño pequeño o medio de las concesiones), dependientes de las compañías o arrendatarios, en los que los esclavos (comprados por éstos y, por tanto, privados), pudieron convivir con la mano de obra libre, la cual debió de recibir un sueldo a cambio de su trabajo (*merces*). La presencia de numerario en esta región desde épocas muy tempranas se puede entender en relación con los pagos a los trabajadores libres, aunque es difícil establecer el porcentaje de mano de obra esclava y libre existente. Únicamente, la *Societas Castulonensis*, que por la envergadura de las labores que llevó a cabo a lo largo de una vasta área, debió concentrar un gran número de trabajadores, desde simples obreros a técnicos especializados sobre la geología, topografía, técnicas metalúrgicas, etc. (Mangas y Orejas, 1999: 237). Así, ante este marco, cada adjudicatario o sociedad se encargaría de buscar la mano de obra, tanto esclava como libre, necesaria para poner en explotación sus concesiones (Arboledas, 2007).

Las diferentes guerras de conquista llevadas a cabo por los ejércitos romanos en la Península Ibérica se convertirían en un filón de donde procederían el mayor número de esclavos, en su mayoría prisioneros de guerra, que se venderían para que trabajaran en las minas, en el campo, en el servicio domésticos, etc. (Plinio el Joven, *Epis*, III, 4-27; IX, 1-22; VI, 29, 8-9; VII, 33, 4-8). En las fuentes literarias hallamos numerosos relatos referentes a los prisioneros caídos en los años de guerra y a su venta como esclavos. Así, por ejemplo, se pueden mencionar los 10.000 prisioneros hechos por los hermanos Escipiones tras vencer a Asdrúbal en el 215 a.C. (Eutropio, 311), o los 1.000 prisioneros que Escipión hizo tras la caída de *Iliturgis* (Livio, 24, 41) y de *Oringis* (Livio, 28, 4, 1) o, por último, el enorme botín de riquezas y de hombres obtenidos por los romanos al conquistar Cartagena (Appiano, *Iber.* 19; Polibio, 10, 18, 3; Livio, 28, 4, 1) (Mangas, 1971: 41-47). Estos son los testimonios más significativos de esclavos con los que contamos; no obstante, no conocemos nada de cuál fue el destino de los mismos: las minas, servicios domésticos, etc.

Los únicos esclavos y libertos documentados de esta área proceden de la epigrafía de Cástulo y de ciudades romanas de esta región (CILA, III). Estos, en su mayoría, son privados sin hallarse, igual que ocurre con los libertos, esclavos públicos (Pastor, 1984-1985; Blázquez, 1974; 1984b). Normalmente, los esclavos documentados en la epigrafía son generalmente aquellos que pertenecen al servicio doméstico de la casa del emperador o de una familia poderosa, desempeñando, por tanto, un papel importante dentro de éstas (Blázquez, 1974; 1984b).

El hallazgo de una argolla de hierro ceñida a una tibia humana en una mina del Coto de la Fortuna (Mazarrón, Murcia), parece confirmar la presencia de esclavos o de condenados para la realización de los trabajos más duros dentro de la mina, corroborando, en cierta medida, las palabras de Diodoro (*B.H.*, V, 36-38). El elevado número de libertos y esclavos documentados en la epigrafía de Cartagena confirmaría, según S. Ramallo y Mª. Berrocal, la existencia de una masa de cautivos que, en gran parte, estaría vinculada con la actividad minero metalúrgica (Ramallo y Berrocal, 1994: 105-106). Sin bien, la asociación de éstos al trabajo minero no es evidente. De hecho, la inmensa mayoría de las inscripciones de Cartagena mencionan a esclavos y libertos privados (Mangas, 1971: 69, 137 y 347-355).

Los libertos, con una notable presencia en Cartagena, no sólo estaban presentes en la actividad minera, sino que también, como los de las grandes familias de esta ciudad (*Atellia, Aquina, Lucretia*, etc.) (Mangas, 1971: 347-355) aparecen registrados en otros ámbitos. Parece indudable el importante papel desarrollado por los libertos de las familias de mayor peso en la vida de la región y, especialmente, en las minas. Hay dos posibilidades para explicar su presencia en el ámbito minero: o bien, se trataba de libertos que actuaron como agentes de patronos itálicos que no llegaron a abandonar su lugar de origen, o bien, se quedaron en *Carthago Nova* en una segunda generación, tras el regreso de los itálicos, que dejaron sus negocios en manos de dichos libertos. Quizás, estas responsabilidades les dieron la ocasión de abandonar el estatuto servil. Éstos no sólo aparecen en las minas, sino que también es muy común su aparición, en la epigrafía de la zona, a veces, desempeñando otras actividades (Mangas y Orejas, 1999: 229). C. Domergue apunta, para algunos libertos, dada su onomástica, *Laetilia M. l. Priamus, Laetilia M. l. Marta*, etc., la posibilidad de que procediesen de mercados de esclavos orientales, entre otros, de Delos (Domergue, 1990: 336). Sin embargo, el carácter greco-oriental del nombre también puede relacionarse con el grado de cualificación de los mismos como contables, amanuenses o administradores (Mangas y Orejas, 1999: 236).

En las minas de Sierra Morena conocemos el nombre de *T. L. Duso*, liberto de *T. Iuuentius*, a través de un lingote de plomo del s. I d.C. Éste sería un antiguo esclavo de *Iuuentius* (un arrendatario) que, durante su esclavitud, trabajó en las minas explotadas por su dueño, manteniéndose al frente de las mismas tras su liberación (Domergue, 1990: 336).

Así, los esclavos, pudieron estar dedicados a toda clase de trabajos, tanto manuales (en los mismos frentes de la mina, fundidores, etc.) como técnicos y administrativos. Muchos de ellos, probablemente, trabajarían en las minas desde su infancia y, algunos, una vez liberados (libertos) pudieron quedarse en la explotación de su dueño, donde desempeñaría el papel de gestor, como por ejemplo *T. L. Duso*, liberto de *T. Iuuentius*, en las minas de Sierra Morena (Domergue, 1990: 336-337).

Por su parte, la población indígena del Alto Guadalquivir pudo verse involucrada de diferentes formas en la explotación minera de sus territorios dependiendo de las fórmulas de sometimiento a Roma. Concretamente, Cástulo adquirió el estatus de federada, lo que implicaría que ésta mantuviera algunos privilegios. Así, por un lado, la aristocracia local, que empezó a incorporarse a las clientelas de las grandes familias romanas, posiblemente, pudo optar a la adjudicación de algunas minas y, en este sentido, hay que pensar en el enriquecimiento de algunos de ellos. Otros nativos pudieron ser empleados como capataces, según describe Diodoro (*B.H.*, V, 36-38), que partían con la ventaja de que eran buenos conocedores de estas minas. Probablemente, el personaje de mayor dimensión representado en el relieve de Palazuelos, se trate de un "capataz". Y por último, las poblaciones locales serían utilizadas como mano de obra asalariada o como esclavos, hecho que dependería de la forma de sumisión. El hallazgo de tres inscripciones ibéricas en la mina de Los Escoriales (ver capitulo III.2) y la documentación de gran cantidad de cerámica de tradición ibérica en las explotaciones y poblados mineros de esta zona se puede relacionar con este hecho. Si bien, para J. Mangas y A. Orejas, la presencia de este tipo de cerámica puede ser muestra de las repercusiones económicas de las explotaciones en los medios indígenas (Mangas y Orejas, 1999: 238). No obstante, ante estas evidencias, parece evidente que el elemento indígena debió jugar un papel importante en la explotación de estas minas, ya fuese como beneficiaria, en el menor de los casos, o como mano de obra en sus diferentes condiciones (libre asalariada y/o esclava).

Por otro lado, no sabemos hasta qué punto estos trabajadores se dedicaron exclusivamente a tareas mineras o metalúrgicas, o si pudieron compaginarlas con tareas agrarias, ganaderas y domésticas[51]. Ante esto, hay que anotar que la mayoría de los asentamientos con una cronología claramente republicana están asociados a las actividades mineras, mientras que los de vocación agraria suelen datarse en época altoimperial. Estos últimos se instalaron en el mismo valle del Guadalquivir y en el de sus afluentes (Mangas, Orejas, 1999: 259).

Las monedas y las piezas de plomo que aparecen asociadas a estos espacios mineros son un documento excepcional para acercarnos a las gentes que vivieron y trabajaron en dichas áreas. En estas zonas, la circulación monetaria fue muy precoz (s. II a.C.) y los usos monetarios muy similares. Este hecho se podría relacionar con la presencia de itálicos, que se instalaron para organizar la explotación de los recursos y que

[51] En la minería contemporánea de Linares está muy bien constatada la presencia de obreros que, durante una parte del año, se dedicaban a trabajar en el campo, y en la otra, trabajaban en las minas. Esta es una de las hipótesis esgrimidas por Arévalo para explicar la presencia de moneda de *Obulco* en las áreas mineras de Sierra Morena (Arévalo, 1998).

reproducían sus usos monetarios, aunque esto no lo explica todo (Mangas y Orejas, 1999: 260-261).

Las monedas mineras de plomo y de bronce (la serie paralela de Cástulo, las contramarcadas y los plomos monetiformes) (ver capítulo III.3) es un numerario que se acuñaba y circulaba exclusivamente en ámbitos mineros. Algunos de ellos, como las monedas contramarcadas con la S.C. y los plomos, no están sancionados oficialmente, tan sólo tenían validez dentro del marco de acción de la sociedad o el ente emisor de la misma, en este caso, los arrendatarios o sociedades responsables de la explotación de esta área minera. Su circulación debió de ser intensa en estos ámbitos reducidos, como demuestra el grado de desgaste y el envejecimiento de las piezas. Además, la aparición de dichas monedas estaría vinculada a la falta de numerario oficial.

La presencia de moneda y de una circulación monetaria precoz en el área minera de Sierra Morena indicaría la creación de un espacio económico en cuyo interior había relaciones sociales y económicas. Así, la presencia de moneda está vinculada con la presencia de mano de obra asalariada, aunque ignoramos sus condiciones y forma de dependencia. Esto supuso un cambio en la forma de vida, las poblaciones entraron en circuitos comerciales y formas de pago propiamente romanas. Lógicamente, esto también se relaciona con la introducción de productos como el vino (ánfora greco-itálicas y Dressel 1), cerámicas de importación y modelos arquitectónicos y decorativos del Mediterráneo central y oriental, así como imitaciones locales de los mismos. De igual manera, los datos numismáticos también nos informan de espacios económicos relativamente cerrados, con piezas que no tenían validez fuera del mismo. Estas monedas viajaron poco, y cuando lo hicieron, fue dentro de regiones mineras, en algunos casos, quizás en el marco de las labores controladas por una misma sociedad como, por ejemplo, la S.C. De hecho, gran cantidad de las monedas de Cástulo aparecen en las áreas mineras meridionales, Sierra Morena y Suroeste peninsular (Chavés Tristán, 1987-88; García-Bellido, 1982; Mangas y Orejas, 1999: 264).

VIII.1.2. Etapa imperial

Paralelamente a la nueva concepción de las minas en el Alto Imperio, que hemos esbozado en el capitulo anterior, se observa un cambio en las condiciones sociales del trabajo. Por un lado, de esta etapa tenemos testimonios más claros de la existencia de mano de obra libre (*mercenarii*), la cual parece tener mucha mayor presencia en las minas. Por otra parte, la situación de la mano de obra esclava cambió cualitativa y cuantitativamente, disminuyendo su peso e importancia aunque evidentemente, se siguió empleando como recogen las Tablas de Vipasca (Vip., I, 7 y II, 10, 13 y 17). Y por último, como consecuencia de estos cambios durante el periodo altoimperial, va a aparecer otra fuerza productiva muy rentable para el trabajo de las minas, los *servi poenae, damnati ad metalla* y *damnati ad opus metalli*, los condenados libres a trabajar en las minas, la condena más dura después de la muerte (Rodríguez Ennes, 1992).

Con la pacificación de Augusto empiezan a disminuir los prisioneros de guerra y, por tanto, se produce un encarecimiento de los mismos, lo que en parte propiciaría la utilización de mano de obra libre asalariada[52], los *mercenarii* de las leyes de Vipasca (*Vip*., I, 7 y II, 13 y 17). Este situación está claramente constatado a través de la presencia de gran cantidad de moneda utilizada para el pago del salario (*merces*), y en la epigrafía Alto Imperial del distrito de Cástulo, hecho éste que no ocurría en época republicana, como, por ejemplo, los epígrafes de *Q. Artulus* o *Q(u)artulus* o *Q(u)artulus Tul(i)us* (Blanco, Luzón, 1966; CILA., III, I, 214=CIL, II, 3528), el cluniense *Fraternus* de la tribu Galeria (Sandars, 1921; Pastor *et al.* 1981: 63; CILA., III, I, 65), el *Paternus* orgenomesco (D´Ors y Contreras de la Paz, 1959: 168; CILA., III, I, 64) y el egelestano *Q. Manlius Bassus* (CILA., III, I, 66). Respecto a estos, parece indudable su vinculación con las áreas mineras, hecho que no implica que en todos los casos estemos ante mineros sino que pudieron dedicarse también a otras actividades realizadas dentro del *metallum* (Mangas y Orejas, 1999: 275). Todos ellos, datados entre los siglos I y II d.C., tradicionalmente se han interpretado como la evidencia de la llegada a esta región de mano de obra asalariada, si bien, nosotros pensamos, como señalábamos en el capitulo anterior, que son reflejo de la presencia de arrendatarios (*coloni*) de las minas o de otros servicios del *metallum* (Arboledas, 2008; 2009).

Este aumento de mano de obra libre se relacionaría además con la mejora de las condiciones laborales y técnicas, y con la necesidad de trabajadores especializados, aunque para ello también pudieron ser empleados a algunos esclavos y libertos. En la escala de trabajos duros y arriesgados el primer puesto lo ocupaba el minero, para el que destinarían primeramente a los esclavos. Como consecuencia de los cambios citados va a aparecer la figura de los *damnati ad metalla* (los condenados, los esclavos por condena), que en parte van a suplir la escasez de esclavos. Según P. Le Roux (1989), la aparición de los *damnati ad metalla* se ligaría con la puesta en marcha de un sector minero de titularidad imperial. Por otro lado, J. García Romero (2002: 445) explica que sólo a finales del s. II d. C., a causa de la falta de mano de obra tanto libre como esclava, y por el poco atractivo que suponía el trabajo en la mina para los *mercenarii* (trabajadores libres asalariados), se generaliza el empleo de los *damnati ad metalla*, que serían muy rentables para las explotaciones. Si bien, no disponemos

[52] A este respecto, las tablillas de *Alburnus Maior* (las minas de oro Dacias), indican el elevado precio de los esclavos en relación con el salario de los *mercenarii* (Mrozek, 1968). Un minero asalariado en las minas dacias cobraba 210 denarios al año, mientras que un esclavo adolescente o adulto costaba 600 y 420 denarios, respectivamente. Probablemente, durante este periodo, a los explotadores de las minas les sería mucho más rentable pagar el sueldo de un trabajador libre que comprar un esclavo, a cuyo alto precio de compra había que añadir el de su mantenimiento, en unas condiciones aceptables que evitaran su muerte.

de ninguna referencia concreta de su presencia en las minas de Hispania (Mangas, 1971: 50 y 78-81).

S. Mrozek (1989), por su parte, señala que la presión económica fue la que animó al Estado a utilizar a gran escala la mano de obra libre asalariada, gracias a la cual éste pudo mantener la estabilidad del sistema monetario. Por tanto, las evidencias con las que se cuentan indican, *grosso modo*, que si bien es imposible que alguna de las fuentes permita precisar los porcentajes de manos de obra libre, esclava y condenada, sí parece probable que la mano de obra esclava fuese fundamental, sobre todo, durante época republicana, mientras que a partir del cambio de Era aparecen con más frecuencia otras fuerzas productivas, como los condenados y los trabajadores libres, que en número parecen aumentar considerablemente, como se constata en la epigrafía. No obstante, los datos que disponemos de las minas de Vipasca ofrecen mucha analogía con las de *Alburnus Mayor* (Dacia, Rumania), e indican que en éstas predominaba la población libre (Mrozek, 1989: 157).

VIII.2. LAS CONDICIONES DE VIDA Y LABORALES DE LOS MINEROS

Las condiciones de vida de los mineros fueron difíciles y duras(García Romero, 2002: 439). Así, a pesar de lo que algunos autores argumentan (Blanco y Luzón, 1966: 77), las pruebas procedentes de los textos literarios (Diodoro, *B.H.*, III, 12; 13, 3; V, 38, 1; Lucano, *Pharsalia*, 4, 297-298), de la epigrafía, o de la arqueología, ponen de relieve que las condiciones de vida y laborables que debieron soportar los mineros fueron duras, con largas jornadas, comida frugal, humedad, insalubridad, el empleo de gran energía física, alta peligrosidad etc., que provocarían una alta mortalidad junto a una esperanza media de vida corta.

Las inscripciones procedentes de las áreas mineras nos transfieren importantes revelaciones acerca de la mortalidad y esperanza de vida media de los mineros. La mortalidad entre la población de las zonas mineras seguía siendo muy alta, dada la peligrosidad y la insalubridad de los trabajos en las minas. La inseguridad de las labores subterráneas provocaba que, con frecuencia, los errores se pagaran con la vida. Buenos ejemplos de ello son los quince cadáveres hallados en una mina de Cartagena que quedaron sepultados por el derrumbe de una galería (Blázquez, 1989: 129) o los diecisiete esqueletos descubiertos en una galería abatida de las minas de Potosí, en Sevilla. Al respecto, Estacio (*Théb.*, 6, 880-885) ha evocado en unos versos dramáticos, la suerte de estos mineros de *Iberia*, enterrados vivos, cuyos cuerpos dislocados y aplastados expiran su aliento lejos del aire y la luz (Domergue, 1990: 354).

La media de vida de un individuo hispano de inicios del Imperio era de cuarenta años (García-Bellido, 1968); no obstante, los actuales estudios demográficos ponen en duda los cálculos de esperanza de vida, ya que faltan por hacer análisis fisiológicos significativos de las necrópolis romanas y, además, las estadísticas efectuadas en base al estudio de la epigrafía olvidan que sólo los más pudientes se costeaban una lápida (García Romero, 2002: 435). Según las inscripciones de Riotinto, sus habitantes morían muy jóvenes, entre quince y veintidós años, y no se conoce en la "epigrafía minera" a un hombre viejo (Blanco y Luzón, 1966: 88).

La vida del minero era breve. Del promedio de edad realizado a partir de veintidós lápidas funerarias procedentes de áreas mineras de la península, resulta que la duración media de la vida de los del sur de Hispania era de unos treinta años, frente a la media de cuarenta años de los del norte. Sin duda, conviene recordar que no se puede asegurar que toda esta gente reflejada en las inscripciones fueran mineros. Por tanto, esta cifra indicaría, más bien, la media de vida de los habitantes de las zonas mineras (Domergue, 1990: 358).

Para soportar tales condiciones de vida, los mineros debían tener un organismo particularmente resistente, sin duda, el cuerpo se endurecería poco a poco. Si bien, para resistir el trabajo haría falta un mínimo de calorías que no sabemos si su dieta era capaz de abastecer de manera suficiente. Respecto a la dieta de las poblaciones de las áreas mineras se cuenta con poca información y la mayor parte procede del registro arqueológico de los poblados mineros excavados. Éste nos informa de la importancia de la carne en estas poblaciones. En el caso concreto de los habitantes del Cerro del Plomo (El Centenillo) sabemos que comieron ciervo, jabalí o cerdo, carne vacuna y de ovicápridos. Según C. Domergue, se puede suponer que el consumo de cereales era importante, a pesar de que no se han hallado restos de ellos (Domergue, 1990: 354-355).

Por otro lado, el consumo del vino debió estar muy extendido dentro de la dieta de los mineros como demuestra el hallazgo de gran cantidad de fragmentos de ánforas vinarias dentro y fuera de las minas de esta región (escombreras y poblados), fundamentalmente, Dressel 1. Éstas, una vez desechadas, pudieron ser reutilizadas tanto para la evacuación del agua de zonas concretas y el transporte de minerales ya concentrados como contenedores de agua (Domergue, 1971: 355). La presencia de estas ánforas (Dressel 1 y Lamboglia 2) junto a la cerámica de importación (campaniense), las imitaciones locales de ánforas y cerámica y las lucernas de tradición helenística es un claro reflejo de la llegada a estas zonas mineras a través de los "circuitos comerciales romanos" de productos importados (Domergue, 1990: 355-357), o lo que es lo mismo, de la existencia de relaciones económicas con el exterior. Asimismo, el elevado número de materiales locales en esta zona, sobre todo, cerámica común de tradición ibérica, como hemos señalado anteriormente, habría que interpretarlo como un vínculo directo del empleo de indígenas en las explotaciones mineras (Domergue, 1990: 373, 375 y 385).

Estas condiciones que tuvieron que soportar tanto los mineros como los metalúrgicos (poca iluminación, estrechez con la que trabajaban, humedad, gases tóxicos, calor sofocante, etc.) favoreció a que éstos contrajeran graves enfermedades como el *nystagmus* (vulgarmente conocido como "ojo de ciervo"), provocado por la existencia de poca luz, o la intoxificación plúmbica o Saturnismo, originada por el contacto prolongado con los minerales de plomo (Fernández Jurado, 1988-89: 207-210; García Romero, 2002: 439). A estas enfermedades habría que sumar las numerosas lesiones musculares, roturas y luxaciones de huesos, cortes, etc. que se producirían los mineros durante el trabajo diario en la mina y fundiciones. El estudio y análisis (paleodieta) de los huesos humanos de las necrópolis mineras como las de Riotinto (Huelva) nos puede aportar interesantes resultados respecto a las enfermedades, a la dieta de los mineros y a otras muchas más cuestiones.

Sin embargo, las condiciones de trabajo que reflejan las regulaciones recogidas en las leyes de Vipasca (Domergue, 1990; Mangas y Orejas, 1999; Orejas, 2005) y las Tablas de *Alburnus Maior* son muy distintas de los relatos de los autores clásicos (Diodoro, B.H., V, 38, 1). La razón estribaría en la diferente condición de los mineros, ya que a partir del cambio de Era, se advierte una mayor presencia de la mano de obra libre (*mercernarii*) frente a la esclava (García Romero, 2002: 438). Así, en las Tablas de Aljustrel se recogen toda una serie de medidas de protección social que abarcan desde el control de los suministros hasta el de los servicios, como la zapatería (Vip., I, 4), la barbería (Vip., I, 6) etc., y algunos de ellos semigratuitos, como por ejemplo el baño. Todas estas medidas irían destinadas a tener satisfechos a los trabajadores libres, y fomentar la presencia de esta mano de obra asalariada (*mercenari*) en las minas. Por su parte, las Tablas de *Alburnus Maior* (Mzorek, 1968; 1989), que reproducen los contratos de mineros libres de las minas de oro dacias (*locatio conductio operarum*), nos permiten conocer diversos aspectos de las condiciones salariales de los trabajadores, como por ejemplo cuál era el salario de un minero libre (210 denarios) o cuánto duraba la jornada laboral (entre 9 y 10 horas) (Mangas y Orejas, 1999: 286-289 y fig. 18).

VIII.3. INDUMENTARIA Y ACCESORIOS DE LOS MINEROS

En la estela de *Q. Artulus* o *Q(u)ar(tus)* se aprecian algunos de los elementos de indumentaria e instrumental que utilizarían los mineros en época antigua (Fig. 86). En ella, se muestra a un niño de unos cuatro años, enmarcado por una hornacina, en pie y de frente, vestido con una túnica corta, que le llega por debajo de la rodilla. Las mangas le llegan por debajo del codo y le dejan los antebrazos desnudos. En la mano derecha lleva un pico-martillo y en la izquierda, un cesto trenzado, dispuesto con un asa.

Otro relieve interesante es el de de Los Palazuelos (Linares). En él se representa a cinco mineros caminando, posiblemente, por una galería, vestidos con túnicas cortas, que les cubren hasta por encima del muslo. El personaje más grande porta en el hombro derecho unas largas tenazas, y del extremo de su brazo izquierdo cuelga un objeto que se ha interpretado como una campana (Blanco y Luzón, 1966: 85). Éste último objeto, ha suscitado diferentes opiniones en cuanto a su interpretación. Por un lado, hay investigadores que consideran que se trata de un objeto flexible, de piel o cuero, quizá una bolsa, o mejor, una cantimplora o vejiga, que serviría para llevar el aceite de las lucernas o el agua (Domergue, 1990: 352). Apoyando esta afirmación, destacaría la cantimplora hallada en la zona minera de Mazarrón, fabricada en esparto, impermeabilizada interiormente con pez, formada por dos discos de 42 cm. de diámetro unidos por una banda de 17 cm. de espesor, y con una capacidad de 12'5 l.

Una segunda interpretación defendida por otros autores, considera a este elemento colgante como una campana. Esta hipótesis se justifica con el descubrimiento de dos camapanas de bronce, una, en las minas romanas de plomo cercanas a Córdoba (Sandars, 1905: 327) y, otra, en la mina de Cabezo Rajao (La Unión, Murcia), la cual tiene un estrecho parecido con la anterior. Otra evidencia que apoya esta teoría se halla en la tésera de *Celte* perteneciente a la "Serie de la minas" (Casariego, Cores y Pliego, 1987). En el anverso de la misma aparece una figura humana portando una campana en la mano. Por tanto, creemos que el personaje, que identificamos con el capataz o contramaestre, portaría una campana que serviría para marcar el iniciao y el final de la jornada laboral.

Figura 86. Estela funeraria del niño *Q. Artulus* procedente de la rafa de Baños de la Encina (Colectivo Proyecto Arrayanes).

Figura 87. Representación de la participación tanto de las mujeres como de l@s niñ@s en la "industria" o actividades dependientes de la minería y metalurgia (grabado anónimo del s. XVI, cedido por el Colectivo Proyecto Arrayanes).

La indumentaria de los mineros, a tenor de los hallazgos arqueológicos documentados en las minas de Mazarrón y Aljustrel, se completaba con un calzado consistente en unas sandalias de esparto, una gorra de palmito o esparto y, posiblemente, de rodilleras del mismo material (Gossé, 1942). Sin embargo, C. Domergue cree que debido a lo engorroso del uso de las rodilleras y al calor que sufrirían los mineros en el interior de las galerías, estos debían tener las piernas desnudas, como se observa en el relieve de Los Palazuelos y, por tanto, el calzado que mencionamos, más bien sería una sandalia, sujeta por dos cordones cuyo extremo pasaría entre el pulgar y el índice, del mismo tipo que una *cáliga* (Domergue, 1990: 409).

VIII.4. EL TRABAJO DE LAS MUJERES Y DE LOS INDIVIDUOS INFANTILES EN LAS MINAS ROMANAS

Las fuentes son parcas, y no lo son menos cuando se intenta rastrear la presencia de este tipo de mano de obra tan importante en el laboreo de las minas. Aún así, se encuentran algunos datos que advierten de su utilización en las minas antiguas (Fig. 87). Las mujeres, libres o esclavas, podían trabajar en las minas y su entorno como hilanderas, tejedoras, amas de casa, criadas, empleadas domésticas, prostitutas, mineras, etc. (Pomeroy, 1987). Estrabón, al referirse a las minas de oro del NW, señala que: "*Unas mujeres con rastrillos recogen el mineral y lo lavan en cribas tejidas encima de unas cajas"* (Estrabón, *Geo*., III, 3, 9), y un texto de Agatárquides sobre las minas de oro nubias, que ha sido transmitido por Diodoro, menciona a las mujeres mineras (Diodoro, *B. H*., IV, 13, 1) (Alarcón y Sánchez, en prensa).

Realizando estas mismas labores (lavado, cribado, triturado y selección del mineral), las mujeres aparecen reflejadas en los grabados de la obra de G. Agrícola (1556) (Fig. 88). Las Tablas de *Vipasca* también aluden a la presencia de la mujer dentro del distrito minero en el capítulo (I. 3) dedicado a la legislación del uso del baño, en el que el arrendatario cobraba como entrada medio as por hombre y uno por mujer. Las mujeres libres trabajarían en las minas, en los diferentes servicios que existían dentro del distrito minero y en las tareas domésticas. A partir del dato conocido de que el baño se reservaba para las mujeres hasta las 13,15 horas, se desprende que éstas trabajaban durante toda la mañana, dedicándose a las tareas más livianas (triturado, selección, etc.), verosímilmente, en la superficie. Ello parece corroborarse por el hecho de que las mujeres *damnati ad metalla* realizaban trabajos más ligeros que los hombres (al respecto D., 48, 19, 8) (Mrozek, 1989: 165). Por tanto, las mujeres libres trabajarían en las minas, en los diferentes servicios que existían dentro del distrito minero, y en sus propias tareas domésticas (Arboledas, 2007: 979; Alarcón y Sánchez, en prensa).

Arqueológicamente, se cuenta con una evidencia referente al trabajo de las mujeres dentro de la mina. Se trata del hallazgo, anteriormente mencionado, de quince cadáveres sepultados por el derrumbe de una galería en una mina de Cartagena, entre los cuales, se encontraban los restos de mujeres (Blázquez, 1989:129).

Igualmente, en la epigrafía procedente de las minas del Sudoeste, además de hombres, también se documenta la presencia de mujeres originarias de otros lugares. Así, encontramos a una celtíbera, *Licina Materna*, a una *arabrigensis*, *Vibia Crispa*, (CIL II, 2.964), a una *serpensis, Fabia Prisca* (CIL II, 2.971) y a una *turobrigensis*, *Baebia Crinita,* (CIL II, 2.964) (Blanco, 1962; Blanco y Luzón, 1966: 84). Realmente, desconocemos la ocupación concreta que tendrían en el distrito minero, pero su aparición en la epigrafía, hace visible y evidente algo que era lógico, y es que la mujer formaría parte de la sociedad de las minas, tanto en su ocupación como trabajadora como en su función doméstica, como mujer de los mineros o de los arrendatarios de los pozos mineros o de otras actividades dentro del *metallum*.

La otra mano de obra apenas mencionada por la historiografía, pero no por eso menos importante para el trabajo de la mina, fueron los niños (esclavos y libres). Las noticias de su presencia en las minas proceden de las Tablas de Aljustrel, del ya mencionado capítulo I, 3, el cual legisla el uso de los baños y de una cita de Diodoro (*B.H*., IV, 13, 1). Concretamente, este autor señala cómo los niños eran muy apreciados para el trabajo en el interior de las minas, sobre todo, en las galerías y trincheras más estrechas y angostas donde los hombres adultos no podían llegar. Otra noticia la hallamos en las Tablas de *Alburnus Maior*, en las cuales se menciona que el coste de una niña esclava, de seis años, era de 205 denarios. Por tanto, se pude indicar que los niñ@s, al igual que ocurriera en época contemporánea, trabajarían tanto en el arranque del mineral y su transporte en las zonas más estrechas y complicadas (por ejemplo, las galerías y trincheras de El Centenillo, Jaén) como en el proceso de transformación del mineral a metal, y en la industria secundaria dependiente de esta actividad minera (carpintería, herrería, etc.).

Figura 88. Grabado del siglo XVI en el que se observa a mujeres llevando a cabo los trabajos de selección y concentración del mineral antes de ser fundido (Grabado anónimo cedido por el Colectivo Proyecto Arrayanes).

Respecto a los salarios que recibirían los niños (en su condición de libres) no tenemos ningún dato, si bien, una de las lecturas aceptadas actualmente de la décima tabla de cera de *Alburnus Maior* (de las minas dacias), según S. Mrozek, sugiere que el salario de 70 denarios por 179 días trabajados de un trabajador libre asalariado, era pagado no sólo para él mismo sino también para su hijo, con el que trabajaría (Mrozek, 1989: 169).

Para conocer las condiciones laborales y las tareas asignadas a los individuos infantiles en la minería antigua, es interesante, teniendo en cuenta las precauciones que exige este tipo de comparativas, realizar su aproximación a partir de los trabajos mineros de los individuos infantiles durante época contemporánea y en la actualidad, en algunos países del mundo. A colación de esto, a continuación se recogen dos testimonios muy esclarecedores que se refieren al trabajo de los niños en la minería. El primero de ellos, procede de la obra de M. Pérez de Perceval sobre las minas almerienses en época contemporánea, que dice: "*La demanda de mano de obra también fue cubierta con la utilización de niños en la producción tanto de minas como fundiciones. En las primeras se encargaban del transporte interior de las minas y en las segundas sobre todo en su clasificación antes de introducirlas en los hornos. Desconocemos la edad con que comenzaban a trabajar en este oficio. Por referencias de épocas posteriores debió ser menor de diez años en algunos casos. En Santa Rita la Baja, donde el ingeniero Pernollet decía haber encontrado el ejemplo más notable de transporte a mano, este era realizado por muchachos cuyas edades se situaban entre los 11 y 15 años. El mineral era transportado en capazos de esparto que pesaban de media 57 Kgs. Trabajaban cuatro horas seguidas, a continuación un descanso de cuatro horas y después cuatro horas más de acarreo. En total eran 12 horas las que estaban los niños en las minas*" (Pérez de Perceval, 1989: 89-90).

El segundo, es el comentario que hizo el ingeniero de minas C. Caride tras su visita e inspección a una galería antigua, larga y estrecha, de la mina de La Lola, situada en el paraje conocido como Barranco de Pozo Hondo, en Cartagena. Éste relata: "*que era tan baja y estrecha que parece no poder circular por ella nada más que niños que cargados a sus espaldas con las espuertas de mineral subían inclinados y apoyándose con las manos en los costados, que aparecen pulidos como espejos por el continuo roce*" (Caride, 1978: 32).

Procedente de la rafa de Baños de la Encina (Jaén) contamos con la estela sepulcral de *Q. Artulus* o *Quartulus* (Blanco, Luzón, 1966; Pastor *et al.*, 1981; C.I.L. 3.258; González y Mangas, 1991: 238), que representa un niño de cuatro años portando un martillo en la mano derecha, y en la izquierda, una cesta. Si bien se trata de instrumentos, tradicionalmente, relacionados con la indumentaria y herramientas mineras, también se podrían identificar éstos con cualquier trabajo de herrería. No obstante, se ha propuesto que este niño, representaría al hijo de un minero, con capacidad adquisitiva suficiente como para que pudiera costear la estela. Tal vez, estemos delante de la representación del hijo de un arrendatario que beneficiaría uno o varios pozos mineros en las cercanías de Baños de la Encina, o por otro lado, podría tratarse del hijo de un herrero, el cual mandaría hacer una estela en la que se representara a un niño con las herramientas representativas de este gremio. Por último, no debemos descartar que este niño sea un esclavo, como propone J. Mangas (Mangas, 1994), que seguramente, dependería de algún minero o herrero.

VIII.5. LAS MINAS DE SIERRA MORENA ORIENTAL: UN FOCO DE ATRACCIÓN DE POBLACIÓN

A pesar de que, como muy bien indicaron Plinio (*N.H.*, XXXIII, 67 y 96) y Estrabón (*Geo.*, III, 2, 3 y 8), las minas se encuentran en zonas montañosas y estériles, los centros mineros se convirtieron en auténticos polos de atracción de mano de obra y de gentes con ganas de hacer negocio, no sólo con la explotación de las minas sino también con otras actividades dependientes de ésta.

Se tiene la certeza de que se produjeron desplazamientos de poblaciones a las zonas mineras en relación con la explotación de éstas. Así, sabemos que las poblaciones dálmatas fueron instaladas en las minas de oro dacias poco después de la anexión de la provincia. Sin embargo, en pocas ocasiones se trata de movilizaciones en masa y organizadas (Mangas y Orejas, 1999: 213).

A través de las fuentes se constata el desplazamiento hacia las zonas mineras del sur, tanto de la misma Península Ibérica como de la Itálica (Domergue, 1990: 383), a partir de la fecha en que las minas pasaron a ser arrendadas a arrendatarios y a pequeñas sociedades privadas formadas por dos o tres socios y a grandes "compañías". A este respecto, Diodoro (*B.H.*, V, 36, 3-4) señala que, una vez producida la conquista de Iberia, una muchedumbre de itálicos se lanzó a la explotación de las minas de plata de Hispania, sobre todo, en la zona meridional (Sierra Morena y Sureste).

En la epigrafía aparecida en Sierra Morena se observa claramente la presencia de individuos oriundos de otros lugares con motivo de la explotación de las minas. Concretamente en las minas del distrito minero de Cástulo encontramos los ejemplos ya citados en capítulos precedentes de *Paternus* el orgenomesco (CILA., III, I, 64), *Fraternus*, el cluniense (CILA., III, I, 65) y *Q. Manlius Bassus,* el egelestano (CIL., II 5.091; CILA., III, 66). Otros muchos más ejemplos se conocen en la epigrafía documentada en las minas del Suroeste peninsular donde se registra la llegada tanto de hombres como de mujeres, como es el caso de la inscripción de *Novaugusta*, la celtibérica, procedente de Riotinto (CIL, II, 3. 353; Blanco y Luzón, 1966: 83-84; Luzón, 1970a: 297).

Entre la epigrafía castulonense (Blázquez, 1984b) obtenemos más testimonios de personas procedentes de otros lugares. Así, poseemos una inscripción funeraria, hallada en el Cerrillo de los Gordos, de un emigrante de *Segobriga* (*L(ucii) Anni/ Capellae Segobricen(sis)*), ciudad que cita Plinio como *Caput Celtiberiae* (*N.H.*, III, 25) y que llegaría a calificar de *Urbs* (*N.H.*, XXXVI, 160) (Blázquez, 1984b: 304: CILA., III, 110: 163-164), otra procedente de *Ebora*[53] (D´Ors, 1960; CILA., III, 149: 198-199) y una tercera que llegó a Cástulo de *Segisama, L. Caelius Flauinius* (CIL., II, 328; CILA., III, 108: 162; Acedo, 1902: 179)[54].

Más testimonios vinculados a los movimientos de gentes hacia los focos mineros son las monedas de bronce halladas en lugares lejanos de su emisión, ya que la presencia de este tipo de moneda no sería producto de relación comercial alguna, sino de movimientos de personas. Prueba de ello son las monedas de Cástulo y *Obulco* aparecidas en Graçac (Croacia), o las de Cástulo, halladas en Pontevedra, o incluso las presentes en algunos poblados mineros de Sierra Morena, como los de La Loba, Diógenes o El Centenillo, procedentes de cecas celtibéricas y que se han relacionado con la venida de gente de esta zona a dichos centros mineros (Otero Morán, 1993; García-Bellido, 1986). Esto ha llevado a plantear a M. P. García-Bellido el trasvase de masas de población del norte peninsular hacia las minas de Sierra Morena (García-Bellido, 1982; 1986).

Realmente, la escasez de datos no nos permite hablar de la existencia de importantes movimientos poblacionales en masa en relación con las minas, como sugiere M. P. García-Bellido (1982). Sin duda, sabemos que se produjeron algunos desplazamientos de personas para trabajar y hacer negocio en las áreas mineras, pues el foco de riqueza pudo llamar la atención de esas gentes. Se tratarían, como se observa en las inscripciones mencionadas, de personajes procedentes de zonas cercanas y lejanas, los cuales, no tendrían ninguna relación con la minería; por ejemplo, la familia de emeritenses documentada en las minas de Huelva.

VIII.6. EL EJÉRCITO: ¿INGENIEROS Y MILITARES?

A través del corpus epigráfico jiennense constatamos la presencia del ejército en el distrito minero de Sierra Morena, donde destaca la *Cohorte Servia Iuvenalis* (CIL., 3272; CILA., III, 93-96; Acedo, 1902: 190; López Domech, 1997: 750), considerada por la mayoría de los investigadores como una milicia, de carácter municipal, de Cástulo (Roldán, 1974), la cual, junto con la presencia de un destacamento de la *legio VII Gemina* (Roldán, 1974), justificarían su existencia aquí en función de las explotaciones mineras[55]. A estos contingentes, habría que añadir otro, posiblemente, evidenciado por el hallazgo del epígrafe funerario de un veterano de la *legio X*, procedente de La Guardia (González Román, 1995). A. D´Ors (1953: 92-93) lo interpreta como producto de la presencia en la zona de una cohorte mandada por un tribuno, no sólo con la función de vigilancia general del distrito sino, especialmente, para la custodia de los *damnati ad metalla*, que trabajarán en las minas a partir del s. I y II d. C. (Blázquez, 1984b: 306 y 311; López Domech, 1997).

La existencia de un ejército, o de una milicia organizada en el mismo Cástulo, respondería al cuidado de su jurisdicción, al control de las rutas comerciales de salida del metal y a la vigilancia de las explotaciones mineras y sus trabajadores, tanto de los esclavos como de los condenados, en momentos imperiales, pues es en esas fechas cuando se data la inscripción que alude a la mencionada cohorte (López Domech, 1997). Su presencia, como ya se ha sugerido en otro capítulo de este libro, se podría vincular también con los numerosos poblados fortificados y fortines documentados en esta zona minera que se han fechado entre el s. II a.C. y I d.C. Si bien, hasta el momento, no podemos precisar qué papel pudo desempeñar el ejército en esta zona minera, es decir, si éste, como en otras regiones mineras de la península

[53] También *Ebura, Epura o Epora.*

[54] Con el nombre de *Segisama* hay varias ciudades que pertenecen a los vacceos y que es mencionada por varios autores antiguos, como Estrabón (*Geo.*, III, 4, 13) y Plinio (*N.H.*, III, 26) (Blázquez, 1984b: 304).

[55] Los bronces de Vipasca (I.3) mencionan la presencia de destacamentos militares en este distrito minero.

(las minas de oro del noroeste), asumió algún tipo de trabajo técnico relacionado con la explotación de las minas, además de seguir realizando tareas de vigilancia y control que garantizaran el buen funcionamiento del distrito minero (Le Roux, 1989; Santos Yanguas, 1992-1993: 174-178).

A modo de corolario, hay que señalar que en un primer momento, en época republicana, las fuentes literarias (Estrabón, *Geo*., III, 2, 10) y arqueológicas parecen revelar que la mayoría de la mano de obra sería esclava, coincidiendo con una época donde habría una abundancia de esclavos, producto de los prisioneros de guerra, los cuales llevarían a cabo las actividades más duras en las minas. Las únicas referencias con la que contamos de esclavos proceden de la epigrafía de Cástulo. La presencia de una gran masa de esclavos se ha relacionado con la existencia de todo un dispositivo militar que controlaría dicha fuerza por medio de una serie de recintos fortificados (Lizcano Prestel *et al.,* 1990: 59). También se tiene constancia de libertos en las minas de Sierra Morena, como *T. L. Duso*, liberto de *T. Iuuentius*, que después de su liberación pasó al frente de la explotación de las minas junto a su dueño.

Por otro lado, la aparición de gran cantidad de moneda, reflejo de las relaciones económicas y sociales dentro de los espacios mineros, es un elemento que se ha vinculado a la existencia de mano de obra libre y asalariada. Entre ésta podría encontrarse la población indígena que pudo verse involucrada de diferentes formas en las explotaciones mineras de sus territorios dependiendo de las formulas del sometimiento a Roma y la posición que ocupaba dentro de la sociedad indígena. Así, la aristocracia indígena pudo optar a la adjudicación de las minas; otros originarios, posiblemente, pudieron ser empleados como capataces; y la gran mayoría pasarían a formar parte de la mano de obra (esclavos o como asalariados libres). Por tanto, el elemento indígena parece que jugaría un papel importante en la explotación de las minas de este distrito minero a tenor de la presencia abundante de material cerámico ibérico en las labores y en los poblados, aunque esto también puede indicativo de las relaciones comerciales con el entorno más inmediato.

Las mujeres, las personas de edad avanzada y los individuos infantiles, en su condición de libres o de esclavos, a pesar de que han sido poco citados por la historiografía, serían una fuerza productiva importante en la explotación de las minas de esta región, en la que desarrollarían diferentes trabajos como el cribado, la selección y el lavado del mineral o el arranque y el transporte del mineral por el interior de la mina.

La existencia de un régimen de explotación de las minas de este distrito basado en el arrendamiento de las mismas a múltiples arrendatarios y sociedades, produciendo la fragmentación del espacio productivo, se debe vincular con la existencia de grupos no muy abundantes de trabajadores, tanto esclavos como libres, dependientes de los particulares o sociedades. Tan sólo la *Societas Castulonensis*, por la envergadura de sus trabajos, concentraría mayor número de mineros.

Por último, en consonancia con la nueva concepción de las minas en el Alto Imperio respecto a la República, se observa un cambio en las condiciones de trabajo que han hecho que la mano de obra libre (*mercenarii*) tuviese mucha mayor presencia en las minas mientras que, por el contrario, disminuyó el peso de la mano de obra esclava. Como consecuencia de estos cambios va a aparecer otra fuerza productiva muy rentable para el trabajo de las minas, los *damnati ad metalla* y los *damnati ad opus metalli*, los condenados a trabajar en las minas, la condena más dura después de la muerte.

IX. CONCLUSIONES GENERALES

El análisis tanto de las fuentes literarias, de los epígrafes y de las monedas como de los vestigios minero-metalúrgicos romanos de esta zona que hemos realizado en la primera parte de este trabajo nos ha permitido extraer toda una serie de valoraciones generales acerca de qué técnicas de explotación se emplearon en la explotación de estas minas, cómo y dónde se extraería el metal o cómo sería el entramado administrativo, fiscal, político y social que se articuló en torno a esta actividad productiva como era la minería, todo ello, dentro del proceso de romanización de esta región minera.

Así, a continuación, recogemos a modo de recapitulación, las principales consideraciones a las que se han llegado tras el estudio de las fuentes y de los restos arqueológicos, que son imprescindibles para el conocimiento de la minería y metalurgia romana esta región de Sierra Morena. Conclusiones y observaciones que se seguirán de manera más extensa abordando en el futuro, dentro de los proyectos de investigación en los que estamos inmersos.

El presente trabajo de investigación ha centrado su estudio en la revisión, la recopilación y el procesamiento de toda la información procedente de las fuentes literarias, epigráficas, numismáticas y arqueológicas referidas a la minería y metalurgia romana en el Alto Guadalquivir, cuyo objetivo principal, como ya apuntábamos en la introducción, ha sido el abarcar toda la problemática que acompaña a la arqueometalurgia del distrito minero de Linares-La Carolina, tratando, no sólo aspectos tecnológicos y cuestiones de tipo social, político y económico, sino también la estructuración del territorio.

A continuación, se recogen, a modo de recapitulación, las primeras consideraciones y valoraciones a las que se han llegado tras el análisis de las fuentes y de la documentación de campo, que son imprescindibles para el conocimiento de la actividad explotadora de los recursos de esta área, como era la minería. Conclusiones y observaciones que seguiremos profundizando de manera más extensa en los próximos años, dentro de los proyectos de investigación en los que estamos inmersos.

Teniendo en cuenta que a lo largo del trabajo se han ido incluyendo, dentro de cada capítulo, algunas de las valoraciones y conclusiones a las que hemos llegado, entendemos que no es necesario volver a reiterar determinados temas, por lo que nos limitaremos a efectuar un breve y somero comentario de los aspectos más relevantes de cada uno de los puntos analizados.

IX.1. CONTEXTUALIZACIÓN HISTÓRICA

El aprovechamiento de estos ricos filones mineralizados de Sierra Morena oriental se inició durante la Prehistoria Reciente, con la explotación del cobre, como evidencian los restos de minas (p. ej. las minas de José Palacios y de El Polígono en Baños de la Encina) y poblados adscritos a las Edades del Cobre y Bronce hallados en la cuenca del río Rumblar. El ejemplo mejor conocido es el poblado minero-metalúrgico argárico de Peñalosa (Contreras, 2000; Contreras *et al.*, 2005). Tras la explotación argárica habrá un paréntesis importante en los trabajos mineros, que se retomaran durante la presencia fenicio-púnica y griega que va a estimular el desarrollo de la actividad minero-metalúrgica llevada a cabo por los oretanos y, sobre todo, la comercialización de los metales preciosos, como la plata. A partir de época ibérica se mantuvo la actividad extractiva que sin duda parece que tuvo un importante desarrollo bajo la dominación púnica (sobre todo a partir de la llegada de la familia Bárquida). Prueba de ello pueden ser los restos de labores mineras y del poblado de Los Palazuelos (Carboneros)[56], las citas de algunos autores greco-latinos (Plinio, *N.H.*, 33, 96-97; Diodoro, *B.H.*, V, 36-38) y la acuñación de las primeras series monetales con leyenda local y bajo el patrón púnico en la región del Alto Guadalquivir (Blázquez, 1992; García-Bellido, 1982). Sin embargo, arqueológicamente, es muy difícil detectar e identificar estas fases de explotación debido a la continuación de los trabajos extractivos en épocas posteriores y a los escasos restos arqueológicos que se conservan. Seguramente, durante el periodo protohistórico, como para época romana, Cástulo debió de jugar un papel muy importante como centro neurálgico y comercial de esta región minera (Arboledas, 2007).

Los factores económicos (la necesidad de metal, plata para pagar a mercenarios, enriquecerse, etc.) y la situación geoestratégica de esta región debieron ser determinantes para que la marcha del ejército romano en el marco de la II Guerra Púnica sobre esta área minera fuera tan rápida tras la ocupación de Cartagena. Con la conquista de estos territorios, los romanos se harían con el control de las minas de plata de Sierra Morena oriental y de Cartagena, y conseguirían, además, unas posiciones estratégicas muy bien comunicadas, privando a su vez a los cartaginenses de estos bienes (plata, mercenarios, etc.) así como del principal puerto de comunicación entre la Península y la metrópoli, Cartago. La acumulación en esta área de diversos acontecimientos bélicos de la II Guerra Púnica, entre ellos, algunos de los episodios más decisivos para acabar con la estancia de los cartagineses en la Península (batalla de *Baecula*) (Roldán, 1978:39-40; Contreras de la Paz, 1962; 1999; González Román, 1983: 25), las incursiones de los pueblos celtibéricos, las Guerras Civiles, etc., también se ha relacionado con la situación estratégica y la riqueza metalífera y agrícola de esta región (López Domech, 1994; 1996). Esto, probablemente, hizo que esta zona se convirtiera durante muchos años en el cuartel general de los ejércitos cartagineses y en lugar de hibernación de las tropas romanas, como muy bien narran las fuentes literarias.

Será con la llegada de los romanos, a finales del siglo III a.C., cuando se intensifique la explotación de las minas

[56] Como ya recogíamos en el capítulo de las fuentes literarias, en torno a las labores mineras y el poblado romano fortificado de Los Palazuelos se ha creado toda una serie de leyendas que la vinculan con Himilce, la mujer de Aníbal, y con el pozo de Baebelo.

de este distrito, alcanzando cotas tan sólo superadas en época industrial. Probablemente, durante los primeros momentos de ocupación romana, tan sólo se explotaran las minas más cercanas a la ciudad de Cástulo, como señala C. Domergue (1990), mientras que las restantes no comenzarían a laborearse hasta mediados y finales del s. II a.C., una vez que se había estabilizado, relativamente, la situación política y social; ya que, como sabemos, los conflictos bélicos, revueltas y el clima de inseguridad se mantuvieron, al menos, hasta la consecución de la *Pax* Romana, con el inicio del Imperio. Esta inquietud política y social debió de afectar en el devenir de la explotación de estas minas, como prueba la ocultación de numerosos tesorillos en esta región minera (los de El Centenillo, Mogón, Los Villares, Chiclana de Segura, etc.).

Ya en el s. I a.C., la inestabilidad creada por las Guerras Civiles parece que fue la causante de la ralentización e, incluso de la detención de la actividad minero-metalúrgica, al menos en Sierra Morena central y oriental, tal y como demuestran los diferentes niveles de ocupación del Cerro del Plomo (Domergue, 1971), la ocultación de dos tesorillos en El Centenillo (Chaves Tristán, 1996) y la cronología asignada por el material cerámico a muchas de las fundiciones de época republicana de este distrito. Posteriormente, con la Pax romana se reactivará de nuevo la explotación de gran parte de las minas de este distrito, no de todas, e incluso algunas comenzarán ahora su explotación como es el caso del complejo minero-metalúrgico de San Gabriel (Arboledas, 2007: 725).

Como se ha indicado a lo largo de este trabajo, la implantación romana en la zona de estudio llegó con la puesta en marcha de la explotación económica centrada en la actividad minero-metalúrgica, eje fundamental a partir del cual se articularía gran parte del poblamiento de estas comarcas (poblados mineros, fundiciones, poblados fortificados y fortines) y se crearía toda una red viaria regional que actuaría como el principal elemento romanizador y nexo de unión entre el interior de este distrito minero y las principales ciudades situadas en el valle (Cástulo e *Isturgi*).

IX.2. LAS TÉCNICAS EXTRACTIVAS MINERAS Y EL TRATAMIENTO METALÚRGICO

La llegada de los romanos no supuso un cambio en los sistemas de explotación de los yacimientos filonianos de esta región minera sino que observamos una perduración de las técnicas de producción y de algún instrumento empleado en época prerromana, como puede ser el martillo con ranura central para el enmangüe. Realmente, los romanos no emplearon técnicas o máquinas nuevas sino que su principal contribución tecnológica fue su organización (cómo emplearon esas técnicas o adoptaron máquinas que no habían sido concebidas para esta actividad) siendo su característica fundamental, la uniformidad, la racionalidad, el volumen y sistematización de las explotaciones mineras en todo el ámbito romano, alcanzando niveles de producción que sólo serán superados en época industrial. La intensificación y volumen de la producción que se produce a partir de este momento se observa en los numerosos testimonios arqueológicos mineros y metalúrgicos documentados, los cuales han sido analizado extensamente en el capítulo III.5 de esta tesis.

En este apartado de las conclusiones, únicamente, haremos referencia de forma abreviada a los aspectos más relevantes referentes a los sistemas de explotación de las minas y el tratamiento del mineral de este distrito minero, ya que en los capítulos V y VI de la tesis se han recogido extensamente estas valoraciones. Así, podemos destacar los siguientes avances a los que se han llegado:

a) En este distrito minero, tras un primer análisis de los datos arqueológicos y de las fuentes, se puede diferenciar dos métodos de extracción que se pueden adscribir, grosso modo, a dos momentos diferentes. Un primero, vinculado a la explotación a cielo abierto por el que se aprovechan los crestones visibles de los filones metalíferos en superficie, mediante trincheras o rafas y de pozos simples verticales de poca hondura, abandonando cuando la profundidad exigía la aplicación de técnicas más complejas y la exploración no resultaba rentable. Este sistema se reconoce perfectamente en el área de El Centenillo y de Salas de Galiarda. Este procedimiento de laboreo se caracteriza por ser una práctica minera con una técnica poco innovadora, simplista, sencilla, arrancando aquella parte del filón de mayor riqueza, que se vendría utilizando desde siglos atrás, cuestión ésta que se relacionaría con el hallazgo de martillos mineros con ranura central para el enmangüe en las escombreras de algunas de estas explotaciones a cielo abierto. Esta técnica heredada perdurará hasta época imperial, aunque fue más común en época republicana. El segundo método estaría asociado a la explotación de vetas y filones, generando pozos y galerías de forma tabular que llegan a tener hasta 1.000 m. de longitud, con una anchura media de 0,8 a 1,5 m y una profundidad máxima de más de 200 m, como se observa en la zona de El Centenillo. Este sistema mucho más complejo requería de toda una planificación previa de la explotación (trazado de pozos, galerías de desagüe, etc.) así como una mayor inversión económica por lo que se aplicaría a las minas más rentables y ricas como las de El Centenillo o de Valdeinfierno.
b) La gran mayoría de las minas explotadas por los romanos de la zona habían sido laboreadas ya en épocas anteriores como también muchas de las mismas siguieron explotándose en periodos posteriores.
c) La forma más fiable de comprobar la ley del mineral explotado fue la de realizar un análisis metalúrgico (fundición). Con esta práctica se han asociado unas pequeñas copelas procedentes de El Centenillo y de La Carolina, aunque no estamos en disposición de garantizar su adscripción a época romana.

d) Dentro de este distrito minero se han documentado nuevas labores mineras como la rafa de Santa Agueda en Vilches, las dos parejas de pozos gemelos o pareados de la mina de D. José Martín Palacios (Baños de la Encina) o las improntas de varios pozos de pequeña sección con oquedades que pudieron servir para descender hasta los trabajos subterráneos del filón de Cerro Hueco (Linares), las cuales no eran conocidas por la bibliografía existentes.

e) Se ha comprobado que en algunas minas de este distrito, concretamente, la de Las Torrecillas (La Carolina) y Los Escoriales (Andújar) se emplearon en la fortificación de los trabajos subterráneos pilares de estériles o de mineral pobre de la misma masa mineralizada explotada.

f) Durante los trabajos de campo se han documentado nuevos socavones de desagüe en la mina de Valdeinfierno de los que no se tenía constancia a la vez que se han reconocido otros ya conocidos.

g) Se ha apuntado la posibilidad, tras el reconocimiento de los socavones de desagüe de la pareja filoniana Mirador-Pelaguindas en El Centenillo, como ya sugería G. Tamain (1966b), aunque en la actualidad es difícil de confirmar, de que los niveles inferiores del filón Pelaguindas y de otros pequeños filones, como el de Las Monedas, fueron explotados a través de estas galerías que desaguaban el agua en el valle del río Grande.

h) Además de revisar todas las fundiciones ya conocidas, se han reconocido algunos escoriales de los que no se tenía constancia, como el del río Grande (El Centenillo), Los Escoriales (Los Guindos), Las Encebras (Parque Nacional de Selladores-Contadero y Lugar Nuevo), Cerro de las Tres Hermanas (El Centenillo), Fuente del Sapo (Linares) y Los Tercios (Linares), a la vez que también se ha confirmado la existencia de práctica metalúrgica en la villa romana alto-bajo imperial de la Huerta del Gato (Baños de la Encina) y Cerrillo del Cuco (Vilches).

i) Al igual que en otras regiones mineras de la Península, las fundiciones de este distrito minero forman parte del binomio mina-fundición, hallándose prácticamente una o más por cada mina. Éstas se asientan en la ladera media y baja de los cerros, en la mayoría de los casos, junto a la mina, en zonas estratégicas con abundante vegetación y cercanas a los cursos de agua y a los caminos antiguos. Entre los ejemplos más representativos de centros metalúrgicos podemos mencionar el del Cerro del Plomo, La Tejeruela, Cerro de las Mancebas y mina El Castillo. La mayoría de ellas se fechan en los momentos de mayor desarrollo de la actividad minera-metalúrgica de esta zona, entre el s. II a.C. y I d.C. Para época imperial se identifican dos importantes fundiciones, Fuente Espi y La Fabriquilla, ambas situadas en lugares retirados de las minas, hecho que estaría condicionado por la búsqueda de combustible (madera), agua y un lugar bien situado y comunicado que facilitara la exportación del metal obtenido.

j) De la fase de refino dentro del proceso de fundición, concretamente, la copelación, además del crisol publicado por G. Tamain (1961) procedente del Cerro del Plomo, hemos podido estudiar una nueva copela, también originaria de El Centenillo, que se encuentra en el Museo Arqueológico de Linares.

k) Los resultados de los análisis de las muestras de escorias por FRX y SEM de algunas de las fundiciones de este distrito han revelado que en época romana en el subdistrito de La Carolina se explotaron sulfuros de plomo para extraer la plata mientras que en el subdistrito de Andujar-Baños de la Encina se fundieron además de óxidos y carbonatos de cobre, sulfuros complejos, cuestión que ya conocíamos gracias a los estudios geológicos como se ha señalado anteriormente. Las escorias de plomo analizadas son fayalíticas y presentan porcentajes de plomo que varían entre el 5 y el 10%. En dos de las mismas se distinguen una fase mineralúrgica de sulfuro de plomo con altos contenidos en plata. Curiosamente, ambas muestras proceden de fundiciones de El Centenillo, corroborando de esta forma que las galenas explotadas por los romanos en el subdistrito de La Carolina son mucho más ricas en plata que la de los otros subdistritos de esta región. Por último, con los análisis de las escorias hemos comprobado que los metalurgos romanos emplearon como fundentes en el proceso de fundición de los minerales de cobre y plomo conjuntamente los óxidos de hierro y los carbonatos de calcio.

IX.3. ADMINISTRACIÓN DE LAS MINAS, LOS MINEROS Y LOS POBLADOS

Tanto las fuentes escritas, epigráficas y numismáticas, como el registro arqueológico documentado confirman que Sierra Morena (concretamente, en nuestro caso, la parte oriental), cuya importancia en la antigüedad se asocia a la riqueza metálica de las minas, fue un dominio minero que alcanzaría su máximo esplendor en las épocas tardorrepublicana y altoimperial (s. II a.C. e inicios del s. II d.C.).

IX.3.1. La etapa republicana

Esta región minera, tras la división del territorio conquistado llevada a cabo por Roma en 197 a.C., quedó encuadrada dentro de la provincia de la Hispania Ulterior, pasando sus minas a formar parte de los dominios del Estado romano, el *ager publicus*. La inclusión de esta región en una provincia u otra romana estaría determinada por la existencia de importantes minas de plata que explotar como vemos que sucederá años más tarde con la reforma de Augusto. Seguramente, las medidas adoptadas por Catón (195 a.C.), que impuso los *vectigalia* a las minas de hierro y de plata, pudieron afectar a las explotaciones que en ese momento se encontraban bajo el poder de Roma, fundamentalmente las situadas en el entono más cercano de Cástulo (las minas de Linares).

Durante la etapa republicana, los testimonios de las fuentes (arqueológicas, epigráficas, literarias y numismáticas) apuntan a que las numerosas explotaciones mineras del Alto Guadalquivir, de dominio público, fueron cedidas por el Estado para su explotación a arrendatarios particulares, pequeñas sociedades formadas por dos o más particulares (por ejemplo, la sociedad formada por *Tito Iuventi y M. Lucreti)* y a sociedades de cierta entidad, como la *Societas Castulonensis,* a través de la *locatio censoria,* a las que se grabaría con las *vectigalia.* Por su parte, el Estado arrendaría a las sociedades de publicanos la recaudación de los impuestos (*vectigalia*) que los explotadores de las minas tenían que pagar al erario público. Así, los publicanos actuarían como intermediarios entre los explotadores y el Estado, el cual se desentendía de este menester.

Este régimen de explotación provocó la llegada de emigrantes itálicos (Diodoro, V, 38, 15) y la consolidación de las aristocracias indígenas, cuya presencia registramos en los epígrafes, sobre todo, de los lingotes de plomo, si bien en esta zona no se detecta una afluencia tan evidente de los mismos, a diferencia de lo que ocurre en la zona minera de Cartagena (los *Aquini, Atelli, Turulli*, etc.), ya que tan sólo conocemos la inscripción en un lingote de plomo de *T. Iuuentius* (Domergue, 1990; Blázquez, 1989: 120; 1993: 115) y los interesantes datos procedentes, fundamentalmente, de la epigrafía y monedas de Cástulo (Contreras de la Paz, 1979: 432-433; Marín Díaz, 1986-1987; 1988). Los nombres itálicos parecen revelar la llegada de gentes que se involucran en las actividades de producción de la región, como la minera y la agrícola (Mangas y Orejas, 1999: 251).

Por otro lado, en el distrito minero de Linares-La Carolina, durante la etapa de máximo desarrollo de la actividad minera y metalúrgica, entre el s. I a.C. y s. I d.C., destacan la presencia de la posible sociedad minera *M(etalla) OR(etana)*; conocida gracias a la interpretación de la leyenda y el tipo que hizo García-Bellido (1986) de una moneda hallada en el Cerro del Plomo (Domergue, 1971) y, sobre todo, la ya citada *Societas Castulonensis*. Ésta, como evidencian los objetos, precintos y monedas contramarcadas con las siglas S.C., sería una de las sociedades más potentes y activas de toda Sierra Morena, ya que, durante más de un siglo, tuvo la suficiente capacidad como para organizar autónomamente trabajos de gran extensión, en superficie y en profundidad, con infraestructuras importantes y mano de obra abundante. Posiblemente, no todas las minas beneficiadas por esta sociedad se laborearían al mismo tiempo, sino que se solaparían, aunque sí muchas de ellas serían coetáneas.

En la cartografía aportada (ver capitulo VI.1 y VI.2), observamos que la actividad minera en este distrito se desarrolló en áreas de sierra, que se caracterizan por presentar un poblamiento disperso, en general, pero que se hace más denso alrededor de las labores mineras de los grandes campos filonianos, como El Centenillo, La Carolina, Linares, etc. La actividad extractiva intensiva y la producción de metales en instalaciones específicas llevada a cabo por los romanos desarrolló un tipo de poblamiento basado en poblados mineros y centros metalúrgicos que se sitúan, como se ha señalado, en torno a las minas de plomo-plata y cobre, así como junto a los caminos antiguos que conectaban el área minera de este distrito con los grandes centros urbanos, Cástulo e *Isturgi.*

Los asentamientos mineros relacionados con los trabajadores se tratarían de pequeñas aldeas o grupos de casas ubicadas a pie de mina o fundición, de los que apenas tenemos constancia, posiblemente porque, o bien se encuentren ocultos debido a sus pequeñas dimensiones y registro, o bien, no se hayan conservado o, simplemente, en muchos de los casos las viviendas de los mineros, al estar dentro de la instalación metalúrgica, como ocurre en los yacimientos del Cerro del Plomo, en La Tejeruela y La Fabriquilla, se encuentran enmascaradas entre los restos de las actividades minero-metalúrgicas. Otra posibilidad es que estos pequeños asentamientos donde residirían los mineros, como señalan Blanco y Luzón, se situaran junto a los poblados fortificados (Blanco y Luzón, 1966: 77). En este sentido, H. Sandars, interpretó el recinto poligonal situado al NO de la fortificación de Los Palazuelos (Sandars, 1905). Igualmente, a este tipo de poblado puede que correspondan las ruinas documentadas por G. Tamain en las cercanías del filón Mirador y fundiciones de La Tejeruela, Arroyo de Ministivel y pozo de Santo Tomás, como la de Solana del Águila; y los dos yacimientos reconocidos junto a la rafa de Baños de la Encina.

Pero si algo destaca dentro del entramado poblacional de la región minera de Sierra Morena oriental es la presencia de los poblados mineros-metalúrgicos fortificados o "castilletes" (Los Escoriales, Salas de Galiarda, Las Torrecillas, etc.), los cuales estarían vinculados, directamente, al laboreo de los filones de galena argentífera y de mineral de cobre, de los que es tan rica esta parte de Sierra Morena, así como al control de las propias explotaciones y a la vigilancia de los caminos que comunicaban las diferentes explotaciones del distrito con los principales centros urbanos, no descartando, para ello, la presencia en estos de algún elemento militar. Posiblemente, durante el periodo de máximo desarrollo, la explotación de las minas de la zona objeto de estudio se estructuraría en torno a estos "castilletes". Todos ellos, como se ha comprobado, presentan unas características muy similares: se encuentran asentados en cerros con gran control visual y junto a las minas; presentan estructuras defensivas; las fundiciones se sitúan a escasos metros; al menos en dos ejemplos, se comprueba un fuerte control del agua; y por último, el comienzo de los mismos se ha fechado, gracias al material arqueológico recuperado y a las estructuras emergentes, en el s. II a.C. continuando algunos, como el de Los Palazuelos o Los Escoriales, hasta el s. I d. C. (Gutiérrez Soler, 2000: 375). No obstante, esta cronología se encuentra pendiente de ser confirmada con la excavación de algunos de estos yacimientos.

Alrededor y en conexión con estas grandes fortificaciones, se constata, en la cuenca del Rumblar y del Jándula, un sistema de fortines que servirían para el control y vigilancia de las explotaciones de las minas como también de las rutas de comunicación. Éstos, por el material cerámico recuperado, los hemos fechado en el mismo periodo que los poblados fortificados (s. II-I a.C.). Esta compleja estructura de control del territorio, que parece que se mantendría al menos hasta el s. I d.C., es decir, durante los momentos de mayor actividad minera de este distrito, respondería a la necesidad de controlar directamente las explotaciones mineras y las rutas interiores de la sierra, ya que las minas se encontraban en áreas aisladas, escarpadas y alejadas de los grandes centros, muy favorables a la proliferación de revueltas y actos vandálicos.

Dichos poblados fortificados y fortines de los que acabamos de hablar, nos permite enlazar con la cuestión de la mano de obra empleada en las minas republicanas de esta área y, en concreto, de la esclava, ya que en algún momento se han interpretado como auténticas fortalezas destinadas a controlar a unos trabajadores esclavos.

Hay un aspecto que no podemos dejar de lado a la hora de abordar la cuestión de la mano de obra en las minas de esta región durante época republicana, como es el régimen de explotación de las labores mineras. El hecho de que las minas fueran arrendadas por el Estado a arrendatarios y sociedades supondría que no debieron de existir grupos muy numerosos de mineros en cada una de las explotaciones. Los explotadores contaría tanto con mano de obra esclava (esclavos privados) como libre asalariada (*mercenarii*) la cual percibiría un sueldo a cambio de su trabajo (*merces*). La presencia de moneda desde época muy temprana se relacionaría con el sueldo de estos trabajadores. Únicamente, las grandes "compañías" mineras como la *Societas Castulonensis* que explotó una vasta área minera en este distrito debió de concentrar una un gran número de trabajadores (esclava y libre).

Los únicos esclavos y libertos documentados de esta área proceden de la epigrafía de Cástulo, y son generalmente aquellos que pertenecen al servicio doméstico del emperador o de una familia poderosa. Los esclavos, pudieron estar dedicados a toda clase de trabajos, tanto manuales (en los mismos frentes de la mina, fundidores, etc.) como técnicos y administrativos, incluso, algunos, una vez liberados (libertos) pudieron quedarse en la explotación de su dueño, donde desempeñaría el papel de gestor, como por ejemplo *T. L. Duso*, liberto de *T. Iuuentius*, en las minas de Sierra Morena.

Por su parte, la población indígena de esta zona debió de jugar un papel importante en la explotación de las minas de su territorio. Su implicación estuvo determinada por la forma en que se sometieron a Roma. Al respecto, sabemos que la ciudad de Cástulo adquirió el estatus de federada como consecuencia de su entrega voluntaria, lo cual pudo suponer que ésta mantuviera algunos privilegios. Así, algunos miembros de la aristocracia local de esta ciudad pudieron optar a la explotación de las minas, si bien, la mayoría de la población sería empleada como mano de obra, asalariada o esclava. La documentación de gran cantidad de cerámica común de tradición ibérica en las minas y poblados de esta región se ha asociado con este hecho.

La presencia de la moneda, como se ha señalado, se ha vinculado con el pago del sueldo (*merces*) de los trabajadores libres. Para ello, en esta zona minera, se emplearía numerario que se acuñaba y circulaba exclusivamente en ámbitos mineros, como la serie paralela de símbolo Mano de Cástulo, las monedas contramarcadas con las siglas S.C. y los plomos monetiformes. Estos dos últimos, solo tendrían validez dentro del ámbito de la sociedad o entidad emisora. La circulación de moneda indica la creación de un espacio económico cerrado (como demuestra el grado de desgaste de la moneda), en cuyo interior habría relaciones sociales y económicas y, además, supondría un cambio en la forma de vida, ya que estas poblaciones entraron dentro de los circuitos comerciales y formas de pago romanas. Con este hecho se relaciona también la introducción de cerámica de importación y las ánforas itálicas Dressel 1.

Las condiciones de vida de los mineros por sí, como en la actualidad, fueron muy difíciles y duras. Las pruebas procedentes de los textos literarios (Diodoro, *B.H.*, III, 12; 13, 3; V, 38, 1; Lucano, *Pharsalia*, 4, 297-298), de la epigrafía, o de la arqueología, ponen de relieve que las condiciones de vida y laborales que debieron soportar los mineros fueron duras, con largas jornadas, comida frugal, humedad, insalubridad, el empleo de gran energía física, alta peligrosidad etc., que provocarían una alta mortalidad junto a una esperanza media de vida corta. Estas condiciones favorecieron a que los trabajadores contrajeran graves enfermedades, como las que se producían en los ojos, por la poca luz dentro de la mina, o la intoxificación plúmbica o Saturnismo, originada al estar tanto tiempo en contacto con el plomo (García Romero, 2002: 439). Para avanzar en estas cuestiones, en un futuro, sería interesante la excavación de algunas de las necrópolis romanas vinculadas a estas áreas mineras y el estudio de los cadáveres de la misma.

En definitiva, esta área minera republicana de Sierra Morena oriental debe ser entendida, como señalan J. Mangas y A. Orejas (1999: 265), como un conjunto de pequeñas explotaciones, algunas en manos de arrendatarios particulares o de pequeñas compañías, y otras coordinadas por sociedades de mayor entidad, como la *Societas Castulonensis*. Los principales beneficiarios de esa explotación serían los emigrantes itálicos, grupos dependientes vinculados a ellos y aristocracias indígenas. Las poblaciones indígenas empleadas en las labores con uno u otro estatuto y condiciones, esclavos y/o peregrinos, asalariados o no, se convirtieron más bien en mano de obra en situación de dependencia o de explotación, como revelan los poblados y los materiales documentados en ellos. La presencia de monedas es indicio de la aparición de una economía monetaria controlada y un "consumo dirigido". En cuanto a la estructura del poblamiento, se observa una concentración en torno a las labores mineras con un predominio de materiales ibéricos locales y una adopción limitada de usos y productos romanos.

La puesta en marcha de estas minas en época romana necesitaría de grandes centros principales capaces de gestionar y canalizar el beneficio minero, papel que en esta zona minera desempeñaría Cástulo, *Isturgi* e *Iliturgi.* Pero para ello, como es lógico, fue necesario la creación de toda una red de caminos principales, la vía Cástulo-Sisapo, Cástulo-*Turres*, Andújar-Sisapo, y secundarios, por los que circularía el metal precedente del interior del distrito en dirección a los centros comerciales, Cástulo e *Isturgi*, y los productos subsistenciales procedentes de estos núcleos urbanos hacia el interior de las minas, siguiendo el mismo recorrido, pero a la inversa. El trazado de estas vías, como hemos comprobado tras su análisis en el capítulo VI.2 de esta tesis, estuvo determinado, en gran medida, por la existencia en las cercanías de importantes explotaciones mineras (minas fundiciones y poblados mineros).

La localización estratégica de Cástulo posibilitó que se convirtiera en el principal nudo de comunicación del Alto Guadalquivir y centro neurálgico y comercial de esta región minera desde el que se controlaría, posiblemente, la explotación de las minas, se comercializaría el metal y se abastecería de todo tipo de productos a las zonas mineras.

El hecho de que el metal se comercializara por esta ciudad, junto a las citas de los autores greco-latinos acerca de la existencia de minas de plomo y plata en sus cercanías, la lectura que se ha admitido de las letras S.C. contramarcadas en objetos y monedas y, sobre todo, la presencia de abundante numerario castulonense (que predomina sobre las monedas de otras cecas) en las minas de Sierra Morena oriental, parecen ser claros indicios de la relación de Cástulo con las explotaciones mineras de esta zona, en la que, probablemente, radicaría la estructura organizativa de las minas, como también sugiere F. Chaves (Chaves Tristán, 1987-88: 632-33). En esta línea seguiremos trabajando en un futuro, analizando las inscripciones de Cástulo, las monedas y los restos arqueológicos con el fin de reafirmar dicha suposición, matizarla o denegarla.

En estos núcleos urbanos del valle del Guadalquivir, fundamentalmente Cástulo, se concentraría el plomo, la plata y el cobre, el cual llegaría procedente de las minas del interior de este distrito en forma de lingotes a través de las calzadas y caminos secundarios analizados. Desde dichos centros, creemos que el metal pudo haber salido, más bien, por la vía fluvial Guadalimar-Guadalquivir hasta *Hispalis* y *Gades*, mucho más barata y segura, aunque este itinerario suponía una larga travesía por mar hasta Roma, como destino principal, no descartando la comercialización del mismo por *Malaca,* que se encontraba unida con Cástulo por una vía, y por Cartagena.

IX.3.2. La etapa Alto Imperial

Los cambios en la ordenación del suelo hispano instaurados entre César y Augusto, los cuales implicaron la concesión de nuevos estatutos a ciudades, la configuración de territorios de las *civitates* y la definición del suelo imperial, pudieron provocar importantes reajustes territoriales, entre los que pudo estar la asignación de algunos distritos mineros, que hasta entonces formaban parte del *ager publicus*, al territorio de la ciudad (de la colonia o del municipio). El mejor ejemplo de este cambio parece constatarse en Cartagena, donde, según A. Orejas, las minas de este distrito pasarían a integrase dentro de del *ager publicus* de la colonia, la cual pudo arrendarlas a particulares y sociedades o explotarlas directamente. Este proceso puede que se produjera en otras zonas mineras del Sur peninsular, como en Écija y, posiblemente, en Cástulo (Orejas, 2005: 65). Concretamente, la municipalización de esta ciudad pudo suponer que algunas minas cercanas a su entorno pasaran a incorporarse dentro de su territorio, la cual decidiría la forma de obtener beneficios.

A partir del cambio de Era se observa un desarrollo de los grandes centros urbanos, como Cástulo e *Isturgi*, al socaire de la explotación agraria y minera, junto al incipiente comercio. Ambas, alcanzarían estatutos privilegiados; concretamente, la ciudad castulonense, en época de Cesar, que es cuando recibe el titulo de *municipium* y, por su parte, *Isturgi* parece que también pudo conseguir este estatus en el mismo periodo que Cástulo (González Román y Mangas, 1991: 303). Pero será en época flavia cuando gran parte de las ciudades del Alto Guadalquivir adquieran el estatus de municipio romano, como *Baesucci* (Vilches), *Aurgi* (Jaén) e *Ilugo* (Santisteban del Puerto) (Morales Rodríguez, 2002), e inicien así un gran desarrollo.

La nueva reordenación económica y territorial altoimperial provocó la disminución en el número de las explotaciones, como señala C. Fernández *et al.* (2002) para Sierra Morena central, pero no el retroceso de la minería en su conjunto. Este momento se caracteriza por la concentración de la inversión en los yacimientos mineros más rentables de esta región (El Centenillo, Los Guindos, Los Escoriales, etc.,) que pasan a ser controlados directamente por el Emperador a través de un procurador, ya que con la reforma de Augusto, esta región minera pasó a formar parte de la provincia de la Tarraconense. Posiblemente, el límite fronterizo entre la Bética y la Tarraconense se fijaría en el valle del río Jándula, lo que supondría que la mayoría de las minas de cobre de Sierra de Andújar, (excepto la más importante, Los Escoriales), se integraran dentro de la provincia senatorial de la Bética. Este cambio, se explicaría por los intereses económicos del emperador por dominar y controlar las riquezas mineras y agrícolas de esta región.

Con el inicio del Principado, la mayor parte de las minas, las más productivas y rentables pasaron a estar bajo el control del fisco imperial, cuyo representante oficial en el área minera era el *procurator metallorum*, de rango ecuestre o un liberto imperial, el cual se ocupaba de los aspectos fiscales, de la organización y control técnico de la misma, así como de múltiples aspectos relacionados con el funcionamiento diario de ésta, como se deduce de las disposiciones contenidas en las Tablas de Vipasca (Aljustrel). Uno de estos procuradores bien pudo ser *Marcus Ulpius Her(mer)os* (CILA., III, 63, pp. 102-103), liberto del emperador Trajano y que conocemos gracias a la inscripción hallada en las minas de El Centenillo, cerca de la fundición de la Tejeruela y del camino antiguo de Baños a San Lorenzo (vía Cástulo-Oreto), que éste dedicó a la *Salud Augusta*. El procurador, a su vez, arrendaría las minas, en subasta pública, a adjudicatarios particulares (*coloni* u *occupatores*) que se encargaban de la explotación con sus propios trabajadores (asalariados – *mercenari-*), esclavos o condenados a trabajar en la mina (*damnati ad metalla*) dentro de las condiciones técnicas y fiscales impuestas por el *fiscus* y controladas por el *procurator* y su *officina*.

Por otro lado, en este distrito minero, a pesar del creciente control del Estado durante el altoimperio, tenemos testimonios fehacientes, como es la documentación de precintos de plomo con las siglas S.C. en los niveles claudianos de Fuente Espí (La Carolina), del funcionamiento durante el s. I d.C. de la *Societas Castulonensis*, al igual que la *Societas Sisaponensis,* en Sierra Morena central. Además, también se constata la existencia de minas en manos particulares, cuyo ejemplo más famoso son las de *Sextus Marius* en Córdoba, las cuales fueron confiscadas por Tiberio. Todo esto se traduce en una "continuidad" del sistema republicano, tanto en las minas encuadradas en la Tarraconense como en la Bética, al menos durante el s. I d.C.

Paralelamente a esta nueva concepción de las minas en el Alto Imperio, se observa de forma global un cambio en las condiciones sociales del trabajo respecto a la época republicana. Por un lado, de esta etapa se tienen testimonios más claros de una mayor representación de la mano de obra libre (*mercenarii*), como la presencia de moneda, empleada para el pago del salario y los intercambios, las leyes de Vipasca, las tablillas de *Alburnius Maior* y la epigrafía minera de este distrito el cluniense *Fraternus* (CILA, III, I, 65), el *Paternus* orgenomesco CILA, III, I, 64) y el egelestano *Q. Manlius Bassus* (CILA, III, I, 66). Respecto a estos, parece indudable su relación con las minas, pero esto no implica que en todos los casos estemos ante la presencia de mineros. Este aumento de los *mercenarii* se puede relacionar, por un lado, con la consecución de mejoras en las condiciones laborales y técnicas que reflejan las leyes de Vipasca, las cuales, son muy distintas de las recogidas por los relatos de los autores clásicos (Diodoro, V, 38, 1), y por otro, con la necesidad de trabajadores especializados, aunque para ello también se pudieron emplear a esclavos y libertos.

Contrariamente, la situación de la mano de obra esclava cambió cualitativa y cuantitativamente, disminuyendo su importancia y presencia. Este hecho pudo deberse al encarecimiento de los precios de los esclavos, como revela las tablillas de *Alburnius Mayor*, posiblemente, debido, entre otras causas, a la disminución del número de los prisioneros de guerra como resultado de la pacificación de Augusto. Esto propiciaría la utilización de mano de obra libre que sería mucho más rentable para los explotadores de las minas. Ante estos cambios, durante el altoimperio, va a aparecer otra fuerza productiva muy rentable para la explotación de los yacimientos mineros, los esclavos por condena (*damnati ad metalla*), de los que no se dispone ninguna referencia para las minas hispanas, los cuales, junto a los esclavos, ocuparían los trabajos más duros y arriesgados.

Otra de las fuerzas productivas empleadas en la actividad minero-metalúrgica en época romana, apenas citada por la historiografía y de la que han quedado constancia en las fuentes literarias (Diodoro, III, 13; Estrabón, III, 2, 9), arqueológicas y epigráficas (Tablas de Vipasca, tablillas de *Alburnius Mayor* y la epigrafía minera de la zona suroeste), fueron las mujeres, las personas de edad avanzada y los individuos infantiles. El mejor ejemplo de la presencia de infantiles en esta región minera es la estela sepulcral de *Q. Artulus*. Ésta podría representar, siguiendo la lectura de A. Blanco y J. Mª. Luzón (1966), al hijo de un minero con suficientes recursos para costear la estela o, quizás, al de un *coloni* o, por qué no, al de un herrero.

El distrito minero de Linares-La Carolina, al igual que otros focos de la Península, se convirtió en un polo de atracción de mineros y de gentes, procedentes tanto de zonas lejanas como cercanas, con ganas de hacer negocio, no sólo con la explotación de las minas sino también con otras actividades económicas dependientes de ésta. Prueba de la llegada de dichas personas son las inscripciones de *Paternus*, el orgenomesco y el de *Fraternus,* el cluniense, aparecidas en El Centenillo y el epígrafe de *Q. Manlius Bassus*, el egelestano, procedente de la mina Men Baca. Otros testimonios parecen ser la existencia de monedas de bronce provenientes de lugares lejanos, como por ejemplo, la presencia de numerario de cecas celtibéricas en las minas de La Loba o El Centenillo, que se ha vinculado a la llegada de gentes de esta zona a dichos centros mineros (Otero Morán, 1993).

Tradicionalmente, se ha propuesto que los personajes de los epígrafes, mencionados en el párrafo anterior, originarios de otros lugares, serían mano de obra libre (*mercenarii*) que vendrían atraídos por la mejora de las condiciones laborables. Sin embargo, más allá de estos presupuestos, después de los recientes estudios llevados a cabo por A. Orejas (2005) en otras regiones mineras de la Península (Huelva), pensamos que se tratarían de arrendatarios, tanto de minas (*coloni*, por la cronología de las inscripciones) como de otras actividades dentro del *metallum,* que tendrían la suficiente capacidad económica como para garantizarse este privilegio. Esta hipótesis, que seguiremos desarrollando en el futuro, no está contrapuesta con la llegada de trabajadores libres a esta zona.

En cuanto al poblamiento, durante la etapa altoimperial observamos que algunos de los "castilletes" o poblados minero-metalúrgicos de época republicana continúan activos, como Los Escoriales y Los Palazuelos, al igual que se constata la pervivencia de algunos de los fortines de la cuenca del Jándula, Rumblar y del Guadalimar, al menos, hasta época Flavia (Pérez Bareas *et al.*, 1992b). Sin embargo, esta estructura poblacional, compuesta por los fortines y los "castilletes" de época republicana que surge al socaire de la explotación de las minas, parece sucumbir a finales del s. I d.C. (y principios del s. II d.C.), momento en el que se iniciaría el declive de la actividad minera y el despegue de la explotación agropecuaria de las tierras de los pequeños valles del interior de la sierra y de la depresión de Linares-Bailén.

La decadencia de la minería en este distrito y, en general, de Sierra Morena, se podría explicar entre otras causas, lo cual no quiere decir que sean las únicas, por la disminución de la ley del mineral explotable, la incapacidad y dificultad técnica que suponía trabajar a ciertas profundidades (y por tanto, su encarecimiento) y por la propia política económica altoimperial que a partir de época flavia centró sus objetivos en otros distritos mineros mucho más rentables que competían con el de Sierra Morena, como era el foco británico o el del Suroeste peninsular.

En estos momentos de decadencia de la actividad minera, se asiste a una transformación del patrón de asentamiento del área en estudio (al igual que en otras zonas de Sierra Morena), con la aparición de numerosos asentamientos rurales en los valles del interior de la sierra (cuenca del Rumblar) y, sobre todo, en las zonas de vega y terrazas fluviales (Depresión Linares-Bailén). Estos yacimientos son fundaciones *ex novo* y están orientados a la explotación agropecuaria de tierras, que hasta esa fecha, apenas habían sido explotadas. La proliferación de dichos asentamientos marcan el nacimiento de una nueva economía, basada en la agricultura, en la ya decadente zona minera y metalúrgica, enmarcada dentro de la política de municipalización de época flavia que supuso para las ciudades encontrarse con un territorio que hasta entonces había sido *ager publicus*. La producción de aceite debió jugar un importante papel en el despegue de la actividad agrícola de la zona a partir del Principado como revela el hallazgo de una inscripción de una *Rescriptum Sacrum de Re Olearia* en Cástulo y la proliferación de *villae*.

Algunos autores han propuesto, como C. Domergue (1972), que paralelamente al declive de la minería y al auge de la explotación agropecuaría se produciría un desplazamiento del capital de las minas a la agricultura. Seguramente, parte de los cuantiosos beneficios obtenidos por los arrendatarios y miembros de las sociedades mineras (itálicos o indígenas) explotadores de las minas de Sierra Morena se invertirían en la explotaciones agrícolas de las ricas tierras del valle del Guadalquivir y de sus afluentes. Este hecho se podría relacionar con la fundación de numerosas *villae* en estas áreas, algunas de ellas, como las documentadas junto a la rafa de Baños de la Encina, la de la Huerta del Gato (Baños de la Encina), Cerrillo del Cuco (Vilches) o Cerro de las Mancebas (Linares), se ubicaron en lugares próximos a labores mineras, incluso en dos de ellas (Cerrillo del Cuco y Huerta del Gato) se tiene constancia de actividad metalúrgica. De todo ello se puede inferir, como señala J. C. Edmonson (1987: 75) para la región de la Lusitania, que pudo darse el caso de que algún terrateniente cercano a las minas invirtiera en la explotación de las mismas, o bien que el dueño de la villa pudiera haberse enriquecido como resultado de su actividad minera y entonces utilizara parte de su riqueza para invertir en tierra.

IX.3.3. El Bajo Imperio

Durante el Bajo Imperio se acentúa aún más la crisis en la que había entrado la actividad minera de esta zona en el s. II d.C., si bien algunos datos, como la presencia de cerámica y monedas en las minas de El Centenillo, Linares, etc., reflejan que debió de continuar una cierta actividad productiva, aunque no con la misma intensidad y escala que en los periodos precedentes. Probablemente, la explotación se reduciría a pequeñas labores, fáciles de explotar (que no necesitaran grandes infraestructuras), las cuales, el fisco dejaría en manos de comunidades locales o de particulares, en condiciones fiscales distintas a las de época altoimperial (Pastor *et al.* 1981: 66; Mangas y Orejas, 1999: 275).

Por el contrario, en este periodo se constata la proliferación de las *villae*, iniciada ya en época altoimperial, mientras que las grandes ciudades, como Cástulo, entran en un declive del que ya nunca se repondrán (el auge del mundo rural frente a la transformación de la ciudad antigua). Concretamente, en dos de las villas halladas en este distrito, Cerrillo del Cuco y Huerta del Gato, se documentan evidencias de la actividad metalúrgica (escorias y restos de horno) que se han vinculado a la explotación doméstica en el ámbito de la economía de *villa*.

Nuevas perspectivas de trabajo

Finalmente, habría que señalar que a pesar de la extensión de este trabajo de investigación, aún queda mucho por realizar para completar el estudio de la extensa área que comprende este distrito minero. Para ello, en el futuro se han planteado las siguientes actuaciones:

- Continuar con las prospecciones arqueometalúrgicas en zonas menos conocidas de región de Sierra Morena como es el término de Andújar.
- Excavar uno de los poblados minero-metalúrgicos fortificados de este distrito, Salas de Galiarda.
- Estudio de las minas de D. José Martín Palacios y El Polígono mediante la excavación de sondeos estratigráficas.

- Reconocer y topografiar el interior de las labores mineras del filón Mirador y Sur (El Centenillo) como paso previo a la realización de excavación en algunas de ellas.

Todas estas actuaciones aportaran nuevos datos que ayudaran a conocer aún mejor el desarrollo de la actividad minero-metalúrgica durante época romana en esta región, confirmando y refutando por otro lado, algunas de las hipótesis planteadas en este trabajo, además de provocar la aparición de nuevas problemáticas.

X. BIBLIOGRAFÍA

ABAD CASAL, L. (1975): *El Guadalquivir, vía fluvial romana*, Diputación Provincial de Sevilla, Sevilla.

ABAD CASAL, L. (2000): El Guadalquivir y la navegación en la antigüedad, *Revista de Arqueología* 229, Madrid, pp. 31-42.

ABAD CASAL, L. (2003): Entre Iberia y Roma. Transformaciones urbanísticas y reorganización territorial, *Territoris antics a la Mediterrània i a la Cossetània oriental* (J. Guitard, J. M. Palet y M. Prevosti, Coords.), Barcelona, pp.117-127.

ACEDO, M. (1902): *"CÁSTULO". Estudio histórico acerca de la creación, vida y existencia de esta antigua ciudad y sus relaciones con la de Linares,* Madrid.

AGRÍCOLA, G. (1556): *De re metallica*, trad. por Herbert Clark Hoover y Lou Henry, New York, 1950.

ALARCÓN GARCÍA, E. y SÁNCHEZ ROMERO, M. (en prensa): Identidades de género y edad en la organización del trabajo minero-metalúrgico en el distrito de Linares-La carolina, *La minería y la metalurgia en el Alto Guadalquivir: desde sus orígenes hasta nuestros días* (Fr. Contreras y J. Dueñas, Dirs.), Instituto de Estudios Giennenses, Jaén.

ALMAGRO GORBEA, M. y ÁLVAREZ MARTÍNEZ, J. Mª. (eds.) (1999): *En el año de Trajano. Hispania, legado de Roma*, Ministerio de Educación y Cultura, Caja Duero, Madrid.

ALMENDRAL LUCAS, J.M. (1993): Caminos romanos de la Sierra Morena Oriental: transversales entre las calzadas 29=Sisapone Mariana y 4=Uciense-Mariana, (numeración de Eduardo Saavedra), *Actas del I Congreso Internacional de Caminería Hispánica, tomo I.* Guadalajara, pp. 97-115.

ALMENDRAL LUCAS, J.M. (1994): La navegación fluvial en la Cabecera del Guadalquivir en tiempos romanos y durante la Edad Antigua, *CAMINERÍA HISPÁNICA*, Actas del *II Congreso de Caminería Hispánica, Tomo I, Caminería Física*, Madrid, pp. 51-63.

ALMENDRAL LUCAS, J.M. (2001): Caminos antiguos entre Cástulo y Córdoba, *Boletín del Instituto de Estudios Giennenses* 178, Jaén, pp. 203-227.

ALVARADO, A. de (1923): Región Este de Sierra morena. Datos referentes a tectónica y formaciones filonianas de plomo, *Boletín del Instituto Geológico de España* 44 (4), tercera serie, Madrid, pp. 299-445.

ANÓNIMO (1882): Descubrimiento importante, *Revista Minera, Científica, Industrial y Mercantil* 8, 1882, Madrid, pp. 338-339.

ANÓNIMO (1983): *Exploración geológico-minera del área Linares-La Carolina-Santa Elena (Jaén)*, Informe final, memoria, Ministerio de Industria y Energía, Secretaría de la Energía y Recursos Minerales, Instituto Geológico y Minero de España, Madrid.

ANÓNIMO (1919): Minas de Castilla La Vieja y Jaén, *Revista minera, metalúrgica y de ingeniería* 70, Madrid, pp. 264-265.

ANTOLINOS, J.A. (2005): Las técnicas de explotación en las minas romanas de Cartago Nova, *Bocamina. Patrimonio minero de la Región de Murcia*, Murcia, pp. 71-84.

ANTONA DEL VAL, V. (1987): *"Plumbum Nigrum", Producción y comercio del plomo en Hispania*, Ministerio de Cultura, Cartagena.

ARANA CASTILLO, R. (1983): El horno de fundición de la Loma de Herrerías (Mazarrón, Murcia), II Estudio minero-metalúrgico, *Congreso Nacional de Arqueología* 16, Zaragoza, pp. 937–945.

ARBOLEDAS MARTÍNEZ, L. (2004): *Fuentes para el conocimiento de la minería y metalurgia romana en el Alto Guadalquivir,* Trabajo de investigación de doctorado (D.E.A.) inédito, Universidad de Granada.

ARBOLEDAS MARTÍNEZ, L. (2005): Fuentes para el conocimiento de la minería y metalurgia romana en el Alto Guadalquivir, *Arqueología y Territorio 2*, ISSN: 1698-5664, Universidad de Granada, Granada, pp. 81-105.

ARBOLEDAS MARTÍNEZ, L. (2007): *Minería y metalurgia romana en el Alto Guadalquivir: aproximación desde las fuentes escritas y el registro arqueológico,* Recurso electrónico, Tesis doctoral de la Universidad de Granada (ISBN 9788433844545).

ARBOLEDAS MARTÍNEZ, L. (2008): Aspectos sociales y fiscales en las minas romanas del Alto Guadalquivir, *Revista Pyrenae* 39 (2), Barcelona, pp. 71-99.

ARBOLEDAS MARTÍNEZ, L. (2009): La epigrafía minera romana del distrito de Linares-La Carolina, *Anales de Arqueología Cordobesa* 20, Córdoba, pp. 269-290.

ARBOLEDAS MARTÍNEZ, L. (en prensa): La minería prerromana y romana en el Alto Guadalquivir, *Actas del V Simposio Internacional sobre Minería y Metalurgia Históricas en el Suroeste Europeo* (León, 19-21 de Junio de 2008).

ARBOLEDAS MARTÍNEZ, L. y CONTRERAS CORTÉS, F. (2009): Prospección arqueometalúrgica de los Montes de Selladores-Contadero y Lugar Nuevo. Parque Nacional de Sierra de Andújar (Jaén), *Argentvm* 1, La Unión (Murcia).

ARBOLEDAS MARTÍNEZ, L., CONTRERAS, F., MORENO, A., DUEÑAS, J. y PÉREZ, A.A. (2006): La mina de José Martín Palacios (Baños de la Encina. Jaén). Una aproximación a la minería antigua en la cuenca del Rumblar, *Arqueología y Territorio 3*, ISSN: 1698-5664, Universidad de Granada, Granada, pp. 179-195.

ARBOLEDAS MARTÍNEZ, L., CONTRERAS, F., DUEÑAS, J., PÉREZ, A. A. y MORENO, A. (2008): La minería romana en la cuenca del río Rumblar: la mina de José Martín Palacios, Actas *VII Congreso Internacional sobre Patrimonio Geológico y Minero* (A. Palacios, J. Escribí, y J.L. Higueras, Eds.), (Puertollano del 22-24 de septiembre 2006), Puertollano, pp. 391-406.

ARÉVALO GONZÁLEZ, A. (1996a): La moneda hispánica y la explotación minera en la Hispania republicana, *Arqueología e Historia de la Minería y Metalurgia. Museo Histórico-Minero Don Felipe de Borbón y Grecia. Escuela Técnica Superior de Ingenieros de Minas Madrid,* Madrid, pp. 75-86.

ARÉVALO GONZÁLEZ, A. (1996b): La circulación monetaria en las minas de Sierra Morena: El distrito de Córdoba, *Numisma* 237, pp. 51-82.

ARÉVALO GONZÁLEZ, A. (1999): *La ciudad de Obulco. Sus emisiones monetales*, Guadalajara.

ARIAS BONET, G. (1987): *Repertorio de caminos de la Hispania Romana*, Estudios de Geografía Histórica, Madrid.

ARIAS DE HARO, F. (2001): *Arqueología como ciencia: comprender para valorar. El Centenillo, propuesta de puesta en valor*, Trabajo de investigación inédito, Universidad de Jaén, Jaén.

ARTILLO, J., GARRIDO, L., MOLINA, A., MORENO, A., RAMÍREZ, J.M., SÁNCHEZ, J. y SOLÍS, M. (1987): *La minería de Linares (1860-1923)*, Diputación Provincial de Jaén/Ayuntamiento de Linares, Linares.

AVELLÁ, L. y RODRÍGUEZ, P. (1986): Un tesoro de plata procedente de Chiclana de Segura (Jaén), *Boletín del Instituto de Estudios Giennenses* 126, Jaén, pp. 23-58.

AZCARATE, J.E. (dir.) (sin año): *Estudio metalogénico comparativo de las mineralizaciones plumbíferas de Linares-La Carolina-Santa Elena,* Ministerio de Industria, Empresa Nacional "Adaro" de Investigaciones Mineras, S.A. y Dirección General de Minas, Madrid.

AZCARATE, J.E. (1972): Los sistemas de fractura filonianas en los Distritos de Linares-La Carolina. Su establecimiento y las reactivaciones posteriores de su capacidad mineralífera, *Actas de las Jornadas Minero-Metalúrgicas IV Nacionales y II Internacionales* (Cartagena, 17 a 22 de mayo 1971), Madrid, pp. 553-570.

AZCARATE, E., VERGARA, A. y ARGÜELLES, A. (1972): Carácter metalogenéticos de los distritos mineros de Linares-La Carolina, *Actas de las Jornadas Minero-Metalúrgicas IV Nacionales y II Internacionales* (Cartagena, 17 a 22 de mayo 1971), Madrid, pp. 571-583.

BELLÓN, J. P., GÓMEZ. F., GUTIÉRREZ, L. Mª., RUEDA, C., RUIZ, A., SÁNCHEZ, A., MOLINOS, M., WIÑA, L., GARCÍA, Mª. A. y LOZANO, G. (2004): "Baecula. Arqueología de una batalla", *Proyectos de Investigación 2002-2003*, Universidad de Jaén y Caja Rural. Jaén.

BINAGHI, R. (1938): La metallurgia in età romana in Sardegna, *Studi* 8, pp. 1-12.

BINAGHI, R. (1939): *La metallurgia in età romana in Sardegna*, Roma.

BINAGHI, R. (1946): *La metallurgia ai tempi dell'impero romano*, Roma.

BLANCO FREIJEIRO, A. (1962): Antigüedades de Riotinto, *Zephyrus* 13, Salamanca, pp. 31-45.

BLANCO FREIJEIRO, A. (1967): Plata Oretana de "La Alameda" (Santisteban del Puerto, Jaén), *Archivo Español de Arqueología 40,* Madrid, pp. 92-99.

BLANCO FREIJEIRO, A. y LUZÓN NOGUE, J.Mª. (1966): Mineros antiguos españoles, *Archivo Español de Arqueología* 39, Madrid, pp. 73-88.

BLANCO FREIJEIRO, A. y ROTHENBERG, B. (1981): *Exploración Arqueometalúrgica de Huelva,* Ed. Labor.

BLÁZQUEZ MARTÍNEZ, J.Mª. (1965): Cástulo en las fuentes histórico-literarias anteriores al Imperio, *Revista Oretania* 21. Linares, pp. 123-129.

BLÁZQUEZ MARTÍNEZ, J.Mª. (1967): Estructura económica de la Bética al final de la República romana y a comienzo del Imperio (Años 72 a. C. –100), *Hispania* 27, 1967, pp. 7-62.

BLÁZQUEZ MARTÍNEZ, J.Mª. (1969): Explotaciones mineras en Hispania durante la República y el Alto Imperio romano. Problemas económicos, sociales y técnicos, *Anuario de Historia Económica y Social,* Madrid, *pp. 9-68.*

BLÁZQUEZ MARTÍNEZ, J.Mª. (1970): Fuentes literarias griegas y romanas referentes a las explotaciones mineras de la Hispania Romana, *La minería hispana e iberoamericana: contribución a su investigación histórica: Estudios, fuentes, bibliografía. Vol. 1, Ponencias del I Coloquio Internacional sobre Historia de la Minería,* VI Congreso Internacional de Minería, Departamento de Publicaciones, León, pp. 117-150.

BLÁZQUEZ MARTÍNEZ, J.Mª. (1971): Economía en Hispania Final de la República Romana y a comienzos del Imperio según Estrabón y Plinio, *Revista de la Universidad de Madrid 20,* Madrid, *pp. 86-92.*

BLÁZQUEZ MARTÍNEZ, J.Mª. (1973): Economía de la Hispania romana republicana. Minas, agricultura, agricultura, caza, pesca y salazones. *Hispania 24, Revista Española de Historia,* Madrid, pp. 205-247.

BLÁZQUEZ MARTÍNEZ, J.Mª. (1974): La epigrafía romana de Cástulo (Hispania), *Actes du un Congre Internacional di epigraphie greaque et latine* (Constantza, 9-15 Septembre), pp. 332-338.

BLÁZQUEZ MARTÍNEZ, J.Mª. (1975): *Cástulo I,* Excavaciones Arqueológicas en España 8, Ministerio de Cultura, Madrid.

BLÁZQUEZ MARTÍNEZ, J.Mª. (1978): *Historia Económica de la Hispania Romana,* Ed. Cristiandad, Madrid.

BLÁZQUEZ MARTÍNEZ, J.Mª. (1979): *Cástulo II,* Excavaciones Arqueológicas en España 105, Ministerio de Cultura, Madrid.

BLÁZQUEZ MARTÍNEZ, J.Mª. (1982-83): Noticia sobre las Excavaciones arqueológicas en la mina republicana de La Loba (Fuenteobejuna, Córdoba), *Corduba Acheologica 12,* Córdoba, pp. 29-39.

BLÁZQUEZ MARTÍNEZ, J.Mª. (1984a): Cástulo, capital of the mining district of oretania, *Papers Iberian Archeology* (T.F.C. Blagg, R.F.J. Jones y S.J. Keay, Eds.), BAR International Series 193 (II), Oxford, pp. 396-409.

BLÁZQUEZ MARTÍNEZ, J.Mª. (1984b): Cástulo a través de sus inscripciones latinas, *Epigraphie Hispanique, Problemas de método et d`edition,* París, pp. 301-313.

BLÁZQUEZ MARTÍNEZ, J.Mª. (1985): La ciudad de Cástulo, *Arqueología de las ciudades modernas superpuestas a las antiguas,* Institución "Fernando El Católico", Ministerio de Cultura, Madrid, pp. 120-155.

BLÁZQUEZ MARTÍNEZ, J.Mª. (1989): Administración de las minas en época romana, *Minería y Metalurgia en las antiguas civilizaciones mediterráneas y europeas,* Tomo I (Cl. Domergue, Coord.), Madrid, pp. 119-132.

BLÁZQUEZ MARTÍNEZ, J.Mª. (1992): Las explotaciones mineras de la P. Ibérica en época bárquida, *Fenicios, Griegos y Cartaginenses en Occidente,* Ed. Cátedra, Madrid, pp. 524-544.

BLÁZQUEZ MARTÍNEZ, J.Mª. (1993): El impacto de las explotaciones en la romanización, *Hispania en la Actas del III Congreso Hipano-italiano, Crisis de la República Romana* (J. Mangas, Ed.), Toledo, pp. 107-121.

BLÁZQUEZ MARTÍNEZ, J.Mª. (1996): La explotación minera y la romanización de Hispania, *Actas de La Romanización de Hispania* (J. Mª. Blázquez y J. Alvar, Coord.), Madrid, pp. 179-200.

BLÁZQUEZ MARTÍNEZ, J.Mª., CONTRERAS, R. y URRUELA, J. (1984): *Cástulo IV,* Excavaciones Arqueológicas en España 131, Ministerio de Cultura, Madrid.

BLÁZQUEZ MARTÍNEZ, J.Mª., DOMERGUE, C. y SILLIERES, P. (Dirs.) (2002): *La Loba (Fuenteobejuna, province de Cordoue, Espagne) la mine et le village minier antiques,* Institut Ausinius avec le concours du Ministère des Affaires Etrangères et de l'Unité Toulousaine d'Archéologie et d'Histoire (Université Toulouse-Le Mirial), Bordeaux.

BLÁZQUEZ MARTÍNEZ, J.Mª. y GARCÍA-GELABERT, Mª.P. (1985): Análisis de los pavimentos de cantos rodados en Cástulo (Jaén), *Revista de Arqueología* 51, Madrid, pp. 13-22.

BLÁZQUEZ MARTÍNEZ, J.Mª. y GARCÍA-GELABERT, Mª.P. (1987a): El final del Mundo Ibérico en la Bética, *Iberos. Actas de las I Jornadas sobre el Mundo ibérico,* Jaén, pp. 349-361.

BLÁZQUEZ MARTÍNEZ, J.Mª. y GARCÍA-GELABERT, Mª.P. (1987b): Primera campaña de excavación de la villa romana de El Olivar de Cástulo (Linares, Jaén), *Anuario Arqueológico de Andalucía, II. Actividades Sistemáticas,* 1985, Sevilla, pp. 398-403.

BLÁZQUEZ MARTÍNEZ, J.Mª. y GARCÍA-GELABERT, Mª.P. (1994): *Cástulo, ciudad ibero-romana,* Ed.Itsmo, Madrid.

BLÁZQUEZ MARTÍNEZ, J.Mª. y GARCÍA-GELABERT, Mª.P. (1994a): La importancia de Cástulo (Linares) en la Alta Andalucía, *Actas del II Congreso de Historia de Andalucía. Córdoba 1991. Historia Antigua,* Córdoba, pp. 331-343.

BLÁZQUEZ MARTÍNEZ, J.Mª., GARCÍA-GELABERT, Mª.P. y ARENAS, J. (1987): La Edad del Bronce en Cástulo Linares. Resultado de una prospección, *Trabajos de Prehistoria 49,* Madrid, pp. 289-301.

BLÁZQUEZ MARTÍNEZ, J.Mª., GARCÍA-GELABERT, Mª.P. y LÓPEZ PARDO, F. (1985): *Cástulo V,* Excavaciones Arqueológicas de España 140, Ministerio de Cultura, Madrid.

BLÁZQUEZ MARTÍNEZ, J.Mª. y MONTENEGRO, A. (1978): Economía y sociedad en la Hispania republicana, *Historia de España Antigua. Tomo II, Hispania Romana* (J. Mª. Blázquez, Coord.), Ed. Cátedra, Madrid, pp. 225-250.

BLÁZQUEZ MARTÍNEZ, J.Mª. y VALIENTE, J. (1981): *Cástulo III*, Excavaciones Arqueológicas en España, 117, Ministerio de Cultura, Madrid.

BLÁZQUEZ Y DELGADO, A. (1914): Vías romanas de Andalucía, *Boletín de la Real Academia de la Historia, Tomo 1,* Madrid, pp. 525-533.

BLÁZQUEZ Y DELGADO, A. y BLÁZQUEZ JIMÉNEZ, F. (1922-23): Vías romanas de Córdoba a Cástulo por Epora; de Córdoba a Cástulo por el Carpio, *Memorias de la Junta superior de Excavaciones y antigüedad 6,* Madrid, pp. 1-20.

BOULAKIA, J. (1972): Lead in the Roman World, *American Journal of Archaeology* 76, pp. 139-144.

BRAECKE, G. (1912): La región minera de Linares-La Carolina, *Revista minera, metalúrgica y de ingeniería* 58, pp. 205-206, 245-246, 261-263.

CABRERO, J. (1993): Relaciones entre una ciudad provisional y el poder romano: el caso de Cástulo, *Revista Hispania Antigua* 17, pp. 183-196.

CALABRÉS, R., CRIADO, A.J., MARTÍNEZ, J.A. y STORCH, J. (1995): Estudio metalográfico de la calidad del cobre producido en las fundiciones de Cerro Muriano (Córdoba) durante el periodo romano Altoimperial, *Revista de metalurgia* 31 (5), Madrid, pp. 298-306.

CALDERON, S. (1910): *Los minerales de España*, Madrid.

CAPANELLI, D. (1989): Aspetti dell`aministrazione mineraria iberica nell`eta del principato, *Minería y Metalurgia en las antiguas civilizaciones Mediterráneas y Europeas, Tomo I,* (Cl. Domergue, Dir.), Madrid, pp. 138-147.

CARBONELL TRILLO-FIGUEROA, A. (1929): *La minería y metalurgia entre los musulmanes en España*, Revista Minera, Madrid.

CARIDE LORENTE, C. (1978). *Historia de las minas del Centenillo,* Colegio Oficial de Ingenieros de minas de Levante, Madrid.

CARO BAROJA, J. (1955): Sobre el tímpano y la bomba de Ctesibio, *Revista Guimares* 65, pp. 371–390.

CARRASCO SERRANO, G. (1997): CIL 3270 y la antigua vía romana de comunicación de Cástulo-Sisapo, *Actas del III congreso Internacional de Caminería Hispánica,* pp. 183-193.

CARRASCO SERRANO, G. (1999): Vías, ciudades y moneda en la Oretania Septentrional, *Anejos de Archivo Español de Arqueología* 20, Madrid, pp. 251-258.

CARRILLO, A. (1624): *De las Antiguas Minas de España,* Consejo General de Colegios de Ingenieros de Minas de España (Ed. 1992), Universidad de León, León.

CASADO MILLÁN, P. J. (2001): *El valle medio y bajo del Rumblar durante la Época romana. Análisis del poblamiento y captación de recursos. I. El medio y los yacimientos*, Trabajo de investigación inédito, Universidad de Granada, Granada.

CASARIEGO, A.G., GORES, G. y PLIEGO, F. (1987): *Catálogo de plomos monetiformes de la Hispania Antigua*, Madrid.

CASTAN PÉREZ-GÓMEZ, S. (1996): *Régimen jurídico de las concesiones administrativas en el Derecho Romano*, Madrid.

CASTILLO ARMENTEROS, J. L., LARA, J.C. y CHOCLÁN, C. (1992): Excavación arqueológica de urgencia del entorno del castillo de Baños de la Encina, *Anuario Arqueológico de Andalucía, III. Actividades de Urgencia*, 1990, Sevilla, pp. 191-195.

CASTRO, P.V., GILI, S., LULL, V., MICÓ, R., RIHUETE, C., RISCH, R. y SANAHUJA, M. E. (1999): Teoría y producción de la vida social. Mecanismos de explotación en el Sudeste ibérico, *Boletín de Antropología americana* 33, México, pp. 25-77.

CAZABAN, A. (1924): Muertos Ilustres. HORACIO SANDARS, *Don Lope de Sosa* 24, Jaén, pp. 67-71.

CHAMOSO LAMAS, M. (1954-1955): Excavaciones en la ciudad minera de época romana de Barbantes (Orense), *Noticiario Arqueológico Hispánico* 3-4, Madrid, pp. 118-130.

CHARPENTIER, J.L. (1976): *Géologie et métallogénie de la Sierra Carolina: Jaén-Espagne*, Orsay, Thèse, Université de Paris Sud, Paris.

CHAVES TRISTAN, F. (1986): Hallazgos de monedas en Riotinto (Huelva), *Estudios en Homenaje al Dr. Antonio Beltrán Martínez,* Zaragoza, pp. 863-872.

CHAVES TRISTAN, F. (1987-1988): Aspectos de la circulación monetaria de dos cuencas mineras andaluzas: Riotinto y Cástulo (Sierra Morena), *Habis 18-19,* Sevilla, pp. 613-637.

CHAVES TRISTAN, F. (1996): *Los tesoros en el Sur de Hispania. Conjunto de denarios y objetos de plata durante los siglos II y I a. C.,* Fundación el Monte, Madrid.

CHAVES TRISTAN, F. y OTERO MORÁN, P. (2002): Los hallazgos monetales, en *La Loba (Fuenteobejuna, province de Cordoue, Espagne) la mine et le village minier antiques* (J. M. Blázquez, C. Domergue y P. Sillieres, Dirs.), Institut Ausinius avec le concours du Ministère des Affaires Etrangères et de l´Unité

Toulousaine d'Archéologie et d'Histoire (Université Toulouse-Le Mirail), Bordeaux, pp. 163-230.

CHIC GARCÍA, G. (1990): *La navegación por el río Guadalquivir entre Córdoba y Sevilla en época romana*, Ed. Gráficas Sol, Ecija.

CHIC GARCÍA, G. (1993): La navegación fluvial en época romana, *Revista de Arqueología* 142, Madrid, pp. 28-39.

CHIC GARCÍA, G. (2000): Economía en la zona meridional en época romana, *Hispania Meridional durante la Antigüedad* (F. Salvador Ventura, Ed.), Universidad de Jaén, Jaén, pp. 95-145.

CHOCLÁN SABINA, C. y CASTRO LÓPEZ, M. (1988): La campiña del Alto Guadalquivir en los siglos I-II d.C. Asentamientos, estructura agraria y mercado, *Arqueología Especial* 12, Teruel, pp. 205-221.

CHOCLÁN SABINA, C, MARTÍNEZ, P. y SÁNCHEZ, Mª. C. (1990): Prospección con sondeo arqueológico en el yacimiento de Fuente Spys-Santana, La Carolina (Jaén), *Anuario Arqueológico de Andalucía* 1987, III. *Actividades de Urgencia*, Sevilla, pp. 384-389.

CHRISTOL, M. (1999): Un aspect de l'adminstraction impérile le procurateur des mines de Vipasca, *Melanges, Cl. Domergue 2. Pallas: revue d'etudes antiques 50*, pp. 233-244.

CLEERE, H. (1976): Some operating parameters for Roman iron Works, *Bolletin of the Institute of Archaeology, University of London* 13, pp. 233-246.

COHEN, A. (1989): La minería Andaluza, *Geografía de Andalucía,* Tomo V (G. Cano García, Dir.), Sevilla, pp. 133-200.

COLECTIVO PROYECTO ARRAYANES (2005): *PR-A 260. Sendero de Paño Pico*, Gráficas La Paz, Torredonjimeno.

COLLS, D., DOMERGUE, C. y GUERRERO, V. (1986): Les lingots de plomo de l'épave romaine Cabrera 5 (Ille de Cabrera, Baleares), *Archaeonautica* 6, pp. 31-80.

CONOPHAGOS, C.E. (1959): Une méthode ignorée de coupellation argentifère utilisée par les Anciens grecs, *Annales Géologiques des Pays Helléniques* 11, pp. 137-149.

CONOPHAGOS, C.E. (1980): *Le Laurium antique et la technique grecque de la production de l'argent,* Athenas.

CONTRERAS CORTÉS, F. (coord.) (2000): *Proyecto Peñalosa. "Análisis histórico de las comunidades de la Edad del Bronce del Piedemonte Meridional de Sierra Morena y Depresión Linares-Bailen",* Arqueología Monográficas 10, Sevilla.

CONTRERAS CORTÉS, F. y CÁMARA SERRANO, J. A. (2002): *La jerarquización social en la Edad del Bronce del Alto Guadalquivir (España). El poblado de Peñalosa (Baños de la Encina, Jaén)*, BAR Internacional Series 1025, Oxford.

CONTRERAS, F., DUEÑAS, J., JARAMILLO, A., MORENO, A., ARBOLEDAS, L., CAMPOS, D., GARCÍA, J.A. y PÉREZ, A. A. (2005): Prospección arqueometalúrgica en la cuenca alta del río Rumblar, *Anuario Arqueológico de Andalucía* 2002, II. *Actividades Sistemáticas*, Sevilla, pp. 22-36.

CONTRERAS, F., MORENO, A., DUEÑAS, J., JARAMILLO, A., GARCÍA, J.A., ARBOLEDAS, L., CAMPOS, D. y PÉREZ, A.A. (2005a): La explotación minera de la cuenca del río Rumblar (Baños de la Encina, Jaén) en la Prehistoria Reciente, *Actas del II Simposio sobre Minería y Metalurgia Históricas en el Sudoeste Europeo* (Madrid, 24 a 27 de Junio de 2004), Madrid, pp. 115-120.

CONTRERAS, F., GARCÍA, J.A., CAMPOS, D., ARBOLEDAS, L., MORENO, A., JARAMILLO, A., DUEÑAS, J. y PÉREZ, A.A. (2005b): Minería romana en el distrito minero de Linares-La Carolina. Estado de la cuestión y nuevos hallazgos, *Actas del II Simposio sobre Minería y Metalurgia Históricas en el Sudoeste Europeo* (Madrid, 24 a 27 de Junio de 2004), Madrid, pp. 295-302.

CONTRERAS CORTÉS, F., ARBOLEDAS, L., CAMPOS, D., GARCÍA, J.A., CASADO, P.J., MORENO, A., JARAMILLO, A., DUEÑAS, J. y PÉREZ, A.A. (2008): Minería romana en el Alto Guadalquivir: prospecciones en el valle del río Rumblar, *Hispania Romana, Actas do IV Congreso de Arqueología Peninsular. Promontoria Monográfica 10* (J.P. Bernardes, Ed.), Universidade do Algarbe, Faro, pp. 75-87.

CONTRERAS DE LA PAZ, R. (1959): Linares y sus minas en el siglo XVIII. (Según la descripción de Antonio Ponz, ilustre viajero de la época), *Revista Oretania* 1, Linares, pp. 8-14.

CONTRERAS DE LA PAZ, R. (1960a): Bandolerismo hispano y guerra civil en el Salto Castulonense en el año 40 anterior a la Era Cristiana, (de una carta de Asinio Polión a Cicerón), *Revista Oretania* 4, Linares, pp. 149-154.

CONTRERAS DE LA PAZ, R. (1960b): Precintos de plomo de las minas romanas de El Centenillo, *Revista Oretania* 6, Linares, pp. 292–293.

CONTRERAS DE LA PAZ, R. (1961): La Oretania. Síntesis e Histórica-Geográfica de la región ibero-romana, *Revista Oretania* 8 y 9, Linares, pp. 66-71.

CONTRERAS DE LA PAZ, R. (1962): La conquista de Cástulo por Publio Cornelio Escipión, *Revista Oretania* 10, Linares, pp. 125-137.

CONTRERAS DE LA PAZ, R. (1965): Un gran bienhechor de Cástulo: Quinto Torio Culeón, *Revista Oretania* 20, Linares, pp. 63–96.

CONTRERAS DE LA PAZ, R. (1966): El verdadero sentido de los textos clásicos relativos al Monte de la Plata, *Revista Oretania* 22, Linares, pp. 195-205.

CONTRERAS DE LA PAZ, R. (1966a): Arqueología Castulonense, *Revista Oretania* 22, Linares, p. 226.

CONTRERAS DE LA PAZ, R. (1968-1969): Viaje por la provincia de Jaén de un aristócrata francés de la corte de Luis XIV en el año 1659, *Revista Oretania* 28-33, Linares, pp. 133-149.

CONTRERAS DE LA PAZ, R. (1971): Síntesis Histórica de Cástulo, *Separata de Cástulo I*, Dirección General de Bellas Artes.

CONTRERAS DE LA PAZ, R. (1975): Cástulo en las fuentes, *Cástulo I* (J. Mª. Blázquez, Dir.), *Excavaciones Arqueológicas en España 8*, Ministerio de Cultura, Madrid.

CONTRERAS DE LA PAZ, R. (1979): Personajes de Cástulo, *Cástulo I* (J. Mª. Blázquez, Dir.), Excavaciones Arqueológicas en España 105, Ministerio de Cultura, Madrid.

CONTRERAS DE LA PAZ, R. (1999): *Historia biográfica de la antigua Cástulo; obra social y cultura*, Cajasur.

CORCHADO Y SORIANO, M. (1962): Prospecciones arqueológicas en Sierra Morena. Las Salas de Los Moros (Argamasilla de Calñatrava, Ciudad Real) y las Salas de Galiarda (Jaén), *Archivo Español de Arqueología 35,* Madrid, pp. 132-145.

CORCHADO Y SORIANO, M. (1963): Pasos naturales y antiguos caminos entre Jaén y la Mancha, *Boletín del Instituto de Estudios Giennenses 38*, Jaén, pp. 9-37.

CORCHADO Y SORIANO, M. (1969): Estudio sobre vías romanas entre el Tajo y el Guadalquivir, *Archivo Español de Arqueología* 42, Madrid, pp. 129-158.

CORCHADO Y SORIANO, M. (1980): Huellas de inscripciones en la Sierra de Andújar, *Boletín del Instituto de Estudios Giennenses* 101, Jaén, pp. 9-16.

CORTIJO CEREZO, M. L. (1993): Algunos aspectos sobre el medio rural en la Bética romana: *pagi* y *vici*, *Hispania Antiqua* 17, Universidad de Valladolid, Valladolid pp.197-214.

CORZO, R. y TOSCANO, M. (1992): *Las vías romanas de Andalucía*, Sevilla.

CRADDOCK, P.T. y GALES, D. (1988): Evidence for early mining and extractive metallurgy in the British Isles: problems and potentials, *Science and archaeology,* Glasgow, 1987, Oxford, B.A.S. 196, pp. 167-185.

DARDAINE, S. (1983): La Gens Argentaria en Hispania, *Mélanges de la Casa de Velazquez* 29 (1), Madrid.

DATZIRA, S. (1980): Addenda al artículo: La moneda ibérica i hispano-romana del Museo Comarcal de Manresa, *II Simposi Numismàtic de Barcelona*, pp. 194-197.

DAVIES, O. (1935): *Roman mines in Europe,* Oxford.

DE LA VIÑA, D. (1871): *Informe sobre las minas del río Grande*, informe inédito.

DOMERGUE, C. (1966): Les lingots de plombs romans du Musee Archeologique de Carthagéne et du Musée naval de Madrid, *Archivo Español de Arqueología* 29, Madrid, pp. 41-71.

DOMERGUE, C. (1967): La mina antigua de Diógenes, *Melénges de la Casa de Velázquez 3,* Madrid, pp. 29-92.

DOMERGUE, C. (1968): Un temoignage sur l'industrie miniere et metallurgique du plomb dans la región d'Azuaga (Badajoz) pendant la guerre de sertorius, *Congreso Nacional de Arqueología 11*, Mérida, pp. 608-626.

DOMERGUE, C. (1971): El cerro del plomo. Mina El Centenillo, *Noticiario Arqueológico* 16, Madrid, pp. 267-363.

DOMERGUE, C. (1972): Rapports entre la zone minière de la Sierra Morena et la plaine agricole du Guadalquivir à l'époque romaine. Notes et hypothèse, *Mélanges de la Casa de Velázquez 8*, pp. 614-622.

DOMERGUE, C. (1983): *La mina antique d'Aljustrel (Portugal) et les Tables de Bronze de Vipasca,* Paris, 1983.

DOMERGUE, C. (1984): L'Epigraphie des produits métalliques industriels: L'Exemple des lingots de plomb romains d'origine espagnole, *Epigraphie Hispanique. Problèmes de Méthodes et d'édition,* París, pp. 199-215.

DOMERGUE, C. (1985): L'exploitation des mines d'argent de Carthago Nova: sonn impact sur la structure sociale de la cite et sur les dépenses locales a la fin de la république et au début du haut-empire, *L'origine des richesses dépensées dans la ville antique. Actes du colloque organise a Aix- en Provence por L'U. U.R. d'Historie,* pp. 197-217.

DOMERGUE, C. (1987): *Catálogo de minas y fundiciones antiguas de la Península Ibérica,* Mélanges de la Casa de Velázquez, tomo I, Madrid, pp. 255-292.

DOMERGUE, C. (1987a): Les lingots de plomo de l'épave romaine de Valle Ponti (Comacchio), *Epigraphica* 49, pp. 109-168.

DOMERGUE, C. (1990): *Les mines de la Péninsule Ibérique dans l'antiquité romaine*, CEFR 127, Rome.

DOMERGUE, C. (1994): Production et comerce des metaux dans le monde romain : l'exemple des métaux hispaniques d'après l'épigraphie des lingots, *Epigrafia della produzione e della distribucione. Actes de la VIIe Rencontre frano-italienne sur l''pigraphie du monde romain* (C. Nicolet y S. Panciera, Eds.), Université de Rome-La Sapienza et l'École française de Rome (Rome, 5-6 juin 1992), Collection de l'École française de Rome 193, pp. 61-91.

DOMERGUE, C. (1998): A view of Baetica's external commerce in the 1 st c. A. D. based on its trade in metals, *The Archaeology of Early Roman Baetica* (S. Keay, Ed.), Journal of Roman Archaeology Supplementary Series Number 29, Portsmouth, Rhode-Island, pp. 201-215.

DOMERGUE, C. (1999): Cástulo, Ville Miniere D'Hiiapanie, *Homenaje a J. Mª. Blazquez Vol. IV. Hispania Romana I* (J. Alvar, Ed.), Madrid, pp. 139-154.

DOMERGUE, C. (2000): En busca del plomo de las minas romanas del distrito de Linares-La Carolina, *Patrimonio Geológico y Minero en el marco del Desarrollo Sostenible* (I. Rábano, Ed.), Temas Geológico-Mineros 31, Instituto Geológico y Minero de España, Madrid, 61-67.

DOMERGUE, C. (2004a): Les mines et la production des métaux dans le monde méditerranéen au Ier millénaire avant notre ère: du producteur au consommateur, *L'artisanat métallurgique dans les sociétés anciennes en Méditerranée occidentale. Techniques, lieux et formes de production* (A. Lehoërff, Dir.), École Française de Rome, pp. 129-159.

DOMERGUE, C. (2004b): Le régime juridique des mines du domaine public à Rome. À propos d'un libre récent, *Mélanges de la Casa de Velázquez* 34 (2), pp. 221-236.

DOMERGUE, C. (2008): *Les mines antiques. La production des métaux aux époques grecques et romaine*, Ed. Picard.

DOMERGUE, C. y BORDES, J-L. (2004): La roue élévatoire de la mine romaine de Tharsis (Huelva, Espagne). Étude archéologique et technique de ce type de roue, *Problemi di macchinismo in ambito romano. Machine idrauliche nella letteratura téchnica, nelle fonti storiographiche e nelle evidenze archeologiche di etá imperale*, atti della Giornata di studio svoltasi a Como, presso il Museo civico Paolo Giovio, il 26 dennaio 2002 / a cura di Franco Minonzio, Como: Musei Civici di Como, pp. 87-105.

DOMERGUE, C. y TAMAIN, G. (1971): Note sur le district minier de Linares-La Carolina (Jaén, Espagne) dans l'Antiquite, *Mélanges de prehidtoire, d'Archéolocivilisation et d'Ethnologie, offerts à André Varagnac*, Paris, pp. 199-229

DUEÑAS, J., HIDALGO, M. C. y REY, J. (2000): Itinerario minero en el distrito de Linares (Jaén), *Patrimonio geológico y minero en el marco del Desarrollo Sostenible* (I. Rábano, Ed.), Temas Geológicos-Mineros 31, pp. 465-473.

DUNCAN-JONES, R. P. (1974): The procurator as civil benefactor, *The Journal of Roman Studies* 64, pp. 79-85.

D'ORS, A. (1953): *Epigrafía jurídica de la España romana*, Madrid.

D'ORS, A. (1960a): Conjunto epigráfico del Museo de Linares (II), *Revista Oretania* 9, Linares, pp. 175-177.

D'ORS, A. (1960b): Conjunto epigráfico del Museo de Linares (III), *Revista Oretania* 6, Linares, pp. 271-273.

D'ORS, A. (1961a): Conjunto epigráfico del Museo de Linares (IV), *Revista Oretania* 7, Linares, pp. 34–38.

D'ORS, A. (1961b): Conjunto epigráfico del Museo de Linares (V), *Revista Oretania* 8 y 9, Linares, pp. 89-92.

D'ORS, A. (1962): Conjunto epigráfico del Museo de Linares (VI). *Revista Oretania* 10, Linares, pp. 162-164.

D'ORS, A. (1963a): Conjunto epigráfico del Museo de Linares (VII), *Revista Oretania* 14-15, Linares, pp. 84-86.

D'ORS, A. (1963b): Conjunto epigráfico del Museo de Linares (VIII), *Revista Oretania* 16, Linares.

D'ORS, A. (1966): Conjunto epigráfico del Museo de Linares (IX), *Revista Oretania* 23-24, Linares, pp. 277-285.

D'ORS, A. y CONTRERAS DE LA PAZ, R. (1956): Nuevas inscripciones romanas de Cástulo, *Archivo Español de Arqueología* 29, Madrid, pp. 118-127.

D'ORS, A. y CONTRERAS DE LA PAZ, R. (1959): Orgenomescos en las minas romanas de Sierra Morena, *Archivo Español de Arqueología 33*, Madrid, pp. 167-168.

EDMONSON, J. C. (1987): *Two industries in Roman Lusitania: mining and garum production*, BAR Internacional Series 362, Oxford.

ESCOSURA, L. (1844-1845): Mina y fundiciones del Guindo, Escoriales de La Carolina, *Boletín Oficial de Minas 19*, Madrid, pp. 211-212.

ESCRIVÁ, V. (1995): Cerámica común romana del *Municipium Liria Edetanorum*. Nuevas aportaciones al estudio de la cerámica de época alto-imperial en la Hispania Tarraconenses, *Cerámica Comuna romana d'època Altoimperial a la Peninsula Ibérica. Estat de la questió* (X. Aquilúe y M. Roca, (Coords.), Monografías Emporitanes VIII, Museu d'Arqueología de Catalunya-Empúries, Girona, pp. 167-200.

ESTRABÓN, (1992): *Geografía*, Libros III-IV, Ed. Gredos.

EZQUERRA DEL BAYO, J. (1850): Sobre los escoriales de fundiciones antiguas en España y en particular de los de Río Tinto y del término de Cartagena, *Boletín Oficial del Ministerio de Comercio, Industria y Obras Publicas* 9, pp. 489-511.

FERNÁNDEZ JURADO, J. (1988-89): Aspectos de la minería y metalurgia en la protohistoria de Huelva, *Huelva Arqueológica* 10-11, Huelva, pp. 178-214.

FERNÁNDEZ JURADO, J. (1993): Plata y plomo en el comercio fenicio-tartésico, *Metalurgia en la Península Ibérica durante el Primer Milenio a.C. Estado actual de la investigación* (R. Arana, A. Mª. Muñoz, S. Ramallo y Mª. M. Ros Eds.), Universidad de Murcia, Murcia, pp. 131-165.

FERNÁNDEZ OCHOA, C., ZARZALEJOS, M., BURKHALTER, C., HEVIA, P. y ESTEBAN, G. (2002): *Arqueominería del sector central de Sierra Morena. Introducción al estudio del Área Sisaponense,* Anejos de Archivo Español de Arqueología 26, CSIC, Madrid.

FERNÁNDEZ RODRÍGUEZ, M. y GARCÍA BUENO, C. (1993): La minería romana de época republicana en Sierra Morena: El poblado de Valderrepisa (Fuencaliente, Ciudad Real), *Melanges de la Casa de Velázquez* 29 (I), pp. 25-41.

FERNÁNDEZ RODRÍGUEZ, M. y GARCÍA BUENO, C. (1994): El poblado de Valderrepisa, *Jornadas de Arqueología de Ciudad Real en la Universidad Autónoma de Madrid,* Madrid, pp. 195-210.

FERNÁNDEZ SOLER, R. (1954): *Reseña histórica de la minería del plomo en la zona de Linares-La Carolina,* Actas conmemorativas de la creación del Cuerpo de Ingenieros de Minas, Madrid.

FITA, F. (1901): Epigrafía romana de Montachez, Rena, Baños de la Encina, Linares, Santisteban del Puerto, Cartagena y Cádiz, *Boletín de la Real de la Academia de la Historia 38*, Madrid, pp. 450-474.

FITA, F. (1910): La Vía Augusta del Guadalquivir desde el arco de Jano hasta el Océano, *Boletín de la Real Academia de la Historia 56,* Madrid, pp. 488-493.

FORBES, R. J. (1950): *Metallurgy in Antiquity*, Leiden.

FORBES, R. J. (1963-1966): *Studies in ancient technology*, vol. 7, 8, 9, Leiden.

FORNELL MUÑOZ, A. (1996): Las vías romanas entre Cástulo y Acci, *Florentia Iliberritana 7,* Granada, pp. *125-140.*

FORNELL MUÑOZ, A. (1997): La navegabilidad en el curso alto del Guadalquivir en época romana, *Florentia Iliberritana 8,* Granada, pp. 125-147.

FRANCOVICH, R. (1991): *Rocca S. Silvestro,* Roma.

FRANK, T. (1959): *An Economic Survey of Ancient Rome,* New Jersey.

FRECHEVILLE, R. J. (1880): *Centenillo silver-lead mines*, informe inédito.

GAMBARI, F. M. (1999): Premièrs dones su les aurifodinae (mines d'or) protohistoriques du Piémont (Italie), *L'or dans l'Antiquité. De la mine à l'objet* (B. Cauuet, Dir.), Aquitania, suppl. 9, Toulouse, pp. 87-92.

GARCÍA BUENO, C., MANSILLA, L., GALLARDO, J.L. y BLANCO, A.Mª. (1996): Minería romana en la región sisaponense, *Congreso Nacional de Arqueología 13 (2)* (Elche, 1995), Elche, pp.77-88.

GARCÍA PULIDO, L. (2008): *Análisis evolutivo del territorio de la Alhambra (Granada), El Cerro del Sol en la antigüedad romana y en la Edad Media*, Recurso electrónico, Tesis doctoral de la Universidad de Granada (ISBN 9788433849281).

GARCÍA ROMERO, J. (2002): *Minería y Metalurgia en la Córdoba romana*, Universidad de Córdoba.

GARCÍA ROMERO, J. (2004): Metalurgia romana del cobre en el sur de Hispania, *Metallum. La minería Suribérica* (J. A. Pérez y E. Romero, Eds.), Huelva, pp. 105-125.

GARCÍA SÁNCHEZ-BERBEL, L. (2000): *El Centenillo, historia de las explotaciones mineras*, Centro de Estudios sobre nuevas poblaciones, La Carolina.

GARCÍA SERRANO, R. (1963): Tesoro de plata ibero-romano de la Alameda de Santisteban del Puerto, *Boletín del Instituto de Estudios Giennenses* 38, Jaén, pp. 41-49.

GARCÍA SERRANO, R. (1969): *Carta Arqueológica de la Provincia de Jaén*, Tesis doctoral inédita, Universidad de Granada, Granada.

GARCÍA-BELLIDO, Mª.P. (1976): Las series más antiguas de Cástulo, *Numisma 138-143*, pp. 97-ss.

GARCÍA-BELLIDO, Mª.P. (1980): A propósito de una moneda minera aparecida en Sierra Morena, *II Simposi Numismàtic de Barcelona,* Barcelona, pp. 199–202.

GARCÍA-BELLIDO, Mª.P. (1982): *Las monedas de Cástulo con escritura indígena. Historia numismática de una ciudad minera,* Instituto Antonio Agustín de Numismática del Consejo Superior de Investigaciones Científicas, Departamento de Arqueología y Prehistoria de la Universidad de Salamanca, Barcelona.

GARCÍA-BELLIDO, Mª.P. (1986): Nuevos documentos sobre minería y agricultura romanas en Hispania, *Archivo Español de Arqueología* 59, Madrid, pp. 13-43.

GARCÍA-BELLIDO, Mª.P. (1998): Los ámbitos de uso y la función de la moneda en la Hispania Republicana, *Hispania en la Actas del III Congreso Hipano-italiano. Crisis de la República Romana* (J. Mangas, Ed.), Toledo, pp.177-207.

GARCÍA-BELLIDO, Mª.P. y CRUCES BLÁZQUEZ, C. (2001): *Diccionario de cecas y pueblos hispánicos,* Departamento de Historia Antigua y Arqueología, Instituto de Historia, CSIC, Madrid.

GARCÍA-GELABERT, Mª. P. (1987): Evolución socio-política de Cástulo: sociedad de jefatura, *Lucentum 7,* Alicante, pp. 29-41.

GARCÍA-GELABERT, Mª. P. (1993): Relaciones entre la Meseta y la Oretania con anterioridad a la conquista de la P. Ibérica por Roma, *Historia Antiqua 17,* Oviedo, pp. 95-108.

GARCÍA Y BELLIDO, A. (1945): *Bandas y guerrillas en la lucha contra Roma*, Madrid.

GARCÍA Y BELLIDO, A. (1945): La navegabilidad de los ríos de la Península Ibérica en la Antigüedad, *Investigación y Progreso 16*, Madrid, pp. 115-122.

GARCÍA Y BELLIDO, A. (1958): La navegabilidad del Bétis en el S. I de la Era, *Linares 80*, Linares, pp. 18-19.

GARCÍA Y BELLIDO, A. (1968): *España y los españoles hace 2000 años*, Espasa-Calpe.

GIARDINO, C. (1995): Il Mediterraneo Occidentale fra XIV ed VII secolae C. Cerchie minerarie e metallurgiche, *BAR. International Series 612,* Oxford, pp. 159-189.

GÓNGORA, M. de, (1860): *Viaje literario por la provincia de Jaén*, memoria presentada en la Real Academia de la Historia y recogida por Alfredo Cazaban en 1915.

GONZÁLEZ CARVAJAL, T. (1832): *Registro y relación general de minas de la Corona de Castilla,* Madrid.

GONZÁLEZ LLANA, E. (1949): *El Plomo en España*, Temas Profesionales, Madrid.

GONZÁLEZ ROMÁN, C. (1983): *Cástulo y la romanización de la Oretania*, Linares.

GONZÁLEZ ROMÁN, C. (1989): "*Deditícii*" y clientes en el área ibérica de la Hispania republicana con anterioridad a las Guerra Civiles, *Esclavos y semilibres en la Antigüedad clásica* (Coloquio nº 15 del GIREA), Madrid, pp. 187-205.

GONZÁLEZ ROMÁN, C. (1995): Inscripciones latinas de la provincia de Jaén, *Supplementum I, Florentia Iliberritana 6*, pp. 203-216.

GONZÁLEZ ROMÁN, C. (1999): Colonización y municipalización en la Oretania, *Homenaje a José Mª. Blázquez, Vol. IV. Hispania Romana I,* (J. Alvar, Ed.), Ediciones Clásicas Madrid. Madrid, pp. 209-229.

GONZÁLEZ ROMÁN, C., ADROHEX, A. Mª. y LÓPEZ, A. (1997): El Peñón de Arruta (Jeres del Marquesado, Granada). Una explotación minera romana, *Florentia Iliberritana* 8, *Universidad de Granada,* Granada, pp. 183-213.

GONZÁLEZ ROMÁN, C., ADROHEX, A. Mª. y LÓPEZ, A. (2001): El Cardal (Ferreira), una explotación minera de los siglos III y II a.C. en las laderas septentrionales de Sierra Nevada (Granada), *Florentia Iliberritana 12, Universidad de Granada,* Granada, pp. 199-220.

GONZÁLEZ ROMÁN, C. y MANGAS, J. (1991): *Corpus De Inscripciones Latinas de Andalucía. Volumen III. Jaén,* Dirección General de Bienes Culturales, Sevilla.

GONZALO Y TARÍN, J. (1886): *Descripción físico, geológica y minera de la provincia de Huelva*, Memorias de la comisión del Mapa Geológico de España, Madrid

GRAÑEDA MIÑÓN, P. (2000): *La explotación andalusí de los metales preciosos: el caso de la plata en Córdoba*, Tesis Doctoral inédita, Universidad Autónoma de Madrid, Madrid.

GOSSÉ, G. (1942): Las minas y el arte minero de España en la antigüedad, *Ampurias* 4, Barcelona, pp. 43-68.

GUERRERO PULIDO, G. (1988): Poblamiento romano en la campiña Oriental de Jaén, *Boletín del Instituto de Estudios Giennenses* 135, Jaén, pp. 37-67.

GUTIÉRREZ ELORZA, M. (1994): Introducción a la geomorfología española, *Geomorfología de España* (M. Gutierrez, Ed.), Ed. Rueda, Madrid, pp.1-24.

GUTIÉRREZ GUZMÁN, F. (1999): *Las minas de Linares: Apuntes históricos*, Colegio Oficial de Ingenieros Técnicos de Minas de Linares, Linares.

GUTIÉRREZ SOLER, L. M. (2000): Fundiciones y explotaciones mineras de época romana en el distrito de Linares (Jaén), *Patrimonio geológico y minero en el marco del Desarrollo Sostenible,* (I. Rábano, Ed.), *Temas Geológicos-Mineras 31,* IGME, Madrid, pp. 365-377.

GUTIÉRREZ SOLER, L.M. y BELLÓN, J.P. (2001): Les mines de Sierra Morena Orientale, *Atlas historique des zones minières d'Europe II* (A. Orejas, Ed.), Office des publications officielles des Communautés europèennes, Luxembourg, pp. 12-21.

GUTIÉRREZ SOLER, L.M., BELLÓN, J.P., ROJO, Mª.A., COLMENERO, V., ALCALÁ, F., TORRES, C., CIVANTO, A. J. y BIEDMA, A. (2002): Documentación de los Antiguos Trabajos Mineros en la Provincia de Jaén, *Resúmenes de Proyectos de Investigación,* Instituto de Estudios Giennenses, Jaén, pp. 67-94.

GUTIÉRREZ SOLER, L. M., BELLÓN, J. P., TORRES, C. y ARIAS, F. (2000): El Centenillo. Proyecto de musealización de un paisaje minero en la provincia de Jaén, *Anales de Arqueología Cordobesa* 11, Córdoba, pp. 73-90.

GUTIÉRREZ SOLER, L.M., BELLÓN, J.P., TORRES, C. y ARIAS, F. (2002): Actuación puntual de prospección y de delimitación de la zona minera de El Centenillo (Baños de la Encina, Jaén), *Anuario Arqueológico de Andalucía, 1999. II. Actividades Sistemáticas,* Sevilla, pp. 165-175.

GUTIÉRREZ SOLER, L.M., ROYO, Mª.A. y CORPAS, F.A. (1995): Documentación gráfica de la fundición romana de San Julián (Viches), *Anuario Arqueológico de Andalucía 1992, III. Actividades de Urgencia,* Sevilla, pp. 430-436.

GUTIÉRREZ SOLER, L.M., TORRES, C. y BELLÓN, J.P. (2003): Les castilletes (habitats miniers fortifiés) de Sierra Morena (Espagne), *Atlas historique des zones minières d'Europe II* (A. Orejas, Ed.), Office des publications officielles des Communautés europèennes, Luxembourg, pp. 1-12.

HEALY, J. F. (1993): *Mining and metallurgy in the Greek and Roman world,* Thames and Hudson, London.

HEREZA, J. y ALVARADO, A. (1926): *Yacimientos metalíferos de Linares y Huelva,* Congreso Geológico Internacional 14, Instituto Geológico de España. Suc. de Rivadeneyra. Madrid.

HILL, G.F. y SANDARS, H. (1911): Cons from the neighborngh of roman mine in Southern Spain, *Journal of Roman Studios 1,* pp. 100-106.

HILL, G.F. y SANDARS, H. (1912): Notes on a find of Roman Republican Silver coins and of ornaments from the Centenillo mine, Sierra Morena, *Numismatic Chronicle,* Londres, pp. 63-72.

HORNOS, F. y CRUZ, J. T. (1987): El Cerro de las Mancebas, *Anuario Arqueológico de Andalucía 1986, I. Sumario,* Sevilla, pp. 50.

HUNT ORTIZ, M.A. (1996): Prospección arqueológica de carácter minero y metalúrgico: fuentes y restos, *Acontia. Revista de Arqueología 2,* pp. 19-28.

HUNT ORTIZ, M.A. (2003): *Prehistoric mining and metallurgy in South-West Iberian Peninsula,* BAR International Series 1188, Oxford.

HUNT ORTIZ, M., CONTRERAS, F. y ARBOLEDAS, L. (en prensa): La procedencia de los recursos minerales metálicos en el poblado de la Edad de Bronce de Peñalosa (Baños de la Encina, Jaén). Resultados de análisis de isótopos de plomo, *Actas del V Simposio Internacional sobre Minería y Metalurgia Históricas en el Suroeste Europeo* (León, 19-21 de Junio de 2008).

IGME (1971): *Mapa geológico de España, Linares (70),* E. 1:200.000, primera edición, Madrid.

IGME, (1972): *Mapa Tectónico de la Península ibérica y Baleares,* (según M. Julivert, J.-M. Fontboté, A. Ribeiro y L. Conde), 1ra edición, Madrid.

IGME, (1974): *Mapa Metalogenético de España, Linares (70),* E. 1:200.000, primera edición, Madrid.

IGME, (1976): *Mapa geológico de España, La Carolina (884 (19-35)),* E. 1:50.000, segunda serie, primera edición, Madrid.

IGME, (1977): *Mapa geológico de España, Linares (905 (19-36)),* E. 1:50.000, segunda serie, primera edición, Madrid.

JARAMILLO JUSTINICO, A. (2005): *Recursos y materias primas en la Edad del Bronce del Alto Guadalquivir, medioambiente y el registro arqueológico en la cuenca del río Rumblar,* Tesis doctoral (inédita), Universidad de Granada.

JIMÉNEZ COBO, M. (1993a): Comunicaciones entre el Alto Guadalquivir y el Mediterráneo en la época romana, *Espacio, Tiempo y Forma, serie II, Historia Antigua 6.* Madrid, pp. 349-377.

JIMÉNEZ COBO, M. (1993b): La vía de Cástulo-Saetabis, *CAMINERÍA HISPÁNICA. Actas del I congreso Internacional de Caminería Hispánica. Tomo I,* Madrid, pp. 133-140.

JIMÉNEZ COBO, M. (1997): Comunicaciones entre el Alto Guadalquivir y el Mediterráneo en la época romana, *CAMINERÍA HISPÁNICA. Actas del III Congreso Internacional de Caminaría Hispánica* (Michoacán, México, Julio 1996), Guadalajara, pp. 193-199

JIMÉNEZ COBO, M. (2000a): *Jaén Romano*, Publicaciones obra social y cultural, Cajasur, Córdoba.

JIMÉNEZ COBO, M. (2000b): La vía romana entre Cástulo y Mentesa, *CAMINERÍA HISPÁNICA. Actas del IV Congreso Internacional de Caminería Hispánica. Tomo I Caminería Física* (Guadalajara, España, Julio 1998), Madrid, pp. 39-54.

JONES, B. y MATTINGLY, D. (1990): *An Atlas of Roman Britain*, Oxford.

KLEIN, S., RICO, C., LAHAYE, Y., VON KAENEL, H.-M., DOMERGUE, C. y BREY, G.P. (2007): Copper ingots from the western Mediterranean Sea: chemical characterization and provenance studies through lead- and copper isotope analyses through lead- and copper isotope analyses, *Journal of Roman Archaeology* 20, pp. 201-221.

LANDELS, J.G. (1978): *Engineering in the ancient world*, University of California Press, Berkeley.

LAUBENHEIMER-LEENHARDT, F. (1973): *Recherches sur les lingots de cuivre et de plomb d'époque romaine dans les régions de Languedoc-Roussillon et de Provence-Corse,* Revue archéologique de Narbonaise, Suppl. 3, Paris.

LE ROUX, P. (1989): Exploitations minières et armées romaines: essai d`interprétations, *Minería y Metalurgia en las antiguas civilizaciones Mediterráneas y Europeas, Tomo I,* (Cl. Domergue, Dir.), Madrid, pp. 171-181.

LILLO, J. (1992): *Geology and Geochemistry of Linares-La Carolina Pb-Ore field (Southeastern border of the Hesperian Massif)*, University of Leeds.

LIZACANO, R., NOCETE, F., PÉREZ, F., CONTRERAS, F. y SÁNCHEZ, M. (1990): Prospección arqueológica sistemática en la cuenca alta del río Rumblar, *Anuario Arqueológico de Andalucía* 1987. *II. Actividades Sistemáticas*, Sevilla, pp. 51-59.

LIZCANO, R., NOCETE, F., PÉREZ, C., MOYA, S. y BARRAGÁN, M. (1992): Prospección arqueológica sistemática en la depresión Linares-Bailén, 1988, *Anuario Arqueológico de Andalucía 1990. II. Actividades Sistemáticas*, Sevilla, pp. 96-98.

LÓPEZ DOMECH, R. (1990): La red viaria de la región Oretana, *Mélanges de la Casa de Velázquez* 26 (1), Madrid, pp. 75-9.

LÓPEZ DOMECH, R. (1994): La romanización de Oretania, *Actas del II Congreso de Historia de Andalucía. Córdoba 1991. Historia Antigua*, Córdoba, pp. 323-329.

LÓPEZ DOMECH, R. (1996): *La región Oretana*, Anejos de Antigüedad y Cristianismo 3, Universidad de Murcia, Murcia.

LÓPEZ DOMECH, R. (1997): El ejército romano en la Oretania, *Congreso Nacional de Arqueología* 24, Cartagena, pp. 747-752.

LÓPEZ PAYER, M., SORIA, M. y PEÑA, J. (1983): *La minería hispano-romana en el término municipal de Baños de la Encina (Jaén)*, Grupo de Estudios Prehistóricos, Serie Monográfica 3, La Carolina (Jaén).

LUZÓN, J.Mª. (1968): Los sistemas de desagüe en minas romanas del Suroeste Peninsular, *Archivo Español de Arqueología* 41, Madrid, pp. 101–120.

LUZÓN, J.Mª. (1970): Instrumentos mineros de la España Antigua. La minería hispana e iberoamericana, *Contribución a su investigación histórica: estudios, fuentes, bibliografía. Vol. 1, Ponencias del I Coloquio Internacional sobre Historia de la Minería,* VI Congreso Internacional de Minería, Departamento de Publicaciones, León, pp. 221-257.

LUZÓN, J.Mª. (1970a): Antigüedades romanas en la provincia de Huelva, *Prehistoria y Antigüedad,* pp. 271-303.

MADOZ, P. (1988): *Diccionario geográfico-estadístico-histórica de Andalucía, Jaén,* ed. Ámbito, Valladolid.

MADROÑERO DE LA CAL, A. y AGREDA, Mª.N.I. (1988): Contribución al estudio de la metalurgia de Cástulo, *Cástulo. Jaén, España. Excavaciones en la necrópolis Ibérica de Estacar de Robarinas (s IV a. C.)* (Mª. P. García-Gelabert y J. Mª. Blázquez, Dir.), BAR International Series 425, Londres, pp. 343-369.

MADROÑERO DE LA CAL, A. y AGREDA, Mª.N.I. (1989): Los Hierros de la España Prerromana, *Minería y Metalurgia en las antiguas civilizaciones Mediterráneas y Europeas, Tomo I,* (Cl. Domergue, Dir.), Madrid, pp. 109-118.

MAGUEIJO, C. (1970): A Lex Metallis Dicta (117-138 d.C.), *O Arqueólogo Portugués* 4, Lisboa, pp. 125-163.

MALLADA, L. (1884): Reconocimiento geológico de la provincia de Jaén, *Boletín de la Comisión del Mapa Geológico de España* 11, Madrid, pp. 1-55.

MANGAS, J. (1971): *Esclavos y Libertos en la España Romana*, Universidad de Salamanca, Salamanca.

MANGAS, J. (1994): Niños esclavos en la Hispania Altoimperial: Bética y Alto Guadalquivir, *La Sociedad de la Bética. Contribuciones para su estudio* (C. González Román, Ed.), Universidad de Granada, Granada, pp. 365-380.

MANGAS, J. (1996): El trabajo en las minas de la Hispania romana, *Trabajo a través de la historia* (S. Castillo, Coord.), UGT, Centro de Estudio Históricos, Madrid, pp. 45-59.

MANGAS, J. y MYRO, Mª del M. (Eds.) (2003): *Medio físico y recursos naturales de la Península Ibérica en la antigüedad*, Testimonia Hispaniae Antiqua III, Fundación El Monte, Madrid.

MANGAS, J. y OREJAS, A. (1999): El trabajo en las minas en la Hispania Romana, en *El trabajo en la Hispania Romana* (J. F. Rodríguez Neila y C. González Román, Ed.), Madrid, pp. 207-335.

MANGAS, J. y PLÁCIDO, D. (Eds.) (1994): *Avieno. Ora Marítima Descriptio Orbis Terrae Phenomena*, Testimonia Hispaniae Antiqua I, Ediciones Historia 2000, Madrid.

MANGAS, J. y PLÁCIDO, D. (Eds.) (1998): *La península Ibérica en los autores griegos de Homero a Platón*, Testimonia Hispaniae Antiqua IIA, Ed. Universidad Complutense, Madrid.

MANGAS, J. y PLÁCIDO, D. (Eds.) (1999): *La Península Ibérica prerromana de Éforo a Eustacio*, Testimonia Hispaniae Antiqua. IIB, Ed. Universidad Complutense, Madrid.

MARÍN DÍAZ, Mª.A. (1986-87): La emigración itálica a Hispania en el siglo II a.C., *Studia Histórica 4-5*, Salamanca, pp. 53-63.

MARÍN DÍAZ, Mª.A. (1988): *Emigración, colonización y municipalización en la Hispania Republicana*, Universidad de Granada, Granada.

MÁRQUEZ TRIGUERO, E. (1970): Fuentes antiguas sobre la minería de España y, en particular, de Sierra Morena, *Boletín Geológico y Minero 81 (1)*, Madrid, pp. 38-44.

MÁRQUEZ TRIGUERO, E. (1983): Fundiciones romanas de Sierra Morena, *Boletín de la Real Academia de Córdoba* 105, Córdoba, pp. 223-234.

MARTIN CIVANTOS, J.Mª. (2003): *El Zenete (Granada) en época Medieval: poblamiento y organización del territorio*, Tesis Doctoral inédita, Universidad de Granada, Granada.

MARTÍN CIVANTOS, J.Mª., ALMAGRO VIDAL, C. y ARBOLEDAS MARTÍNEZ, L. (en prensa): Los tiempos oscuros de la minería: épocas medieval y moderna, *La minería y la metalurgia en el Alto Guadalquivir: desde sus orígenes hasta nuestros días* (F. Contreras y J. Dueñas, Dirs.), Instituto de Estudios Giennenses, Jaén.

MARTÍNEZ AGUILAR, L. (2000): Cástulo a través de la literatura (recopilación y cronología en su relación histórico-literaria), *Boletín del Instituto de Estudios Giennenses* 176, Jaén, pp. 463-516.

MARTÍNEZ FRÍAS, J. (1991): Yacimientos hidrotermales, *Yacimientos minerales*, (R. Lunar y R. Oyarzum, Eds.), Centro de Estudios Ramón Areces, Madrid, pp. 313-339.

MATEO, A. (1999): *Manceps, redemptor, publicanus. Contribución al estudio de los contratistas públicos en Roma*, Servicio de Publicaciones de la Universidad de Cantabria, Santander.

MATEO, A. (2001): *Observaciones sobre el régimen jurídico de la minería en tierras públicas en época romana*, Cuadernos compostelanos de derecho romano 12, Santiago de Compostela.

MAYA, J.L. (1990): La explotación minera y la metalurgia romana en Asturias, *Historia de Asturias* 12, Oviedo, pp. 193-212.

MELCHOR GIL, E. (1991): Comunicaciones terrestres entre Corduba y Cástulo: Su problemática, *Actas del II Congreso de Historia de Andalucía. Historia Antigua*, Córdoba, pp. 453-468.

MELCHOR GIL, E. (1993): Vías romanas y explotación de los recursos mineros de la zona norte del Conventus Cordubensis, *Anales de Arqueología Cordobesa 4*, Córdoba, pp. 63-89.

MELCHOR GIL, E. (1996): La red viaria romana de la campiña de Córdoba II: la vía Corduba-Anticaria, *CAMINERÍA HISPÁNICA. Actas del II Congreso Internacional de Caminería Hispánica, Tomo I Caminería Física*, Madrid, pp. 37-49.

MELCHOR GIL, E. (1999): La red viaria romana y la comercialización de los metales de Sierra Morena, *Anejos Archivo Español de Arqueología* 20, Madrid, pp. 311-322.

MESA Y ÁLVAREZ, P. (1890): *Memoria sobre la zona minera Linares-La carolina*, Revista minera, metalurgia y de ingeniería, agosto de 1889 a diciembre de 1890.

MOLINOS MOLINOS, M., RUIZ, A. y UNGHETTI, C. (1981): Excavaciones arqueológicas en la villa romana del Cerrillo del Cuco (Santagón, Vilches, Jaén), *Actas del I Congreso Andaluz de Estudios Clásicos*, Instituto de Estudios Giennenses, Jaén, pp. 306-310.

MOLINA CÁMARA, J.M. (2002): Inventario de recursos minerales metálicos en la Provincia de Jaén, *Resúmenes de Proyectos de Investigación. Instituto de Estudios Giennenses*, Diputación provincial de Jaén, Jaén, pp. 39-66.

MORA SERRANO, B. y VERA, J.C. (1995): Un conjunto de monedas procedentes de La Loba (Fuente Obejuna, Córdoba), *Gaceta Numismática* 119, pp. 25-32.

MORALES RODRÍGUEZ, E.M. (2002): *Los municipios flavios de la provincial de Jaén*, Instituto de Estudios Giennenses, Diputación provincial de Jaén, Jaén.

MORENO ONORATO, A. (1993): *El Malagón: Un asentamiento de la Edad del Cobre en el altiplano de Cullar-Chirivel*, Universidad de Granada, Granada.

MORENO ONORATO, A. (2000): La metalurgia de Peñalosa, *Análisis histórico de las comunidades de la Edad del Bronce del Piedemonte Meridional de Sierra Morena y Depresión Linares-Bailen*, (F. Contreras, Coord.), Arqueología monografías *10*, Sevilla, pp. 165-222.

MORENO ONORATO, A., MOLINA GONZÁLEZ, F. y CONTRERAS CORTÉS, F. (1994): Algunas consideraciones sobre el origen de la metalurgia en el Sureste de la Península Ibérica, *Minería y metalurgia en la España prerromana y romana* (D. Vaquerizo, Dir.), Córdoba, pp. 15-49.

MROZEK, S. (1968): Aspects sociaux et administratifs des mines d'or en Dacie, *Apulum* 7, pp. 307-326.

MROZEK, S. (1989): Le travail des homes libres dans les mines romaines, *Minería y Metalurgia en las antiguas civilizaciones mediterráneas y europeas, Tomo I* (Cl. Domergue, Coord.), Madrid, pp. 157-169.

MROZEK, S. (1999): L´argent dans les tables de Vipasca, *Melanges, Cl. Domergue 2. Pallas: revue d´etudes antiques 50,* pp. 255-261.

MUÑIZ COELLO, J. (1980): *El Sistema fiscal en la España romana: República y Alto Imperio*, Colegio Universitario de La Rábida, Huelva.

NOCETE CALVO, F. (1994): *La formación del Estado en las campiñas del Alto Guadalquivir (3000-1500 a.n.e.). Análisis de un proceso de transición,* Universidad de Granada, Granada.

NOCETE CALVO, F., SÁNCHEZ, M., LIZACANO, R. y CONTRERAS, F. (1987): Prospección arqueológica sistemática en la cuenca baja/media-alta del río Rumblar, *Anuario Arqueológico de Andalucía* 1986. *II. Actividades Sistemáticas,* Sevilla, pp. 75-78.

OJEDA CALVO, R. (2006): La Rota del Mueso de Huelva: apuntes sobre el origen, adscripción, uso y funcionalidad de una rueda para evacuación de agua hallada en Minas de Riotinto, *La rueda elevadora de agua de las minas romanas de Riotinto: memoria de intervención* (P.E. Manzano Beltrán y R. Ojeda, Coords.), PH cuadernos 18, Sevilla, pp. 11-39.

OREJAS, A. (2002): Aspectos técnicos y organización del trabajo en la lex metalli vipascensis, *Artíficex: ingeniería romana en España* (I. González Tascón, Dir.), Madrid, pp. 255-272.

OREJAS, A. (2005): El desarrollo de la minería en la Hispania romana, *Bocamina. Patrimonio minero de la Región de Murcia*, Murcia, pp. 61-69.

OREJAS, A. (2005a): El poblamiento romano en los distritos mineros del noroeste, *Unidad y diversidad en el Arco Atlántico en época romana* (C. Fernández y P. García, Eds.), *III Coloquio Internacional de Arqueología en Gijón*, Gijón, pp. 309-319.

OREJAS, A., PLÁCIDO, D., SÁNCHEZ-PALENCIA, F.J. y FERNÁNDEZ-POSSE, Mª.D. (1999): Minería y metalurgia de la protohistoria y de la España Romana, *Studia Histórica* (Historia Antigua) 17, pp. 263-298.

OREJAS, A. y SASTRE, I. (1999): Fiscalité et organisation du territoire dans le Nord-Ouest du la Péninsule Ibérique: civitates, tribut et ager menura comprehensus, *Dialogues d'Histoire Ancienne* 25 (1), pp. 159-188.

OREJAS, A. y SASTRE, I. (2002): L'origine de la main d'œuvre dans les mines romaines de la Péninsule Ibérique, Routes et marches d'esclaves, *Actes du 26e Colloque du GIREA* (Besançon, 27/29 septembre 2001), Ed. M. Garrido, Besançon, pp. 83-93.

ORTIZ ROMERO, P. (1995): De recintos, torres, y fortines; usos y abusos, *Extremadura Arqueológica 5, Homenaje a la Dra. Milagros Gil-Mascarel,* Cáceres-Mérida, pp. 177-191.

OTERO MORÁN, P. (1993): Consideraciones sobre la presencia de acuñaciones celtibéricas en zonas mineras de la Hispania Ulterior, *Actes du XI Congrès Internacional de Numismatique*, Louvain-la-Neuve, pp. 49-58.

PALMER, R.E. (1927): Notes on some ancient mining equipaments and system, *Transaction Institution of Mining and Metallurgy, 36*, London, pp. 299-336.

PASTOR MUÑOZ, M. (1984-1985): Aproximación al estudio de la sociedad romana de Cástulo a través de la documentación epigráfica, *Revista Zephyrus* 37-38, *Homenaje al Prof. Jordá*, Salamanca, pp. 343-348.

PASTOR MUÑOZ, M., LÓPEZ, M., SORIA, M. y CARRASCO, J. (1981): Aproximación al estudio de la minería hispano-romana de Jaén y su provincia, *Grupo de Estudios Prehistóricos. Memorias de actividades 2,* La Carolina, pp. 59-80.

PEINADO LORCA, M. y MARTÍNEZ PÉREZ, J. M. (1987): Castilla y León, *La vegetación en España*, (M. Peinado Lorca y S. Rivas-Martínez, Eds.), Colección Aula Abierta, Madrid, pp. 165-197.

PEÑA JIMÉNEZ, J., HERVÁS, J., SORIA, M., MARTÍNEZ, M., GARCÍA-MÁRQUEZ, J.A. Y LÓPEZ, M.G. (1995): *Historia ilustrada de Vilches y la comarca meridional de Sierra Morena (Prehistoria e Historia Antigua.)*, Vilches.

PEÑA, J.A. y TEIXIDÓ, T. (2005): *Tomografía eléctrica en la "Mina de Doña Eva"*, informe inédito, Universidad de Granada.

PÉREZ BAREA, C., LIZCANO, R., MOYA, S., CASADO, P., GÓMEZ, E., CÁMARA, J.A. y MARTÍNEZ, J.L. (1992a): IIª campaña de prospecciones arqueológicas sistemáticas en la depresión Linares-Bailén. Zonas meridional y oriental, 1990, *Anuario Arqueológico de Andalucía* 1990, II. *Actividades Sistemáticas*, Sevilla, pp. 86-95.

PÉREZ BAREA, C., NOCETE, F., MOYA, S., BURGOS, A. y BARRAGÁN, M. (1992b): Prospección Arqueológica Sistemática de la cuenca del río Jándula, *Anuario Arqueológico de Andalucía* 1990, II. *Actividades Sistemáticas*, Sevilla, pp. 99-109.

PÉREZ DE PERCEVAL, M. (1989): *La minería almeriense en el período contemporáneo*, Universidad de Murcia.

PÉREZ GARCÍA, L.C. y SÁNCHEZ-PALENCIA, F.J. (2000): El lavado del oro y la evacuación de los estériles, *Las Médulas (León). Un paisaje cultural en la Asturia Augustana* (F.J. Sánchez-Palencia, Eds.), León, pp. 208-226.

PÉREZ MACÍAS, J.A. (1995): *La producción de metales en el Cinturón Ibérico de Piritas en la prehistoria y antigüedad*, Tesis Doctoral, Universidad de Huelva, Huelva.

PÉREZ MACÍAS, J.A. (2006): *La Huella de Roma*, Huelva.

PÉREZ MACÍAS, J.A. y DELGADO DOMÍNGUEZ, A. (2007): Los *metalla* de Riotinto en época Julio-Claudia, *Las minas de Riotinto en época Julio-Claudia* (J.A. Pérez y A. Delgado, Eds.), Universidad de Huelva, Huelva, pp. 37-184

PÉREZ MACÍAS, J.A., FUNES, A. y PUMARES, J. (1985): Minería romana en Riotinto, *Revista de Arqueología* 56, Madrid, pp. 25-31.

PÉREZ MACÍAS, J.A., GÓMEZ, F., ÁLVAREZ, G. y FLORES, E. (1990): *Documentación de la minería antigua en las minas de Riotinto*, Nerva.

PÉREZ MACÍAS, J. A., GÓMEZ, F., ÁLVAREZ, G., FLORES, E. y ÁLVAREZ, G. (1996): Minería antigua en la Faja Piritifera Ibérica. El Filón Norte de Minas de Riotinto (Huelva), *Vipasca 5*, Aljustrel, pp.11-27.

PLINE L´ANCIEN (1953): *Histoire Naturelle. Livre XXXIV*, Texte établi et traduit par H. Le Bonniec; Commenté par H. Gallet de Santerre et par H. Le Bonniec. Sociéte d´édition "Les belles lettres" 95. Paris.

PLINE L´ANCIEN (1983): *Histoire Naturelle. Livre XXXIII*, Texte établi, traduit et commenté par H. Zehnacker, Sociéte d´édition "Les belles lettres" 95, Paris.

QUIRING, H. (1935): *Vorgenchichtliche studies in bergwerken Syudspaniens. Seitschft f. d. Berg-Hutten und Salinenwesen im Deutschen Reich*, Berlín.

RAMALLO ASENSIO, S.F. y BERROCAL CAPARROS, Mª del C. (1985): La minería romana en Mazarrón (Murcia). Aspectos arqueológicos y geológicos, *Anales de Prehistoria y Arqueología 1*, Murcia, pp.49-68.

RAMALLO ASENSIO, S.F. y BERROCAL CAPARROS, Mª del C. (1994): Minería púnica y romana en el sureste peninsular: el foco de Carthago Nova, *Minería y metalurgia en la España prerromana y romana* (D. Vaquerizo, Dir.), Córdoba, pp. 81-130.

RAMIN, J. (1977): *La technique minière et métallurgique dans anciens*, Bruxeles.

RICKARD, T.A. (1927): With the geologist in Spain. El Centenillo Mines, *Engineering and minig Journal 123*, pp. 917-923.

RICKARD, T.A. (1928): *The minig of Romans in Spain*, Journal Roman Studies 18, London.

RICO, C., DOMERGUE, C., RAUZIER, M., KLEIN, S., LAHAYE, Y., GREY, G. y VON KAENEL, H.-M. (2005-2006): La provenance des longots de cuivre romains de Maguelone (Hérault, France). Étude archéologique et archéométrique, *RAN* 38-39, pp. 459-472.

RODÁ, I. (2004): Agripa y el comercio del plomo, *Mastia* 3, pp. 183-194.

RODRÍGUEZ DÍAZ, A. y ORTIZ ROMERO, P. (1990): Poblamiento prerromano y recintos ciclópeos de La Serena, Badajoz, *CuPUAM* 17, Madrid, pp. 45-65.

RODRÍGUEZ ENNES, L. (1992): Extracción social y condiciones de trabajo de los mineros hispano-romanos, *Gallaecia* 13, Universidad de Compostela. Compostela, pp. 423-431.

RODRÍGUEZ NEILA, J.F. (1993-1994): Ciudad y territorio en la provincia romana de la Bética, *Florentia Iliberritana* 4-5, Universidad de Granada, Granada, pp. 445-484.

RODRÍGUEZ NEILA, J.F. (1994): Organización territorial romana y administración municipal en la Bética, *Actas del II Congreso de Historia de Andalucía* (Córdoba, 1991). Vol. 2, Historia Antigua, Junta de Andalucía y Cajasur, Córdoba, pp. 201-248..

RODRÍGUEZ OLIVA, P. (2001): Relieve de los mineros de Linares (Jaén) del Deutsches Bergbau-Museum, *Mainake 23*, Málaga, pp. 197-206.

RODRÍGUEZ TROBAJO, E. (2006): Material y cronología de las *rotae* del Museo de Huelva, *La rueda elevadora de agua de las minas romanas de Riotinto: memoria de intervención* (P.E. Manzano Beltrán y R. Ojeda, Coords.), PH cuadernos 18, Sevilla, pp. 41-61.

ROLDÁN, J.M. (1974): Hispania *y el ejército romano: contribución a la historia social de la España antigua,* Universidad de Salamanca, Salamanca.

ROLDÁN, J.M. (1975): *Itinerario Hispánico. Fuentes antiguas para el estudio de las vías romanas de la P. Ibérica*, Valladolid.

ROLDÁN, J.M. (1978): Cartago y Roma en la Península Ibérica, *Historia España Antigua. Tomo II. Hispania* ROMANA (J.M^{a}. Blázquez, Ed.), Ed. Cátedra, Madrid, pp. 15-43.

ROTHENBERG, B., GARCÍA, F., BACHMANN, H.G. y GOETHE, J.W. (1989): The Rio Tinto enigma, *Minería y Metalurgia en las antiguas civilizaciones mediterráneas y europeas, Tomo I* (Cl. Domergue, Coord.), Madrid, pp. 57-70.

RÚA FIGUEROA, R. (1859): *Ensayo sobre las minas de Riotinto*, Madrid.

RUIZ PARRONDO, A. y MORALES DE LA CRUZ, M. (2000): Notas acerca de la conservación de unos restos arqueológicas en la Sierra de Andújar, *CUDAS, Revista de Arqueología e Historia 1,* Andújar, pp. 105-119.

SÁEZ FERNÁNDEZ, P. (1982): Metalurgia y comercio púnico en Sierra Morena, *Homenaje al Prof. Dr. Hernández Díaz,* Sevilla, pp. 111-113.

SÁNCHEZ GÓMEZ, J. (1989): *DE MINERÍA, METALURGICA Y COMERCIO DE METALES. La minería no férrica en el Reino de Castilla 1450-1610. Tomo I,* Universidad de Salamanca, Salamanca.

SÁNCHEZ-PALENCIA, F.J. (1989): La explotación del oro en la Hispania Romana: sus inicios y precedentes, *Minería y Metalurgia en la Antiguas Civilizaciones Mediterráneas y Europeas, Tomo II* (Cl. Domergue, Dir.), Madrid, pp. 35-52.

SÁNCHEZ-PALENCIA, F.J. (Comisario) (2002): *Las Médulas. Patrimonio de la Humanidad,* Exposición en el Real Jardín Botánico del CSIC (Madrid), 16 de Diciembre de 2002 a 23 de Marzo de 2003, Junta de Castilla y León.

SÁNCHEZ-PALENCIA, F. J. y OREJAS, A. (1999): Minería en la Hispania romana, *Hispania legado de Roma* (M. Almagro y J. M^{a}. Álvarez, Eds.), Ministerio de Educación y Cultura, Caja Duero, Zaragoza, pp. 111-121.

SÁNCHEZ-PALENCIA, F.J., OREJAS, A., SASTRE, I. y PÉREZ, L.C. (2006): Las zonas mineras romanas del noroeste peninsular. Infraestructura y organización del territorio, *Nuevos Elementos de Ingeniería Romana. III Congreso de las Obras Públicas Romanas*, Junta de Castilla y León, pp. 265-285.

SANDARS, H. (1903): Note sur le bas-relief des mineurs decouvert pres Linares, *Dans R. A. I*, pp. 201-204.

SANDARS, H. (1905): The Linares bas-relief and roman mining operations, *Archaeologia 59,* Londres, pp. 311-332.

SANDARS, H. (1909): *Notas sobre la Puente-Quebrada del río Guadalimar, cerca de Linares, provincia de Jaén,* memoria presentada en la Real Academia de la Historia y recogida por Alfredo Cazaban en 1915.

SANDARS, H. (1910): On the use of the deer-hornpick in the mining operations of the ancients, *Archaeología.*

SANDARS, H. (1914): Notas sobre Piedras Letreras que se encuentran en la Sierra Morena, al poniente de Baños de la Encina, en la provincia de Jaén, *Boletín de la Real Academia de la Historia, Tomo I,* Madrid, pp. 596-600.

SANDARS, H. (1921a): Apuntes sobre el hallazgo de una inscripción sepulcral romana, cerca de las minas de El Centenillo, en Sierra Morena, *Boletín de la Real Academia de Historia 2,* Madrid, pp. 275-280.

SANDARS, H. (1921b): Notes on a hoard of Roman denarii found in the Sierra Morena, in the South Spain, *Numismatic Chronicle,* Londres, pp. 179-182.

SANDARS, H. (1921c): Apuntes sobre un tesoro de denarios romanos, hallado en la Sierra de Morena, en el Sur de España, *Don Lope de Sosa 22,* Jaén, pp. 201-208.

SANDARS, H. (1924): Apuntes sobre la apellidada "Mina de la Plata" próxima a Baeza, en la provincia de Jaén, *Boletín de la Real Academia de Historia 85,* Madrid, pp. 123-145.

SANTOS YANGUAS, N. (1992-93): La mano de obra en las minas romanas del occidente de Asturias, *Memorias de Historia Antigua* 13-14, pp. 171-204.

SCHULTEN, A. (1952): Estrabón. Geografía de Iberia, *Fontes Hispaniae Antiquae* VI, (A. Schulten y L. Pericot, Ed.), Librería Bosch, Barcelona.

SCHULTEN, A. (1955): *Avieno "Ora marítima",* Fontes Hispaniae Antiquae I, Barcelona.

SCHULTEN, A. (1963): *Geografía y Etnografía antiguas de la Península Ibérica*, 2, CSIC Instituto "Rodrigo Caro" de Arqueología, Madrid.

SCHULTEN, A. y PERICOT, L. (1935-1955): *Fontes Hispaniae Antiquae*, vols. I-VII, Barcelona.

SERRANO PEÑA, J.L. y RISQUEZ CUENCA, C. (1991): Informe de la obra de emergencia: prospección con sondeo y limpieza en el yacimiento arqueológico.

Horno del Castillo, Guarromán (Jaén), *Anuario Arqueológico de Andalucía 1989, III. Actividades de Urgencia,* Sevilla, pp. 255-264.

SHEPHERD, R. (1993): *Ancient Mining*, London.

SILLIÈRES, P. (1977): Le « Camini de Aníbal », itinéraire des gobelets de Vicarello de Cástulo a Saetabis, *Mélanges de la Casa de Velázquez* 13, pp. 31- 83.

SILLIÈRES, P. (1990): *Les voices de comunication de l'Hispaniae méridionale,* Ed. Boccard, París.

SORIA LERMA, M. y LÓPEZ PAYER, M.G. (1978): Herramientas inéditas de las minas de El Centenillo (Jaén), *Congreso Nacional de Arqueología 15,* Lugo, pp. 891-898.

SORIANO Y DULCE, A. (1919): Memoria sobre los yacimientos metalíferos de los términos de Andújar, Villanueva de la Reina y Montizón (Jaén), *Boletín Oficial de Minas y Metalurgia* 3, pp. 35-48.

STOS-GALE, Z.A., HUNT, M. y GALE, N.H. (1999): Análisis elemental y de isótopos de plomo de objetos metálicos de Gatas, *Proyecto Gatas 2. "La dinámica arqueoecológica de la ocupación Prehistórica"*, Arqueología monografías 4, Sevilla, pp. 345-358.

STYLOW, A.U. (2000): Epigraphische Miszellen aus der Provinz Jaén V. Inschrift aus dem Bergbaubezirk von Castulo, *Miscellanea epigraphica in onore di Lidio Gasperini*, G. Paci éd., 2, Tivoli, pp. 1021-1027.

TAMAIN, G. (1961): Los precintos o sellos de plomo del "Cerro del Plomo" de El Centenillo (Jaén), *Revista Oretania 8 y 9,* Linares, pp. 104-109.

TAMAIN, G. (1962): Contribución al estudio de la antigua metalurgia del plomo en España: un crisol para fundir, *Revista Oretania* 12, Linares, pp. 277-278.

TAMAIN, G. (1963): Contribución al estudio de la arqueología hispano-romana en la zona de El Centenillo (Jaén): ¿Casa de un minero hispano-romano?, *Revista Oretania* 13, Linares, pp. 34-36.

TAMAIN, G. (1964): *Le champ filonien du Centenillo (Jaén, Espagne*), Action concertée G.R.G.-S.M.M.P.E., Travaux du Laboratoire de Géologie des Grandes Régions du Globe, Université de Paris, Faculté des Sciences, 1 vol.

TAMAIN, G. (1966a): Les antiques de surface, guides fondamentaux de la prospection minière dans la région du Centenillo (Jaén, Espagne), *Comptes-rendus des séances de l'Acadèmie des Sciencies* 262, Paris, pp. 737-740.

TAMAIN, G. (1966b): Las minas antiguas de El Centenillo (Jaén), *Revista Oretania* 23-24, Linares, pp. 285-303.

TAMAIN, G. (1968): *Bosquejo metalogenético de la Sierra Morena Oriental (España)*, Conferencia impartida el 5 de Junio en la Facultad de Ciencias, Universidad de Granada, Granada.

TAMAIN, G. (1972): *Recherches géologiques y minières en Sierra Morena orientale (Espagne),* Tomo, I, II, III, Travaux du Laboratoire de Géologique Structurale et Appliquée 91, Orsay, Universidad de París.

TAMAIN, G. y ARBIN, P. (1975): Glânes archeologiques dans la Cueva del Águila, Solana del Pino (Ciudad Real, Espagne), *Comptes-Rendus du 100éme Congres National des Sociétés Savantes,* Paris, pp. 61-93.

TYLECOTE, R.F. (1976): *History of Metallurgy*, London.

TYLECOTE, R.F., CHAZNAVI, H.A. y BOYDELL, J.P. (1977): Partitioning of trace elements between ores, fluxes, slags and metal during the smelting of copper, *Journal of Archaeological Science* 4, pp. 305-333.

UNIVERSIDAD COMPLUTENSE DE MADRID (1982): El Cretácico en España, Madrid.

VALLESPÍN, O. (1986): Pecio del Cobre, *International Journal of Nautical Archaeology* 15, pp. 305-322.

VAQUERIZO GIL, D., MURILLO, J.F., CARRILLO, J.R., MORENO, M.F., LEÓN, A., LUNA, M.D. y ZAMORANO, A.Mª. (1994): *El Valle Alto del Guadiato* (Fuenteobejuna, Córdoba), Córdoba.

VIANA, A., FREIRE D'ANDRADE, R. y VEIGA, O. da, (1956): Exploraçáo das minas de Aljustrel pe los romanos, *Arquivo de Beja* 13, pp. 3-20.

VIOLLET, P.L. (2005): *Histoire de l'energie hydraulique. Moulins, pompes, roues et turbines de l'Antiquité au XX siècle*, Presses de l'école nationale des ponts et chaussées, Paris.

WAHL, J. (1998): Aspectos da mineraçào romana no territorio portugués, *Portugal romano. A exploraçào dos recursos naturais* (A. Moutinho, Coord.) Lisboa, pp. 95-123.

WINKELMANN, H. (1950): Ein römisches Kunstwerk mit bergmännischen Motiven, *Der Anschuitt Mitteilungsblatt der Vereinigung der Freunde von Kunst und Kultur in Berghau*, 2, 4, 2-5.

ANEXO 1. LISTADO DE YACIMIENTOS MINERO-METALÚRGICOS DEL DISTRITO LINARES-LA CAROLINA-ANDÚJAR (SIERRA MORENA ORIENTAL)

Nº	Denominación	Término municipal	Equivalencia Catálogo Domergue	Equivalencia Catálogo Univ. Granada	Coord. UTM	Tipología	Cronología	Yacimientos próximos
01	Arroyo de Valquemado	Andújar	J-1	---------	x = 395453 y = 4231026	Mina de cobre (rafas)	Prehistoria Reciente; época Romana	---------
02	Cerro de los Venados	Andújar	J-2	---------	x = 397035 y = 4235084	Mina de cobre (rafas)	Prehistoria Reciente; época Romana	---------
03	Mina de Valquemado	Andújar	J-3	---------	x = 400884 y = 4233030	Mina de cobre (rafas)	Prehistoria Reciente; época Romana	---------
04	Arroyo de la Aliseda (Lisea)	Andújar	J-4	---------	x = 399589 y = 4229116	Mina de cobre (rafas)	Prehistoria Reciente; época Romana	---------
05	Arroyo El Fresnillo y el Coche	Andújar	J-5	---------	x = 403675 y = 4221824	Mina de cobre (rafas)	Prehistoria Reciente; época Romana	---------
06	El Humiliadero o Humilladero	Andújar	J-6	---------	x = 399589 y = 4229116	Mina de cobre (rafas)	Prehistoria Reciente; época Romana	---------
07	Navalasno	Andújar	J-7	---------	x = 405015 y = 4227525	Mina de cobre (rafas)	Prehistoria Reciente; época Romana	J-A-30
08	Los Escoriales	Andújar	J-8	J-A2, A15 y A16	x = 419466 y = 4226731	Mina de cobre, fundición y asentamientos fortificados	Prehistoria Reciente, época Romana Republicana y Altoimperial	J-A2, A15 y A16
09	Las Minillas	Villanueva de la Reina			x = 422040 y = 4224311	Mina de cobre	Prehistoria Reciente?, época tardorromana-altomedieval? y	Est. 203 y 204

							época contemporánea (años 50 s. XX)	
10	Salas de Galiarda	Baños de la Encina-Villavueva de la Reina	J-10	J-VR-2	x = 424822 y = 4228113	Poblado fortificado, mina de de cobre y fundición	Romano republicano, s. II-I a.C.	J-VR-1
11	Huerta del Gato	Baños de la Encina	---------	---------	x = 424975 y = 4226677	Villa romana-fundición?	Época Romana, altoimperial-bajoimperial, s. I a.C.-III d.C.	J-VR-1; VR-1; BE-76
12	Arroyo de Los Yegueros I y II	Baños de la Encina	---------	J-BE-79 y 80	x = 425395 y = 4225422	Villa romana-fundición?	Época Bajo Imperial Tardorromana	J-BE-75, 76, 77, 78; J-VR-30.
13	Rafa de Baños de la Encina o mina El Polígono-Contraminas	Baños de la Encina	J-11	---------	x = 431896 y = 4224448	Mina de cobre y galena (plomo plata)	Edad del Cobre, Bronce, Romano Republicano e Imperial?, Contemporánea	J-BE-9, 39, 40, 43, 44, 45, 46, 47, 48, 49
14	Arroyo del Murquigüelo	Baños de la Encina	----------	---------	x = 427357 y = 4228324	Mina de cobre y galena argentífera (pozos, socavones y rafas)	Prehistoria Reciente?, época Romana?, época Contemporánea	J-VR-2; J-BE-3, 50 y 51
15	Área de Dª Eva: la mina de José Martín Palacios,	Baños de la Encina	----------	----------	x = 428445 y = 4229598	Mina de cobre (pozos y rafa)	Edad del Bronce y época Romana.	J-BE-50, 51, 69
16	Solana de Matavacas	Baños de la Encina	----------	----------	x = 430347 y = 4239478	Mina de galena argentífera (plomo-plata)	Época romana? y contemporánea	----------
17	Las Encebras	Baños de la Encina-Villanueva de la Reina-	----------	----------	x = 424738 y = 4247019	Yacimiento metalúrgico	Alto Medieval	----------

		Andújar						
18	Cerro del Manzano	Andújar	----------	----------	x = 421093 y = 4245090	Mina de galena argentífera (plomo-plata)	Época romana? Contemporánea	----------
19	Piedra La Cuna	Andújar	----------	----------	x = 419974 y = 4244973	Mina de galena argentífera (plomo-plata)	Alto-medieval? y s. XX (años 50)	Collado del Manzano
20	Filón Mirador	Baños de la Encina (El Centenillo)	J-12	----------	x = 436017 y = 4244066	Mina de galena argentífera (pozos y socavones de desagüe)	Época romana (s. II a.C.-II d.C.). Época alto-medieval? s. XVI y XIX-XX	Cerro del Plomo, escorial Arroyo Ministivel, fundición La Tejeruela y escorial Santo Tomás
21	Filón Pelaguindas	Baños de la Encina (El Centenillo)	J-12	----------	x = 437413 y = 4244542	Mina de galena argentífera (socavones de desagüe)	Época romana (s- I a.C.-II d.C.), s.XIX y XX	BE-32, Cerro del Plomo
22	Cerro del Plomo	Baños de la Encina (El Centenillo)	J-12	BE-32	x = 437475 y = 4244389	Fundición o yacimiento metalúrgico	Época romana, s. II a.C.-s. II d.C.	
23	Cerro Este Cerro del Plomo	Baños de la Encina (El Centenillo)	----------	----------	x = 437702 y = 4244650	Fundición-escorial	Época romana? y s.XX	BE-32
24	Escorial de Río Grande	Baños de la Encina (El Centenillo)	----------	----------	x = 437866 y = 4244741	Fundición-escorial	Época romana? y s.XX	BE-32
25	Filón Perdiz	Baños de la Encina (El Centenillo)	J-12	----------	x = 436322 y = 4243777	Mina de galena argentífera (pozos y rafas)	Época romana	----------
26	Fundición Pozo de Santo Tomás	Baños de la Encina (El Centenillo)	J-12	----------	x = 436213, y = 4244249	Fundición	Época romana (s. II-I a.C.)	La Tejeruela y Escorial Arroyo Ministivel
27	La Tejeruela	Baños de la Encina (El	J-12	----------	x = 435581 y = 4244792	Fundición	Época romana (s. II-I a.C.); Alto	La Fabriquilla y Cerro de las Tres

		Centenillo)					Medieval Emiral y Califal	Hermanas
28	La Fabriquilla	Baños de la Encina (El Centenillo)	J-12	----------	x = 435455 y = 4245619	Fundición	Época romana (s. I-III d.C.); Alto Medieval	La Tejeruela, Hermana Oeste, escorial Tres Hermanas, Hermana Central) y Hermana Este
29	Fundición del Cerro de las Tres Hermanas	Baños de la Encina (El Centenillo)	----------	----------	x = 434722 y = 4246808	Fundición	Romana Republicana (s. II-I a.C.	Hermana Oeste, Hermana Central y Hermana Este.
30	Fundición Arroyo Ministivel	Baños de la Encina (El Centenillo)	J-12	----------	x = 435250 y = 4242939	Fundición	Época romana	----------
31	Pozos mineros del filón Ranchero	Baños de la Encina (El Centenillo)	----------	----------	x = 436252 y 4242978	Mina de galena argentífera (pozos)	s. XX y época romana?	Fundición Funte Pilé
32	Filón Sur	Baños de la Encina (El Centenillo)	J-12	----------	x = 437043 y = 4242957	Mina de galena argentífera (rafa y socavones)	Época romana (s. II a.C. y II d.C.)	Cerro Mina La Botella.
33	Rafas mina El Macho, pozo San Eugenio	Baños de la Encina (El Centenillo)	J-12	----------	x = 437536 y = 4243366	Mina de galena argentífera (rafa)	Época romana	Cerro Mina La Botella
34	Fundición Fuente Pilé o Pilet	Baños de la Encina (El Centenillo)	J-12	----------	x = 435934 y = 4242219	Fundición	Época romana y medieval?	Rafa filón Sur, pozos filón Ranchero y mina San Guillermo
35	Los Guindos	Baños de la Encina y La carolina	J 13	J-LC-6, J-LC-7	x = 440441 y = 4240680	Mina de galena argentífera (rafas y pozos) y poblados fortificados	Época romana republicana (s. II-I a.C. y época tardoantigua-altomedieval (VI-IX)	J-LC-1 (Los Guindillos), J-LC-6 (Cerro de Los Castellones), J-LC-7 (Los Guindos).
36	Fundición de la	Baños de la	----------	----------	x = 436945 y	Fundición	Época romana o	Est. 73

	carretera JV-5031	Encina (El Centenillo)			= 4241254		Altomedieval?	
37	Escorial “Los Escoriales”	Baños de la Encina	----------	----------	x = 438505 y = 4240345	Fundición	Romana? y época contemporánea	Cerro Pardiñas o Peñón colorado Cerro Oeste de Los Guindos
38	Los Guindillos	La Carolina	----------	J-LC-1	x = 440570 y = 4239980	Fundición o yacimiento metalúrgico	Época romana republicna? y época visigoda-emiral	J-LC-6 (Cerro de los Castellones) y J-LC-7 (Los Guindos)
39	Las Torrecillas-San Telmo	La Carolina	J 17	LC-5	x = 444422 y = 4234917	Mina de galena argentífera (cuevas y galerías), pequeña fundición asociado a un poblado minero	Ibérico Tardío/Romano Republicano y Alto-medieval (s. IX-X)	J-LC-5 (Las Torrecillas o Torrecillas de San Telmo
40	Fuente Espí	La Carolina	J 20	J-LC-10	x = 447226 y = 4237401	Fundición	Época tardo-republicana y Alto Imperial, s. I a.C.-I d.C.	J-LC-5 (Las Torrecillas o Torrecillas de San Telmo) y J-LC-54 (Mina El Castillo)
41	Mina El Castillo	La Carolina	J 19	J-LC-4	x = 447860 y = 4239420	Mina de galena argentífera (rafa y galerías) y fundición	Época romana-republicana (s. II-I a.C.), época medieval	J-LC-10 (Fuente Espí)
42	Mina Venta Quemada	La Carolina	J 18	-------	x = 448530 y = 4241480	Mina de galena argentífera (plomo-plata)	Época romana?	J-SE-1 (Cerro del Cura o Mojón), J-LC-4 (Mina de El Castillo).
43	Mina de San Gabriel	San Elena	J 30	J-SE-1	x = 451656 y =4241482	Mina de galena argentífera y Fundición	Época romana, Alto-imperial y republicana?	J-SE-1
44	Mina El Hondillo-Atalaya	Navas de San Juan	J 29	-------	x = 472508 y =4226936	Mina de cobre	Época romana? y s. XX	-------

45	Monte Venero	Santisteban del Puerto	J-31	-------	x =471613 y =4246241	Mina de cobre y de galena argentífera	Época romana?	-------
46	Mina Barranco Hondillo	Montizón	J-27	-------	x =484890 y =4249084	Mina de galena argentífera	Época romana?	-------
47	Mina Los Engrabos o El Avellanar	Montizón	J-28	-------	x =484147 y =4246479	Mina de galena argentífera	Época romana	-------
48	Los Palazuelos	Carboneros	J 14	-------	x =436252 y =4242978	Mina de galena argentífera y fundición fortificada	Época romana, s I a. C.-II d.C.	-------
49	Valdeinfierno I	Carboneros y Vilches	J 15	-------	x =449717 y =4226263	Mina de galena argentífera y cobre	Época romana y tardoantiguo-altomieval	J 14, Los Palazuelos y San Julián
50	Valdinfierno II	Carboneros y Vilches	-------	-------	x =450648 y =4225332	Mina de galena argentífera y cobre	Época romana	Fundición de San Julián
51	Fundición de San Julián	Vilches	-------	-------	x = 452529 y =4226382	Fundición	Época romana, s. II a.C.-I d.C.	-------
52	Cerrillo del Cuco	Vilches	-------	-------	x =458683 y =4227413	Villa romana y planta metalúrgica	Villa romana Alto-Bajo Imperial	-------
53	Mina de Cuatro Amigos y Santa Agueda	Vilches	-------	-------	x =460506 y =4221787	Mina de galena argentífera y cobre	Época ibero-romana	J-32 y fundición La Laguna
54	Fundición La Laguna	Vilches	J 32	-------	x =458447 y =4221194	Fundición	Época romana, s II-I a. C.	J- V-1 (Giribaile).
55	Rafa de San Ignacio I (Pozo Zulueta, Arrayanes)	Linares	-------	-------	x =445612 y =4223402	Mina de cobre y plomo-plata (galena argentífera)	Edad del Bronce, Época romana, s. II-I a.C., época medieval (Emiral o califal).	J-GU-5 (Cerro de las Mancebas), J-L-4 (Castro de la Magdalena)
56	Rafa de San Ignacio II (pozo	Linares	J 25	-------	x =445699 y =4223068	Mina de cobre y plomo-plata	Edad del Bronce, época romana, s II	J-GU-5 (Cerro de las Mancebas), J-

	San Ignacio, Arrayanes)					(galena argentífera)	a.C.-I d.C., época medieval	L-4 (Castro de la Magdalena)
57	Filón La Cruz	Linares	J 24,	-------	x =445196 y =4223702	Mina de cobre y plomo-plata (galena argentífera)	Edad del Bronce, época romana, medieval	J-GU-5 (Cerro de las Mancebas), J-L-1 (Cerro Pelao), J-L-2 (Cerro del Chantre), J-L-4 (Castro de la Magdalena)
58	Cerro de las Mancebas	Guarromán	J 24 y 25	J-GU-5	x =445823 y =4224101	Fundición y villa romana	Época romana, s. II-I a.C., Alto y Bajo Imperial.	Est. 181, 182 (Rafas de San Iganacio), Est. 188, 189 y 190 (mina La Cruz).
59	Filón El Mimbre-La Luz	Linares y Guarromán	J 26		x = 447082 y =4224379	Mina de cobre y plomo-plata (galena argentífera)	Época romana?	J-GU-5 (Cerro de las Mancebas), J-L-2 (Cerro del Chantre), J-L-4 (Castro de la Magdalena)
60	Cerro el Chantre	Linares	-------	J-L-2,	x= 444683 y=4223558	Mina de cobre y plomo-plata (galena argentífera) y poblado	Época romana y época medieval	J-GU-5 (Cerro de las Mancebas), Est. 181, 182 (Rafas de San Iganacio), Est. 188, 189 y 190 (mina La Cruz)
61	Los Alemanes	Linares	J 23	-------	x =444451 y =4222719	Mina de cobre y plomo-plata (galena argentífera)	Época romana?	J-GU-5 (Cerro de las Mancebas), J-L-2 (Cerro del Chantre) y Cerro de San Bartolome
62	Mina San Roque	Linares	J 21	-------	x = 444448 y = 4222725	Mina de cobre y plomo-plata (galena argentífera)	Época romana	Cerro de San Bartolome, J-L-2 (Cerro del Chantre)

63	Mina Pozo El Chaves	Linares	J 22	-------	x= 443196 y= 4222395	Mina de cobre y plomo-plata (galena argentífera)	Prehistoria Reciente? y época romana?	Cerro de San Bartolome y J-L-2 (Cerro del Chantre)
64	Cerro de San Bartolomé	Linares	-------	-------	x = 443491 y = 4223195	Poblado fortificado y mina de cobre y plomo-plata (galena argentífera)	Romano republicano, altomedieval?	-------
65	Horno del Castillo	Guarromán	-------	-------	x = 440583 y = 4225532	Fundición? y horno de cerámica	Romano repuplicano y Alto y Bajo Imperial	-------
66	Filón Cobre-Cerro Hueco	Bailén y Guarromán	J 9	-------	x =438238 y =4221175	Mina de cobre y plomo-plata (galena argentífera)	Edad del Bronce, Época romana	J-L-1 (Cerro Pelao), J-GU-1 (Dehesa de Matacabras, J-L-7
67	Cerro de la Buena Plata o Atalayones	Bailén	-------	J-BA-18	x =437514 y =4219414	Pobaldo y mina de cobre	Edad del Bronce, época romana?	J-BA-13, J-L-8
68	Los Tercios	Linares			x = 446999 y = 4218742	Fundición	Época romana Alto Imperial	J-L-4 (Castro de la Magdalena) y mina de Arrayanes.
69	Fuente del Sapo	Linares			x = 437898 y = 4219164	Fundición	Romana	Mina de Cerro Hueco y Cerro de Buena Plata

ANEXO 2. TABLAS DE RESULTADOS DE LOS ANÁLISIS DE LAS MUESTRAS DE ESCORIAS PROCEDENTES DE LAS FUNDICIONES ROMANAS DEL DISTRITO MINERO LINARES-LA CAROLINA (SIERRA MORENA ORIENTAL).

Tabla 1. Huerta el Gato (Muestra 1) (Fig. 89 y 90).

ELEMENTOS	FRX (%)[57]	SEM (%)[58]
Co_2	5,28	---------
Na2O	0,106	-2.12
MgO	0,704	1.18
Al_2O_3	1,21	0.32
SiO_2	59,2	0.81
P_2O_5	0,987	0.19
SO_3	0,335	18.68
Ci	0,0110	---------
K_2O	0,852	0.00
CaO	5,02	-0.04
Sc_2O_3	0,0	---------
TiO_2	0,0552	-0.01
V_2O_5	0,0	---------
Cr_2O_3	0,0	---------
MnO	0,198	0.20
Fe_2O_3	21,3	0.61
CoO	0,0	---------
NiO	0,0218	0.06
CuO	2,34	80.29
ZnO	0,00427	0.0
Ga_2O_3	0,0	---------
GeO_2	0,0	---------
As_2O_3	0,00816	0.35
SeO_2	0,0	---------
Br	0,0	---------
Rb_2O	0,0	---------
SrO	0,00823	---------
Y_2O_3	0,0	---------
ZrO_2	0,0468	---------
Nb_2O_5	0,0	---------
MoO_3	0,0	---------
Ru	0,0	---------
Rh	0,00266	---------
Pd	0,0	---------
Ag	0,0	0.03
CdO	0,0	---------
In_2O_3	0,0	---------
Son_2	0,0376	---------
Sb_2O_3	0,0	-0.03
TeO_2	0,0	---------

[57] Las siglas FRX significan Fluorescencia de Rayos X. En esta columna se recogen los porcentajes de los elementos químicos presentes en toda muestra.

[58] Las letras SEM designan de manera abreviada al Microscopio de Barrido Electrónico. Al contrario de la otra columna, en ésta se recogen los porcentajes de los elementos presentes en un análisis elemental cualitativo y cuantitativo puntual en una de las fases metalúrgicas y mineralúrgicas detectadas por el microscopio. En el caso de que se hubieran descubierto más de una fase metalúrgica en una misma muestra, se adjuntaría otra columna más (SEM (2)), como sucede en la muestra de la Tejeruela II.

I	0,0	---------
Cs_2O	0,0	---------
BaO	0,0835	-0.11
La_2O_3	0,0	---------
CeO_2	0,0	---------
PrC_6O_{11}	0,0	---------
$Nd2O_3$	0,0	---------
Sm_2O_3	0,0	---------
Eu_2O_3	0,0	---------
$Gd2OC_3$	0,0	---------
Tb_4O_7	0,0	---------
Dy_2O_3	0,0	---------
Ho_2O_3	0,0	---------
Er_2O_3	0,0	---------
Tm_2O_3	0,0	---------
Yb_2O_3	0,0	---------
Lu_2O_3	0,0	---------
HfO_2	0,0	---------
Ta_2O_5	0,0	---------
WO_3	0,0161	---------
Re	0,0	---------
Os	0,0	---------
Ir	0,0	---------
Pt	0,0	---------
Au	0,0	---------
Hg	0,0	---------
Tl	0,0	---------
PbO	0,0	0.40
Bi_2O_3	0,0	---------
ThO_2	0,0	---------
UO_2	0,0128	---------
Compton	1,30	---------
Rayleigh	1,30	---------
Sum	97,74	---------

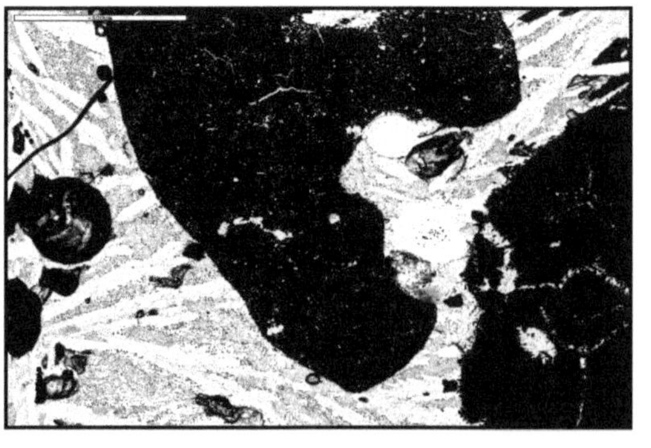

Figura 89. (Arriba a la izquierda) Fragmento de la escoria analizada procedente de la superficie del yacimiento de la Huerta del Gato. Figura 90. (Arriba a la derecha) Foto del Microscopio Electrónico de Barrido (SEM) de la escoria analizada del yacimiento de la Huerta del Gato.

Tabla 2. Huerta el Gato (Muestra 2).

ELEMENTOS	SEM (%) (1)	SEM (%) (2)
Co_2	---------	---------
Na2O	0,05	-2.08
MgO	0,98	0.86
Al_2O_3	1.12	0.23
SiO_2	58.39	-0.04
P_2O_5	0.81	-0.11
SO_3	0.48	20.31
Ci	---------	---------
K_2O	0.92	0.00
CaO	5.46	---------
Sc_2O_3	---------	---------
TiO_2	0.05	0.08
V_2O_5	---------	---------
Cr_2O_3	---------	---------
MnO	---------	---------
Fe_2O_3	29.02	8.26
CoO	---------	---------
NiO	-0,07	0.09
CuO	2.01	60.46
ZnO	-0.03	-0.17
Ga_2O_3	---------	---------
GeO_2	---------	---------
As_2O_3	-0.46	0.19
SeO_2	---------	---------
Br	---------	---------
Rb_2O	---------	---------
SrO	---------	---------
Y_2O_3	---------	---------
ZrO_2	---------	---------
Nb_2O_5	---------	---------
MoO_3	---------	---------
Ru	---------	---------
Rh	---------	---------
Pd	---------	---------
Ag	-0.04	-0.16
CdO	---------	---------
In_2O_3	---------	---------
Son_2	---------	---------
Sb_2O_3	-0.03	-0.02
TeO_2	---------	---------
I	---------	---------
Cs_2O	---------	---------
BaO	0.19	-0.17
La_2O_3	---------	---------
CeO_2	---------	---------
PrC_6O_{11}	---------	---------
$Nd2O_3$	---------	---------
Sm_2O_3	---------	---------
$Gd2OC_3$	---------	---------
Tb_4O_7	---------	---------
Dy_2O_3	---------	---------
Ho_2O_3	---------	---------

Er_2O_3	---------	---------
Tm_2O_3	---------	---------
Yb_2O_3	---------	---------
Lu_2O_3	---------	---------
HfO_2	---------	---------
Ta_2O_5	---------	---------
WO_3	---------	---------
Re	---------	---------
Os	---------	---------
Ir	---------	---------
Pt	---------	---------
Au	---------	---------
Hg	---------	---------
TI	---------	---------
PbO	1.16	-1.52
Bi_2O_3	---------	---------

Tabla 3. Resultados de los análisis de las muestras de escoria procedentes del Cerro del Plomo (El Centenillo) realizados por Domergue (Domergue, 1987: 557)[117].

Nº	TIPO DE ESCORIA	CRONOLOGÍA	CU	SN	PB	AS	SB	AG	NI	BI	FE	ZN	MN
219	Sc. Pb	s. I a.C.	0,10	0,15	42,14	0,002	0,30	0,005	0,01	----	++	0,20	0,01
220	Sc. Pb	s. I a.C.	0,01	0,10	35,69	0,02	0,25	0,005	0,003	----	++	c. 1	0,03
221	Sc. Pb	s. I a.C.	0,02	0,05	46,01	0,002	0,30	0,005	0,005	----	+	0,10	0,01
222	Sc. Pb	s. I a.C.	0,10	0,01	56,76	0,01	0,50	0,02	0,05	----	+	0,02	0,02
223	Sc. Pb	s. I a.C.	0,05	0,03	58,05	0,005	0,40	0,005	0,02	----	+	0,001	0,02
224	Sc. Pb	s. I a.C.	0,01	0,001	1,20	0,002	0,30	0,001	0,001	0,001	++	0,005	0,02
225	Sc. Pb	s. II a.C.	0,01	0,01	4,3	-----	0,25	0,001	0,005	----	++	0,002	0,03
226	Sc. Pb	s. II a.C.	0,02	0,001	27,95	0,005	0,30	0,01	0,002	----	++	0,50	0,05
227	Sc. Pb	s. II a.C.	0,02	0,005	40,16	0,001	0,20	0,005	0,001	----	+	0,01	0,01

[117] La tabla se ha confeccionado a partir de la que llevo a cabo Domergue para presentar los resultados de análisis de mineral, metal, escoria y otros materiales procedentes de diferentes yacimientos minero-metalúrgicos de la Península Ibérica. En la presenta tabla encontramos sucesivamente el número de análisis asignado por Domergue (columna 1), la naturaleza de la muestra (columna 2), en este caso son todas escorias de plomo, la cronología de la misma (columna 3) y las restantes columnas están dedicadas a los elementos-traza contenidos en las muestras (columna 4 a la 14). Las cifras en estas últimas columnas indican el porcentaje de elementos-traza en la muestra; tanto para los más altos como para los más bajos Domergue emplea los siguientes signos semi-cuantitativos:

+: comprende entre 1 y 10 % e: comprende entre 0,50 y 0,10 %
++: comprende entre 10 y 50 % ee: comprende entre 0,10 y 0,01 %
+++: superior a 50 % eee: comprende entre 0,01 y 0,001 %

Por otro lado, encontramos lossignos c. (aproximadamente) y < (inferior a). La indicación <0,001 significa la presencia de un elemento en el estado de rastro. Los elementos recogidos han sido los siguientes: Cu, Sn, Pb, As, Sb, Ag, Ni, Bi, Fe, Zn, Mn y a veces Au. Una raya significa que no se ha detectado nada de ese elemento.

Tabla 4. Fundición romana del Cerro del Plomo (El Centenillo)

ELEMENTOS	SEM (%) (1)	SEM (%) (2)	SEM (%) (3)	SEM (%) (4)
Co_2	---------	---------	---------	---------
Na2O	0.84	0.39	0.04	-0.11
MgO	0.70	0.65	0.08	0.04
Al_2O_3	10.39	6.46	0.28	0.52
SiO_2	40.35	35.75	-0.03	-0.13
P_2O_5	0.30	0.46	-0.65	-0.85
SO_3	3.80	4.07	18.99	21.94
Ci	---------	---------	---------	---------
K_2O	3.07	1.63	-0.16	-0.18
CaO	6.06	10.80	0.08	-0.06
Sc_2O_3	---------	---------	---------	---------
TiO_2	0.83	0.33	0.10	0.19
V_2O_5	---------	---------	---------	---------
Cr_2O_3	---------	---------	---------	---------
MnO	---------	---------	---------	---------
Fe_2O_3	6.77	8.51	0.24	0.10
CoO	---------	---------	---------	---------
NiO	0.06	0.09	0.18	0.00
CuO	0.08	-0.05	-0.02	0.28
ZnO	0.65	0.28	-0.08	0.15
Ga_2O_3	---------	---------	---------	---------
GeO_2	---------	---------	---------	---------
As_2O_3	-1.09	0.80	0.80	1.93
SeO_2	---------	---------	---------	---------
Br	---------	---------	---------	---------
Rb_2O	---------	---------	---------	---------
SrO	---------	---------	---------	---------
Y_2O_3	---------	---------	---------	---------
ZrO_2	---------	---------	---------	---------
Nb_2O_5	---------	---------	---------	---------
MoO_3	---------	---------	---------	---------
Ru	---------	---------	---------	---------
Rh	---------	---------	---------	---------
Pd	---------	---------	---------	---------
Ag	0.09	0.27	0.76	0.62
CdO	---------	---------	---------	---------
In_2O_3	---------	---------	---------	---------
Son_2	---------	---------	---------	---------
Sb_2O_3	0.62	0.13	0.45	0.36
TeO_2	---------	---------	---------	---------
I	---------	---------	---------	---------
Cs_2O	---------	---------	---------	---------
BaO	4.75	6.11	-0.03	-0.54
La_2O_3	---------	---------	----------	---------
CeO_2	---------	---------	---------	---------
PrC_6O_{11}	---------	---------	---------	---------
$Nd2O_3$	---------	---------	---------	---------
Sm_2O_3	---------	---------	---------	---------
Eu_2O_3	---------	---------	---------	---------
$Gd2OC_3$	---------	---------	---------	---------
Tb_4O_7	---------	---------	---------	---------
Dy_2O_3	---------	---------	---------	---------
Ho_2O_3	---------	---------	---------	---------

Er_2O_3	---------	---------	---------	---------
Tm_2O_3	---------	---------	---------	---------
Yb_2O_3	---------	---------	---------	---------
Lu_2O_3	---------	---------	---------	---------
HfO_2	---------	---------	---------	---------
Ta_2O_5	---------	---------	---------	---------
WO_3	---------	---------	---------	---------
Re	---------	---------	---------	---------
Os	---------	---------	---------	---------
Ir	---------	---------	---------	---------
Pt	---------	---------	---------	---------
Au	---------	---------	---------	---------
Hg	---------	---------	---------	---------
Tl	---------	---------	---------	---------
PbO	21.73	12.51	64.26	68.52
Bi_2O_3	---------	---------	---------	---------

Tabla 5. Fundición romana La Tejeruela (Muestra 1) (Fig. 91).

ELEMENTOS	FRX (%)	SEM (%)
Co2	20,0	---------
Na2O	0,0	0,03
MgO	0,271	0,24
AI2 O3	6,52	6,63
SiO2	34,4	51,40
P2 O5	0,155	-0,42
SO3	0,388	0,69
Ci	0,0188	---------
K2O	0,908	0,87
CaO	0,233	0,43
Sc2 O3	0,0	---------
TiO2	0,415	0,33
V2 O5	0,0129	---------
Cr2 O3	0,0	---------
MnO	1,30	2,28
Fe2 O3	24,9	35,42
CoO	0,0	---------
NiO	0,0129	0,13
CuO	0,106	0,58
ZnO	0,0711	-0,06
Ga2 O3	0,0	---------
GeO2	0,0	---------
As2 O3	0,0166	-0,37
SeO2	0,0	---------
Br	0,0	---------
Rb2 O	0,00630	---------
SrO	0,0	---------
Y2O3	0,0	---------
ZrO2	0,0424	---------
Nb2O5	0,0	---------
MoO3	0,0	---------
Ru	0,0	---------
Rh	0,00168	---------
Pd	0,0	---------
Ag	0,0	0,00
CdO	0,0	---------
In2O3	0,0	---------
Son2	0,0	---------
Sb2O3	0,0	0,07
TeO2	0,0	---------
I	0,0	---------
Cs2O	0,0	---------
BaO	0,321	0,25
La2O3	0,0	---------
CeO2	0,0	---------
PrC6O11	0,0	---------
Nd2O3	0,0	---------
Sm2O3	0,00372	---------
Eu2O3	0,0167	---------
Gd2OC3	0,0	---------
Tb4O7	0,0	---------
Dy2O3	0,0	---------
Ho2O3	0,0	---------

Er2O3	0,0	---------
Tm2O3	0,0	---------
Yb2O3	0,0	---------
Lu2O3	0,0	---------
HfO2	0,0	---------
Ta2O5	0,0	---------
WO3	0,0	---------
Re	0,0	---------
Os	0,0	---------
Ir	0,0	---------
Pt	0,0	---------
Au	0,0	---------
Hg	0,0	---------
Tl	0,0	---------
PbO	0,0351	1,50
Bi2O3	0,0	---------
ThO2	0,0	---------
UO2	0,0	---------
Compton	1,28	---------
Rayleigh	1,21	---------
Sum	90,10	---------

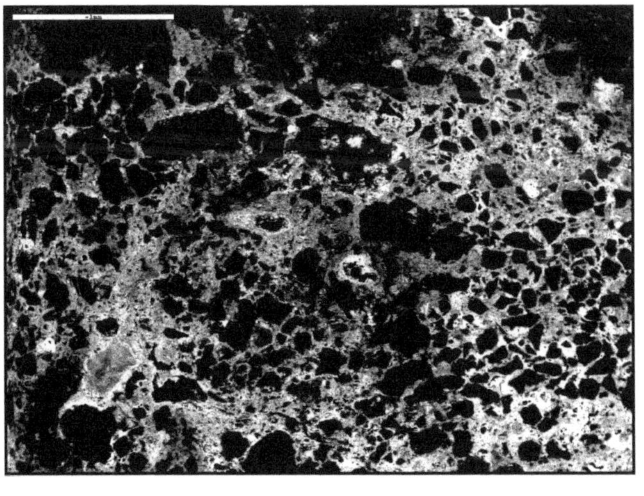

Figura 91. Foto del Microscopio Electrónico de Barrido (SEM) de la muestra 1 de La Tejeruela, El Centenillo.

Tabla 6. Fundición romana La Tejeruela (Muestra 2) (Fig. 92 y 93).

ELEMENTOS	FRX (%)	SEM (%)
Co_2	4,25	---------
Na2O	0,160	0,02
MgO	0,481	0,06
$Al_2 O_3$	7,62	0,16
SiO_2	36,7	4,24
$P_2 O_5$	0,423	-0,65
SO_3	1,89	18,84
Ci	0,0106	---------
K_2O	2,02	-0,15
CaO	3,33	0.07
$Sc_2 O_3$	0,0	---------
TiO_2	0,442	-0,03
$V_2 O_5$	0,0288	---------
$Cr_2 O_3$	0,0	---------
MnO	0,323	0,01
$Fe_2 O_3$	34,1	1,39
CoO	0,0	---------
NiO	0,00869	-0,01
CuO	0,0323	0,16
ZnO	0,140	0,05
$Ga_2 O_3$	0,0	---------
GeO_2	0,0	---------
$As_2 O_3$	0,0	-1,17
SeO_2	0,0	---------
Br	0,0	---------
$Rb_2 O$	0,0105	---------
SrO	0,0409	---------
Y_2O_3	0,0	---------
ZrO_2	0,00754	---------
Nb_2O_5	0,0	---------
MoO_3	0,0	---------
Ru	0,0	---------
Rh	0,00494	---------
Pb	0,0	---------
Ag	0,0	0,15
CdO	0,00252	---------
In_2O_3	0,0	---------
Son_2	0,0	---------
Sb_2O_3	0,0	0,19
TeO_2	0,0	---------
I	0,0	---------
Cs_2O	0,0	---------
BaO	1,33	-0,03
La_2O_3	0,0	---------
CeO_2	0,0	---------
PrC_6O_{11}	0,0	---------
$Nd2O_3$	0,0	---------
Sm_2O_3	0,0	---------
Eu_2O_3	0,0	---------
$Gd2OC_3$	0,0	---------
Tb_4O_7	0,0	---------
Dy_2O_3	0,0	---------
Ho_2O_3	0,0	---------

Er_2O_3	0,0	---------
Tm_2O_3	0,0	---------
Yb_2O_3	0,0	---------
Lu_2O_3	0,0	---------
HfO_2	0,0	---------
Ta_2O_5	0,0	---------
WO_3	0,0	---------
Re	0,0	---------
Os	0,0	---------
Ir	0,0	---------
Pt	0,0	---------
Au	0,0	---------
Hg	0,0	---------
TI	0,0	---------
PbO	5,12	76,71
Bi_2O_3	0,0	---------
ThO_2	0,0	---------
UO_2	0,0	---------
Compton	1,63	---------
Rayleigh	1,13	---------
Sum	98,41	---------

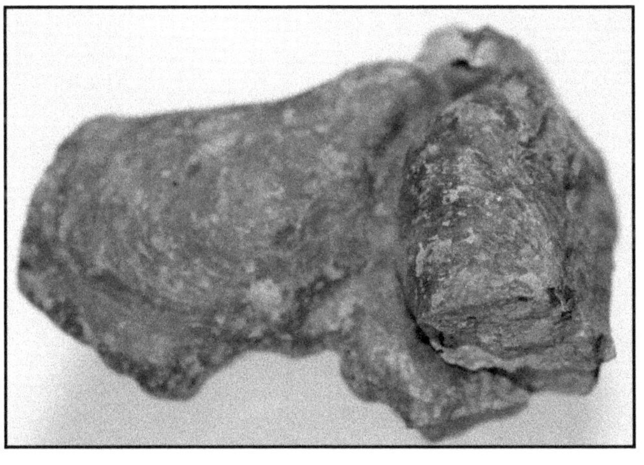

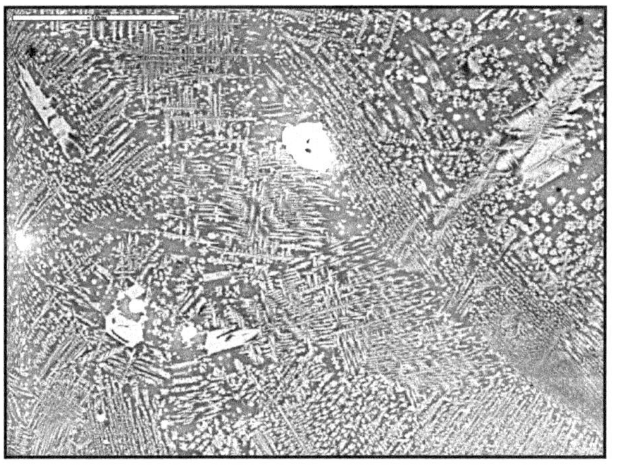

Figura 92. (Arriba a la izquierda). Foto de la segunda muestra de escoria analizada de la fundición de La Tejeruela, El Centenillo. Figura 93. Foto del Microspcopio Electrónico de Barrido (SEM) de la segunda muestra de escoria analizada de la fundición de La Tejeruela, El Centenillo.

Tabla 7. Fundición romana de La Fabriquilla (Fig. 94).

ELEMENTOS	FRX (%)	SEM (%)
Co_2	6,94	---------
Na2O	0,170	0.79
MgO	0,390	0.81
AI_2O_3	12,4	16.50
SiO_2	45,7	50.62
P_2O_5	0,0850	-0.11
SO_3	0,138	6.62
Ci	0,0	---------
K_2O	2,68	3.83
CaO	0,490	1.48
Sc_2O_3	0,0	---------
TiO_2	0,798	1.19
V_2O_5	0,0169	---------
Cr_2O_3	0,0	---------
MnO	0,0158	0.05
Fe_2O_3	5,68	4.09
CoO	0,0	---------
NiO	0,0103	-0.17
CuO	0,0241	0.47
ZnO	0,0314	-0.17
Ga_2O_3	0,0	---------
GeO_2	0,0	---------
As_2O_3	0,0	0.08
SeO_2	0,0	---------
Br	0,0	---------
Rb_2O	0,0198	---------
SrO	0,0281	---------
Y_2O_3	0,0	---------
ZrO_2	0,0310	---------
Nb_2O_5	0,0	---------
MoO_3	0,0	---------
Ru	0,0	---------
Rh	0,0	---------
Pd	0,0	---------
Ag	0,0	0.22
CdO	0,0	---------
In_2O_3	0,0	---------
Son_2	0,0	---------
Sb_2O_3	0,0	0.12
TeO_2	0,0	---------
I	0,0	---------
Cs_2O	0,0	---------
BaO	0,344	0.17
La_2O_3	0,0	---------
CeO_2	0,0	---------
PrC_6O_{11}	0,0	---------
$Nd2O_3$	0,0	---------
Sm_2O_3	0,0	---------
Eu_2O_3	0,0	---------
$Gd2OC_3$	0,0	---------
Tb_4O_7	0,0	---------
Dy_2O_3	0,0	---------
Ho_2O_3	0,0	---------

Er_2O_3	0,0	---------
Tm_2O_3	0,0	---------
Yb_2O_3	0,0	---------
Lu_2O_3	0,0	---------
HfO_2	0,0	---------
Ta_2O_5	0,0	---------
WO_3	0,0	---------
Re	0,0	---------
Os	0,0	---------
Ir	0,0	---------
Pt	0,0	---------
Au	0,0	---------
Hg	0,0	---------
TI	0,0	---------
PbO	5,63	13.40
Bi_2O_3	0,0	---------
ThO_2	0,0	---------
UO_2	0,0	---------
Compton	0,86	---------
Rayleigh	1,08	---------
Sum	81,58	---------

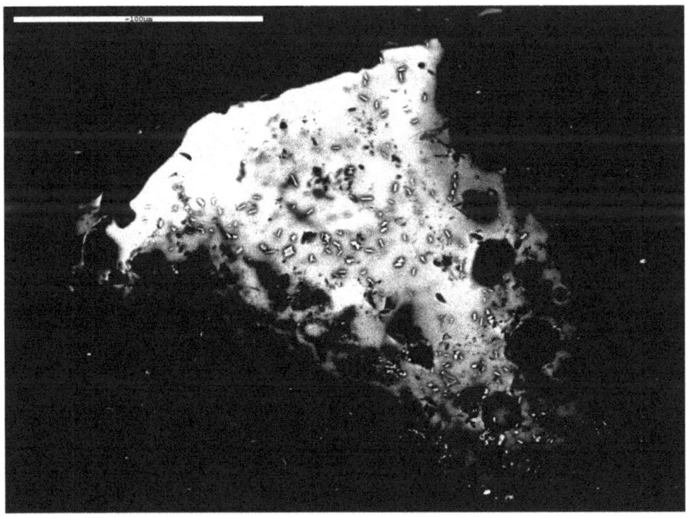

Figura 94. Foto del Microspcopio Electrónico de Barrido (SEM) de la muestra de escoria analizada de la fundición romana de La Fabriquilla, El Centenillo.

Tabla 8. Fundición escorial Cerro de las Tres Hermanas (Fig. 95 y 96).

ELEMENTOS	FRX (%)	SEM (%)	SEM (%)
Co_2	7,88	---------	---------
Na2O	0,272	-0.36	0.79
MgO	0,703	0.05	3.84
Al_2O_3	10,1	0.30	0.11
SiO_2	32,5	0.48	27.43
P_2O_5	0,438	-0.67	0.32
SO_3	0,788	22.48	0.16
Ci	0,0196	---------	---------
K_2O	2,36	-0.15	0.01
CaO	7,72	0.04	2.48
Sc_2O_3	0,0	---------	---------
TiO_2	0,422	0,15	0.14
V_2O_5	0,0546	---------	---------
Cr_2O_3	0,0	---------	---------
MnO	0,200	0.01	0.81
Fe_2O_3	21,1	1.17	61.50
CoO	0,0	---------	---------
NiO	0,0129	0.00	0.06
CuO	0,0553	0.21	-0.22
ZnO	0,281	0.00	0.20
Ga_2O_3	0,0	---------	---------
GeO_2	0,0	---------	---------
As_2O_3	0,0	-0.85	-0.26
SeO_2	0,0	---------	---------
Br	0,0	---------	---------
Rb_2O	0,0149	---------	---------
SrO	0,0852	---------	---------
Y_2O_3	0,0	---------	---------
ZrO_2	0,00405	---------	---------
Nb_2O_5	0,0	---------	---------
MoO_3	0,0	---------	---------
Ru	0,0	---------	---------
Rh	0,00757	---------	---------
Pb	0,0	---------	---------
Ag	0,0	0.72	0.05
CdO	0,00289	---------	---------
In_2O_3	0,0	---------	---------
Son_2	0,0	---------	---------
Sb_2O_3	0,0	1.45	0.27
TeO_2	0,0	---------	---------
I	0,0	---------	---------
Cs_2O	0,0	---------	---------
BaO	3,46	-0.13	-0.05
La_2O_3	0,0	---------	---------
CeO_2	0,0	---------	---------
PrC_6O_{11}	0,0	---------	---------
$Nd2O_3$	0,0	---------	---------
Sm_2O_3	0,0	---------	---------
Eu_2O_3	0,0	---------	---------
$Gd2OC_3$	0,0	---------	---------
Tb_4O_7	0,0	---------	---------
Dy_2O_3	0,0	---------	---------
Ho_2O_3	0,0	---------	---------

Er_2O_3	0,0	---------	---------
Tm_2O_3	0,0	---------	---------
Yb_2O_3	0,0	---------	---------
Lu_2O_3	0,0	---------	---------
HfO_2	0,0	---------	---------
Ta_2O_5	0,0	---------	---------
WO_3	0,0	---------	---------
Re	0,0	---------	---------
Os	0,0	---------	---------
Ir	0,0	---------	---------
Pt	0,0	---------	---------
Au	0,0	---------	---------
Hg	0,0	---------	---------
Tl	0,0	---------	---------
PbO	9,50	75.10	2.35
Bi_2O_3	0,0	---------	---------
ThO_2	0,0	---------	---------
UO_2	0,0	---------	---------
Compton	1,72	---------	---------
Rayleigh	1,19	---------	---------
Sum	98,00	---------	---------

Figura 95. (Arriba a la izquierda). Foto de la muestra de escoria analizada de la fundición romana de Cerro de las Tres Hermanas, El Centenillo. Figura 96. Foto del Microscopio Electrónico de Barrido (SEM) de la muestra de escoria analizada de la fundición romana de Cerro de las Tres Hermanas, El Centenillo.

www.ingramcontent.com/pod-product-compliance
Lightning Source LLC
LaVergne TN
LVHW072253300926
849160LV00018B/1659